松嫩平原饲草生产与利用

周道玮　胡　娟　李　强　编著

科学出版社

北　京

内 容 简 介

　　本书总结了松嫩平原地貌及其历史形成过程，构建了盐碱化土壤类型发生关系及土壤盐碱化形成模式，制作了松嫩平原积温分布图及降水分布图，论述了松嫩平原草地植被及其独特性。基于特定的土壤和气候，阐述了代表性饲草生产过程及其营养动态，论述了放牧饲养及秸秆补饲饲养理论和技术，旨在构建土地生产与利用的理论体系和技术模式，建立草地农业的区域发展方案。

　　本书适宜种植、养殖、土地利用等相关专业的研究者和从业者参考。

审图号：GS京（2022）0835号

图书在版编目（CIP）数据

松嫩平原饲草生产与利用/周道玮等编著. —北京：科学出版社，2022.11
ISBN 978-7-03-074154-7

Ⅰ.①松…　Ⅱ.①周…　Ⅲ.①松嫩平原–牧草–栽培技术 ②松嫩平原–牧草–综合利用　Ⅳ.①S54

中国版本图书馆 CIP 数据核字（2022）第 236665 号

责任编辑：李秀伟　闫小敏 / 责任校对：严　娜
责任印制：吴兆东 / 封面设计：刘新新

科学出版社 出版
北京东黄城根北街 16 号
邮政编码：100717
http://www.sciencep.com
北京中科印刷有限公司 印刷
科学出版社发行　各地新华书店经销
＊

2022 年 11 月第 一 版　　开本：787×1092 1/16
2022 年 11 月第一次印刷　　印张：25 1/4
字数：598 000
定价：328.00 元
（如有印装质量问题，我社负责调换）

目　　录

绪　　论

东北，江东沃野千里，岭北白山黑水，物产富饶多样，为美丽宜居的田园之乡。东北腹地，三面环山一面为岭，受地质历史及地貌原因，为冲积、洪积的盆地型平原——松嫩平原。

松嫩平原中心的面积为 14.8 万 km^2，有耕地 8.5 万 km^2、草地 1.8 万 km^2、盐碱荒地 1.2 万 km^2、季节性湿地和滩涂 1.6 万 km^2、林地沙地 0.6 万 km^2，余为水域和建设用地等。草地、部分湿地滩涂及部分农田的土壤有盐碱障碍，加上盐碱荒地，合计有盐碱障碍土地 4 万～5 万 km^2。

松嫩平原年降水量 350～450 mm，降水波动大。由于土壤有盐碱障碍，加之降水不足且波动大，松嫩平原西南部地区农业发展长期处于波动不稳定状态，形成"10 年 7 收 2 平 1 歉"局面，乡村发展落后。松嫩平原分布着黑龙江、吉林和内蒙古等地的 37 个市、县、旗，总人口 2000 万，其中，21 个市、县、旗曾经是国家级或省级贫困县，现在正面临乡村发展振兴的挑战。

探究土地多途径利用和农业多模式发展，包括饲草生产及草食牲畜饲养，为我国松嫩平原农业的主题。

松嫩平原耕地多，在生产玉米及水稻等籽粒的同时，还剩余了大量作物秸秆，作物秸秆为农区的优势资源。探究作物秸秆多途径利用，特别是作为饲料饲养反刍动物，为我国广大农区所面临的问题，也是松嫩平原地区所面临的问题。

松嫩平原草地普遍镶嵌于农田和盐碱荒地之间，其草资源为草食动物的优质营养来源，有发展草食动物畜牧业的基础。特别是结合农田秸秆作为饲料利用，发展草地-秸秆畜牧业生产途径，对于松嫩平原农业生产、乡村振兴及区域发展有特定的优势。

松嫩半原地下水丰富，为我国富含地下水的三大平原之一，同时积温充足，对此进行合理利用，对松嫩平原的农业发展、乡村振兴将起到积极作用，潜力巨大。

恢复退化草地、改良利用盐碱障碍土地及保护生态环境为国家战略需求和长久目标。在加强农业生产的同时，维护基本的生态保障，需要权衡生产与保护的统一，做出科学指导，并切实开展行动，实现可持续发展。

松嫩平原土地有盐碱障碍。针对土地盐碱化，进行区域化统筹改良，用于种植饲料作物、油料作物或粮食作物，对于农业发展、乡村振兴有积极作用。松嫩平原的盐碱荒地（1.2 万 km^2）是我国潜在的后备耕地资源，改良后进行种植利用，可增加粮食生产 100 亿～150 亿 kg，对于保障国家粮食安全有重大意义。

利用松嫩平原丰富的风沙土资源，移沙、覆沙造旱田，为实现这一后备资源"转正"的可行措施；利用充足的地下水喷灌，为一体化解决土地盐碱障碍-气候干旱的有效途径。

松嫩平原土地盐碱障碍是地质地貌、地表水及地下水、土壤特性共同作用的结果，对其中的河流及积水区进行区域化系统改造为治本之功。

实施积水区疏通工程：采取工程措施，疏通松嫩平原"无尾河"进入固定区域形成水库、湿地或流入嫩江-松花江，变"无尾河"为"有尾河"，使降落到地面的溶解了盐分的雨水集中汇存到固定区域，或进入嫩江-松花江向东流入大海。

修筑沟渠，区块化、网格化松嫩平原有盐碱障碍的土地，为疏浚无尾河的一个小范围改造措施。一方面，将局域化积水留置于沟渠，避免存于地面蒸发"勾盐"，可以起到减少地表盐分的作用；另一方面在将地面水流放到沟渠的过程中，使其淋洗掉一些地表盐分再进入固定沟渠。

大量开采地下水，降低潜水水位：松嫩平原地下水丰富，现在仅利用了其大安组、泰康组年可开采量的60%，因为地下水丰富且利用少，所以其埋藏浅。地表潜水与各组地下水有联通，大量开采松嫩平原地下水，降低潜水水位至2 m以下，可以阻止含盐的地下水蒸发至地表，这是终止盐碱化土地形成的第二个措施。

添加秸秆，疏松盐碱化土壤表层：尽管松嫩平原存在土地盐碱化，但在轻度盐碱化地区开垦了农田，有大量的农田秸秆。将秸秆粉碎添加到盐碱地，可疏松表层土壤，增加土壤通透性及降水入渗，为防治雨水泛滥汇集在地表而加剧盐碱化的可行措施，同时雨水能淋溶盐分起到洗盐作用，这是排除土壤表层现存盐分的办法。

松嫩平原多地经济落后的原因之一是还有广袤的盐碱地未能有效利用，这需要进行区域化系统性协调规划，联动实施区域系统工程。同时，农业产业模式未能有效适应此区气候-土壤统一体也是一个重要原因。

松嫩平原为半干旱、半湿润地区，年际气候要素波动大为固有规律。种植粮食作物好年景收入可观，差年景多边际效应，农民有希望但渺茫，虽努力"刨地"，但难以振兴发展，这近乎是"气候魔咒"，同时加重了对环境的破坏。

近年，国家实施了"粮改饲养殖"政策及行动，但无论如何，由于人口对粮食的需要，存在大量的农田及秸秆，这是松嫩平原的资源优势，粮改饲后有了更多饲草，发展草食动物饲养，推动"草地-秸秆畜牧业"生产，成为本区适宜的农业产业范式，需要大力推进发展。

总之，松嫩平原虽土地广袤，但多地经济落后，原因是土地有盐碱障碍、农业产业范式不适宜土壤-气候统一体。改良盐碱地将扩充有效的土地资源，从基础上改善此区发展落后状况、改良生态环境，但改良盐碱地为区域化系统性工程，需要统筹进行。疏通"无尾河"为"有尾河"、开发地下水喷淋洗盐并降低潜水水位、结合添加秸秆疏松土壤来培肥地力，为针对盐碱地形成原因提出的基础改良体系，可操作且有效益。

秸秆资源为松嫩平原的优势资源，具有优良的饲料价值。在粮改饲的基础上，开发秸秆饲料，发展"草地-秸秆畜牧业"，为此区适宜的生产模式，但最基础的数量型草食牲畜畜牧业发展也需要一套针对性政策及行动。

饲草生产与利用，即草地畜牧理论与实践，包括秸秆等粗饲料收获加工及精料补饲，是一个复杂的系统（图1），涉及十几个学科门类，包括气象学、土壤学、作物学、动物营养及饲养学、兽医学等，将这些知识和技术整合到一个特定地区推动产业发展面临巨大挑战。

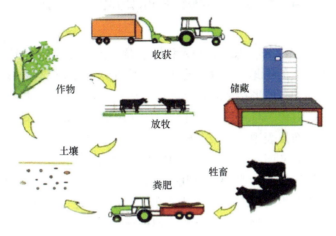

图 1　饲草生产与利用的体系框架

松嫩平原的土壤需要改良培肥，优势种羊草的各方面研究比较详细，但放牧再生对应的营养转移及划区轮牧饲养还有待研究；玉米及水稻秸秆为松嫩平原数量最多的粗饲料资源，其消化率提高技术研究不足；优质高产饲草培育及其栽培还处于起步阶段；集约饲养对应的粪肥还田技术及管理有待深化。松嫩平原和北方其他地区一样，面临的一个共同问题是生长季短，优质饲草供给季节间不平衡，为了牲畜健康生长，需要精料补饲，需要权衡粮食供给与饲养效益及经济收益。总之，特定区域的饲草生产与利用需要多学科系统整合，协同努力，需要各环节均衡发展，以满足草地生态保护、美丽乡村建设和日益增长的肉食品需求，实现可持续发展。

第一章　松嫩平原的地貌地形

地貌指地表高低起伏的状态（尤联元和杨景春，2013）。通过地壳断裂、扭拗及沉降等地质内力作用形成的山地、丘陵、台地、平原在松嫩平原及其周边的骨架性配置，构成了松嫩平原的地貌。地形指地表现存起伏的形态。通过风蚀、风积及水蚀等地质外力作用形成的阶地、泡沼、草甸地、二洼地、沙丘坨地及平地、洼地、漫岗、凸台和沙斑等在松嫩平原的分布及表现，形成了松嫩平原的地形。

地貌、地形多为同义词（程维明等，2017），但也不尽相同，本书将二者区别使用。了解松嫩平原及其周边地貌，可以深入理解松嫩平原土壤、气候及植被的历史形成过程，完整理解松嫩平原所发生的生态事件。识别松嫩平原内的地形、小范围内的地表形态特征，可以进一步理解受地形影响的小气候（傅抱璞，1963），明晰松嫩平原盐碱土、盐碱地的分布及其水盐关系，认识松嫩平原土壤的高度异质性，以正确地进行生产实践及科学研究。

研究松嫩平原饲草生产与利用及农业生产，需要充分理解其周边地貌及内部地形状态。松嫩平原的地理位置决定了其气候格局及变化过程，东北地貌决定了东北及松嫩平原的土壤类型及其分布。地理位置和地貌共同作用，影响着松嫩平原的土地生产潜力及农业生产方式。对东北及松嫩平原地貌进行全面理解，有助于理解松嫩平原的农业资源条件、农业发展格局及方向，特别是松嫩平原盐碱地的形成及发生。

第一节　地貌及其变迁

松嫩平原的地貌发展历史与其他陆地的发展历史一样，经历了各个地质构造阶段，并造就了其盆地型平原和有一个流水出口的特点。地质历史过程中，松嫩平原地貌构造有一个特别之处，即存在过洋海侵入阶段及湖相沉积阶段。

松嫩平原为盆地型，周边向内汇水，历史上存在过积水的大湖。湖相沉积阶段的冲积、风积物厚达百米，形成了松嫩平原特有的土壤物质基础。

一、地貌概况

松嫩平原、辽河平原共同组成松辽平原，也称松辽盆地。松辽盆地外部为大兴安岭-小兴安岭-长白山构成的山地及丘陵、台地，中间为一突起的分水岭。分水岭将松辽盆地分为松嫩平原和辽河平原两部分，南部为辽河平原，北部中心部分为松嫩平原，即山前台地和分水岭所围圈的部分（图1-1）。根据海拔，松嫩平原一般分为高平原、中平原及低平原；根据成因，松嫩平原分为山前冲积洪积倾斜平原和河谷冲积平原。

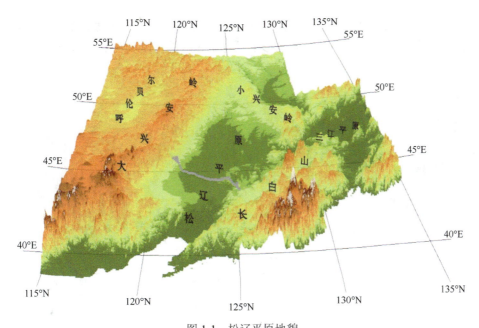

图 1-1 松辽平原地貌

图中松辽平原中间的灰色线为松辽分水岭，其北部为松嫩平原，南部为辽河平原

松嫩平原为盆地型平原，南北 350 km，东西 250 km，盆地两侧为山地，海拔达 1500 m。向内依次为丘陵、台地，包括倾斜平原，海拔 300～700 m，中心部位为平原，海拔 120～150 m（图 1-2）。

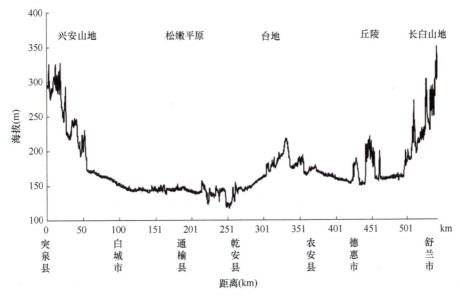

图 1-2 松嫩平原及其两侧地貌

东西向折线，横轴所示地点为转折点，横轴的数值为至起点的距离

随空间地貌的变化，气候和相应的土壤母质及土壤发生变化，对应的植被类型和群落在各地地貌上并不相同。总体上，山地和丘陵上面分布着森林，台地上面为矮化森林

或灌丛或草原,松嫩平原靠近台地的高平原分布有草原,内部中平原及低平原发育有草甸(图1-3)。松嫩平原内,不同地貌地形上发育了相应的土壤类型和植被群落(图1-4)。

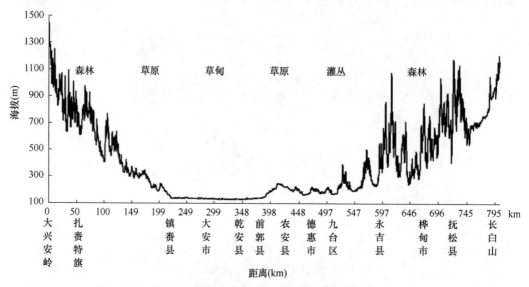

图1-3　松嫩平原及其两侧地貌对应的植被

东西向直线,横轴所示地点为参考点,图中前郭县指前郭尔罗斯蒙古族自治县

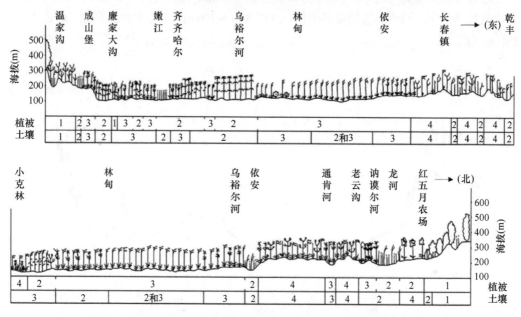

图1-4　松嫩平原植被和土壤(周道玮等,2010;李崇皜等,1982)

植被:1.森林,2.草甸,3.羊草群落,4.针茅群落;土壤:1.森林土,2.黑钙土,3.草甸土或沼泽土,4.黑土

松嫩平原自北向南有一定的倾斜,总体呈北向南的倾斜平原,北部海拔150~160 m,南部海拔120~140 m。南北剖面线越过松辽分水岭后进入辽河平原,辽河平原向南倾斜坡度更大一些。松辽分水岭海拔170~200 m,宽200~300 km,松辽平原南部一直延伸到海边接近海平面的海拔(图1-5和图1-6)。松辽分水岭在剖面线上看起来像山地或丘

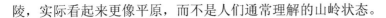

陵，实际看起来更像平原，而不是人们通常理解的山岭状态。

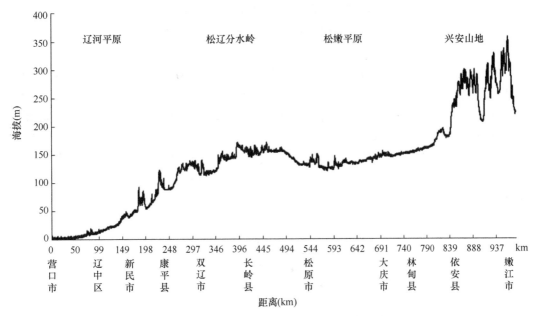

图 1-5 松嫩平原、辽河平原地形南北剖面线

南北向折线，横轴所示地点为转折点，横轴的数值为至起点的距离

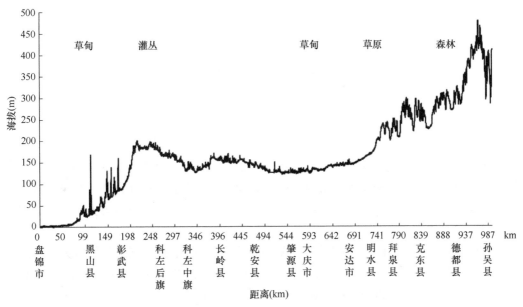

图 1-6 松嫩平原、辽河平原南北地形对应的植被

南北西向直线，横轴所示地点为参考点，横轴的数值为至起点的距离

二、历史变迁

古生代（距今 5.7 亿～2.3 亿年），我国东北为汪洋大海的一部分；新生代初（距今约 7000 万年），印支运动使其成为太平洋的边缘陆地（余和中等，2001）。由于太平洋

板块俯冲碰撞、陆壳伸展，东北发生断陷-拗陷-沉积-陆壳抬升，形成了陆相湖泊盆地发育过程（罗志立和姚军辉，1992）。此漫长的历史期间，东北发生了 4 个重要事件，即四周山地褶皱隆起、中间断陷裂谷形成、中部平原沉降相对抬升、湖泊水体发育，发展产生了松辽盆地。

松辽盆地形成后，四周山地汇水，包括辽河流域汇水，流向盆地中心形成向心水网，发育了湖泊水体。至白垩纪中期（距今约 1 亿年），松辽平原发展形成了松辽古湖。松辽古湖前后经历了两次大扩张，湖水面积超过 10 万 km²，湖水为淡水，并沉积了 5000 m 厚的碎屑岩（高瑞祺，1980），松辽古湖前后持续存在了 1 亿年。第四纪早更新世至中更新世（距今 120 万～40 万年），松嫩平原依旧存在一个面积约 5 万 km² 的大湖，历时 70 万～80 万年（詹涛等，2019），包括辽河水系在内的四周河流都向心流入大湖（图 1-7）。其间，地层沉积了 30～70 m 厚的湖相黏土层，湖水为淡水（裘善文等，1981）。

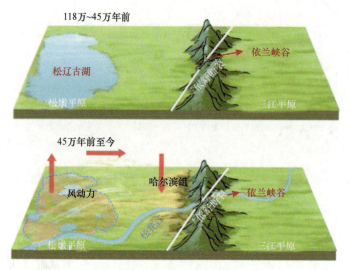

图 1-7 松辽古湖及其消失示意图（詹涛等，2019）

现存于松嫩平原的活化石——鲎虫（图 1-8），起源于 3.2 亿年前的古生代石炭纪，经历了白垩纪松辽古湖淡水期、第四纪松嫩大湖期，一直以来持续存在，并要求水体的pH 在 6.0～7.5（陈秉麟和陈曦，1999）。进一步证明了松嫩平原地质历史上存在过湖泊及泡沼，且水体为淡水。

中更新世中后期（距今 40 万年），依舒断裂沉陷产生的依兰峡谷使松嫩大湖与三江平原的水路发生联系，形成了嫩江-松花江水路，松嫩大湖的水向东流入大海，松嫩大湖逐渐消亡（詹涛等，2019）。更新世晚期，松辽分水岭形成，辽河改道南流，随松辽大湖及湖状泡沼消失，现代水系格局形成（朱巍等，2013；裘善文，2009；杨秉赓等，1983）。

全新世的 1 万年间，松嫩平原气候明显表现出冷、暖、干、湿交替变化，沼泽普遍发育，泥炭堆积（裘善文等，1981），河流形成但频繁改道（杨秉赓等，1983），沙丘开始形成（李取生，1990，1991；李宜垠和吕金福，1996），渐渐形成了松嫩平原地貌、地形的现代格局。

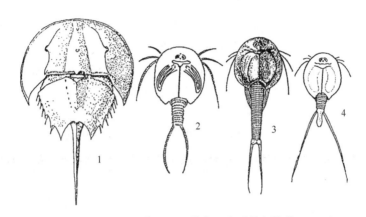

图 1-8　松嫩平原的活化石——鲎虫（陈秉麟和陈曦，1999）

1. 鲎（*Limulus palyphenius* Linne），2 和 3. 鲎虫（2 为 *Triops cancriformis* Schaeffer，3 为 *T. granarius* Lucas），
4. 冷鲎虫（*Lepidurus apus* Linne）

自第三纪中新世的近 2000 万年间，松嫩平原气候经历了暖湿、寒旱、温湿及干冷等 14 个可识别的变化，植被依次发展演替为森林、森林+草原、草原等 14 个组合类型。至第四纪晚更新世，气候变得干冷，植被为蒿类禾草草原（表 1-1）（夏玉梅和汪佩芳，1987）。更新世晚期向全新世过渡时，植被组成中松、桦增多，草本和旱生植物减少，又向森林方向演替。

表 1-1　松嫩平原第四纪和新近纪植被及气候（夏玉梅和汪佩芳，1987）

地质时代（距今时间，百万年）		孢粉组合	植被	气候概况
第四纪	晚更新世（0.13）	蒿-藜-禾本科（有麻黄、石松）	蒿类禾草草原（冰原草原）	干冷
		松-桦-蒿（有榆、榛）	松桦林草原	温凉半湿润
		松-云杉-卷柏-阴地蕨	暗针叶林草原	冷湿
		蒿-蕨-水龙骨	蒿类草原	干冷
	中更新世（0.73）	松-桦-柳-禾草类	阔叶疏林+草原	温和半湿润
		松-云杉-藜-禾草类	暗针叶林+草原	冷湿（低温期）
		松-桦-榆-菊	阔叶疏林草甸草原	温和半湿润
		麻黄-柽柳-藜	南部草原、北部桦林草原	干冷
	早更新世（2.48）	云杉-柳-蓼-杂类草（有桦、榆、栎）	阔叶疏林草原	温和半湿润
		桦-蒿-杂类草	桦林草原	温凉半干旱
		蒿-菊-藜	疏林草原	寒冷干旱
新近纪	上新世（12）	松-云杉-榆-鹅耳枥	针阔混交林和草原	温凉
		松-桦-赤杨-杜鹃	阔叶落叶为主混交林	温暖变干
	中新世（26）	松-铁杉-榆	针阔混交林	较温暖湿润

自更新世晚期，气候又经历了冷湿、冷干、温干等 6 个变化类型。相应地，植被演替经历了 6 个发展阶段（14 个小阶段），更新世晚期有 3 个阶段、全新世有 3 个阶段（汪佩芳和夏玉梅，1988）。

更新世晚期植被演替阶段：暗针叶林草原、桦林草原或寒温性针阔混交林草原、干草原或疏林草原。这 3 种植被类型代表冰原气候控制下的更新世晚期典型植被。

全新世植被演替阶段：疏林草甸或草甸草原及寒温性针阔混交林，气候温凉偏湿，相当于早全新世；森林草甸或森林草原或寒温性阔叶林，气候温暖湿润，相当于中全新世；草甸草原或寒温性针阔混交林或寒温性针叶林，气候与现今相似。距今 1200 年时，长岭、乾安植被中有松、云杉、桦等较多的木本植物成分。

全新世的 1 万年间，松嫩平原地貌发展成了现代格局，气候以千年尺度单位驱动植被发生相应的变化。现代气候-植被状态出现于距今近 1000 年的干旱持续期（表 1-2）。

表 1-2 松嫩平原全新世和更新世晚期植被与气候（汪佩芳和夏玉梅，1988）

时代	距今时间（年）	孢粉组合特征			植被	气候
晚全新世	1 200～2 500	松-桦	松-藜	桦-蒿	寒温性针叶林 寒温性针阔混交林 草甸草原	温凉偏干
中全新世	2 500～7 500	桦-阔叶树-莎草科	松-阔叶树-莎草科	松-桦-椴-蒿-莎草科	寒温性阔叶林 森林草原 森林草甸	温暖湿润
早全新世	7 500～11 000	松-桦-莎草科	—	松-桦-蒿-莎草科	寒温性针阔混交林 疏林草甸 草甸草原	温凉偏湿
更新世晚期	11 000～21 000	蒿-藜	杂类草-藜（孢粉贫乏）	松-桦-蒿	干草原 疏林草甸	冷干
	21 000～30 000	松-桦-蒿-藜（有榛、榆）	杂类草为主（有云杉、阴地蕨）	桦-蒿-禾本科	寒温性针阔混交林 桦林草原	温凉
	30 000～60 000	松-云杉-藜-蒿（有阴地蕨、卷柏）	藜-杂类草-蒿（有少量松、桦、麻黄）	松-蒿-菊-麻黄	暗针叶林草原	冷湿

注："—"表示无数据，本章后同

总体上，自中生代白垩纪松辽古湖形成，至新生代第四纪的中更新世松辽古湖开始消失，其间沉积了厚达 5000 m 的碎屑岩及近 100 m 厚的湖相沉积物。晚更新世，松辽分水岭突起，在全新世的 1 万年间，松辽古湖消失，现代水系形成，沙丘出现。

上述地质事件，特别是古植被及古气候的证据表明，松嫩平原盐碱地伴随着现代河流形成而形成。在沙丘地形成的同时，向心流水逐渐导致土壤盐分积累，原本积累于土壤下层的盐碱层由于表层沙层剥离显露为表层，这是近 1 万年来发生的过程。近 1000 年以来，松嫩平原各处有针叶林、阔叶林，表明气候适宜生长森林，土壤也适宜生长森林（表 1-3），因此，土地盐碱化或许在近 1000 年才得以加剧，并达到制约木本植物生长的程度。

表 1-3 中生代以来松嫩平原部分事件对应的地质年代、地质事件、生物时间（根据资料编辑）

地质时代、地层单位及其代号				同位素年龄（百万年）		构造阶段		生物界演化阶段		松嫩平原事件
宙（字）	代（界）	纪（系）	世（统）	时代间距	距今年龄	大阶段	阶段	动物	植物	
显生宙 PH	新生代 Kz	第四纪 Q	晚全新世 中全新世 早全新世	2～3	0.012	联合古陆解体	喜马拉雅阶段	人类出现	无脊椎动物继续演化发展	阔叶林、草甸、沼泽存在
									被子植物繁盛	沙丘开始形成、针叶林植被存在
										松嫩现代水系格局形成
			晚更新世 Q₃ 中更新世 Q₂ 早更新世 Q₁		2.48					松辽分水岭突起、猛犸象存在
										松嫩大湖盛期积累 5000 m 碎屑岩、100 m 湖相沉积物

续表

宙（宇）	代（界）	纪（系）	世（统）	时代间距	距今年龄	大阶段	阶段	动物	植物	松嫩平原事件
				同位素年龄（百万年）		构造阶段		生物界演化阶段		
显生宙 PH	新生代 Kz	第三纪 R	新近纪 N	上新世 N_2	2.82	5.3	联合古陆解体	喜马拉雅阶段	哺乳动物繁盛	被子植物繁盛	针叶林、森林-草原、阔叶林存在
				中新世 N_1	18	23.3					
			古近纪 E	渐新世 E_3	13.2	36.5					
				始新世 E_2	16.5	60					
				古新世 E_1	12	65					
	中生代 Mz	白垩纪 K	晚白垩世 K_2 早白垩世 K_1	70	135		燕山阶段	无脊椎动物继续演化发展	裸子植物繁盛	松辽古湖存在
		侏罗纪 J	晚侏罗世 J_3 中侏罗世 J_2 早侏罗世 J_1	73	208			爬行动物繁盛		
		三叠纪 T	晚三叠世 T_3 中三叠世 T_2 早三叠世 T_1	42	250	联合古陆形成	海西-印支阶段			

第二节　地形及其分布

经过地质历史的变迁，至更新世末、全新世初，松嫩平原地貌发展成现今的状态。由于渐变的地质过程及水蚀、风蚀，平原内形成了各种地表起伏和形态，本节定义这些起伏形态为地形。

松嫩平原按海拔划分为高平原、中平原和低平原。无论是在高平原、中平原，还是在低平原，平原内并不是一马平川，都存在各种地表起伏和形态，形成了松嫩平原的地形及格局。松嫩平原地下水位高，其地上植被受地下水影响，土壤盐分也受地下水影响。地形的细微变化会影响表层土壤盐含量，其地上植被也随之发生相应的变化。

一、地形类别

松嫩平原的地形决定着局域水盐运动，决定着盐分分布，甚至决定着土壤类型，进而决定着草甸植物群落种类组成和生长。对地表形态进一步分类并建立体系，有助于研究和理解盐碱土、盐碱地、植物群落类型和分布及其改良利用。

地形在松嫩平原具有极其重要的作用。以其所处位置、地表形态及利用潜力为标准进行分类，建立的松嫩平原地形分类体系如下（图1-9）。

阶地：嫩江、洮儿河等河流两岸经过侵蚀和堆积作用形成的高出洪水期水位的阶梯状地形。基质多为各时代母岩。阶地范围内，部分地区存在河滩地。

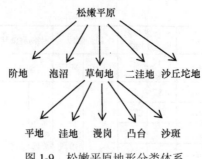

图 1-9 松嫩平原地形分类体系

泡沼：常年有积水的低洼地段或区域。直径从几米到几千米。土壤为沼泽土或草甸土。无植被或有各种湿地植物群落。

沙丘坨地：长带状或孤立状突起，长或宽几千米。土壤为风沙土或黑钙土。植被多为榆树疏林，后改造为杨树林或农田。进一步分为：岗坨地，沙丘坨地的上部台面；坨面地，沙丘坨地的两侧部分，坨面地可分为阳坡面、阴坡面。沙丘坨地包括科尔沁沙地在松嫩平原的部分，多呈垄形分布，亦称沙垄。

二洼地：沙丘坨地与草甸地交界带。土壤为风沙土、黑钙土或盐碱土。植被为草原群落或草甸或榆树疏林，现多开垦为农田。

草甸地：沙丘坨地以外或两个沙丘坨地之间的低地。土壤为盐碱土。植被为各种草甸植物群落。进一步分为：平地，没有起伏或连续缓慢起伏的平展地段，植被多为羊草群落；漫岗，平地中缓慢突起的长条带，高 20～30 cm，宽 2～5 m，长几十米，植被多为耐盐碱的小獐毛等群落；凸台，经风蚀或水蚀形成的孤立高出部分，直径几十厘米，其上植被多为原生性羊草群落；洼地，有季节性积水的低洼地段，直径从十几厘米到几十米，土壤为盐碱土或黑钙土，植被多为湿生植物群落；沙斑，经风积形成的固定或半固定细沙或尘土斑块，无植被或为一年生虎尾草等群落。

二、地形分布

松嫩平原内，一级地形单元有阶地、泡沼、沙丘坨地、二洼地、草甸地。这些地形单元有各自的分布位置、起伏形态、地表特征及土壤特点，生产中分别作为不同土地类型。

阶地分布于嫩江、洮儿河、霍林河两岸。在各河流上游，河水充沛且有冲刷现象，阶地明显；下游水量减少，没有明显的河水冲蚀阶地（图 1-10）。有时，由于下游河水泛滥，河道甚至发生变换，没有明确的河道及阶地，形成河水泛滥区。

上游阶地一般较陡峭，主要为河岸，不能利用；下游河水泛滥区多为湿地或季节性湿地。各阶地及一些河漫滩被开垦为农田，多为水田，用于种植水稻，部分为旱田，用于种植玉米。

泡沼形成于更新世晚期。由于松辽古湖消失，湖状泡沼消失，现代水系格局形成。在平原内，由于基底起伏或低洼，遗留下大大小小诸多有水的洼地，称为泡沼。松嫩平原百亩（1 亩≈666.67 m²）以上泡沼有 7000 多个，总面积 4000 km² 以上（裘善文，2009）。一些泡沼呈季节性出现，夏季降水丰沛时出现，秋冬季干旱时消失。一些泡沼的含盐量

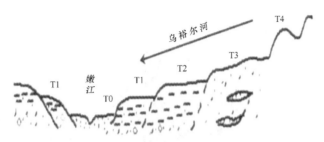

图 1-10 嫩江河谷阶地（崔明等，2007；范昊明等，2005）

T0. 河漫滩；T1. 一级阶地；T2. 二级阶地；T3. 三级阶地；T4. 低山丘陵

较高，形成盐沼（李取生等，2000）（图 1-11）。泡沼周围植被往往生长良好，草丛茂密，具有很高的利用价值。

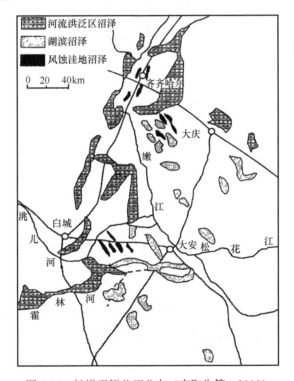

图 1-11 松嫩平原盐沼分布（李取生等，2000）

松嫩平原沙丘坨地与科尔沁沙地紧密相连，为科尔沁沙地的一部分。科尔沁沙地形成于 1 万年前，经风蚀作用就地起沙堆积而成（裘善文，2009），具有明显的带状分布规律（图 1-12）。科尔沁沙地降水相对少，但因为沙地土壤表层毛管孔隙不发达，下层水分含量充足，加上沙地不含盐碱，所以沙地各处多生长有木本植物。但科尔沁沙地为隐域生境，各处植被种类组成有较大变化，呈斑块状。

松嫩平原的沙丘坨地为科尔沁沙地向北延伸的部分，形成于距今近 9000 年间，经历了 4 次收缩与扩张，发育有 2～3 层古土壤层（李取生，1991），呈斑块状（图 1-13），与松嫩平原草地形成镶嵌分布。同样，沙地土壤水分充足，且不含盐碱，原生植被多为榆树灌丛，现在改为杨树林、耕地，部分地区保留榆树灌丛。

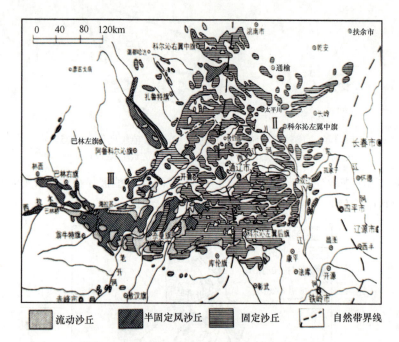

图 1-12　科尔沁沙地分布（裘善文，1990）

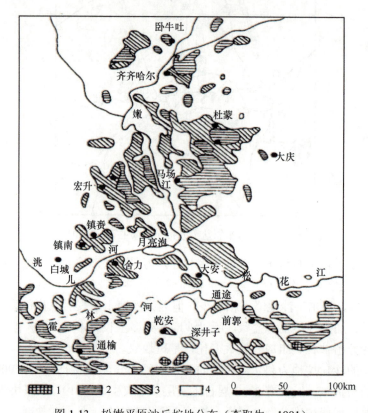

图 1-13　松嫩平原沙丘坨地分布（李取生，1991）

1. 中度沙漠化土地；2. 轻度沙漠化土地；3. 潜在沙漠化土地；4. 非沙漠化土地

二洼地位于沙丘坨地与草甸地之间的过渡地带,沿沙丘坨地分布。由于其在松嫩平原多被开垦为农田,具有重要的生产意义,特独立分出作为一类地形(图1-14)。此类地形比草甸地土壤的盐碱含量低,比沙丘坨地的土壤水分含量高,为优良的种植用地(图1-15)。

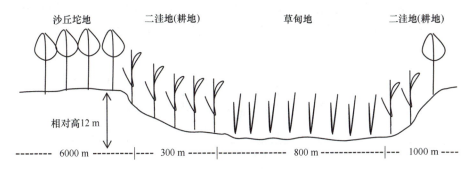

图1-14　二洼地地形部位
横排数据代表每个类型的长度

图1-15　二洼地土地利用
左侧为沙丘坨地上的林地,右侧远处为草甸地

二洼地轻度盐碱化,土壤 pH 介于 8.5~9.0,土壤电导率(EC)介于 180~250 μS/cm(图1-16)。

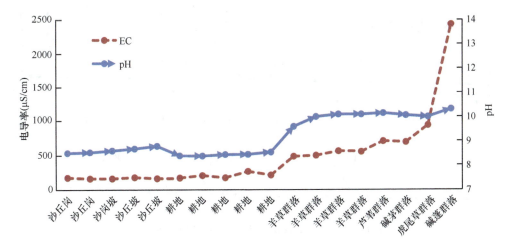

图1-16　沙丘坨地-二洼地-草甸地连续过程的土壤电导率及 pH

　　草甸地为松嫩平原主体地形。土壤为湖相沉积基础上发育形成的草甸土、沼泽土或盐碱土。植被群落主要为羊草群系及季节性湿地群落。松嫩平原盐碱地多分布于草甸地，并且多分布于草甸地的低洼地。

　　草甸地可进一步分为平地、洼地、漫岗、凸台、沙斑（图1-17）。进行此分类的目的在于细化对各种地形的认知，研究或生产中需要准确理解各地形的特点，采取不同的利用及管理对策。

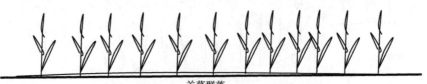

羊草群落

草甸地内的地形：平地，土壤多为盐碱土，以羊草群落为主

羊草群落　　　　　　菖蒲-三棱草-蔗草群落　　　　　　虎尾草-碱蓬群落

草甸地内的地形：洼地，土壤有盐碱或无盐碱，有植被或无植被

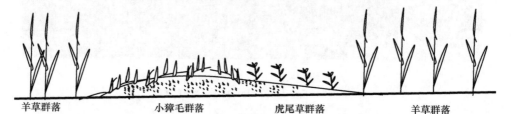

羊草群落　　　　小獐毛群落　　　　虎尾草群落　　　　羊草群落

草甸地内的地形：漫岗，土壤为重度盐碱土，植物有小獐毛等

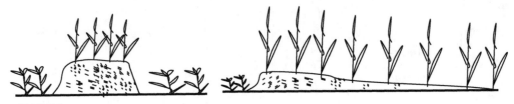

虎尾草群落　羊草群落　虎尾草群落　　　　　　羊草群落

草甸地内的地形：凸台，原为草甸地内平地的一部分，因周围发生风蚀残留而成

虎尾草群落　　　　　　虎尾草群落

草甸地内的地形：沙斑，由流动沙风积而成，半固定或随风变换分布地点

图1-17　松嫩平原草甸地地形

由于松嫩平原自北向南有倾斜，并且一些地区局部有沙丘围绕，形成面积较大的低洼易涝区，发展为重度盐碱地。这些地区如果没有良好的排水措施，很难大面积改造。但是，局部的高程差异也会造成土壤盐碱程度的巨大变化，特别是靠近沙丘区域，盐碱程度很低，被零星斑块状开垦耕种。

第三节 地貌决定的土地资源

地貌决定着松嫩平原、辽河平原的土壤类型及水盐状况，影响松嫩平原的土地利用类别及利用潜力。为了对松嫩平原土地利用有一个总体全面的理解，以大兴安岭山脊线为界限划分出东北区域（王学志等，2010），论述松嫩平原、辽河平原和东北的地貌及由其决定的土地资源。

一、地貌类型及其数字信息

根据起伏度将东北区域划分为平原（起伏度 < 30 m）、台地（起伏度 30～50 m）、丘陵（起伏度 50～200 m）和山地（起伏度 > 200 m）4 类基本地貌区域；根据海拔将东北区域划分为低海拔（<1000 m）和中海拔（>1000 m）2 类海拔区域；将这 2 类海拔区域和 4 类基本地貌区域组合成 8 类地貌类别。

大兴安岭山脊线北部延伸至中俄边界，南部与七老图山山脊线交汇，全长 2632.7 km。七老图山山脊线全长 640.8 km，向东延伸至山海关附近与海岸线交合。大兴安岭山脊线以东、七老图山山脊线以北的中国东北，包括黑吉辽三省的全部，内蒙古的一部分，总面积 107.2 万 km^2（图 1-18）。东北区域地貌的基本轮廓为四面环山，一面临海，一端近海，内镶平原，嫩江、松花江纵横松嫩平原，东西辽河贯穿辽河平原。

根据起伏度划分，东北区域有 4 类基本地貌：山地、丘陵、台地、平原，所占比例分别为 21.2%、35.6%、16.1%、27.1%，即山地和丘陵占 56.8%，台地和平原占 43.2%。结合海拔，组合出 8 类地貌类别：低海拔平原、中海拔平原、低海拔台地、中海拔台地、低海拔丘陵、中海拔丘陵、低海拔山地和中海拔山地。1000 m 以上的中海拔区仅占东北区域面积的 4.0%，其面积的 96.0% 为 1000 m 以下的低海拔区。各地貌类型和地貌类别在各省区所占的比例各不相同（表 1-4）。

根据坡度分析，0°～2° 的区域占东北区域面积的 47%，2°～6° 的区域占 24%，6°～15° 的区域占 22%，>15° 的区域仅 7%，低海拔区坡度<15° 的面积占 90%（表 1-5）。总体上，东北区域是"低山缓丘大平原，台地面上好种田"。

在四周环山、平原内嵌的地貌格局下，东北区域的大、小兴安岭和长白山脉发育了众多的河流，流经平原后向南、向东入海。其中，主要河流（4 级以上）的长度在山地、丘陵、台地和平原依次为 5254 km、5443 km、3110 km 和 7610 km，即河流在山地、丘陵分布短，在平原长，了解这些有助于我们在管理河流时做出正确判断。

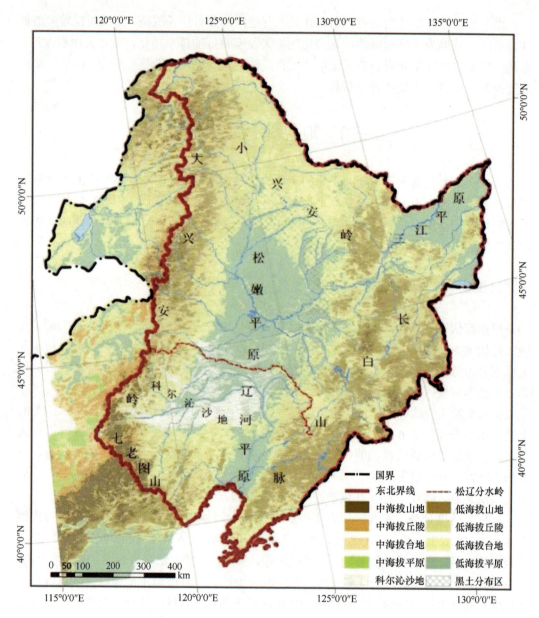

图 1-18 基于海拔的东北区域基本地貌类型图
数据统计时，微调七老图山山脊线，包括辽宁全部，不包括河北

表 1-4 东北区域各地貌类型和类别面积及其在各省区的分布（万 km²）

地区	山地		丘陵		台地		平原		合计	
	中海拔	低海拔	中海拔	低海拔	中海拔	低海拔	中海拔	低海拔	中海拔	低海拔
黑龙江	0.31	6.22	0.04	15.43	—	9.24	—	13.78	0.35	44.67
吉 林	0.53	4.58	0.25	4.56	0.05	2.61	—	6.42	0.83	18.17
辽 宁	0.02	4.20	—	5.28	—	2.03	—	2.94	0.02	14.45
内蒙古	2.16	4.72	0.85	11.79	0.10	3.22	0.01	5.86	3.12	25.59
合计（比例）	22.74（21.2%）		38.20（35.6%）		17.25（16.1%）		29.01（27.1%）		107.20（100%）	

表 1-5　东北区域基本地貌类别随坡度分布（万 km²）

坡度	山地		丘陵		台地		平原		合计	
	中海拔/低海拔		中海拔/低海拔		中海拔/低海拔		中海拔/低海拔		中海拔/低海拔	
0°~2°	0.06/0.65		0.19/7.99		0.10/12.34		—/28.69		0.35/49.67	
2°~6°	0.37/2.99		0.45/16.93		0.05/4.55		—/0.29		0.87/24.76	
6°~15°	1.52/10.80		0.43/11.17		—/0.20		—/—		1.96/22.17	
15°~25°	0.92/4.72		0.05/0.84		—/—		—/—		0.97/5.57	
>25°	0.14/0.56		—/0.02		—/—		—/—		0.14/0.58	

二、东北平原、科尔沁沙地、黑土地的数字信息

东北平原包括松辽平原和三江平原。松辽分水岭将松辽平原分为松嫩平原和辽河平原两部分（赵海卿等，2009）。张广才岭山脊线向松花江延伸分开了三江平原与松嫩平原，完达山将三江平原分为南北两部分，南部又称兴凯湖平原。

东北平原主要包含两类地貌：平原和台地，即平原的中心部分为起伏度低于 30 m 的平原，周围为起伏度介于 30~50 m 的台地。

松嫩平原的平原部分面积 14.78 万 km²，台地部分面积 7.91 万 km²，二者合计为 22.69 万 km²；辽河平原的平原部分面积 9.01 万 km²，台地部分面积 6.48 万 km²，二者合计 15.50 万 km²，松辽平原合计面积为 38.19 万 km²。三江平原的平原部分面积 5.19 万 km²，台地部分面积 0.81 万 km²，二者合计为 6.00 万 km²。东北平原面积合计为 44.18 万 km²（忽略了小部分的山地面积）。松嫩平原大部分分布于黑龙江省和吉林省，辽河平原的大部分分布于内蒙古自治区和辽宁省，三江平原都分布于黑龙江省（表 1-6）。

表 1-6　东北平原分布的数字信息（万 km²）

地区	松嫩平原	辽河平原	三江平原	合计
	平原/台地	平原/台地	平原/台地	平原/台地
黑龙江	8.58/5.58	—/—	5.19/0.81	13.77/6.39
吉林	5.49/1.37	0.92/0.19	—/—	6.41/1.56
辽宁	—/—	2.94/5.08	—/—	2.94/5.08
内蒙古	0.71/0.96	5.15/1.21	—/—	5.86/2.17
合计	14.78/7.91	9.01/6.48	5.19/0.81	44.18

注：按高程统计的平原面积未计其中的山地、丘陵，其数值与后面按范围及高程统计的面积有差异

科尔沁沙地（又称科尔沁平原、科尔沁草地）（表 1-7）93%的面积为平原和台地，即位于松嫩平原与辽河平原，7%为丘陵。地势起伏和缓，坡度小于 6°的区域超过总面积的99%。总面积 4.50 万 km²。

东北黑土分布于小兴安岭南部的山前台地和平原，向南扩展分布至长白山脉中段西坡，向北分布至大兴安岭东北坡向的山前台地和平原，总面积 6.0 万 km²，其中，台地分布有 55%、平原分布有 26%、丘陵山地分布有 19%；松嫩平原分布有 71%、三江平原分布有 7%、辽河平原分布有 3.3%（表 1-8）。

表 1-7 科尔沁沙地分布的数字信息（万 km²）

地区	松嫩平原	辽河平原	丘陵	合计
	平原/台地	平原/台地		
黑龙江	—/—	—/—	—	—
吉林	0.30/0.03	0.20/0.02	—	0.55
辽宁	—/—	0.13/0.04	—	0.17
内蒙古	0.14/0.05	2.95/0.33	0.31	3.78
合计	0.52	3.67	0.31	4.50

表 1-8 黑土分布的数字信息（万 km²）

地区	松嫩平原	辽河平原	三江平原		合计
	平原/台地	平原/台地	平原/台地	丘陵/山地	
黑龙江	0.88/2.43	—/—	0.30/0.12	0.26/0.02	4.01
吉林	0.30/0.44	0.09/0.10	—/—	0.13/0.01	1.07
辽宁	—/—	0.01	—/—	—/0.01	0.02
内蒙古	0.01/0.20	—/—	—/—	0.62/0.07	0.90
合计	4.26	0.20	0.42	1.12	6.00

三、东北土地利用的数字信息

东北区域的土地利用类型分林地、草地、耕地、沙地、盐碱荒地、湿地滩涂、水域和建设用地。耕地包括水田和旱田；林地包括有林地、疏林地、灌木林地和其他林地；草地指以生长草本植物为主的土地；沙地指地表被沙覆盖，植被覆盖度很低的土地；盐碱荒地指地表盐碱聚集，植被稀少，只能生长耐盐碱植物的土地或植被覆盖度很低的裸土地；湿地滩涂指地势平坦低洼、生长湿生植物的土地，以及河湖、沿海高低水位之间的土地；水域指天然陆地水域和水利设施用地；建设用地指城镇居民点及县镇以外的工矿、交通等用地（图 1-19）。

东北区域有林地 43.93 万 km²，占 41.0%；草地 15.06 万 km²，占 14.0%；耕地 36.30 万 km²，占 33.8%；沙地 0.98 万 km²，占 0.9%；盐碱荒地 1.58 万 km²，占 1.5%；湿地滩涂 4.97 万 km²，占 4.6%；水域 1.46 万 km²，占 1.4%；建设用地 2.99 万 km²，占 2.8%（表 1-9）。

林地主要分布于山地和丘陵（89%）。耕地主要分布于平原和台地（70.5%）、丘陵（25.3%）及山地（3.8%）。草地主要分布于丘陵（43%）、平原（28%）、山地（17%）和台地（13%）。盐碱荒地主要分布于松嫩平原中部。湿地滩涂主要分布于三江平原和沿河两岸及河流冲积成的积水河湾。水域主要为松花江水系、辽河水系。建设用地主要为三个省会城市、各个地级市和相应的县镇、村落及其能识别的工矿、道路等（表 1-9）。

耕地主要分布在坡度 6° 以下区域，大于 15° 的区域仅占东北区域面积的 0.6%。草地在 25° 以上的区域面积仅占 0.3%。沙地、盐碱荒地、湿地滩涂等未利用地分布在坡度 15° 以下的面积达到 99%。建设用地和水域也主要分布在坡度较小的区域（表 1-10）。

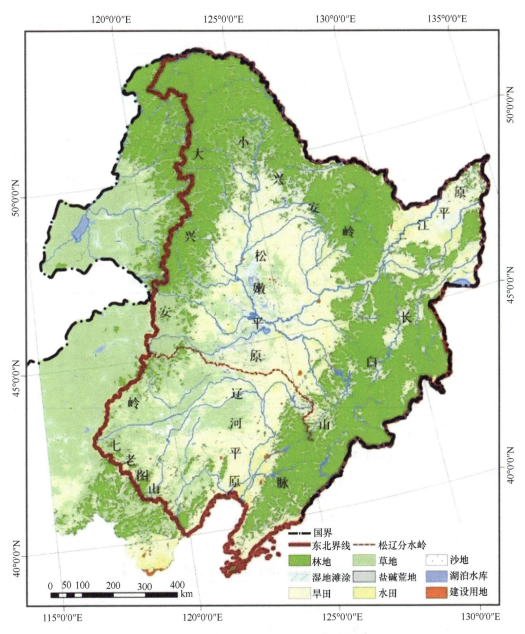

图 1-19　东北区域土地利用类型图

表 1-9　东北区域土地利用类型的数字信息（万 km²）

地区	地貌类型	林地	草地	耕地	沙地	盐碱荒地	湿地滩涂	水域	建设用地	合计
黑龙江	山地	6.06	0.16	0.25	—	—	0.02	0.01	0.01	6.51
	丘陵	11.32	1.17	2.40	—	—	0.38	0.07	0.13	15.47
	台地	2.53	0.7	4.98	—	0.02	0.63	0.09	0.30	9.25
	平原	0.68	1.16	8.38	—	0.37	2.21	0.54	0.44	13.78
吉林	山地	4.66	0.09	0.30	—	—	0.01	0.02	0.02	5.10
	丘陵	2.91	0.11	1.54	—	—	0.05	0.06	0.12	4.79

续表

地区	地貌类型	林地	草地	耕地	沙地	盐碱荒地	湿地滩涂	水域	建设用地	合计
吉林	台地	0.61	0.03	1.71	—	0.02	0.04	0.05	0.20	2.66
	平原	0.28	0.55	3.88	0.02	0.79	0.35	0.21	0.33	6.41
辽宁	山地	3.29	0.30	0.54	—	—	0.01	0.03	0.04	4.21
	丘陵	2.08	0.55	2.26	—	—	0.06	0.09	0.24	5.28
	台地	0.19	0.04	1.50	—	—	0.03	0.05	0.27	2.08
	平原	0.13	0.04	2.13	—	—	0.20	0.07	0.45	3.02
内蒙古	山地	4.46	1.98	0.29	0.02	0.03	0.08	—	0.02	6.88
	丘陵	4.29	4.59	3.00	0.15	0.02	0.39	0.03	0.17	12.64
	台地	0.26	1.18	1.36	0.17	0.02	0.17	0.04	0.11	3.31
	平原	0.18	2.41	1.78	0.62	0.31	0.34	0.10	0.14	5.88
合计		43.93	15.06	36.30	0.98	1.58	4.97	1.46	2.99	107.27

表 1-10　东北区域土地利用类型的坡度数字信息（万 km²）

坡度	林地	草地	耕地	沙地	盐碱荒地	湿地滩涂	水域	建设用地	合计
0°～2°	5.96	7.48	26.29	0.79	1.53	4.35	1.27	2.36	50.03
2°～6°	13.21	3.75	7.52	0.14	0.03	0.44	0.11	0.46	25.66
6°～15°	18.45	3.13	2.30	0.04	0.03	0.16	0.06	0.10	24.27
15°～25°	5.66	0.63	0.20	—	0.01	0.03	0.03	0.01	6.57
>25°	0.64	0.05	0.01	—	—	—	—	—	0.70

　　东北平原地势低平，在平原的水域面积占东北全部水域面积的 81.3%。东北平原中的耕地面积占东北耕地总面积的 62.8%，松嫩平原中的耕地面积占 54.0%，辽河平原中的耕地面积占 31.0%，三江平原中的耕地面积占 15.0%。东北平原中的林地仅占东北林地面积的 30.6%。东北平原草地面积占东北草地总面积的 80.0%。东北平原盐碱荒地的78.4%分布在松嫩平原。东北平原湿地滩涂的 84.7%分布在松嫩平原和三江平原。东北平原建设用地占东北建设用地总面积的 64.4%（表 1-11）。

表 1-11　东北平原土地利用类型的数字信息（万 km²）

地区	地貌	林地	草地	耕地	沙地	盐碱荒地	湿地滩涂	水域	建设用地	合计
松嫩平原	台地	1.06	0.51	5.35	0.01	0.03	0.52	0.09	0.36	7.93
	平原	0.51	1.78	8.53	0.03	1.17	1.58	0.55	0.63	14.78
辽河平原	台地	1.65	0.48	3.67	0.15	0.02	0.07	0.10	0.33	6.47
	平原	0.33	2.24	4.29	0.60	0.31	0.50	0.14	0.60	9.01
三江平原	台地	0.13	0.05	0.56	—	—	0.03	0.02	0.04	0.83
	平原	0.41	0.14	3.32	—	—	1.02	0.22	0.09	5.20
合计		4.09	5.20	25.72	0.79	1.53	3.72	1.12	2.05	44.22

注：本部分的土地利用仅基于地貌高程统计，不同于后面部分基于范围及地貌统计结果，二者数值在台地部分有差异

　　科尔沁沙地的地貌有丘陵、台地和平原。土地利用方式以草地、耕地为主，林地次之，也有湿地滩涂及水域，亦有部分盐碱荒地（表 1-12）。

表 1-12 科尔沁沙地地貌类型和土地利用类型的数字信息（万 km²）

地貌	林地	草地	耕地	沙地	盐碱荒地	湿地滩涂	水域	建设用地	合计
丘陵	—	0.22	0.01	0.09					0.32
台地	0.02	0.23	0.07	0.14	0.01	0.01		0.01	0.49
平原	0.19	1.66	0.94	0.57	0.12	0.11	0.02	0.07	3.68
合计	0.21	2.11	1.02	0.80	0.13	0.12	0.02	0.08	4.49

东北黑土主要分布于台地，部分分布于平原及丘陵。土地利用方式以耕地为主（77.2%），其次为林地（10.7%）、建设用地（5.2%）、草地（4.2%）和湿地滩涂（2.5%），其他利用类型极少（表 1-13）。

表 1-13 黑土区地貌类型和土地利用类型的数字信息（万 km²）

地貌	林地	草地	耕地	沙地	盐碱荒地	湿地滩涂	水域	建设用地	合计
山地	0.05	0.02	0.01	—	—	—	—	—	0.08
丘陵	0.35	0.12	0.48	—	—	0.01	—	0.03	0.99
台地	0.22	0.10	2.77	—	—	0.09	0.01	0.17	3.36
平原	0.02	0.01	1.37	—	—	0.05	0.01	0.11	1.57
合计	0.64	0.25	4.63	—	—	0.15	0.02	0.31	6.00

综上，大兴安岭山脊线以东、七老图山山脊线以北构成的东北区域面积为 107.3 万 km²，基本是独立的地理单元，松嫩平原位于东北区域中部腹地。

东北区域基本地貌类型有 4 种：山地、丘陵、台地、平原，所占面积比例分别为 21.2%、35.6%、16.1%、27.1%。东北整体地势相对低平，起伏和缓，适宜于耕作的面积广大。

东北平原（平原与台地）面积 44.19 万 km²，其中，松嫩平原 22.69 万 km²、辽河平原 15.50 万 km²、三江平原 6.00 万 km²。科尔沁沙地隶属于东北平原，主体与辽河平原重叠，面积 4.5 万 km²。

东北区域有林地 43.93 万 km²、草地 15.06 万 km²、耕地 36.30 万 km²、沙地 0.98 万 km²、盐碱荒地 1.58 万 km²、湿地滩涂 4.97 万 km²、水域 1.46 万 km²、建设用地 2.99 万 km²。总体上，东北林地面积大，耕地广泛，草地面积有限，湿地滩涂面积高于全国平均水平，盐碱荒地占比不高，建设用地面积仅占 3%。

东北区域耕地一半以上（55%）分布于山地、丘陵和台地，即来源于曾经的森林植被，土壤为各类森林土，其他来源于草地，土壤多为黑钙土，二者在经营策略上应区别对待。坡耕地（>15°）仅占总耕地面积的 0.6%。黑土区中的耕地仅占东北区域总耕地的 12.7%。

大、小兴安岭山地北段发育了甘河、诺敏河、雅鲁河、纳文河、绰尔河、洮儿河、讷谟尔河、乌裕尔河、通肯河、呼兰河及霍林河。这些河流汇聚于嫩江-松花江，流经松嫩平原至三江平原，其中，这些河流在山地、丘陵、台地的分布长度为 5978 km，在平原的分布长度为 2695 km，为沿途大小城市乡村提供生产生活用水，加强这些河流在山地、丘陵、台地部分的管理对于松嫩平原中心地区水资源安全具有重要意义。河流分布决定着松嫩平原的特有景观及水资源。

长白山山地发育了辉发河、饮马河,汇入西流松花江,并与拉林河等河流共同汇入松花江,经松嫩平原东部进入三江平原,这些河流在山地、丘陵、台地的长度为 4777 km,在松嫩平原的长度为 2409 km,对松嫩平原的生产生活及三江平原的湿地保育起到了重要作用。大兴安岭和长白山南部发育的新开河、西辽河、东辽河、大辽河、太子河等为辽河平原的主要水源,在山地、丘陵、台地的长度为 3052 km,在辽河平原的长度为 2506 km,对辽河平原的工农业生产、居民生活及生态环境保护等起着重要作用。松嫩平原及东北平原水资源安全、草地保护及湿地保育的重点工作之一在于上游的山区森林资源保护。

大、小兴安岭和长白山发育的河流流经内蒙古自治区、黑龙江省、吉林省和辽宁省,这些河流作为一个统一的生态系统,需要纳入 4 地政府的协作议程中,形成一个统一的河流保护管理策略。东北区域各地的森林保护是东北水资源安全的重要保障,也是东北其他各生态系统管理的基础。

东北平原中草地资源面积不大,但山地、丘陵地区草地资源丰富,具有发展草地畜牧业的资源基础。

松嫩平原北部地势低平,水源丰富,气候基本适宜于农业生产,具有广泛发展水稻田的基础;其南部为"沙地-平原草甸"镶嵌分布的格局,并受季风影响,雨量能满足农业生产,将沙丘的沙土搬运到草甸,覆盖于盐渍化草甸之上,形成"沙压碱"的土地改造模式,可以创造出广大的旱田。这在现代大机械(挖掘机、铲车、翻斗车)普及的情况下完全可以实现。东北平原有盐碱荒地 1.58 万 km²,对于保障国家粮食安全有潜力。

东北平原的湿地滩涂资源丰富,面积为 3.72 万 km²。这些地区地势低平、土质肥沃,极易开发为水田、旱田。因此,需要加强湿地的保护和恢复,使其更好地发挥生态功能,同时,将其作为耕地资源储备库,成为保障国家粮食安全战略的一个重要部分。

科尔沁沙地的沙源为大兴安岭南部山地,在流水和风的作用下,汇聚于辽河平原北部,这是长期历史作用的结果。同样,将其中的部分沙丘利用现代机械设备搬运到低洼或有盐碱的地方可以创造出大面积优质良田。加强大兴安岭南部山地和丘陵的植被保护、科尔沁沙地的植被修复,对于减慢沿河流域的沙搬运、保护东北区域生态和耕地具有战略意义。

(本章作者:周道玮,张正祥)

参 考 文 献

陈秉麟, 陈曦. 1999. 松嫩平原的活化石——鲎虫[J]. 化石, (3): 2-3.

程维明, 周成虎, 申元村, 等. 2017. 中国近 40 年来地貌学研究的回顾与展望[J]. 地理学报, 72(5): 755-775.

崔明, 蔡强国, 范昊明. 2007. 东北黑土区土壤侵蚀研究进展[J]. 水土保持研究, (5): 28-32.

范昊明, 蔡强国, 崔明. 2005. 东北黑土漫岗区土壤侵蚀垂直分带性研究[J]. 农业工程学报, 21(6): 8-11.

傅抱璞. 1963. 起伏地形中的小气候特点[J]. 地理学报, (3): 175-187.

高瑞祺. 1980. 松辽盆地白垩纪陆相沉积特征[J]. 地质学报, (1): 9-23, 85-86.

李崇皜, 郑萱凤, 赵魁义, 等. 1982. 松嫩平原的植被[J]. 地理科学, 2(2): 170-178.

李取生. 1990. 松嫩沙地历史演变的初步研究[J]. 科学通报, (11): 854-856.

李取生. 1991. 松嫩沙地的形成与环境变迁[J]. 中国沙漠, (3): 39-46.

李取生, 邓伟, 钱贞国. 2000. 松嫩平原西部盐沼的形成与演化[J]. 地理科学, (4): 362-367.

李宜垠, 吕金福. 1996. 松嫩沙地晚更新世以来的孢粉记录及古植被古气候[J]. 中国沙漠, (4): 11-17.

罗志立, 姚军辉. 1992. 试论松辽盆地新的成因模式及其地质构造和油气勘探意义[J]. 天然气地球科学,
　　(1): 1-10.

裘善文. 1990. 青藏高原东缘山地土壤现代冰卷泥发生及其历史演变[J]. 第四纪研究, 10(2): 137-145.

裘善文. 2009. 松嫩平原古大湖研究新进展及其平原的形成与发展[C]//全国地貌与第四纪学术研讨会
　　论文集. 上海: 全国地貌与第四纪学术研讨会.

裘善文, 姜鹏, 李风华, 等. 1981. 中国东北晚冰期以来自然环境演变的初步探讨[J]. 地理学报, (3):
　　315-327.

汪佩芳, 夏玉梅. 1988. 松嫩平原晚更新世以来古植被演替的初步研究[J]. 植物研究, (1): 87-96.

王学志, 张正祥, 盛连喜, 等. 2010. 基于地貌特征的东北土地利用格局[J]. 生态学杂志, (12): 2444-2451.

夏玉梅, 汪佩芳. 1987. 松嫩平原晚第三纪—更新世孢粉组合及古植被与古气候的研究[J]. 地理学报,
　　(2): 165-178.

杨秉赓, 孙肇春, 吕金福. 1983. 松辽水系的变迁[J]. 地理研究, (1): 48-56.

尤联元, 杨景春. 2013. 中国地貌[M]. 北京: 科学出版社.

余和中, 李玉文, 韩守华, 等. 2001. 松辽盆地古生代构造演化[J]. 大地构造与成矿学, 25(4): 389-396.

詹涛, 曾方明, 谢远云, 等. 2019. 东北平原钻孔的磁性地层定年及松辽古湖演化[J]. 科学通报, 64(11):
　　1179-1190.

赵海卿, 苑利波, 张哲寰, 等. 2009. 松辽分水岭的水文地质特征及其对生态环境的影响[J]. 地质与资
　　源, 18(1): 47-52.

周道玮, 张正祥, 靳英华, 等. 2010. 东北植被区划及其分布格局[J]. 植物生态学报, 34(12): 1359-1368.

朱巍, 唐雯, 都基众. 2013. 嫩江流域古河道的形成与演化[J]. 地下水, 35(2): 85-86, 115.

第二章 松嫩平原的气候

气候指区域范围内气温、降水、光照等要素的长期状态。按温度分，松嫩平原属于温带气候；按降水分，松嫩平原属于半干旱、半湿润气候（陈咸吉，1982；竺可桢，1979）。总体上，松嫩平原属于温带半湿润季风气候区（杨纫章，1950）。

松嫩平原西南部的大兴安岭山地低矮，春秋季，蒙古高原的蒙古气旋（大风）越过大兴安岭山地，经科尔沁沙地，吹向松嫩平原，表现为松嫩平原春秋季多西南风；夏季，东南沿海季风吹向松嫩平原内陆，表现为夏季多东南风（郑国光，2019）。

松嫩平原的气候决定着其饲草生产等种植业的发展模式和效益，决定着其养殖业的饲料来源和生产过程。气候不能管理，但顺应气候趋利避害，结合其他自然资源优势，如丰富的地下水资源，可以创造出更好的种植、养殖环境，并改变生产方式。

第一节 松嫩平原的气候类型及其分区

气候为温度、降水、风等诸要素共同作用构成的大气环境状态，单一要素的表述不足以全面描述气候模式，且不能进行各地区间统一表述的比较。为了进一步了解东北地区及松嫩平原的气候，具体理解松嫩平原各地的气候状态及差异，依据 Köppen 气候系统及 Peel 途径（Peel et al.，2007），在中国 Köppen 气候分类基础上（图 2-1）（王婷等，2020；周道玮等，2020，2021），对东北地区及松嫩平原气候进一步归纳阐述，以便各区比较。

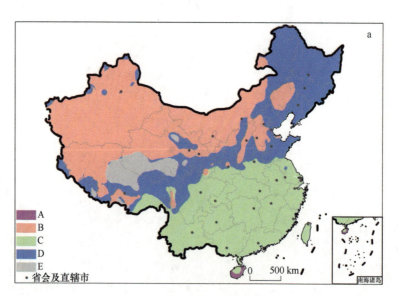

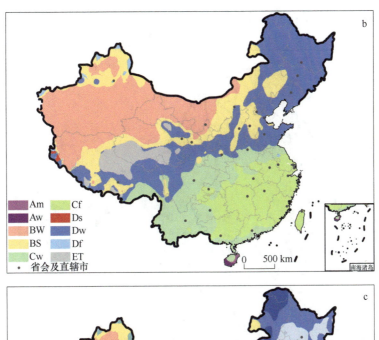

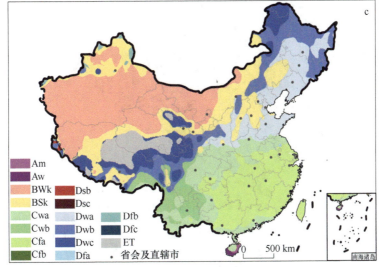

图 2-1　中国 Köppen 气候系统类型

a 为一级气候分类图：A. 热湿气候，B. 干旱气候，C. 温湿气候，D. 冷湿气候，E. 极地气候；b 为二级气候分类图：Am. 热湿季雨林气候，Aw. 热湿干草原气候，BW. 干旱荒漠气候，BS. 干旱草原气候，Cw. 温湿干冬气候，Cf. 温湿无干季气候，Ds. 冷湿干夏气候，Dw. 冷湿干冬气候，Df. 冷湿无干季气候，ET. 极地苔原气候；c 为三级气候分类图：Am. 热湿季雨林气候，Aw. 热湿干草原气候，BWk. 干旱荒漠冷性气候，BSk. 干旱草原冷性气候，Cwa. 温湿干冬热夏气候，Cwb. 温湿干冬温夏气候，Cfa. 温湿无干季热夏气候，Cfb. 温湿无干季温夏气候，Dsb. 冷湿干夏温夏气候，Dsc. 冷湿干夏冷夏气候，Dwa. 冷湿干冬热夏气候，Dwb. 冷湿干冬温夏气候，Dwc. 冷湿干冬冷夏气候，Dfa. 冷湿无干季热夏气候，Dfb. 冷湿无干季温夏气候，Dfc. 冷湿无干季冷夏气候，ET. 极地苔原气候

一、气候类型

依据 Köppen 气候分类系统，一级分类侧重植被边界，分出两种气候类型：冷湿气候（D）和干旱气候（B）；二级分类侧重降水，同样分出两种气候类型：冷湿干冬气候（Dw）和干旱草原气候（BS）（图 2-2）。在二级气候分类的基础上，三级分类侧重温度，分出 4 种气候类型：冷湿干冬热夏气候（Dwa）、冷湿干冬温夏气候（Dwb）、冷湿干冬

冷夏气候（Dwc）和干旱草原冷性气候（BSk）（表2-1）。

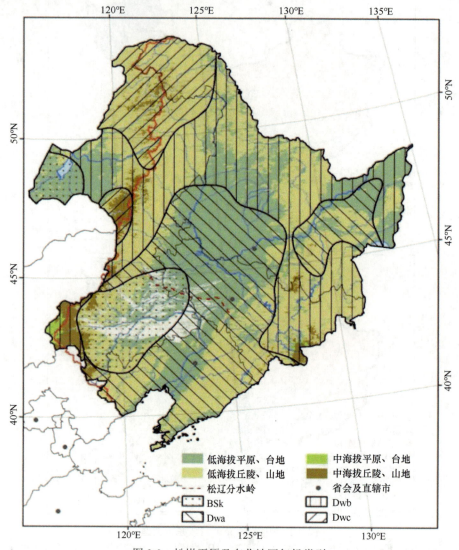

图 2-2　松嫩平原及东北地区气候类型

表 2-1　1987~2016 年气候类型区的气候参数

气候类型	年平均最高温（℃）	年平均最低温（℃）	年平均气温（℃）	无霜日	≥0℃积温（℃·d）	代表地点
冷湿干冬冷夏气候	5.38	−10.42	−2.96	114	2131.58	漠河
冷湿干冬温夏气候	7.70	−4.22	1.51	157	2851.18	嫩江
冷湿干冬热夏气候	11.92	0.70	6.08	187	3602.98	长春
干旱草原冷性气候	11.15	−1.06	4.68	175	3332.26	林西

注：各类型数据为 5 个代表站点的平均值

　　在 Köppen 气候分类体系中，松嫩平原主体为冷湿干冬热夏气候，北部为冷湿干冬温夏气候，南部为干旱草原冷性气候。松嫩平原气候特点为：冬季寒冷、干燥，夏季炎热、多雨。

二、气候分区

根据空间连续原则，将上述相似相近气候类型连接合并，形成气候分区区划。东北分为冷夏气候区、温夏气候区、热夏气候区和干草原气候区（图 2-3）。松嫩平原属于热夏气候区，西南部接近干草原气候区，三个代表地点的气象参数列于表 2-2。

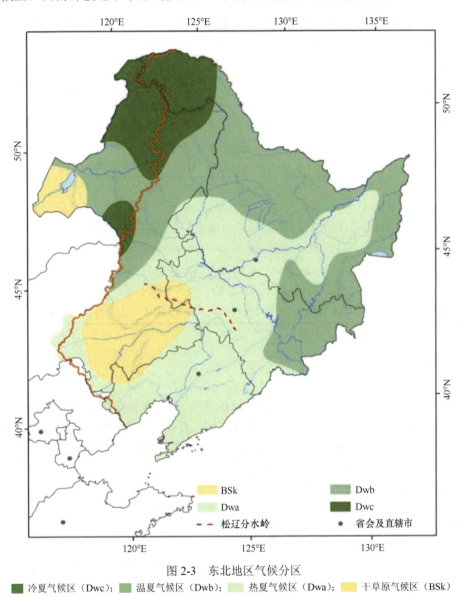

图 2-3　东北地区气候分区

■ 冷夏气候区（Dwc）；■ 温夏气候区（Dwb）；■ 热夏气候区（Dwa）；■ 干草原气候区（BSk）

表 2-2　松嫩平原三个地点 1987～2016 年月平均及年平均气象参数（表中 Σ 为求和值）

地点	气象参数	1	2	3	4	5	6	7	8	9	10	11	12	年平均
齐齐哈尔	平均气温（℃）	−18.2	−12.7	−3.4	7.1	15.3	21.3	23.5	21.8	15.1	6.0	−6.1	−15.6	4.5
	最高温（℃）	−12.3	−6.1	2.8	13.4	21.4	26.8	28.1	26.7	20.8	11.8	−1.0	−10.3	10.2

续表

地点	气象参数	1	2	3	4	5	6	7	8	9	10	11	12	年平均
齐齐哈尔	最低温（℃）	−23.2	−18.7	−9.5	0.8	9.2	16.1	19.2	17.4	10.0	1.0	−10.4	−20.0	−0.7
	≥0℃积温（℃·d）	0.0	0.1	28.8	216.9	475.0	639.3	728.5	676.1	452.3	192.3	11.2	0.0	Σ3420.5
	降水量（mm）	2.3	2.7	7.0	18.8	33.7	75.1	140.3	90.3	41.2	21.4	5.3	5.7	Σ443.8
	风速（m/s）	2.2	2.6	3.5	3.8	3.7	3.0	2.8	2.6	2.9	3.1	2.9	2.3	2.9
	日照时间（h）	191.0	212.2	258.4	249.0	266.7	268.8	257.0	266.9	250.5	224.2	180.9	165.1	Σ2790.7
长岭	平均气温（℃）	−15.1	−9.8	−1.5	8.5	16.2	21.6	23.7	22.4	16.3	7.7	−3.6	−12.3	6.2
	最高温（℃）	−9.2	−3.4	4.7	14.8	22.3	27.1	28.4	27.5	22.5	13.8	1.9	−6.9	11.9
	最低温（℃）	−19.8	−15.2	−7.1	2.3	10.1	16.3	19.5	17.8	10.6	2.4	−8.1	−16.7	1.0
	≥0℃积温（℃·d）	0.0	1.4	44.6	257.3	501.6	646.8	735.8	694.2	488.5	242.2	30.0	0.6	Σ3643.0
	降水量（mm）	2.4	3.1	8.9	16.0	44.7	75.1	110.7	87.1	34.5	21.5	8.2	4.1	Σ416.3
	风速（m/s）	2.4	2.8	3.5	4.0	3.7	3.0	2.6	2.3	2.6	3.0	3.1	2.6	3.0
	日照时间（h）	186.2	202.0	239.4	234.6	255.9	244.4	224.9	230.2	241.1	216.0	172.4	162.6	Σ2609.7
肇州	平均气温（℃）	−18.1	−12.4	−2.9	7.6	15.5	21.3	23.3	21.7	15.2	6.5	−5.4	−15.1	4.8
	最高温（℃）	−11.9	−5.6	3.4	14.1	21.7	26.9	28.0	27.0	21.7	12.7	0.1	−9.4	10.7
	最低温（℃）	−23.4	−18.5	−8.9	1.0	9.2	15.8	18.7	16.8	9.2	1.0	−10.2	−20.0	−0.8
	≥0℃积温（℃·d）	0.0	0.4	33.5	229.0	480.0	640.2	721.6	673.9	456.6	207.9	17.8	0.2	Σ3461.1
	降水量（mm）	1.9	2.4	6.4	16.4	42.7	88.2	130.2	96.2	40.8	19.7	7.2	4.1	Σ456.2
	风速（m/s）	2.7	3.2	3.9	4.5	4.2	3.2	2.7	2.4	2.8	3.4	3.4	2.8	3.3
	日照时间（h）	207.5	229.1	270.5	261.8	278.8	263.6	245.9	251.1	252.0	226.4	191.4	182.9	2861.0

三、寒冷度分区

12 月至次年 1 月为松嫩平原各区最寒冷的季节。按照各地区历年极端最低温平均值划分，以−2.8℃为间隔，东北有 10 个寒冷度分区，自北向南有规律渐次分布（图 2-4 和表 2-3）。松嫩平原南北横跨 4 个寒冷度分区，历史极端最低温平均值分别为−36.4℃、−33.6℃、−30.8℃和−28.0℃（表 2-2）。农业生产实践中，需要根据各分区的极端气候，确定引种作物的潜在适应性及其分布范围。

四、炎热度分区

7～8 月为松嫩平原各区最温暖、炎热的季节。按照各地区历年极端最高温平均值＞30℃的天数划分，以 7 天为间隔，东北有 7 个炎热度分区（图 2-5 和表 2-4），自东北向西南渐次有规律分布。松嫩平原有 4 个炎热度分区，历史极端最高温平均值＞30℃的天数分别为 14 天、21 天、28 天和 35 天。农业生产实践中，需要考虑各种作物在各区的高温耐受适应性及其分布范围。

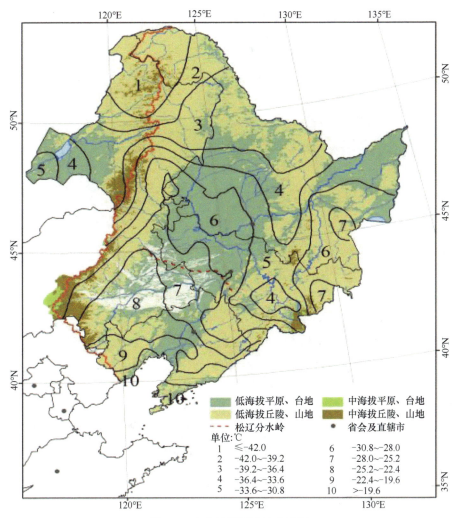

图 2-4　东北地区寒冷度分区图

表 2-3　1987～2016 年寒冷度分区的气候参数

寒冷度分区	最高温（℃）	最低温（℃）	平均温（℃）	无霜口	≥0℃积温（℃·d）	代表地点
1	5.21	-11.39	-3.60	110	2082.24	漠河市
2	5.72	-8.74	-1.94	126	2341.75	塔河县
3	6.95	-5.66	0.38	147	2674.33	海拉尔区
4	8.18	-3.93	1.85	158	2943.21	新巴尔虎左旗
5	9.51	-1.79	3.63	171	3140.55	海伦市
6	11.22	0.27	5.38	184	3442.67	通化市
7	12.95	1.24	6.84	190	3693.02	双辽市
8	14.27	2.47	7.92	198	3840.32	岫岩满族自治县
9	15.41	4.85	9.83	214	4230.16	营口市
10	15.09	5.97	10.18	225	4176.36	瓦房店市
平均	10.45	-1.67	4.05	172	3256.46	

注：各区数据为 5 个代表站点的平均值

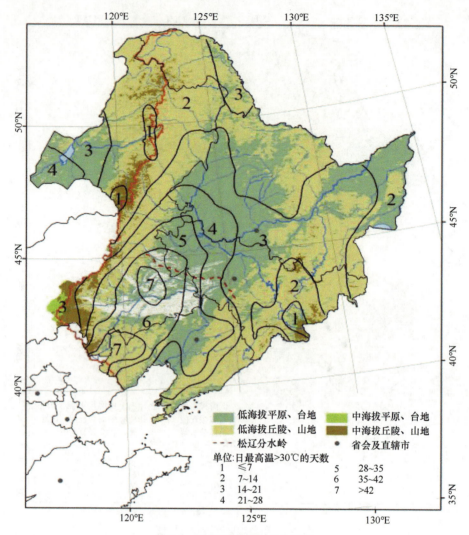

图 2-5 东北地区炎热度分区图

表 2-4 1986～2016 年炎热度分区的气候参数

炎热度分区	最高温（℃）	最低温（℃）	平均温（℃）	无霜日	≥0℃积温（℃·d）	代表地点
1	7.48	−6.11	0.42	136	2461.73	博克图镇
2	7.76	−4.45	1.31	155	2790.44	海拉尔区
3	10.29	−1.51	4.01	170	3144.29	扎兰屯市
4	12.25	1.56	6.66	194	3675.98	乾安县
5	14.18	2.92	8.25	202	3943.57	彰武县
6	14.55	2.32	8.08	197	3860.25	通辽市
7	14.89	2.62	8.35	199	3970.12	开鲁县
平均	11.63	−0.38	5.30	179	3406.63	

注：各区数据为 5 个代表站点的平均值

第二节　松嫩平原的气温

松嫩平原总的气温特点为：冬季寒冷，夏季炎热，南北差异较大，东西差异较小。

野生饲草不同于粮食作物，一般来说，野生饲草在气温为 0℃或更低时即开始生长。日平均气温>0℃的年积温信息有助于理解并管理草地生产，通过扩展生长期来增加产量、延长绿期来维持质量。气候不能操作管理，但可以调节饲草或作物的播种日期，以优化饲草及作物生长所需的温度条件，甚至调整播种日期，耦合降水，实现温度和水分的最优组合，满足饲草及作物生长对温度和水分的需要（周道玮等，2020）。

一、积温的分布

1987～2016 年的温度数据表明，以 300℃为间隔划分，东北地区日平均气温>0℃的年积温可分 9 个区，积温变化于 2100～4200℃，自北向南基本渐次分布，个别地区有局域独立气候，主要出现在山地。松嫩平原自北向南有 3 个积温区，日平均气温>0℃的年积温分别为 3000℃、3300℃和 3600℃，年积温南北相差 600℃（图 2-6）。

1～2 月，东北地区日平均气温>0℃的月积温不足 10℃，表明各地区气温平均值≤0℃，为非生长季。3 月，东北地区日平均气温>0℃的月积温自北向南为 10～100℃（图 2-7）。3 月，松嫩平原南部地区月积温≥30℃，表明日平均气温≥1℃，饲草生长季开始。4 月，东北地区日平均气温>0℃的月积温自北向南为 90～330℃（图 2-8），每天有 3～10℃的积温，表明日平均气温≥3℃，饲草生长季完全开始。

5 月，东北地区日平均气温>0℃的月积温自北向南为 300～550℃（图 2-9），表明日平均气温≥10℃，东北地区完全进入生长季，南北月积温相差 250℃。6 月，东北地区南北日平均气温>0℃的月积温变化于 500～650℃（图 2-10），南北月积温相差 150℃。5～6 月，松嫩平原日平均气温>0℃的月积温为 500～600℃，气候温和。

7 月，东北地区日平均气温>0℃的月积温南北变化于 600～750℃（图 2-11），南北月积温相差 150℃。8 月，东北地区南北日平均气温>0℃的月积温变化于 500～750℃（图 2-12），南北月积温相差 250℃。7～8 月，松嫩平原日平均气温>0℃的月积温为 600～700℃，气候温暖。

9 月，东北地区日平均气温>0℃的月积温南北变化于 250～550℃（图 2-13），南北月积温相差 300℃。10 月，东北地区南北日平均气温>0℃的月积温变化于 50～350℃（图 2-14），南北月积温相差 300℃。9 月，松嫩平原日平均气温>0℃的月积温为 450～500℃，气候温和。10 月，松嫩平原日平均气温>0℃的月积温为 150～250℃，气候凉爽。

11 月，东北地区日平均气温>0℃的月积温南北变化于 0～100℃（图 2-15），北部日平均气温≤0℃，完全进入非生长季。12 月，东北地区日平均气温>0℃的月积温南北变化于 0～10℃（图 2-16），全区处于非生长季。11～12 月，松嫩平原日平均气温>0℃的月积温为 0～20℃。

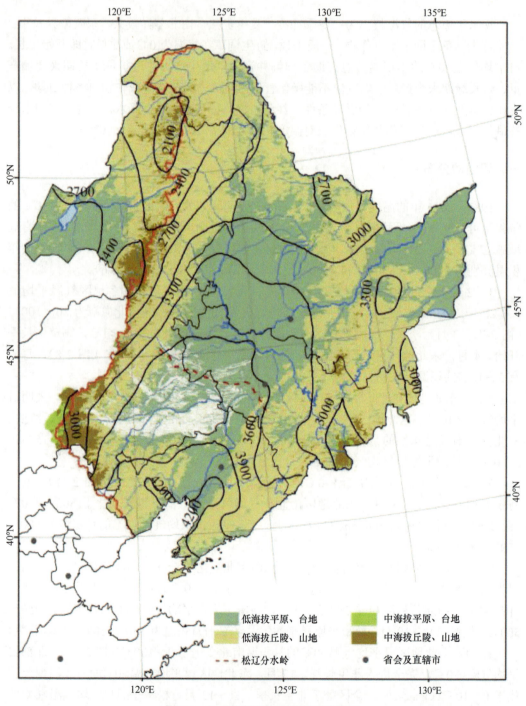

图 2-6　日平均气温>0℃的年积温分布

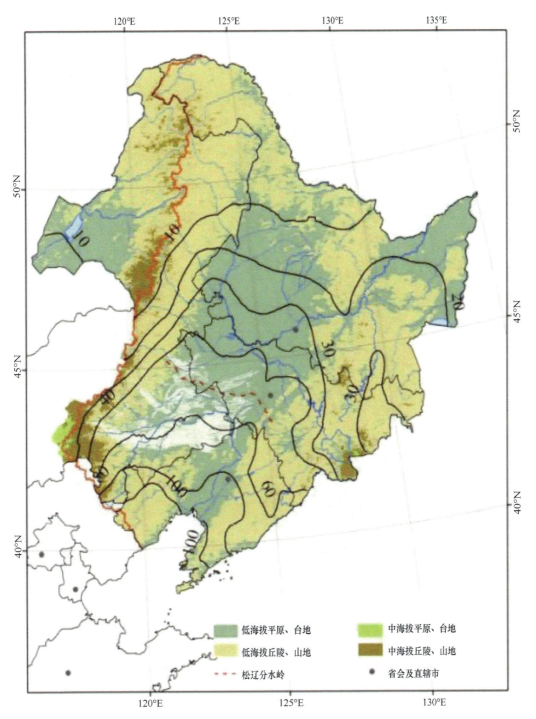

图 2-7　3 月日平均气温>0℃的月积温分布

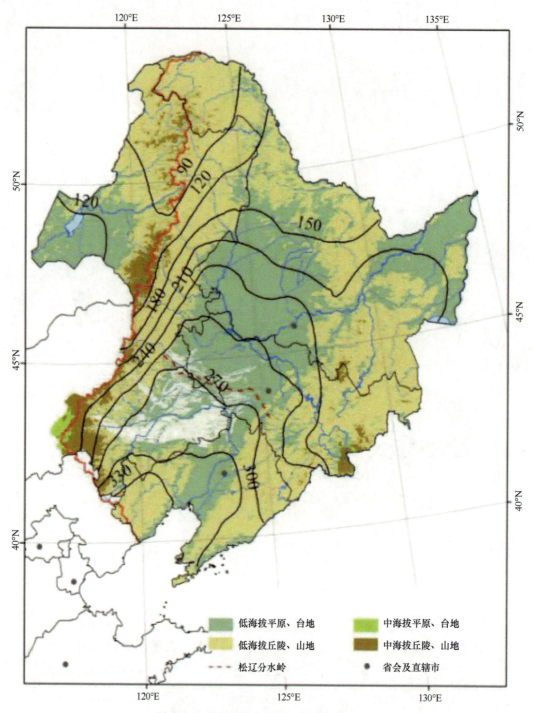

图 2-8 4 月日平均气温>0℃的月积温分布

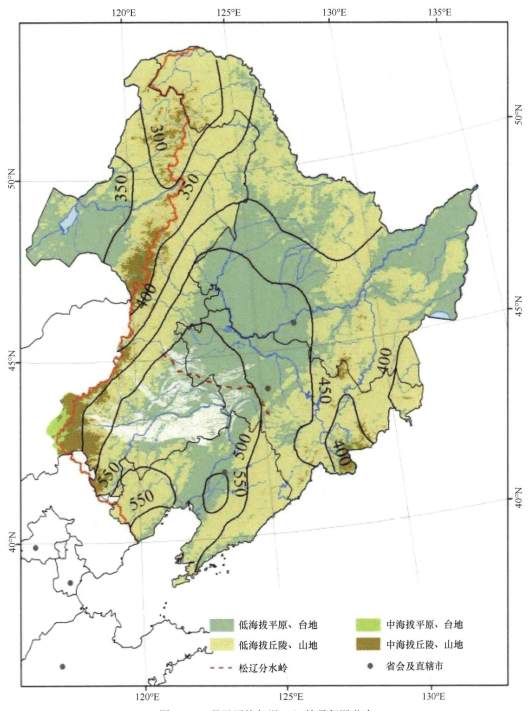

图 2-9　5 月日平均气温>0℃的月积温分布

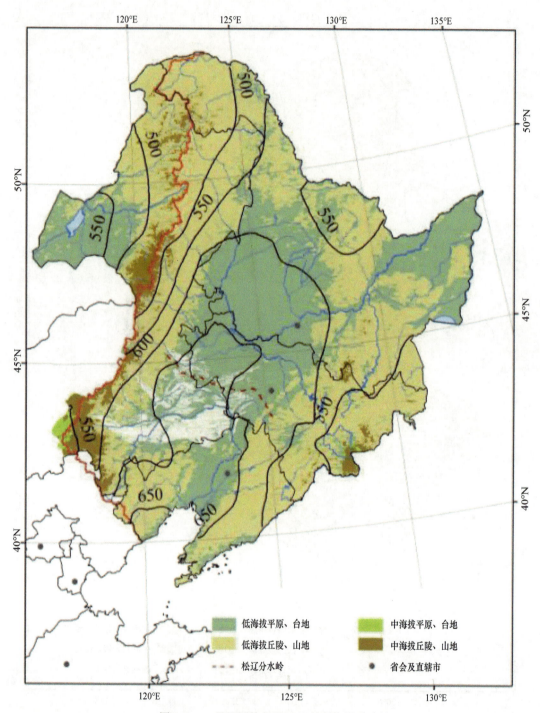

图 2-10　6 月日平均气温>0℃的月积温分布

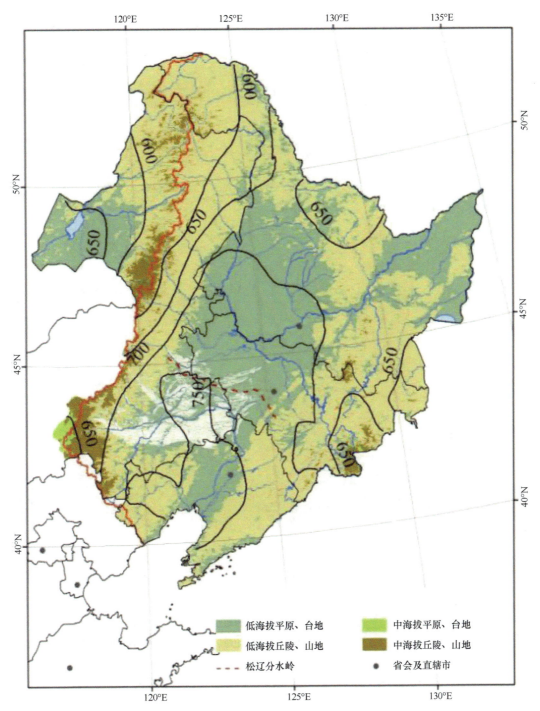

图 2-11　7 月日平均气温>0℃的月积温分布

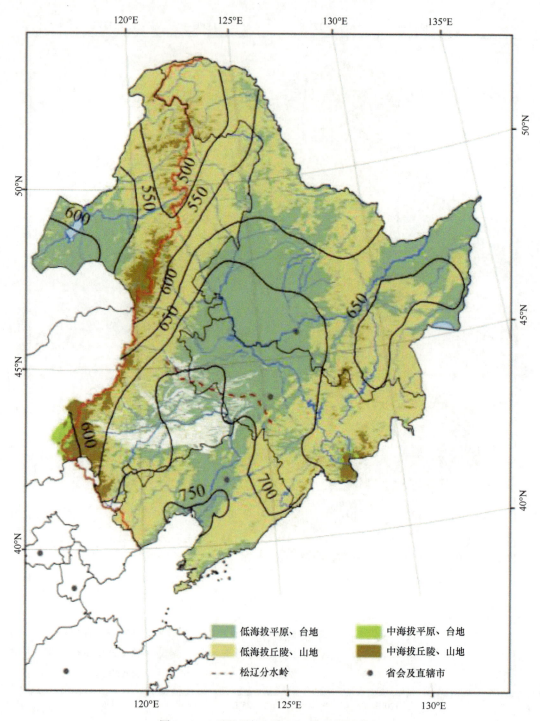

图 2-12　8 月日平均气温>0℃的月积温分布

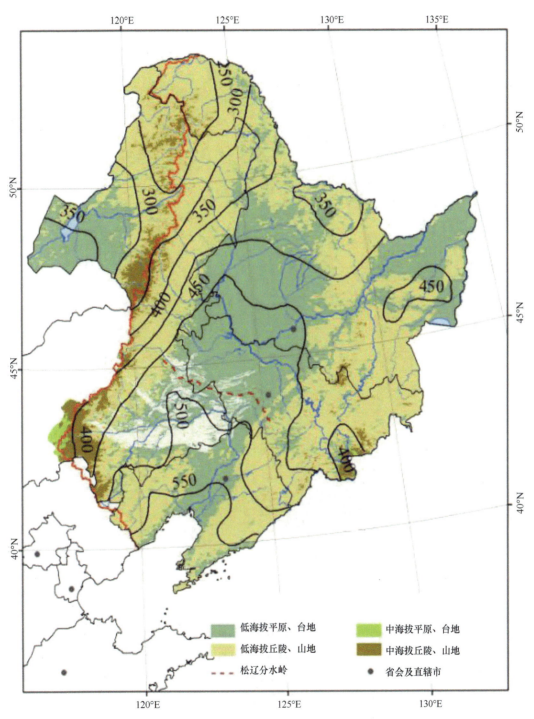

图 2-13 9 月日平均气温>0℃的月积温分布

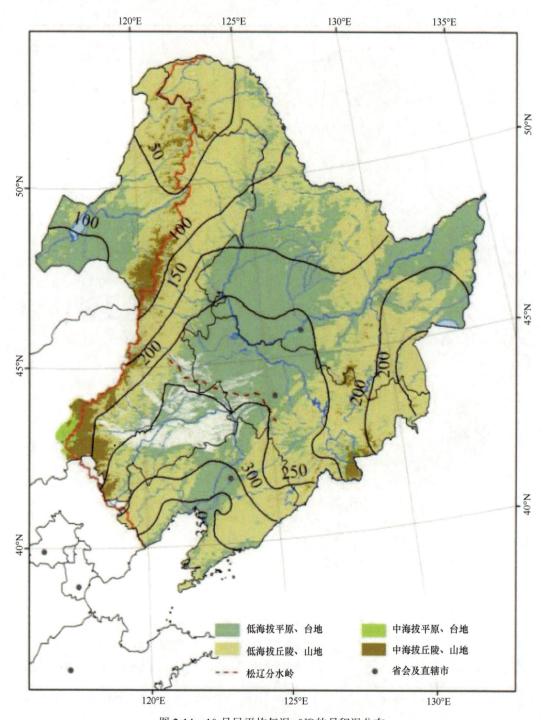

图 2-14 10 月日平均气温>0℃的月积温分布

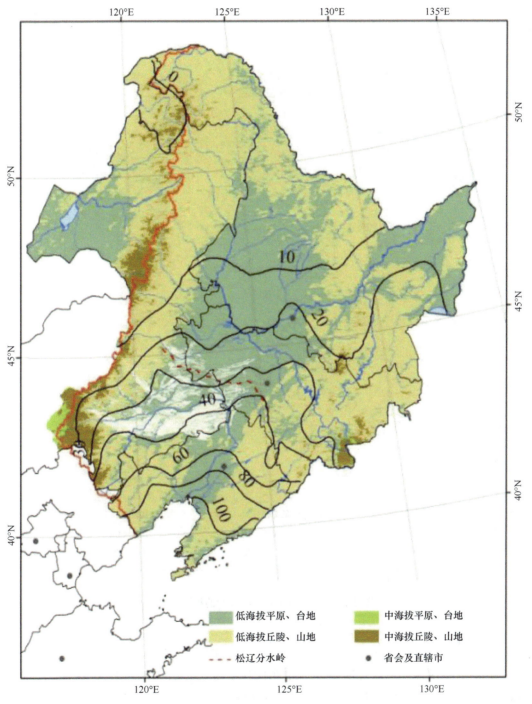

图 2-15　11 月日平均气温>0℃的积温分布

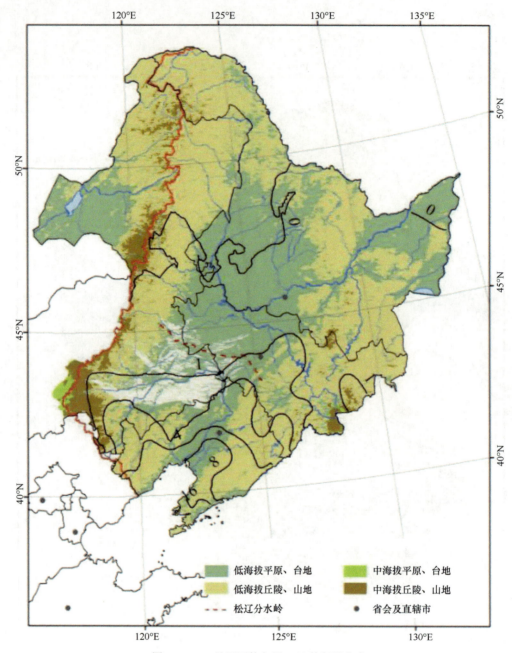

图 2-16 12 月日平均气温>0℃的积温分布

二、集冷量的分布

1987～2016 年的温度数据表明,东北地区日平均气温<0℃的积温(暂称为集冷量),以 300℃为间隔分为 11 个区,集冷量处于-3300～-600℃(图 2-17)。松嫩平原有 4 个分区,集冷量分别为-1200℃、-1500℃、-1800℃和-2100℃,南北相差 900℃。作物引种除需要考虑极端低温,还需要考虑低温持续时间,即集冷量及其分布范围。

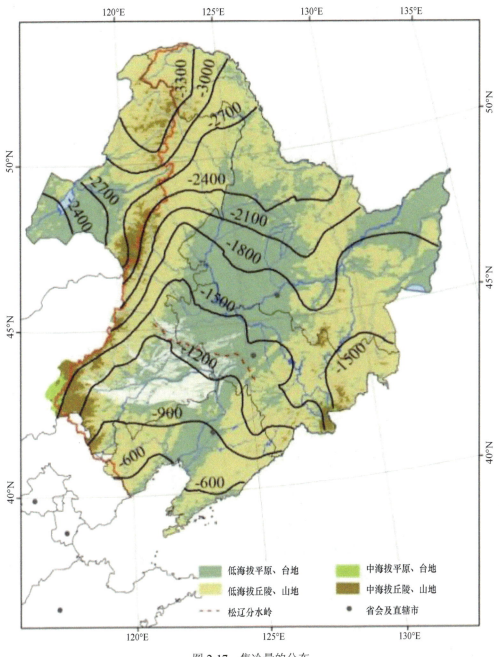

图 2-17　集冷量的分布

三、无霜日的分布

　　将东北地区 98 个站点春季日平均气温≥0℃日至秋季日平均气温≥0℃日之间的日数确定为无霜日，以 10 天为间隔，可分为 13 个区带，无霜日为 110～230 天，南北差异极大，预示着农业生产方式极不相同（图 2-18）。同一地点，年度间无霜日也有 20～40 天的差异变化（图 2-19）。

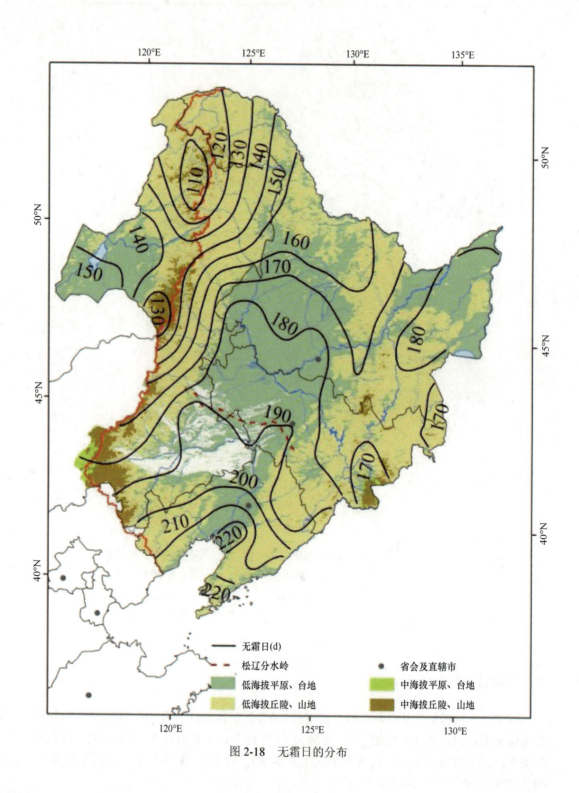

图 2-18　无霜日的分布

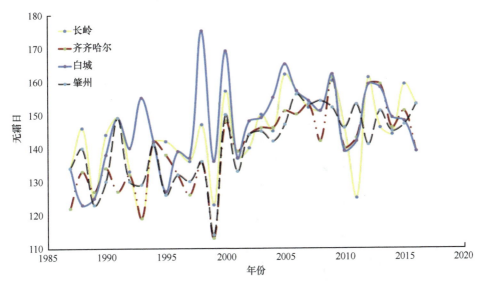

图 2-19　4 个地点无霜日的年度间变化

第三节　松嫩平原的降水

松嫩平原总的降水特点为：夏季降水多，冬季降水少，东西差异较大，南北差异较小。

降水为饲草及作物赖以生长存活所需的要素之一，结合温度，在土壤养分的支持下，构成了作物产量及质量，为饲草利用的基础（王婷等，2020）。不同饲草及作物品种生长所需要的降水有差异，所以，理解降水量及其分布，特别是生长季降水量及其分布，为理解饲草及作物种植和管理的前提。

一、降水量分布

1987～2016 年的降水数据表明，东北地区年降水量自东南部向西北部渐次减少，降水量的分布曲线近乎与长白山脉平行，从长白山山地的 900 mm 到呼伦贝尔高原减少为 250 mm。松嫩平原降水量总体为 400～550 mm，东半部及北部雨量充沛，西半部及西南部雨量偏少（图 2-20）。

1 月，东北地区降水量普遍少，仅 2～9 mm（图 2-21）；2 月，东北地区降水量为 2～14 mm（图 2-22）。经验表明，降水量低于 10 mm 基本为无效降水，对土壤没有保墒效果，特别是干旱季节及冬季以降雪形式出现的降水。

3 月，东北地区降水量自东南向西北为 4～20 mm（图 2-23）；4 月，东北地区降水量自东南向西北为 10～50 mm（图 2-24）。3 月和 4 月的 60 天左右，松嫩平原降水量仅为 20～30 mm，并分为几次降水，对土壤没有保墒效果，基本是"雨过仅地表面湿"。尽管 4 月各地气温陆续高于 0℃，地表温度开始回升，但多数地方由于土壤干旱，饲草并不生长。地表干旱，一年生植物不发芽；地下温度低，多年生植物不生长。所以说，在松嫩平原，春季降水影响饲草和作物开始生长的日期，决定其全年生长天数。

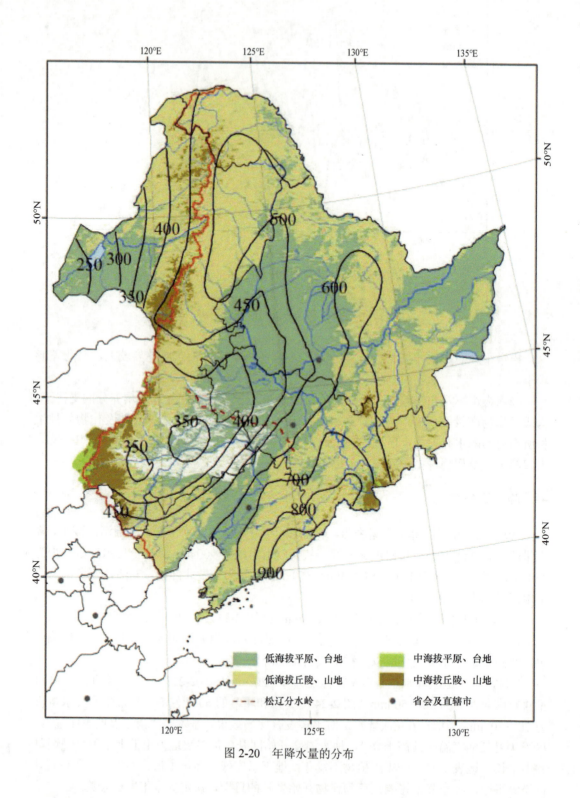

图 2-20　年降水量的分布

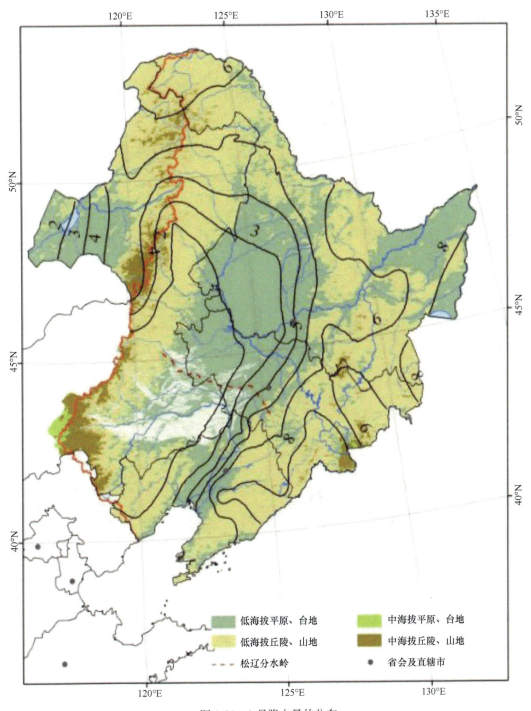

图 2-21　1 月降水量的分布

低海拔平原、台地

低海拔丘陵、山地

中海拔平原、台地

中海拔丘陵、山地

松辽分水岭

省会及直辖市

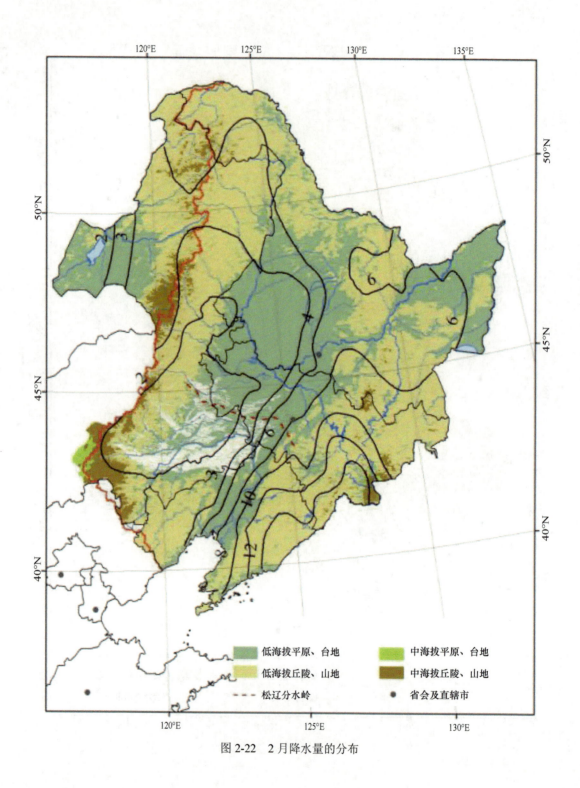

图 2-22 2 月降水量的分布

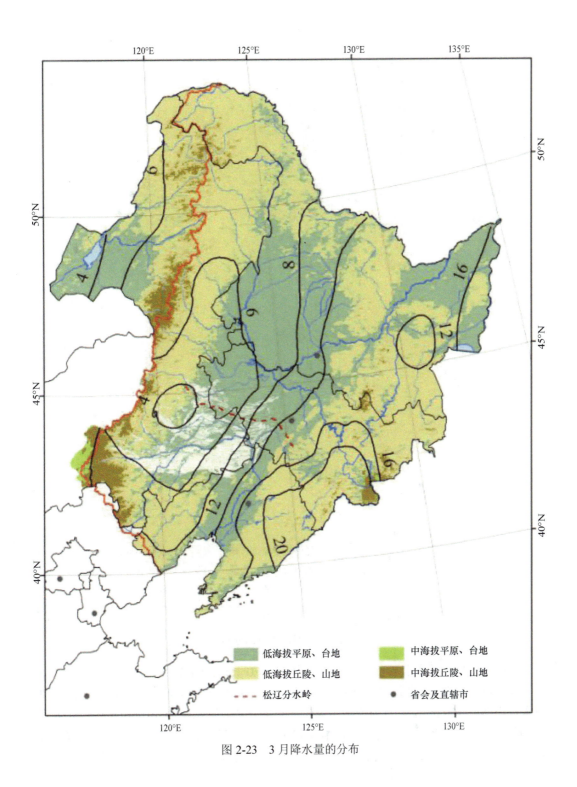

图 2-23 3 月降水量的分布

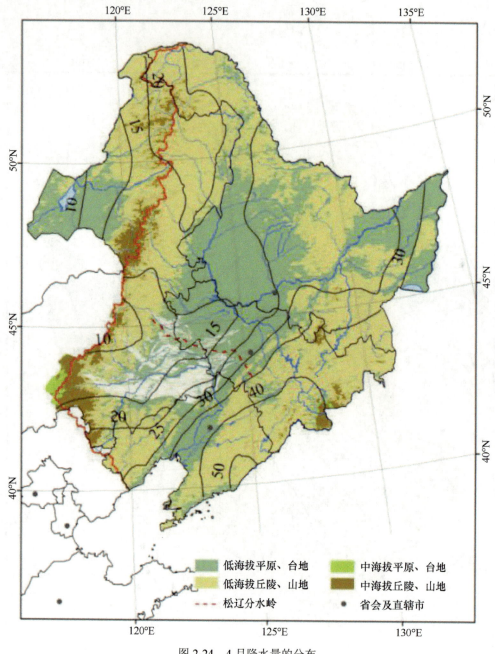

图 2-24 4 月降水量的分布

　　5 月，东北地区降水量自东南向西北为 25～70 mm（图 2-25），松嫩平原降水量为 30～40 mm；6 月，东北地区降水量自东南向西北为 40～110 mm（图 2-26），松嫩平原降水量为 90～100 mm。5 月为松嫩平原生长季的开始，降水量为 30～40 mm，多为 2～3 次降水，每次降水不足以对土壤墒情起到充分的补充作用，但一些地段由于得到水分补充，一些植物开始生长。总体上，松嫩平原多表现为春季干旱。6 月的降水往往对土壤墒情起到充分的补充作用。

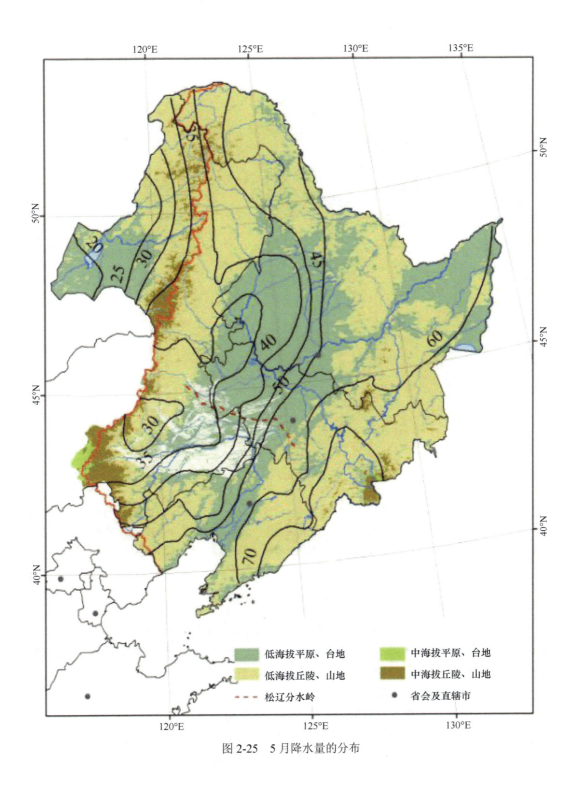

图 2-25 5 月降水量的分布

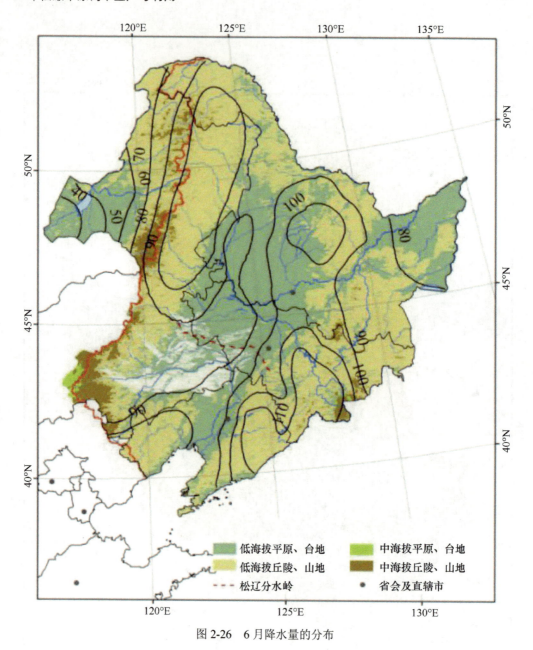

图 2-26　6 月降水量的分布

　　7 月，东北地区降水量自东南向西北为 80～200 mm（图 2-27），松嫩平原达到 140～
150 mm；8 月，东北地区降水量自东南向西北为 70～200 mm（图 2-28），松嫩平原达到
100～120 mm。7～8 月，松嫩平原降水充足，可以充分满足饲草及作物的生长需要，并
且雨热同期，为作物生长的旺盛阶段。

　　9 月，东北地区的降水大量减少，降水量自东南向西北为 30～70 mm（图 2-29），
松嫩平原降水量为 35～55 mm；10 月，东北地区降水量为 10～50 mm（图 2-30），松嫩
平原降水量为 15～30 mm。9～10 月，松嫩平原降水量显著减少，个别年份 9 月干旱，
严重影响作物后熟。

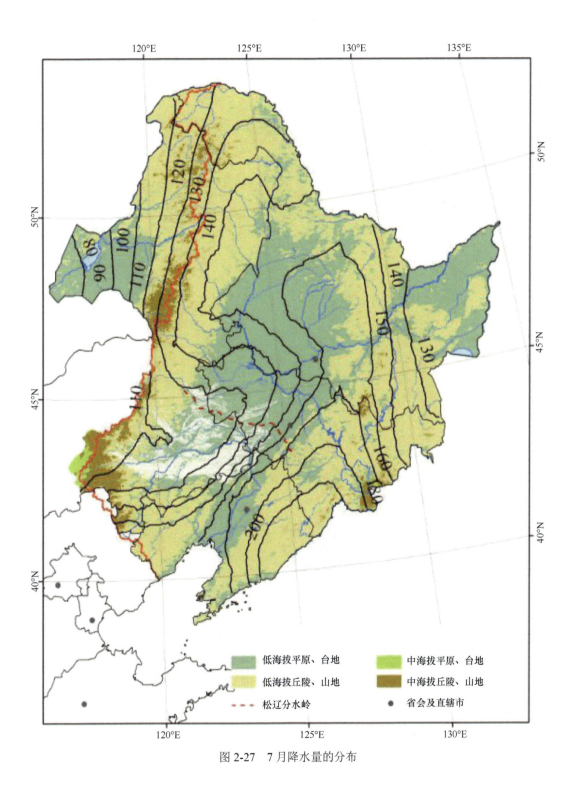

图 2-27 7 月降水量的分布

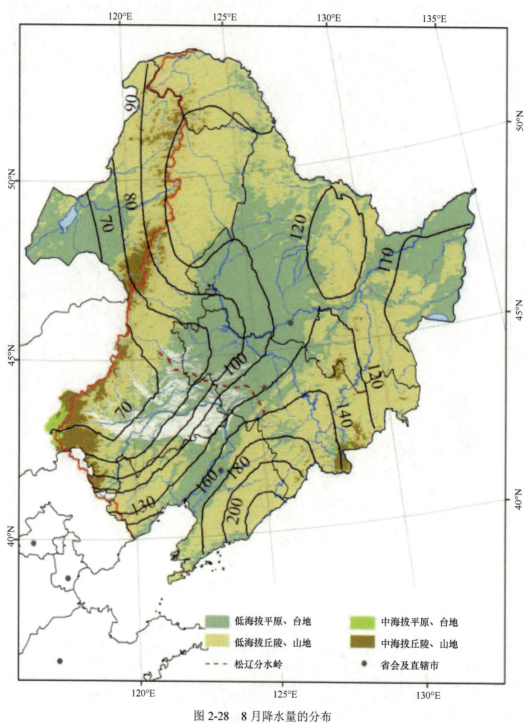

图 2-28　8 月降水量的分布

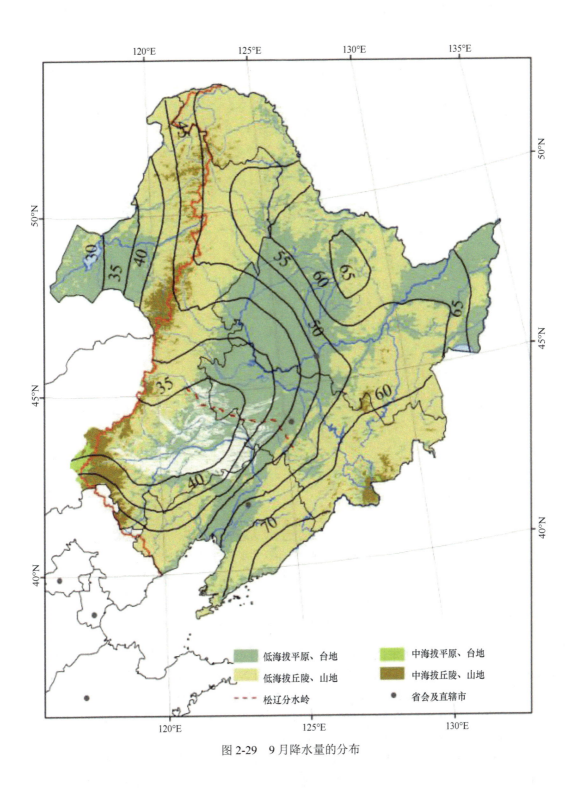

图 2-29　9 月降水量的分布

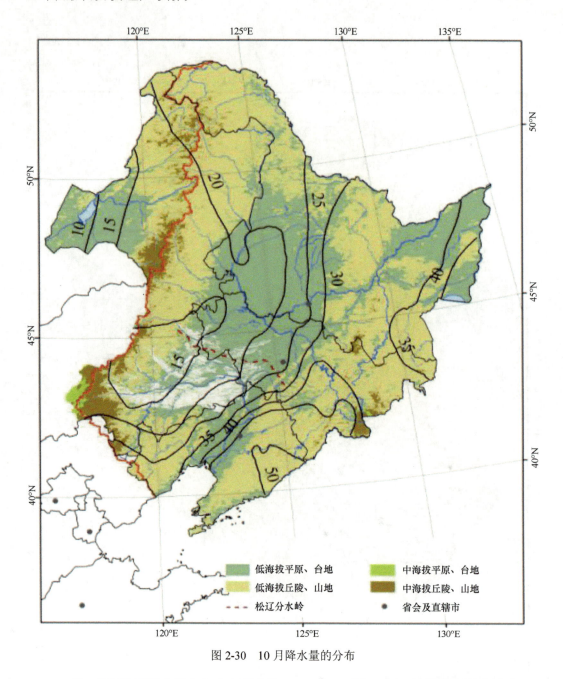

图 2-30   10 月降水量的分布

　　11 月，东北地区降水量自东南向西北为 4～30 mm（图 2-31），松嫩平原降水量为 4～
10 mm；12 月，东北地区降水量为 2～12 mm（图 2-32），松嫩平原降水量为 4～8 mm。
松嫩平原 11～12 月降水少，且以雪的形式降落，对土壤没有保墒效果。

　　东北地区，10 月经冬季至次年 4 月基本为非生长季，降水量自东南向西北变化于
30～180 mm（图 2-33）。其间，松嫩平原降水量为 50～70 mm，并分多次降落，多以雪
的形式降落，对土壤墒情没有补充作用。5～9 月为生长季，松嫩平原降水量为 350～
550 mm（图 2-34），东南部及北部雨水充分，为半湿润区，西南雨水偏少，为半干旱区。

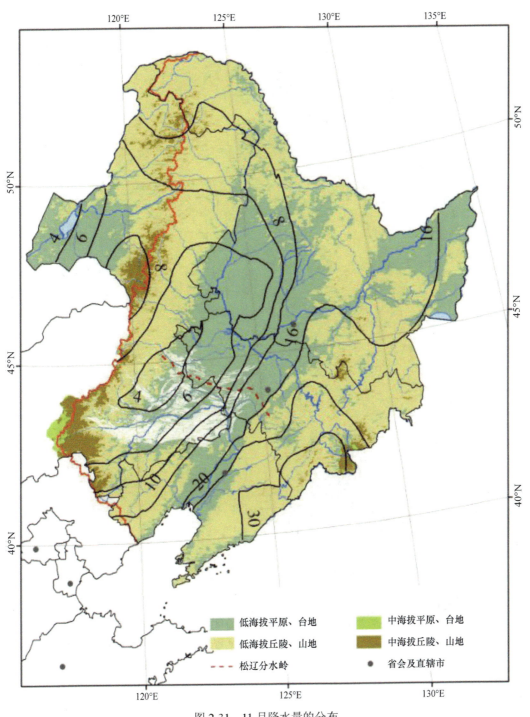

图 2-31　11 月降水量的分布

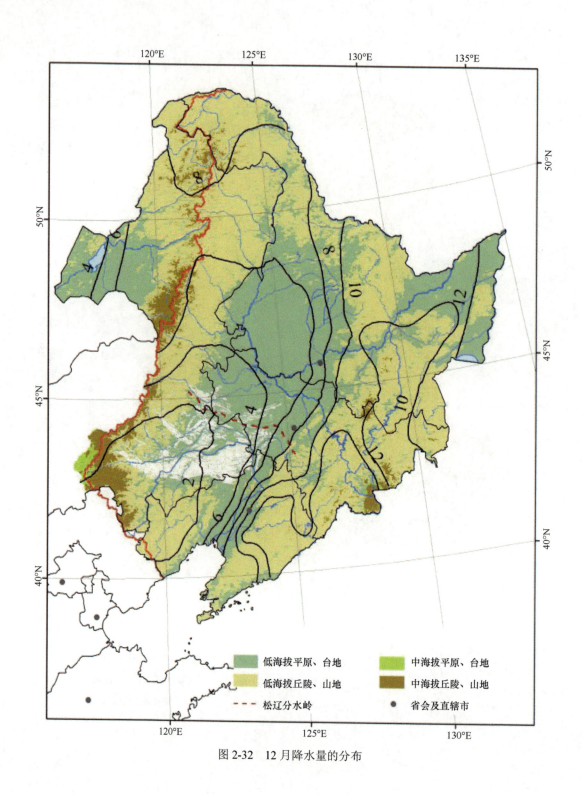

图 2-32　12 月降水量的分布

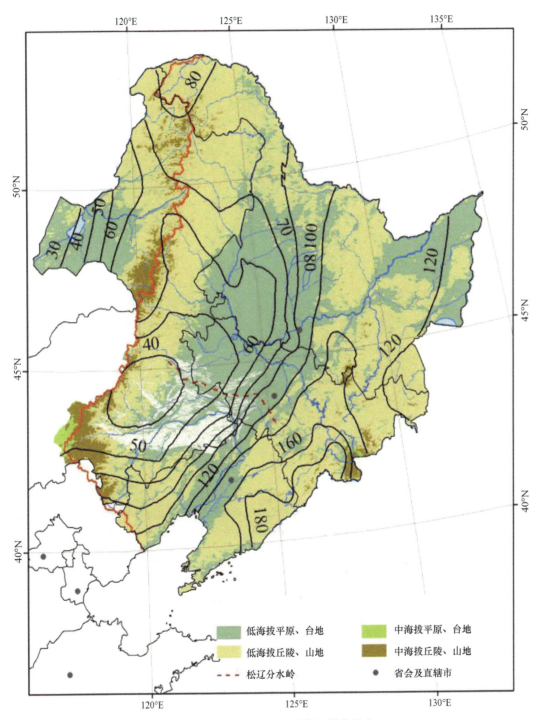

图 2-33 10 月至次年 4 月降水量的分布

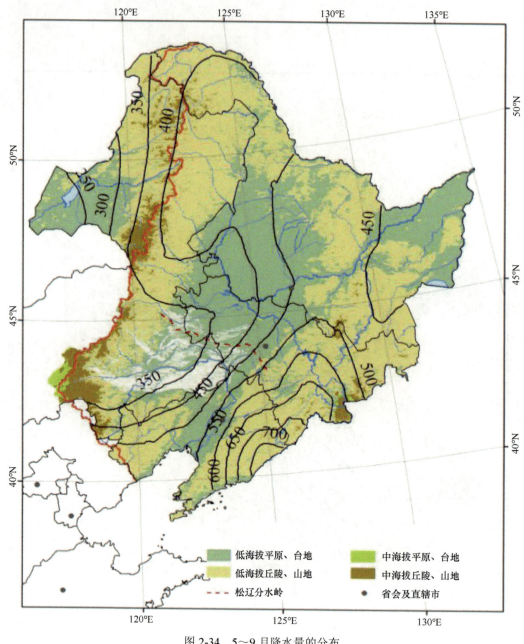

图 2-34　5～9 月降水量的分布

二、降水量波动性变化

松嫩平原各区降水总体表现为 7～8 月多，其余月份少；生长季以雨的形式降落，非生长季以雪的形式降落。1987～2016 年的降水数据表明（图 2-35），典型的松嫩平原区域年降水量波动剧烈，波动系数介于 1～6（代表地点白城），平均为 3.1。长白、长春地区年际间降水量波动系数介于 1～2，平均仅为 1.5。白城地区历年降水量平均为 423 mm，波动大，导致松嫩平原地区粮食作物 "10 年 7 收 2 平 1 歉"。

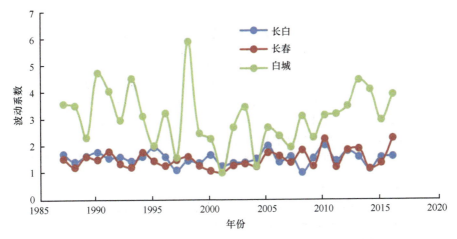

图 2-35　白城、长春、长白三个地区年降水量的波动系数

波动系数=各年降水量（mm）/各年最低降水量（mm）

三、降水量-温度有效性分析

松嫩平原各区 7～8 月温度最高，雨热同步同期。降水落下后，受温度作用，无论是进入土壤或未进入土壤，都发生蒸腾或蒸发，降水补充土壤墒情及促进作物生长的有效性与温度密切相关，特别是积温。建立降水量-温度关系方程，用于反映每 100℃积温享有的水分，结果表明，白城地区每 100℃积温仅享有降水量 7～20 mm，平均为 11 mm；长春地区每 100℃积温享有的降水量 13～25 mm，平均为 16 mm；长白地区每 100℃积温享有降水量 14～30 mm，平均为 24 mm（图 2-36）。

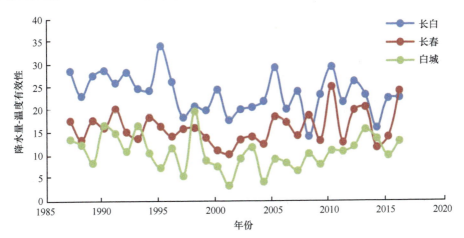

图 2-36　白城、长春、长白三个地区的降水量-温度有效性

降水量-温度有效性（mm/100℃）=降水量（mm）/（积温（℃）×100）

（本章作者：周道玮，王婷）

参 考 文 献

陈咸吉. 1982. 中国气候区划新探[J]. 气象学报, (1): 35-48.

王婷, 周道玮, 神祥金, 等. 2020. 中国柯本气候分类[J]. 气象科学, 40(6): 752-760.

杨纫章. 1950. 东北之气候[J]. 地理学报, (1): 51-81.

郑国光. 2019. 中国气候[J]. 气象, 45(4): 150.

周道玮, 田雨, 胡娟. 2021. 草地农业基础[M]. 北京: 科学出版社.

周道玮, 王婷, 王智颖, 等. 2020. 中国草地农业气候分区及其饲草栽培适宜性[J]. 地理科学, 40(10): 1731-1741.

竺可桢. 1979. 竺可桢文集[M]. 北京: 科学出版社.

Peel M C, Finlayson B L, Mcmahon T A. 2007. Updated world map of the Köppen-Geiger climate classifycation[J]. Hydrology Earth System Sciences, 11(3): 259-263.

第三章　松嫩平原的土壤

　　土壤是种植业的基础。松嫩平原的土壤、气候及地表水和地下水资源，共同奠定了松嫩平原饲草等种植业发展模式的基础，并决定了松嫩平原养殖业的生产过程。

　　松嫩平原中心地区的土壤发源于历史上的湖相沉积物，不是母岩就地风化所形成。土壤类型相对多样，并呈斑块状镶嵌分布，形成高度的空间异质性，俗称"一步三换土"。这一方面由地形微小变化而导致盐分出现差异性变化引起（罗金明等，2009），另一方面可能由湖相沉积及流水冲积不均匀或存在梯度决定。

　　松嫩平原主体土壤为风沙土、盐碱土，有部分黑土及黑钙土。风沙土区的土地利用受气候影响，盐碱土区的土地利用受土壤盐碱量制约。因降水原因，松嫩平原多发生春旱，制约饲草生产，但是松嫩平原具有丰富的地下水，潜水层有盐碱，但承压水为优质的农业用水和生活用水，为松嫩平原农业发展的优势资源。

第一节　土壤分区及其类型

　　松嫩平原土壤经湖相沉积形成，因此湖相沉积物为松嫩平原的土壤基础。湖相沉积后期为泡沼覆盖及草甸形成，因此，沼泽土、草甸土是松嫩平原的原初土壤，后续发生出黑钙土、黑土、盐化草甸土等土壤系列（图3-1）。各种土壤经风积、河水冲积形成风沙土，其下层多为草甸土或黑钙土，也有盐化草甸土；水稻土开垦于不同的土壤，在松嫩平原多开垦于盐化草甸土或碱化草甸土。

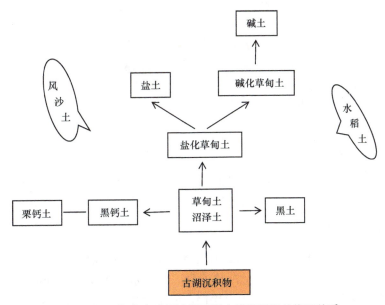

图 3-1　按历史发生过程松嫩平原土壤类型间的推理关系

一、土壤分区

东北区域地貌及成土基质决定了其土壤类型及分布规律。宋达泉等（1958）将东北土壤区划为 4 带：亚寒带灰化土带、温带棕色森林土带、温带黑钙土带和温带栗钙土带。温带棕色森林土带又划分为辽河平原灰棕色草甸土区及草甸盐土区，温带栗钙土带又划分为东北平原中部草甸碳酸盐黑钙土区及草甸盐碱土区。

东北平原中部草甸碳酸盐黑钙土及草甸盐碱土这两个区紧密连接，成土基质相似，均源于湖相沉积，且含盐碱，本书对此二区进行合并升为带的级别。温带棕色森林土带跨越辽河平原，本书将辽西丘陵棕色森林土区及褐色土区升为带的级别。

这样形成了东北区域土壤的 7 带区划方案，并简洁命名为：森林灰化土带、森林棕色土带、森林褐色土带、平原黑钙土带、平原黑土带、草原栗钙土带、草甸土及草甸盐碱土带（图 3-2）。东北土壤看起来具有环状分布规律。

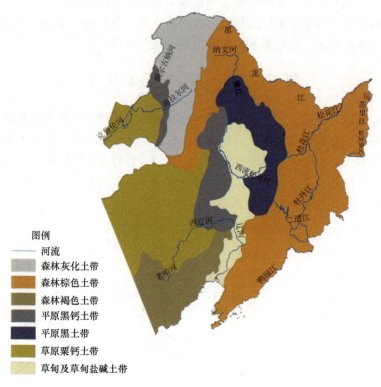

图 3-2　东北区域土壤区划及其分布
基于宋达泉等（1958）调整重绘

1. 森林灰化土带

分布于大兴安岭山地及黑龙江上游的河谷阶地。该带气温最低，年平均温度在 0℃以下，最低温度可到-50℃，冬季达 7~8 个月，年降水量 400~500 mm，土壤常有永冻层的存在，冬季积雪不多，针叶树生长缓慢，成土物质多为花岗岩、斑岩、片麻岩、石英岩和砂页岩的风化物。在河谷中有较深厚的砂砾层及黏土层沉积,并有古代酸性硅铝质——富铝质、红棕色风化壳的存在,目前在针叶林和苔藓植物覆盖下进行轻度灰化作用,因此有棕色灰化土的形成。而由山地原生粗碎屑状残积物发育的土壤,多为泰加森林土。这一土带可划分为黑龙江河谷棕色灰化土区和大兴安岭山地泰加林土及生草森林土区。

2. 森林棕色土带

东北广大的山地区域是森林棕色土的主要分布区。本带包括大兴安岭东部,小兴安岭、长白山脉及辽东的丘陵和山地。这一土壤带几乎呈环形包围了东部黑土带。

这一土带年降水量 400～900 mm,东北部降水量多而西部渐减少,年平均气温−6～−2℃,南端可达 10℃。蒸发量≤降水量,为湿润气候。成土物质以原生粗碎屑状花岗岩、片岩、玄武岩等为主,在黑龙江河谷有不饱和的砂砾层沉积。在针阔混交林下,土壤可积累腐殖质及养分。淋溶不显,正常发育的剖面 B 层为明显的黏土层,全剖面呈微酸性反应。土壤中代换性盐基含量和盐基饱和度都较高。

3. 森林褐色土带

这一土带位于锦州、承德一带山地及丘陵区,因山地侵蚀强烈,土层多浅薄,并多石砾质。森林褐色土均呈微酸性反应,分布于较高山区的略显灰化,而分布在山麓阶地的表面有厚 30～40 cm 的生草层,土层较厚,底层多为红色风化壳,低阶地亦有草甸棕色森林土及棕色草甸土的分布,坡麓及阶地土壤多已开垦用于栽培作物。因土壤腐殖质含量低,为 2%左右,如果补给氮磷肥料,亦适于果树的栽培。

在辽西朝阳、凌源一带有褐色土及淋溶褐色土的分布,多为丘陵及阶地地貌,成土物质为原生残积物及黄土。在旱生森林植被下主要发育有柞树及灌木,典型褐色土剖面呈褐棕色,有明显的石灰质聚积层,呈中性至微碱性反应,淋溶褐色土的石灰质聚积层多在 1 m 以下的土层中,低阶地亦有草甸褐色土的分布,褐色土的北部与栗钙土相连,此种土壤可用于繁育森林,如在深阶地进行开垦,必须注意水土保持,并采用灌溉,以提高产量。

4. 平原黑钙土带

这一土带广泛分布于东北平原中西部,年降水量 400～700 mm,蒸发量为降水量的 1.5～2 倍,为半湿润气候,年平均温度 0～5℃。地貌为平原或波状起伏的阶地。成土物质西北部多为运积的砂砾层,上部覆盖有黄土性黏土,中部为沉积的含石灰质的深厚黄土性黏土,西南部为饱和的或石灰质的砂层及沙丘。

天然植被多已毁坏,西部为沙地草原植物。黑钙土地带为东北及内蒙古东部主要的农业地带,盛产大豆、玉米、小米、高粱、小麦及水稻,亦适于甜菜、亚麻的栽植。

5. 平原黑土带

这一土带北起嫩江北安一带,南至长春、公主岭,在黑龙江沿岸的黑河、逊克及三江平原的集贤、富锦一带亦有分布，成土物质以运积的无石灰性黏壤土层为主，底部常有深厚的砂砾层。黑土腐殖质层 80～120 cm，上部显粒状及团块结构。pH 约 6.5，表层腐殖质含量约 10%。30～50 cm 腐殖质层中有小型铁锰结核，腐殖质含量减少至 2%～3%。50 cm 以下土层显轻度潜育的灰斑或锈斑，在棱块状结构的表面有暗棕色胶膜及黏质母质。下层透水缓慢，冻层融化及雨季常形成临时积水层，使土壤显草甸化作用，雨季时下层不透水，易引起地表径流，并使机械作业困难。

黑土肥力很高，不施肥料常可耕种十余年，但腐殖质及有效养分减少，需要补给氮磷肥料。黑土宜于栽培大豆、小麦、玉米、甜菜、亚麻等作物。

6. 草原栗钙土带

这一土带主要分布在内蒙古北部呼伦贝尔草原区、锡林郭勒盟及昭乌达盟等地，在大兴安岭东麓仅在白城、酒泉及鲁北等地呈狭带状分布。

栗钙土带主要占有内蒙古高原地区，地形平坦或显起伏，并有侵蚀残余的丘陵地，低地为内流河、盐湖及盐碱土所占；一部分仍为外流河地区，如海拉尔河、克鲁伦河及呼伦湖、贝尔湖等。沿海拉尔河、呼伦湖东岸及若干古河道附近，有沙丘的分布，大兴安岭南部山地斜贯于栗钙土带东部。

栗钙土带的植物以干草原为主，有碱草-贝加尔羽茅群落。如夏季多季风雨，草原植物生长繁茂；如夏季干旱，草类生长势大为减弱。

成土物质以花岗岩、斑岩、片岩和玄武岩的原生残积物为主，亦有部分砂砾层的沉积物。低地多为湖积或冲积的氯化物-硫酸盐及碳酸氢盐黏壤土，地下水的矿化程度很高。局部地区如奈曼旗、敖汉旗等地有黄土的堆积。

栗钙土带的气候比较干燥，但夏季仍受季风影响，降水量 200～300 mm，草类生长尚茂盛，且土壤能积聚中量的腐殖质，大部分发育成暗栗钙土及栗钙土，低地有草甸栗钙土和草甸碳酸氢钠盐土及碱土，并有氯化物-硫酸盐盐土的分布。黄土性母质可发育成淋溶栗钙土。

7. 草甸土及草甸盐碱土带

草甸土及草甸盐碱土带包括辽河下游灰棕色草甸土及草甸盐土区、东北平原中部草甸碳酸盐黑钙土及草甸盐碱土区。

辽河下游灰棕色草甸土及草甸盐土区：分布于辽河下游冲积平原区，主要土壤为灰棕色草甸土，腐殖质层厚度达 50～70 cm，但腐殖质含量较低，仅 2%～3%。质地为黏壤土和砂壤土。底层黄棕或灰棕色，黏壤土或砂土层有明显潜育化现象，全剖面呈中性反应，不含游离石灰质。在沿河新冲积地及淤积地，多有轻度盐渍化草甸土及草甸碳酸氢钠盐土的分布，盐分含量多在 0.2%以下，灌溉并排水后可栽培水稻及其他作物。辽河口海滨有草甸氯化物-硫酸盐盐土的分布，除盐场附近地区外，其他区域一般盐分含量在 0.5%以下，进行灌溉洗盐后，可栽培水稻，产量颇高。

东北平原中部草甸碳酸盐黑钙土及草甸盐碱土区：分布于东北平原中部，北起林甸、明水，南至通榆、农安。土壤为草甸碳酸盐黑钙土，显碱性，多分布于起伏阶地的上部，表土灰至棕灰色，厚 10～15 cm，呈微石灰反应。pH 为 7.0～7.5，表层腐殖质含量仅 2% 左右，其下为浅棕灰色 AB 层，腐殖质少，中石灰反应。50 cm 左右的深度为黄棕色的重黏壤土或轻黏土，湿润，有明显的菌丝状石灰质积聚，微碱性反应，底部仍为黄棕色含石灰质的黏土层。石灰质含量向下增高，代换性盐基含量增高，可溶性盐含量降低，表层仅为痕量，底层在 0.1% 以下。此种土壤的形成，主要受石灰性黏土母质的影响，且当地降水量较少，仅 400～450 mm，蒸发量约达降水量 2 倍，因此淋溶作用很弱，冻层带水可沿毛细管上升。此种土壤下层水分充足，栽培大豆、小麦、高粱、小米等作物都能正常生长。但肥力较低，需补给氮磷肥料。

草甸碳酸盐黑钙土的缓坡上有草甸黑钙土的分布，自表层至底层均呈石灰反应，腐殖质层较厚，土壤水分充足，下部显潜育化现象，地下水位在 3 m 左右，此种土壤肥力较高，分布于低平地，含少量盐分。

分布于平原中部低洼地的土壤，常受内流河径流的影响，地下水亦显强矿质化，地下水位常在 1 m 左右，盐分蒸发后在表面浓聚，形成草甸碳酸氢钠盐土及草甸碳酸氢钠-硫酸盐盐土，地面形成盐斑地，含量较高的水溶性盐可达 2%～3%，地面呈白斑，无植物生长，或生长碱蓬（*Suaeda glauca*）及碱茅（*Puccinellia distans*）等植物。土壤 pH 常在 8.5～10.0。下层可溶性盐及代换性钠含量减少。

局部地势较高的草甸黑土，因地表植被破坏，蒸发加强，或土壤吸收较多的代换性钠，土壤碱化，形成草甸浅柱状碳酸氢钠碱土，在柱状结构下，有暗棕灰色的黏土层。

草甸土及草甸盐碱土带为松辽平原的主体土壤类型，草甸盐碱土主体位于松嫩平原。开沟排水，降低地下水位，并进行灌溉洗盐，可使盐渍化土壤逐渐得到改良供农业利用。

二、土壤类型

不同类型的土壤经历了不同的成土过程，因此，土壤剖面形态及土壤化学元素的迁移和积累特征存在明显差异。土壤带相距越远，土壤的成土过程差异越大，其化学元素含量的差异亦越大。

1. 沼泽土

沼泽土分布于河湖岸边、积水洼地，地势低洼，母质黏重，地表长期或季节性积水。沼泽土有潜育层，成土过程为腐殖质化（或泥炭化）和潜育化。沼泽土分泥炭土、泥炭沼泽土、泥炭腐殖质沼泽土、腐殖质沼泽土及草甸沼泽土 5 个亚类（辽宁省土壤普查办公室，1961；林业部综合调查队，1954—1955；宋达泉，1955；熊业奇等，1958a，1958b；陈恩凤等，1957）。

草甸沼泽土剖面特征：自上而下分草根层、粗腐殖质层、氧化还原层及潜育层。表层为黄棕色泥炭化的草根层。亚表层为暗灰色的粗腐殖质层，具有不稳固的团块及粒状结构。心土为灰黄色并带有大量锈斑的氧化还原层。底土为灰蓝色或浅灰色的潜育层。

草甸沼泽土理化性质：全剖面为中黏粒，<0.001 mm 的黏粒含量为 37.0%～47.0%，下层土壤黏粒含量更高（表 3-1）。有机质集中分布在表层，高达 8.0%；代换性阳离子含量较高，以代换性 Ca^{2+} 为主；30～40 cm 土层盐基饱和度达 79.4%，全磷含量较高；土壤呈微酸性（表 3-2）。

表 3-1 草甸沼泽土机械组成（%）

土层深度（cm）	1～0.25 mm	0.25～0.05 mm	0.05～0.01 mm	0.01～0.001 mm	<0.001 mm	<0.01 mm	土壤质地
0～19	—	—	21.0	42.0	37.0	79.0	中黏土
30～40	2.5	2.0	16.5	32.5	46.5	79.0	中黏土
48～58	4.0	2.0	17.0	30.0	47.0	77.0	中黏土

注：采样点在黑龙江省桦川县；1～0.05 mm.砂粒，0.05～0.001 mm.粉粒，<0.001 mm.黏粒，<0.01 mm.细粒总量，下同；"—"表示无数据，本章后同

表 3-2 草甸沼泽土化学性质

土层深度（cm）	有机质（%）	pH	代换性阳离子（meq/100g）				代换总量（meq/100g）	盐基饱和度（%）	速效养分（mg/100g）		全磷（%）
			Ca^{2+}	Mg^{2+}	Al^{3+}	H^+			水解氮	速效磷	
0～19	8.0	5.3	26.7	13.2	0.010	0.012	51.6	78.4	0.4	5.0	0.1
30～40	1.0	5.3	23.2	7.5	0.011	0.010	38.7	79.4	0.3	6.3	0.2
48～58	0.1	5.4	25.7	8.7	0.005	0.008	33.4	100.0	0.2	8.1	0.1

注：采样点在黑龙江省桦川县

沼泽土分布区地势低洼，排水不畅，地下水位较高，盐分容易聚集，其成土过程伴随有苏打盐化碱化过程，形成盐化沼泽土。盐化沼泽土 0～50 cm 土层含盐量>0.1%；0～40 cm 土层为盐化腐泥层，呈黑灰色，有明显团块结构，石灰反应强烈，碱化度为 21.1%，pH 为 7.7；41～61 cm 土层为壤质黏土，碱化度降为 12.3%，pH 为 7.7（辽宁省土壤普查办公室，1961）。

沼泽土营养丰富，土壤质地黏重，有用于种植作物的潜力，盐化沼泽土需改良才能用于种植。

2. 草甸土

草甸土是一种非地带性土壤，分布于岗间洼地、河谷两岸等地势低平地带，呈条带状、网状分布，与地带性黑钙土、栗钙土相间分布，其内部常有盐碱土分布。草甸土有季节性过湿过涝现象，地下水位高，为 1～2 m，土壤含水量高，有不同程度盐渍风险。草甸土成土过程为沉积、腐殖质积累及氧化还原。草甸土分暗色草甸土、草甸土、碳酸盐草甸土、潜育化草甸土、泛滥地层状草甸土、盐化草甸土、碱化草甸土 7 个亚类。

草甸土剖面特征：自上而下分腐殖质层和母质层。腐殖质层厚 20～50 cm，少数可达 100 cm，颜色暗灰至暗灰棕，多为粒状结构，矿质养分较高。母质层有小型铁锰结核及锈斑、灰斑，厚 50～80 cm，腐殖质含量<1%，颜色、质地不一致，视沉积物性质而定。土壤 1 m 内有锈斑，有钙的淋溶和积累过程，通体石灰反应，呈弱碱性-碱性。

草甸土理化性质：机械组成以壤土为主，黏粒含量高。pH 为 7.5～8.3，呈弱碱性-碱性。表层可溶性盐含量为 0.1%～0.5%，碱化度为 5%～40%。土色较暗，腐殖质含量较高，0～60 cm 土层腐殖质含量达 4.2%～5.8%，100～150 cm 土层仍有 2%（表 3-3）。

表 3-3　草甸土机械组成及化学性质

土壤深度（cm）	腐殖质（%）	全盐（%）	CO_3^{2-} (meq/100g)	HCO_3^- (meq/100g)	Cl^- (meq/100g)	SO_4^{2-} (meq/100g)	<0.01 mm（%）
0～15	5.8	0.04	无	1.7	0.1	0.3	71.3
20～30	5.6	未测	无	0.6	0.2	0.7	未测
50～60	4.2	0.04	无	0.3	0.1	0.2	68.1

注：采样点在黑龙江省依安县北 16 km

草甸土为优良土壤，适宜种植各种作物。

3. 盐化草甸土

盐化草甸土主要分布在平原的低洼地，地下水位<2 m，周围多分布有盐土。盐化草甸土以盐害为主，碱化度与可溶性盐含量比（ESP/TDS）<45。按盐化程度，分轻度、中度和重度盐化草甸土。

盐化草甸土剖面特征：表层呈暗灰色，亚表层为核状或小核状结构，有灰白色斑状或层状积盐层，石灰反应强烈。下层有铁锰斑点或小而软的结核，母质层有锈斑。剖面变干时出现黄褐色的盐斑。

盐化草甸土理化性质：机械组成黏重，以轻黏土为主，质地均匀（表3-4）。盐化草甸土阴离子以 HCO_3^- 为主，Cl^- 和 SO_4^{2-} 含量较低，且 SO_4^{2-} > Cl^-；阳离子以 Na^+ 为主，且 Mg^{2+} > Ca^{2+}。轻度盐化草甸土 HCO_3^-、Cl^- 和 SO_4^{2-} 含量随土壤深度增加变化不明显，而中度盐化草甸土 HCO_3^- 含量在土壤剖面中有两个明显的浓集中心，Cl^- 和 SO_4^{2-} 含量在不同层位有一定的差异。20 cm 以下土壤 pH 和碱化度均明显高于0～20 cm 土壤（表 3-5）。

表 3-4　盐化草甸土机械组成及养分含量

土层深度（cm）	有机质（%）	N（%）	P₂O₅（%）	K₂O（%）	速效养分（mg/kg）			各级颗粒含量（%）						质地
					N	P	K	1～0.5 mm	0.5～0.25 mm	0.25～0.05 mm	0.05～0.01 mm	0.01～0.005 mm	0.005～0.001 mm	<0.001 mm	
0～8	3.1	0.19	0.16	1.9	127.6	2.27	169.1	0.14	1.7	22.8	30.9	11.8	5.9	26.8	轻黏土
8～23	1.2	0.10	0.10	1.9	55.6	1 70	84.2	0.07	1.1	26.5	26.9	9.8	14.1	21.4	轻黏土
23～57	0.4	0.04	0.09	1.8	18.5	1.04	73.5	—	1.0	38.0	14.4	17.9	0.9	27.8	轻黏土

注：采样点在黑龙江省安达市，中度盐化草甸土（王春裕，2004）

表 3-5　盐化草甸土盐碱性质

土层深度（cm）	全盐量（%）	pH	离子含量（cmol/kg）							交换性阳离子（cmol/kg）					碱化度（%）
			CO_3^{2-}	HCO_3^-	Cl^-	SO_4^{2-}	Ca^{2+}	Mg^{2+}	Na^++K^+	Ca^{2+}	Mg^{2+}	K^+	Na^+	总量	
0～8	0.1	8.6	0.03	1.0	0.07	0.6	0.5	0.7	0.6	16.0	7.0	0.5	1.1	24.6	4.5
8～23	0.1	9.0	0.06	1.3	0.05	0.3	0.3	0.3	1.1	10.0	8.6	0.3	1.9	20.7	9.1
23～57	0.2	9.6	0.36	1.8	0.04	0.2	0.2	0.5	1.7	3.9	11.7	0.2	2.6	18.4	14.2

注：采样点在黑龙江省安达市，中度盐化草甸土（王春裕，2004）

盐化草甸土尽管有一定的含盐量，但属于轻中度盐碱化，适于种植各种作物。

4. 碱化草甸土

碱化草甸土主要分布于平原的低洼地，地势较高，ESP/TDS>65（李建东和郑慧莹，1997）。碱化草甸土按碱化程度划分为轻度、中度和重度碱化草甸土。

碱化草甸土剖面特征：具碱化特征但无柱状碱化层，在剖面形态上类似于正常的草甸土（李建东和郑慧莹，1997）。自上而下分腐殖质层和淀积层。腐殖质层呈黑灰色，团块状结构，有大量植物根系，疏松而含盐很少，弱碱性。淀积层富钙并有黏重的棱柱状或大块状结构，碱化严重。

碱化草甸土理化性质：多为壤质黏土，黏粒含量10%～20%，表层黏粒含量较低。碱化草甸土全剖面盐分含量较低，盐分向深层减小趋势明显，0～30 cm 土壤含盐量0.4%～0.5%，30 cm 以下土壤含盐量低于 0.3%。碱化度随土壤深度增加有增高的趋势，0～20 cm 土壤碱化度低于 7%，20 cm 以下土壤碱化度为 14%～16%。土壤中代换性 Na^+>可溶性 Na^+含量。Na^+、HCO_3^-、CO_3^{2-}集中于土壤表层以下至 30 cm 土层，富盐地区 Cl^->SO_4^{2-}含量，一般 SO_4^{2-}>Cl^-（表 3-6）。

表 3-6　碱化草甸土盐碱性质

土层深度 (cm)	离子含量 （meq/100g）							pH
	CO_3^{2-}	HCO_3^-	Cl^-	SO_4^{2-}	Ca^{2+}	Mg^{2+}	K^++Na^+	
0～1	—	1.7	0.17	0.2	0.2	0.1	1.7	8.4
1～15	0.7	4.9	0.57	0.7	0.3	0.3	6.3	9.4
15～30	0.7	4.7	0.36	0.2	0.2	0.3	6.4	9.6
30～45	0.4	2.9	0.09	0.3	0.1	0.2	3.4	9.5
45～67	—	1.5	0.06	0.1	0.1	0.2	1.3	9.3

注：采样点在黑龙江省安达市

碱化草甸土含盐量及碱化度不高，经改造或不改造可以种植各种作物。

5. 盐土

盐土分布于地势较低平的潮泡及河漫滩阶地，呈斑块状与草甸碱土相间分布。分布区潜水一般深 1.0～1.5 m。盐土分为碱化草甸盐土、草甸盐土、沼泽化草甸盐土 3 个亚类。苏打草甸盐土是碱化草甸盐土的一个土种，是松嫩平原低地盐渍土的主要代表类型，局部封闭低洼地有氯化物-硫酸盐盐土。

盐土剖面特征：地表常为 0.5～2.0 cm 的盐结皮，呈灰白带棕色，易与下层剥离，松软。表层暗灰棕色，块状结构，具碱化特征。心土层为块状或小块状结构，浅灰色，有 SiO_2 斑点分布。母质层为块状及核粒状结构，颜色混杂，以灰棕色为主，有潜育化特征。全剖面呈强石灰反应。

苏打草甸盐土理化性质：质地较黏，常为中黏壤质土或轻黏壤质土。上层黏粒下移明显，而母质层黏粒含量一般较低。1 m 土层粒径<0.005 mm 的物理性黏粒含量平均达38.11%，25～60 cm 土层高达 46.9%（表 3-7）。全剖面盐分含量较高，且盐分有较强的表聚性，向剖面深部含量逐渐减小。表层盐分含量为 1%～2%，高者可达 5%，盐分以

苏打为主，氯化物和硫酸盐含量极低。$0\sim25$ cm 土层内 CO_3^{2-} 和 HCO_3^- 含量分别高达 13.7 cmol/kg 和 6.8 cmol/kg，$0\sim5$ cm 土层 Na^++K^+含量达 14.5 cmol/kg。土壤剖面 HCO_3^- 和 CO_3^{2-} 的浓集中心位于表层，Na^+ 的浓集中心位于 $10\sim20$ cm。碱化度和 pH 均很高，与盐分含量呈正相关（表 3-8）。

表 3-7　苏打草甸盐土机械组成及盐分含量

土层深度（cm）	有机质（%）	N（%）	P₂O₅（%）	K₂O（%）	速效养分（mg/kg）			各级颗粒含量（%）						质地
					N	P	K	1～0.5 mm	0.5～0.25 mm	0.25～0.05 mm	0.05～0.01 mm	0.01～0.005 mm	0.005～0.001 mm	<0.001 mm	
0～5	0.5	0.04	0.18	2.3	6.2	19.9	142.6	—	1.5	34.6	29.4	15.9	0.5	18.1	重壤土
5～25	0.8	0.06	0.10	2.3	22.2	11.2	130.9	—	1.7	25.8	42.0	2.2	5.6	22.7	重壤土
25～60	0.7	0.05	0.09	3.0	14.4	4.9	162.8	—	1.1	24.3	26.7	1.0	1.0	45.9	轻黏土

注：采样点在黑龙江省安达市（王春裕，2004）

表 3-8　苏打草甸盐土盐碱性质

土层深度（cm）	全盐量（%）	pH	离子含量（cmol/kg）							交换性阳离子（cmol/kg）					碱化度（%）
			CO₃²⁻	HCO₃⁻	Cl⁻	SO₄²⁻	Ca²⁺	Mg²⁺	Na⁺+K⁺	Ca²⁺	Mg²⁺	K⁺	Na⁺	总量	
0～5	0.9	10.5	10.1	2.6	0.21	1.62	0.07	0.04	14.5	0.1	2.8	0.5	17.9	21.5	83.2
5～25	0.6	10.4	3.6	4.2	0.16	0.28	0.35	0.91	7.0	0.1	3.6	0.4	14.5	18.6	77.9
25～60	0.5	10.2	3.7	3.2	0.07	0.15	0.08	0.48	6.6	0.5	5.9	0.4	18.7	25.5	73.4

注：采样点在黑龙江省安达市（王春裕，2004）

盐土 $0\sim60$ cm 土壤无论是含盐量还是碱化度都超过了各种作物的耐受范围，不改良不能用于种植。

6. 碱土

碱土分布于冲积、湖积平原低地、高河-湖漫滩及苏打盐渍化区微地形的顶部，多与草甸盐土呈复区出现。成土母质多为各种黏质沉积物。根据碱土形成特点，其可分为草原碱土和草甸碱土 2 个亚类。松嫩平原草甸碱土按碱化层在剖面中的深浅，分为结皮柱状草甸碱土、浅位柱状草甸碱土、中位柱状草甸碱土及深位柱状草甸碱土 4 个土种。

草甸碱土剖面特征：表层厚度仅数厘米，通常为灰色，土壤结构为片状或鳞片状。往下为碱化层，呈灰棕色，有时为暗灰色，紧实，为圆顶形的柱状结构。柱状顶部有一薄白色间层，几乎完全为 SiO_2 粉末。碱化层土壤胶体高度分散。柱状层以下为具有块状、圆块状或核状结构的土层，为盐化层，盐分以苏打为主。

草甸碱土理化性质：土质地较黏，全剖面轻壤质占优势。表层以下有黏化现象，淋溶层黏粒含量为 $10\%\sim20\%$，碱化层黏粒含量为 $20\%\sim30\%$（表 3-9）。草甸碱土可溶性盐处于淋溶状态，盐分浓集于碱化层之下，具有较高含量的 Cl^- 和 HCO_3^-。浅位柱状草甸碱土上部淋溶层含盐量通常<0.25%。碱化度以淀积层最高，表土淋溶层相对较低。土壤 pH 的变化与碱化度基本一致，即碱化度升高，pH 亦升高（表 3-10）。

碱土含盐量不高，不足以制约作物生长。但是碱土的 $0\sim50$ cm 层碱化度高出各种作物的耐受极限，不改良不能用于种植。

表 3-9　草甸碱土机械组成及养分含量

土层深度（cm）	有机质（%）	N（%）	P₂O₅（%）	K₂O（%）	速效养分（mg/kg）			各级颗粒含量（%）							质地
					N	P	K	1～0.5 mm	0.5～0.25 mm	0.25～0.05 mm	0.05～0.01 mm	0.01～0.005 mm	0.005～0.001 mm	<0.001 mm	
0～8	2.5	0.18	0.13	2.0	120.4	1.0	229.7	—	1.1	22.3	35.0	6.6	8.6	26.1	轻黏土
8～25	3.0	0.23	0.13	2.0	147.4	0.5	103.7	—	1.6	15.0	35.7	3.9	17.2	26.6	轻黏土
25～45	0.7	0.06	0.09	2.0	29.2	未检出	84.3	—	0.8	21.6	32.1	10.1	12.1	23.4	轻黏土
45～73	0.3	0.04	0.08	1.9	14.4	未检出	70.3	—	1.2	29.3	29.8	12.9	4.3	22.6	重壤土

注：采样点在黑龙江省安达市，轻度苏打盐化草甸碱土（王春裕，2004）

表 3-10　草甸碱土盐碱性质

土层深度（cm）	全盐量（%）	pH	离子含量（cmol/kg）							交换性阳离子（cmol/kg）					碱化度（%）
			CO₃²⁻	HCO₃⁻	Cl⁻	SO₄²⁻	Ca²⁺	Mg²⁺	Na⁺+K⁺	Ca²⁺	Mg²⁺	K⁺	Na⁺	总量	
0～8	0.07	8.5	0.03	0.8	0.06	0.08	0.6	0.33	0.1	15.7	7.0	0.5	0.4	23.6	1.7
8～25	0.15	9.1	0.21	1.7	0.05	0.05	0.2	0.13	1.6	12.8	7.0	0.3	3.3	23.4	14.3
25～45	0.22	9.5	0.72	2.1	0.06	0.03	0.2	0.03	2.8	4.6	11.6	0.2	3.6	20.1	18.1
45～73	0.15	9.4	0.42	1.5	0.08	0.08	0.2	0.18	1.7	3.4	14.7	0.1	2.8	21.1	13.2

注：采样点在黑龙江省安达市，轻度苏打盐化草甸碱土（王春裕，2004）

7. 栗钙土

栗钙土分布于山前台地，面积较小，为山地与平原过渡地带的土壤类型。植被为干草原。成土母质为残积物、洪冲积物和黄土。成土过程为腐殖质积累和钙化。栗钙土分暗栗钙土和草甸栗钙土 2 个亚类。

栗钙土剖面特征：自上而下分腐殖质层、过渡层、碳酸盐层及母质层。腐殖质层颜色由暗灰棕到灰棕，具团块和屑粒结构，无石灰反应。过渡层有腐殖质色调，棱柱状结构，下部多刷点状碳酸盐。碳酸盐层呈黄棕色夹杂灰色和白色斑纹，大块或棱柱状结构，质地坚硬，石灰反应强烈。母质层基本同碳酸盐层，但较致密，坚实。

栗钙土理化性质：各粒级所占比例因母质不同而异，总体以砂壤土为主，黏粒和物理性黏粒在剖面中部普遍略有增加现象（表 3-11）。有机质含量自上而下急剧减少，腐殖质层有机质含量为 2.5%～3.5%。pH 较高，自上而下有增加趋势。代换性阳离子以 Ca²⁺ 和 Mg²⁺ 为主。还含有少量 Na⁺，通常以腐殖质层最低，碳酸盐层和母质层较高（表 3-12）。

表 3-11　栗钙土机械组成（%）

土层深度（cm）	1～0.25 mm	0.25～0.05 mm	0.05～0.01 mm	0.01～0.005 mm	0.005～0.001 mm	<0.001 mm	<0.01 mm	土壤质地
0～20	13.6	57.4	11.9	1.4	3.8	11.9	17.1	砂壤土
20～35	13.5	59.9	10.2	0.0	0.0	17.0	17.0	砂壤土
35～56	8.9	69.0	11.6	0.0	0.0	12.5	12.5	砂壤土
56～90	4.2	74.3	11.1	0.0	0.0	10.4	10.4	砂壤土

表 3-12 栗钙土盐碱性质

土层深度（cm）	pH	有机质（%）	全氮（%）	全磷（%）	速效钾（mg/kg）	全盐量（%）	离子含量（meq/100g）						CaCO₃（%）
							HCO₃⁻	Cl⁻	SO₄²⁻	Ca²⁺	Mg²⁺	K⁺+Na⁺	
0～20	7.9	2.8	0.2	0.06	60	0.07	0.39	0.15	0.39	0.42	0.12	0.39	0.73
20～35	8.5	1.0	0.1	0.03	45	0.16	0.53	0.22	1.49	0.53	0.02	1.70	9.04
35～56	8.6	0.5	0.1	0.03	42	0.17	0.45	0.26	0.24	0.43	0.08	0.42	9.38
56～90	8.6	0.2	0.1	0.03	49	0.08	0.39	0.19	0.56	0.38	0.12	0.64	5.19

注：采样点在杜尔伯特蒙古族自治县（戴旭和申元村，1984；中国科学院林业土壤研究所，1980）

栗钙土质地优良，气候适合地区可以广泛种植各种作物。

8. 黑钙土

黑钙土分布于波状台地、低平原，与其东部分布的黑土带呈渐变式过渡，与栗钙土带呈突变式明显过渡。植被为草甸草原。成土过程为腐殖质积累和碳酸盐淋溶积聚。黑钙土分 4 个亚类：草甸黑钙土、淋溶黑钙土、黑钙土及碳酸盐黑钙土（程伯容等，1965）。

黑钙土剖面特征：自上而下分腐殖质层、淀积层和母质层。腐殖质层为黑色，粒状结构或团块粒状结构，不显或微显石灰反应。淀积层呈浅灰或黄棕色，有黑色腐殖质舌状延伸物，有明显的碳酸盐积聚，多呈斑块或结核状。母质层由砂砾质或壤质淤积物构成，有少量碳酸盐积聚。

黑钙土理化性质：受冲积母质的影响，各土层机械组成不一致，自上而下为轻壤土到中壤土（表 3-13）。腐殖质含量为 1.5%～2.5%，分布较深。全盐量<0.1%，代换性阳离子以 Ca²⁺和 Mg²⁺为主（表 3-14）。

表 3-13 黑钙土机械组成（%）

土层深度（cm）	1～0.25 mm	0.25～0.05 mm	0.05～0.01 mm	>0.01 mm	0.01～0.005 mm	0.005～0.001 mm	<0.001 mm	<0.01 mm	土壤质地
0～10	12.3	41.9	17.6	71.8	4.9	6.0	15.5	26.4	轻壤土
10～20	6.7	48.7	16.0	71.3	3.1	8.3	16.0	27.3	轻壤土
30～40	6.5	42.9	17.8	67.2	1.9	9.1	20.5	31.5	中壤土
50～60	5.6	36.1	15.0	56.3	4.5	8.2	17.7	32.5	中壤土

注：采样点在吉林省白城市西 5 km（中国科学院林业土壤研究所，1980）；>0.01 mm. 物理性砂粒，<0.01 mm. 物理性黏粒

表 3-14 黑钙土盐碱性质

土层深度（cm）	pH	腐殖质（%）	全氮（%）	CO₂（%）	代换性阳离子（meq/100g）				全盐量（%）
					Ca²⁺	Mg²⁺	Na⁺	总量	
0～10	7.8	2.1	0.2	0.2	16.2	3.3	痕量	19.5	0.06
10～20	7.5	2.5	0.2	0.4	17.7	3.3	痕量	21.0	0.06
30～40	7.7	2.1	0.1	0.0	21.3	5.6	痕量	27.0	0.06
50～60	8.1	1.5	0.1	5.1	15.6	2.2	痕量	17.8	0.08

注：采样点在吉林省白城市西 5 km（中国科学院林业土壤研究所，1980）

黑钙土土壤结构及化学组成都适于种植各种作物。

9. 黑土

黑土分布于松嫩平原东部及东南部高平原地区，西界与松嫩平原的草甸黑钙土和盐渍化草甸土相接壤，东界与长白山脉张广才岭余脉暗棕壤相邻，南至松辽分水岭，北至小兴安岭山前岗地。黑土分 4 个亚类：黑土、草甸黑土、表层潜育化黑土及白浆化黑土。

黑土剖面特征：自上而下分为腐殖质层、淀积层和母质层。腐殖质层多粒状及团状结构。全剖面无钙积层，无石灰反应。剖面有黑色铁锰结核、白色 SiO_2 粉末及灰色与黄色的斑块和条纹等新生体。白色 SiO_2 粉末多见于 70～180 cm 土壤深处。黄色与灰色的斑块和条纹多见于淀积层、淀积层和母质层的过渡层及母质层。

黑土理化性质：机械组成较黏重，从重壤土到轻黏土，以粗粉砂和黏粒两级的含量较大，各占 30%～40%。0～30 cm 土壤黏粒含量较低，30 cm 以下直到母质层黏粒含量较高（表 3-15）。腐殖质层厚 30～70 cm，表层腐殖质含量可达 6%，表层以下急剧下降，但可分布到剖面的深处，在 100 cm 或 200 cm 土层其含量仍可达 1%左右。全氮、全磷含量为 0.1%～0.4%，代换性阳离子以 Ca^{2+} 和 Mg^{2+} 为主，表层可达 35～45 meq/100g。土壤 pH 为 5.5～6.5，盐基饱和度较大，一般为 80%～90%（表 3-16）。

表 3-15 黑土机械组成（%）

土层深度（cm）	1.00～0.25 mm	0.25～0.05 mm	0.05～0.01 mm	>0.01 mm	0.01～0.005 mm	0.005～0.001 mm	<0.001 mm	<0.01 mm	土壤质地
0～20	2.0	7.0	33.1	42.1	9.7	16.8	31.4	57.9	重壤土
20～50	2.0	4.6	29.0	35.6	10.1	14.3	40.0	64.4	轻黏土
50～90	2.0	2.0	29.1	33.1	8.8	13.9	44.2	66.9	轻黏土

注：采样点在黑龙江省嫩江市"九三"农场场部东北 0.5 km（中国科学院林业土壤研究所，1980）

表 3-16 黑土盐碱性质

土层深度（cm）	pH	腐殖质（%）	碳（%）	全氮（%）	C/N	全磷（%）	Ca^{2+}	Mg^{2+}	Na^+	K^+	H^+	Al^{3+}	$Ca^{2+}+Mg^{2+}$	盐基饱和度（%）
0～20	6.5	6.3	3.7	0.32	11.4	0.18	27.2	9.1	0.5	0.3	0.07	0.09	36.3	92
20～50	6.2	3.2	1.9	0.17	10.9	0.17	20.3	9.4	0.5	0.1	0.07	0.06	29.7	87
50～90	6.1	1.6	0.9	0.19	10.3	0.09	18.9	9.3	0.5	0.1	0.07	0.18	28.2	87

注（代换性阳离子 meq/100g 为表头跨列）：采样点在黑龙江省嫩江市"九三"农场场部东北 0.5 km（中国科学院林业土壤研究所，1980）

黑土为东北的优良土地资源，适宜种植各种作物。

10. 风沙土

风沙土分布于冲积、风积平原及江河两岸，发育在固定、半固定沙丘区域，主要分布在通榆-大安-泰来一线，与黑钙土、盐碱土、草甸土呈条带状相间分布。沙丘相对高差 5～15 m，岗丘坡度 2°～3°。因风沙、干旱、风积过程频繁，成土过程中的生物作用较弱，母质、气候作用占主导地位。成土母质为全新世沙质冲积、风积物。

风沙土剖面特征：风沙土发育很不成熟，无完整剖面结构，大部分仅有表层和母质层，缺乏明显的淀积层。在植被覆盖度较大地区，流动沙丘逐渐被固定，随生物作用的加强和成土年龄的增长，有程度较弱的剖面发育，出现明显的钙积层，并显示地带性土壤特征。

风沙土理化性质：细沙为主，质地均匀，黏粒含量一般<10%。生物作用弱，有机质含量低，表层有机质含量为 0.5%～1.0%（表 3-17）。固定已久的沙丘，物理性黏粒含量达 7%～16%；腐殖质含量为 1%～2%；淀积层石灰含量达 1%～6%；可溶性盐含量<0.1%；代换性阳离子含量很低，以 Ca^{2+} 为主（中国科学院林业土壤研究所，1980）。

表 3-17　风沙土理化性质

土层深度（cm）	有机质(%)	全氮(%)	全磷(%)	全钾(%)	速效养分（mg/kg）			pH	物理性黏粒（%）	土壤质地
					氮	磷	钾			
0～17	0.72	0.07	0.02	2.08	44.9	2.4	38.0	8.3	14.1	沙壤
17 以下	0.19	0.01	0.01	2.17	20.6	0.4	34.0	8.4	10.8	沙壤

注：采样点在吉林省长岭县太平山

风沙土质地优良，肥力贫瘠，气候适宜地区，在水肥得到保障的前提下，可以发展种植。

11. 水稻土

水稻土主要由草甸土、盐碱土，部分由黑土、白浆土、沼泽土等发育演变而成。水稻土一般有 3～4 个月的淹水时间，土壤冻结时间长，耕作程度较轻，发育程度不高，剖面分异不够明显。水耕条件改变了原来的草甸土、盐碱土、黑土、白浆土、沼泽土等的成土过程，水稻土特征已开始出现。因受原生土壤影响较多，水稻土分草甸土型水稻土、沼泽土型水稻土、白浆土型水稻土和脱盐水稻土 4 个亚类。

脱盐水稻土剖面特征：表土层和心土层呈浅棕灰色，团粒或块状结构，有大量稻根。底土层呈灰棕色，碎块状或粒状结构，有少量稻根，且有腐殖质淋溶条。全剖面有石灰反应，表土层和心土层反应强烈，底土层反应微弱。

脱盐水稻土理化性质：轻黏土为主，物理性黏粒含量>30%。表层土壤有机质、全磷和全钾含量明显高于深层土壤（表 3-18）。交换性阳离子以 Ca^{2+} 和 Mg^{2+} 为主，且 Ca^{2+}>Mg^{2+} 含量，表层土壤 Ca^{2+} 含量明显高于深层土壤，而 Mg^{2+} 表现相反（表 3-19）。苏打盐碱土约经过 10 年种稻后，表土脱盐率为 65%，33 cm 左右的根系密集层脱盐率为 47%，1 m 土层脱盐率可达 30%。

表 3-18　脱盐水稻土机械组成及化学性质

土层深度（cm）	有机质(%)	N(%)	P₂O₅(%)	K₂O(%)	速效养分（mg/kg）			各级颗粒含量（%）						质地
					N	P	K	1～0.5 mm	0.5～0.25 mm	0.25～0.05 mm	0.05～0.01 mm	0.01～0.005 mm	0.005～0.001 mm	<0.001 mm	
0～19	3.0	2.1	105.0	17.3	92.5	—	—	35.5	24.5	12.2	2.7	25.2	3.0	2.1	轻黏土
19～40	2.0	2.3	60.7	4.9	93.6	—	—	44.8	15.2	5.2	7.3	27.6	2.0	2.3	轻黏土
40～82	0.9	2.2	28.8	3.7	100.9	—	0.1	24.9	35.9	1.4	4.4	33.3	0.9	2.2	重壤土

注：采样点在吉林省前郭尔罗斯蒙古族自治县红旗农场

表 3-19 脱盐水稻土盐碱性质

土层深度（cm）	全盐量（%）	pH	离子含量（cmol/kg）							交换性阳离子（cmol/kg）					碱化度（%）
			CO_3^{2-}	HCO_3^-	Cl^-	SO_4^{2-}	Ca^{2+}	Mg^{2+}	Na^++K^+	Ca^{2+}	Mg^{2+}	K^+	Na^+	总量	
0～19	0.09	8.3	—	0.7	0.10	0.6	0.5	0.2	0.4	16.4	3.6	0.1	0.3	20.5	1.8
19～40	0.08	8.4	0.03	0.7	0.06	0.4	0.4	0.3	0.5	11.5	8.8	0.1	0.2	20.7	1.1
40～82	0.08	8.4	0.03	0.8	0.05	0.3	0.4	0.4	0.4	11.5	9.5	0.2	0.3	21.6	1.7

注：采样点在吉林省前郭尔罗斯蒙古族自治县红旗农场

第二节 土壤碳、氮、磷含量及碳储量

土壤碳、氮、磷状况及其之间的相互作用对植物生长起着关键作用，直接影响土壤的肥力与植被群落的组成和结构。土壤碳、氮、磷的化学计量变化可指示生态系统土壤质量和植物多样性的状况。土壤碳氮比在一定程度上可表征有机质的分解速率，反映土壤磷的有效性，可作为土壤养分限制类型的预测指标。土壤碳、氮、磷的化学计量特征还与土壤类型、土地利用状况、植被类型、土层深度等密切相关。

草原是全球碳循环的重要组成部分，其覆盖全球约 1/4 的陆地表面，储存超过 1/3 的陆地碳总量。土壤有机碳储量反映了碳输入和碳矿化速率之间的平衡。不同植被群落获取、储存及释放碳的能力不同，导致土壤有机碳储量存在差异。

松嫩平原不同地域、不同群落类型土壤碳、氮、磷含量及其比值有明显差异（Yu et al.，2017）。各群落土壤 pH 为 8.4～10.4，容重为 1.0～1.7 g/cm³。马蔺、小叶章和修氏苔草群落土壤 pH≥10.0；贝加尔针茅和小叶章+苔草群落土壤 pH≤8.5。马蔺、冰草、碱蓬、星星草和针蔺群落土壤容重为 1.6～1.7 g/cm³；小叶章、小叶章+苔草、修氏苔草和委陵菜群落土壤容重为 1.0～1.2 g/cm³。各群落土壤有机碳含量为 4.2～12.8 g/kg，其中，委陵菜和赖草群落土壤有机碳含量>12.0 g/kg；碱蓬和星星草群落土壤有机碳含量<5.0 g/kg。各群落土壤全氮含量为 0.31～0.97 g/kg，其中，羊草、委陵菜和赖草群落土壤全氮含量≥0.70 g/kg；小叶章、修氏苔草和虎尾草群落土壤全氮含量<0.40 g/kg。各群落土壤碳氮比为 7.8～28.6，碳磷比为 16.4～225.2，氮磷比为 0.9～15.1。其中，小叶章、修氏苔草、稗和虎尾草群落土壤碳氮比>20，碱蓬和星星草群落土壤碳氮比<8；稗、野古草和虎尾草群落土壤碳磷比达 160 以上，氮磷比高达 7.0 以上，星星草、碱蓬和针蔺群落土壤也有较高的氮磷比（表 3-20）。

松嫩平原土壤碳储量占总碳储量的 85.9%～98.3%，植被碳储量占 1.7%～14.1%。在植被系统中，不同群落根系和地上植被碳储量分布有很大差异，松嫩平原根系碳储量占植被的 29.0%～93.7%，地上植被碳储量占植被的 6.3%～71.0%。獐毛、委陵菜、赖草群落有较高的总碳储量，为 153～162 mg C/hm²。针蔺、碱茅、荆三棱、星星草和碱蓬群落的总碳储量较低，为 62～75 mg C/hm²。碱蓬、虎尾草、星星草、羊草+野古草、针蔺、獐毛、稗群落地上植被碳储量占植被比例>50%，碱茅、委陵菜、贝加尔针茅、荆三棱和修氏苔草群落地上植被碳储量占植被比例<10%（表 3-21）。

表 3-20　松嫩平原不同群落类型土壤碳、氮、磷含量及其化学计量比

群落类型	pH	容重（g/cm³）	有机碳（g/kg）	全氮（g/kg）	全磷（g/kg）	碳氮比	碳磷比	氮磷比
羊草	9.0	1.4	9.1	0.70	0.26	13.1	34.7	2.7
芦苇	9.2	1.4	6.7	0.53	0.21	12.7	32.0	2.5
羊草+芦苇	9.6	1.5	8.8	0.53	0.32	16.7	27.8	1.7
马蔺	10.0	1.6	7.5	0.50	0.39	15.0	19.5	1.3
贝加尔针茅	8.4	1.4	6.0	0.54	0.22	11.1	26.8	2.4
小叶章	10.0	1.2	8.4	0.32	0.36	26.2	23.2	0.9
小叶章+苔草	8.5	1.1	5.8	0.37	0.36	15.9	16.4	1.0
修氏苔草	10.4	1.0	9.4	0.33	0.37	28.6	25.4	0.9
委陵菜	9.3	1.2	12.1	0.97	0.47	12.6	25.9	2.1
赖草	9.4	1.5	12.8	0.71	0.46	18.0	27.9	1.5
冰草	9.1	1.6	6.2	0.41	0.18	15.3	34.4	2.3
碱蓬	9.5	1.6	4.2	0.53	0.09	7.8	47.1	6.0
星星草	9.5	1.7	4.7	0.60	0.08	7.9	60.4	7.7
稗	9.6	1.5	10.0	0.47	0.04	21.1	225.2	10.7
针蔺	9.5	1.6	7.0	0.63	0.10	11.1	72.8	6.6
野古草	9.2	1.5	7.1	0.67	0.04	10.6	161.0	15.1
虎尾草	9.6	1.5	6.7	0.31	0.04	21.9	167.9	7.7

注：表中数据为 0～100 cm 土壤平均值

表 3-21　松嫩平原不同群落类型碳储量分布

群落类型	地上植被碳储量（mg C/hm²）	根系碳储量（mg C/hm²）	土壤碳储量（mg C/hm²）	总碳储量（mg C/hm²）	植被占比（%）	土壤占比（%）	地上植被占植被比例（%）	根系占植被比例（%）
贝加尔针茅	1.1	11.2	84	96	12.8	87.3	8.7	91.3
冰草	1.2	4.2	106	111	4.9	95.1	22.5	77.5
糙隐子草	0.7	1.5	111	113	1.9	98.1	31.7	68.3
胡枝子	1.2	1.7	95	98	3.0	97.0	41.3	58.7
虎尾草	1.5	0.7	87	89	2.5	97.5	68.7	31.3
碱茅	0.9	9.4	63	73	14.1	85.9	8.9	91.1
碱蓬	1.5	0.6	60	62	3.4	96.7	71.0	29.0
荆三棱	0.7	7.9	63	72	11.9	88.0	7.9	92.1
赖草	1.5	12.6	139	153	9.2	90.8	10.9	89.1
芦苇	1.4	4.6	93	99	6.0	94.0	23.0	77.0
马蔺	1.1	9.8	72	83	13.2	86.8	10.5	89.5
稗	2.0	1.8	105	109	3.5	96.5	52.6	47.4
委陵菜	1.1	11.2	141	153	8.0	92.0	8.8	91.2
小叶章	1.4	11.8	98	111	11.9	88.1	10.5	89.5
星星草	1.9	1.2	66	69	4.5	95.5	61.5	38.5
修氏苔草	0.7	10.3	75	86	12.8	87.2	6.3	93.7
羊草	1.6	5.6	106	113	6.4	93.6	22.7	77.3
羊草+野古草	1.8	1.2	93	96	3.1	96.9	59.8	40.2

续表

群落类型	地上植被碳储量（mg C/hm²）	根系碳储量（mg C/hm²）	土壤碳储量（mg C/hm²）	总碳储量（mg C/hm²）	植被占比（%）	土壤占比（%）	地上植被占植被比例（%）	根系占植被比例（%）
羊草+芦苇	1.3	10.4	105	117	10.0	90.0	11.0	89.0
羊草+星星草	1.1	9.2	113	123	8.3	91.7	10.3	89.7
野古草	0.8	2.0	81	84	3.3	96.7	27.5	72.5
獐毛	1.5	1.2	159	162	1.7	98.3	55.0	45.0
针蔺	1.9	1.5	72	75	4.5	95.5	56.0	44.0

注：根系和土壤碳储量数据为 0～100 cm 土层平均值

一、禾草类群落

1. 羊草群落

羊草群落分布于长岭县、乾安县、农安县、青冈县、兰西县、林甸县、富裕县、明水县、前郭尔罗斯蒙古族自治县、杜尔伯特蒙古族自治县及安达市等。长岭县羊草群落的土壤类型有草原碱土、草甸碱土、草甸风沙土及草甸土等；前郭尔罗斯蒙古族自治县羊草群落的土壤类型有草甸土和碱化盐土等；乾安县羊草群落的土壤类型为盐化碱土；其他县市均为草甸土。羊草群落覆盖度为 65.0%，高度为 34.1 cm，地上植被、枯落物、根系和土壤碳储量分别为 1.47 mg C/hm²、0.18 mg C/hm²、5.7 mg C/hm² 和 106.2 mg C/hm²（表 3-22 和表 3-23）。

表 3-22　羊草群落地上植被和枯落物的碳含量及碳储量

类型	生物量（g/m²）	碳含量（g C/kg）	碳储量（mg C/hm²）
地上植被	302	487	1.47
枯落物	42	428	0.18

表 3-23　羊草群落根系和土壤碳含量及碳储量

土壤深度（cm）	土壤容重（g/cm³）	土壤碳含量（g C/kg）	土壤碳储量（mg C/hm²）	根系生物量（g/m²）	根系碳含量（g C/kg）	根系碳储量（mg C/hm²）
0～5	1.3	15.8	9.9	364	245	0.9
5～10	1.3	13.2	8.7	274	285	0.8
10～20	1.4	11.0	15.4	253	322	0.8
20～30	1.4	8.6	12.3	232	347	0.8
30～50	1.4	7.5	20.8	230	331	0.8
50～70	1.5	5.8	16.8	223	341	0.8
70～100	1.5	5.1	22.3	219	356	0.8
0～100	1.4	9.6	106.2	1795	318	5.7

注：表中数据为 11 个样点的平均值（长岭县、乾安县、农安县、青冈县、兰西县、林甸县、富裕县、明水县、前郭尔罗斯蒙古族自治县、杜尔伯特蒙古族自治县及安达市）

羊草群落土壤 pH 为 9.0，土壤容重为 1.4 g/cm³。羊草群落土壤有机碳含量为 9.1 g/kg，全氮含量为 0.70 g/kg，全磷含量为 0.26 g/kg，碳氮比为 14.8，碳磷比为 37.2，氮磷比为 3.2。青冈县有机碳、全氮、全磷含量最高，乾安县和前郭尔罗斯蒙古族自治县较低（表 3-24）。

表 3-24　羊草群落土壤碳、氮、磷含量及其化学计量比

地点	土壤深度（cm）	pH	容重（g/cm³）	有机碳（g/kg）	全氮（g/kg）	全磷（g/kg）	碳氮比	碳磷比	氮磷比
长岭县	0～5	9.0	1.4	7.5	0.77	0.07	9.7	107.1	11.0
	5～10	8.9	1.5	8.5	0.75	0.08	11.3	106.3	9.4
	10～20	9.0	1.5	8.9	0.65	0.08	13.7	111.3	8.1
	20～30	9.0	1.5	7.0	0.59	0.08	11.9	87.5	7.4
	30～50	9.0	1.6	4.5	0.55	0.07	8.2	64.3	7.9
	50～70	8.9	1.6	3.9	0.53	0.07	7.4	55.7	7.6
	70～100	8.9	1.6	3.4	0.52	0.06	6.5	56.7	8.7
林甸县	0～5	8.6	1.4	24.6	0.97	0.50	25.4	49.2	1.9
	5～10	8.9	1.5	15.2	0.72	0.38	21.1	40.0	1.9
	10～20	9.0	1.5	13.8	0.53	0.36	26.0	38.3	1.5
	20～30	9.2	1.5	12.1	0.44	0.35	27.5	34.6	1.3
	30～50	9.4	1.5	7.2	0.27	0.30	26.7	24.0	0.9
	50～70	9.4	1.4	6.6	0.24	0.27	27.5	24.4	0.9
	70～100	9.4	1.5	5.3	0.16	0.29	33.1	18.3	0.6
杜尔伯特蒙古族自治县	0～5	7.9	1.0	14.1	1.06	0.28	13.3	50.4	3.8
	5～10	8.1	1.1	9.5	0.74	0.22	12.8	43.2	3.4
	10～20	7.9	1.0	8.1	0.58	0.20	14.0	40.5	2.9
	20～30	7.9	0.9	7.2	0.58	0.20	12.4	36.0	2.9
	30～50	8.2	1.1	5.9	0.40	0.20	14.8	29.5	2.0
	50～70	8.5	1.1	3.3	0.22	0.17	15.0	19.4	1.3
	70～100	9.0	1.0	2.5	0.08	0.16	31.3	15.6	0.5
乾安县	0～5	9.2	1.5	9.1	0.88	0.27	10.3	33.7	3.3
	5～10	9.2	1.4	5.8	0.62	0.21	9.4	27.6	3.0
	10～20	9.1	1.5	3.5	0.49	0.16	7.1	21.9	3.1
	20～30	9.1	1.6	3.2	0.34	0.13	9.4	24.6	2.6
	30～50	9.1	1.6	2.0	0.26	0.12	7.7	16.7	2.2
	50～70	9.2	1.6	1.4	0.24	0.08	5.8	17.5	3.0
	70～100	9.1	1.6	1.0	0.18	0.06	5.6	16.7	3.0
青冈县	0～5	9.0	1.3	29.3	2.52	0.60	11.6	48.8	4.2
	5～10	8.9	1.1	26.2	1.60	0.58	16.4	45.2	2.8
	10～20	9.1	1.2	22.6	1.91	0.53	11.8	42.6	3.6
	20～30	9.3	1.1	19.8	1.64	0.48	12.1	41.3	3.4
	30～50	9.5	1.1	20.3	1.40	0.45	14.5	45.1	3.1
	50～70	9.7	1.2	12.8	0.71	0.41	18.0	31.2	1.7
	70～100	9.6	1.1	11.5	0.47	0.39	24.5	29.5	1.2
前郭尔罗斯蒙古族自治县	0～5	9.2	1.5	7.8	1.03	0.32	7.6	24.4	3.2
	5～10	9.2	1.7	4.6	0.63	0.24	7.3	19.2	2.6
	10～20	9.2	1.8	4.1	0.43	0.22	9.5	18.6	2.0
	20～30	9.1	1.7	2.3	0.32	0.21	7.2	11.0	1.5
	30～50	9.0	1.7	1.2	0.24	0.18	5.0	6.7	1.3

续表

地点	土壤深度（cm）	pH	容重（g/cm³）	有机碳（g/kg）	全氮（g/kg）	全磷（g/kg）	碳氮比	碳磷比	氮磷比
前郭尔罗斯蒙古族自治县	50～70	9.0	1.7	4.5	0.18	0.16	25.0	28.1	1.1
	70～100	8.9	1.8	2.3	0.15	0.16	15.3	14.4	0.9
肇州县	0～5	9.2	1.3	10.7	1.32	0.39	8.1	27.4	3.4
	5～10	9.2	1.5	10.4	0.86	0.37	12.1	28.1	2.3
	10～20	9.2	1.5	9.5	0.63	0.39	15.1	24.4	1.6
	20～30	9.2	1.5	14.2	1.91	0.45	7.4	31.6	4.2
	30～50	9.2	1.5	8.9	1.22	0.34	7.3	26.2	3.6
	50～70	9.1	1.6	6.2	0.29	0.28	21.4	22.1	1.0
	70～100	9.1	1.6	10.8	0.24	0.24	45.0	45.0	1.0

注：长岭县羊草群落的数据为 3 个样点 15 个样方的平均值；杜尔伯特蒙古族自治县羊草群落的数据为 2 个样点 10 个样方的平均值；其他市县羊草群落的数据为 1 个样点 5 个样方的平均值

2. 芦苇群落

芦苇群落主要分布在长岭县、杜尔伯特蒙古族自治县、安达市及大庆市等。长岭县芦苇群落的土壤类型有草甸碱土和草原碱土，其他县市以草甸土为主。芦苇群落覆盖度为 65.5%，高度为 70.7 cm，地上植被、枯落物、根系和土壤碳储量分别为 1.18 mg C/hm²、0.20 mg C/hm²、4.6 mg C/hm² 和 93.2 mg C/hm²（表 3-25 和表 3-26）。

表 3-25　芦苇群落地上植被和枯落物的碳含量及碳储量

类型	生物量（g/m²）	碳含量（g C/kg）	碳储量（mg C/hm²）
地上植被	289	408	1.18
枯落物	52	375	0.20

表 3-26　芦苇群落根系和土壤的碳含量及碳储量

土壤深度（cm）	土壤容重（g/cm³）	土壤碳含量（g C/kg）	土壤碳储量（mg C/hm²）	根系生物量（g/m²）	根系碳含量（g C/kg）	根系碳储量（mg C/hm²）
0～5	1.2	12.0	7.4	207	343	0.7
5～10	1.3	10.8	7.0	188	345	0.7
10～20	1.3	8.6	11.5	184	344	0.6
20～30	1.4	7.5	10.5	178	336	0.6
30～50	1.4	6.3	17.8	242	302	0.7
50～70	1.4	5.3	15.1	206	309	0.6
70～100	1.5	5.2	23.9	194	343	0.7
0～100	1.4	8.0	93.2	1399	332	4.6

注：表中数据为 4 个样点的平均值（长岭县、杜尔伯特蒙古族自治县、安达市和大庆市）

芦苇群落土壤 pH 为 9.2，土壤容重为 1.4 g/cm³。芦苇群落土壤有机碳含量为 6.7 g/kg，全氮含量为 0.53 g/kg，全磷含量为 0.21 g/kg，碳氮比为 18.0，碳磷比为 50.6，氮磷比为 4.5。杜尔伯特蒙古族自治县土壤有机碳、全氮、全磷含量明显高于长岭县（表 3-27）。

表 3-27　芦苇群落土壤碳、氮、磷含量及其化学计量比

地点	土壤深度（cm）	pH	容重（g/cm³）	有机碳（g/kg）	全氮（g/kg）	全磷（g/kg）	碳氮比	碳磷比	氮磷比
	0～5	9.6	1.6	5.3	0.19	0.03	27.9	176.7	6.3
	5～10	9.7	1.8	5.5	0.55	0.07	10.0	78.6	7.9
	10～20	9.8	1.7	4.8	0.52	0.07	9.2	68.6	7.4
长岭县	20～30	9.7	1.7	4.6	0.54	0.07	8.5	65.7	7.7
	30～50	9.7	1.7	3.9	0.52	0.07	7.5	55.7	7.4
	50～70	9.6	1.7	3.3	0.52	0.07	6.3	47.1	7.4
	70～100	9.5	1.8	3.2	0.55	0.07	5.8	45.7	7.9
	0～5	8.6	1.2	16.5	1.56	0.44	10.6	37.5	3.5
	5～10	8.7	1.2	15.2	1.15	0.42	13.2	36.2	2.7
	10～20	8.8	1.2	10.3	0.61	0.34	16.9	30.3	1.8
杜尔伯特蒙古族自治县	20～30	8.8	1.1	7.2	0.30	0.33	24.0	21.8	0.9
	30～50	8.7	1.1	6.5	0.20	0.32	32.5	20.3	0.6
	50～70	8.7	1.2	4.1	0.13	0.32	31.5	12.8	0.4
	70～100	8.8	1.2	3.8	0.08	0.32	47.5	11.9	0.3

注：长岭县芦苇群落的数据为 2 个样点 10 个样方的平均值；杜尔伯特蒙古族自治县芦苇群落的数据为 1 个样点 5 个样方的平均值

3. 小叶章群落

小叶章群落主要分布在庆安县、木兰县、海伦市及五大连池市等，土壤类型以草甸土为主。小叶章群落覆盖度为 87.6%，高度为 103.9 cm。地上植被、枯落物、根系及土壤碳储量分别为 0.96 mg C/hm²、0.42 mg C/hm²、12.0 mg C/hm²、98.1 mg C/hm²（表 3-28 和表 3-29）。

表 3-28　小叶章群落地上植被和枯落物的碳含量及碳储量

类型	生物量（g/m²）	碳含量（g C/kg）	碳储量（mg C/hm²）
地上植被	314	305	0.96
枯落物	91	468	0.42

表 3-29　小叶章群落根系和土壤的碳含量及碳储量

土壤深度（cm）	土壤容重（g/cm³）	土壤碳含量（g C/kg）	土壤碳储量（mg C/hm²）	根系生物量（g/m²）	根系碳含量（g C/kg）	根系碳储量（mg C/hm²）
0～5	1.4	12.5	8.6	684	403	2.8
5～10	1.4	16.0	11.4	446	404	1.8
10～20	1.4	12.3	17.6	364	402	1.5
20～30	1.3	9.5	12.6	366	399	1.5
30～50	1.3	7.6	19.7	366	399	1.5
50～70	1.3	4.7	12.2	359	403	1.5
70～100	1.2	4.3	16.0	353	403	1.4
0～100	1.3	9.6	98.1	2938	402	12.0

注：表中数据为 4 个样点的平均值（庆安县、木兰县、海伦市和五大连池市）

小叶章群落土壤 pH 为 10.0，土壤容重为 1.2 g/cm³。小叶章群落土壤有机碳含量为 8.4 g/kg，全氮含量为 0.32 g/kg，全磷含量为 0.36 g/kg，碳氮比为 33.1，碳磷比为 23.8，氮磷比为 0.8（表 3-30）。五大连池市土壤有机碳含量、碳氮比、碳磷比、氮磷比明显高于海伦市和木兰县。

表 3-30 小叶章群落土壤碳、氮、磷含量及其化学计量比

地点	土壤深度（cm）	pH	容重(g/cm³)	有机碳（g/kg）	全氮（g/kg）	全磷（g/kg）	碳氮比	碳磷比	氮磷比
五大连池市	0～5	10.7	1.4	9.4	0.60	0.35	15.7	26.9	1.7
	5～10	10.9	1.3	8.2	0.43	0.39	19.1	21.0	1.1
	10～20	10.6	1.4	7.1	0.33	0.38	21.5	18.7	0.9
	20～30	11.0	1.4	24.2	0.26	0.34	93.1	71.2	0.8
	30～50	11.0	1.4	5.1	0.19	0.31	26.8	16.5	0.6
	50～70	11.0	1.4	5.1	0.25	0.28	20.4	18.2	0.9
	70～100	11.0	1.4	13.3	0.16	0.28	83.1	47.5	0.6
海伦市	0～5	10.5	1.1	9.1	0.63	0.40	14.4	22.8	1.6
	5～10	10.6	1.2	8.1	0.48	0.43	16.9	18.8	1.1
	10～20	10.6	1.0	6.3	0.37	0.44	17.0	14.3	0.8
	20～30	10.5	0.9	8.1	0.33	0.43	24.5	18.8	0.8
	30～50	10.5	1.2	7.8	0.25	0.37	31.2	21.1	0.7
	50～70	10.3	1.1	6.4	0.17	0.32	37.6	20.0	0.5
	70～100	10.1	1.1	6.8	0.10	0.30	68.0	22.7	0.3
木兰县	0～5	8.6	1.2	8.9	0.62	0.37	14.4	24.1	1.7
	5～10	8.8	1.2	8.1	0.47	0.44	17.2	18.4	1.1
	10～20	8.9	1.1	7.6	0.31	0.44	24.5	17.3	0.7
	20～30	8.7	1.0	7.9	0.30	0.42	26.3	18.8	0.7
	30～50	8.8	1.1	6.3	0.21	0.37	30.0	17.0	0.6
	50～70	8.9	1.1	6.5	0.18	0.29	36.1	22.4	0.6
	70～100	8.9	1.0	6.8	0.12	0.28	56.7	24.3	0.4

注：五大连池市、海伦市和木兰县小叶章群落的数据为 1 个样点 5 个样方的平均值

4. 小叶章+苔草群落

小叶章+苔草群落主要分布在海伦市、绥化市、哈尔滨市及双城区等，土壤类型以草甸土为主。小叶章+苔草群落覆盖度为 87.8%，高度为 104.2 cm。地上植被、枯落物、根系及土壤碳储量分别为 0.73 mg C/hm²、0.38 mg C/hm²、9.8 mg C/hm²、65.0 mg C/hm²（表 3-31 和表 3-32）。

表 3-31 小叶章+苔草群落地上植被和枯落物的碳含量及碳储量

类型	生物量（g/m²）	碳含量（g C/kg）	碳储量（mg C/hm²）
地上植被	237	310	0.73
枯落物	85	443	0.38

表 3-32　小叶章+苔草群落根系和土壤的碳含量及碳储量

土壤深度 （cm）	土壤容重 （g/cm³）	土壤碳含量 （g C/kg）	土壤碳储量 （mg C/hm²）	根系生物量 （g/m²）	根系碳含量 （g C/kg）	根系碳储量 （mg C/hm²）
0～5	1.1	9.5	5.0	440	408	1.8
5～10	1.0	8.2	4.2	343	409	1.4
10～20	1.1	7.0	7.5	331	407	1.4
20～30	1.0	6.9	6.6	327	407	1.3
30～50	1.0	6.9	14.4	328	406	1.3
50～70	1.0	5.9	12.0	329	408	1.3
70～100	1.0	5.3	15.3	326	406	1.3
0～100	1.0	7.1	65.0	2424	407	9.8

注：表中数据为 4 个样点的平均值（海伦市、绥化市、哈尔滨市和双城区）

小叶章+苔草群落土壤 pH 为 8.5，土壤容重为 1.1 g/cm³。小叶章+苔草群落土壤有机碳含量为 5.8 g/kg，全氮含量为 0.37 g/kg，全磷含量为 0.36 g/kg，碳氮比为 22.3，碳磷比为 16.5，氮磷比为 1.0。绥化市土壤有机碳含量、碳氮比和碳磷比高于哈尔滨市（表 3-33）。

表 3-33　小叶章+苔草群落土壤碳、氮、磷含量及其化学计量比

地点	土壤深度（cm）	pH	容重（g/cm³）	有机碳（g/kg）	全氮（g/kg）	全磷（g/kg）	碳氮比	碳磷比	氮磷比
绥化市	0～5	8.7	1.0	5.3	0.67	0.38	7.9	13.9	1.8
	5～10	8.8	1.0	6.8	0.49	0.41	13.9	16.6	1.2
	10～20	8.6	1.0	6.3	0.39	0.41	16.2	15.4	1.0
	20～30	8.9	1.0	8.6	0.32	0.39	26.9	22.1	0.8
	30～50	8.8	0.9	5.5	0.25	0.34	22.0	16.2	0.7
	50～70	8.9	0.9	4.8	0.18	0.30	26.7	16.0	0.6
	70～100	8.8	1.0	8.5	0.13	0.29	65.4	29.3	0.4
哈尔滨市	0～5	8.5	1.2	4.9	0.79	0.38	6.2	12.9	2.1
	5～10	8.2	1.2	4.4	0.54	0.38	8.1	11.6	1.4
	10·～20	8.1	1.2	5.3	0.45	0.38	11.8	13.9	1.2
	20～30	8.1	1.1	4.6	0.35	0.35	13.1	13.1	1.0
	30～50	8.2	1.1	7.5	0.30	0.35	25.0	21.4	0.9
	50～70	8.4	1.2	5.4	0.17	0.32	31.8	16.9	0.5
	70～100	8.6	1.2	3.7	0.10	0.31	37.0	11.9	0.3

注：绥化市和哈尔滨市小叶章+苔草群落的数据为 1 个样点 5 个样方的平均值

5. 贝加尔针茅群落

贝加尔针茅群落主要分布在明水县、杜尔伯特蒙古族自治县及安达市等，土壤类型以草甸土为主。贝加尔针茅群落覆盖度为 56.6%，高度为 52.8 cm。地上植被、枯落物、根系及土壤碳储量分别为 0.88 mg C/hm²、0.19 mg C/hm²、11.2 mg C/hm²、84.0 mg C/hm²（表 3-34 和表 3-35）。

表 3-34 贝加尔针茅群落地上植被和枯落物的碳含量及碳储量

类型	生物量（g/m²）	碳含量（g C/kg）	碳储量（mg C/hm²）
地上植被	187	473	0.88
枯落物	41	456	0.19

表 3-35 贝加尔针茅群落根系和土壤的碳含量及碳储量

土壤深度（cm）	土壤容重（g/cm³）	土壤碳含量（g C/kg）	土壤碳储量（mg C/hm²）	根系生物量（g/m²）	根系碳含量（g C/kg）	根系碳储量（mg C/hm²）
0～5	1.3	12.9	8.1	771	352	2.7
5～10	1.4	11.0	7.5	534	355	1.9
10～20	1.4	8.5	11.8	401	355	1.4
20～30	1.4	6.9	9.4	388	350	1.4
30～50	1.4	5.4	14.9	383	349	1.3
50～70	1.4	4.6	12.6	358	352	1.3
70～100	1.3	5.1	19.7	345	353	1.2
0～100	1.4	7.8	84.0	3180	352	11.2

注：表中数据为 3 个样点的平均值（明水县、杜尔伯特蒙古族自治县和安达市）

贝加尔针茅群落土壤 pH 为 8.4，土壤容重为 1.4 g/cm³。贝加尔针茅群落土壤有机碳含量为 6.0 g/kg，全氮含量为 0.54 g/kg，全磷含量为 0.22 g/kg，碳氮比为 17.2，碳磷比为 32.6，氮磷比为 2.7。杜尔伯特蒙古族自治县和明水县土壤有机碳含量明显高于安达市，明水县有较高的土壤碳氮比、碳磷比和氮磷比（表 3-36）。

表 3-36 贝加尔针茅群落土壤碳、氮、磷含量及其化学计量比

地区	土壤深度（cm）	pH	容重（g/cm³）	有机碳（g/kg）	全氮（g/kg）	全磷（g/kg）	碳氮比	碳磷比	氮磷比
杜尔伯特蒙古族自治县	0～5	7.3	1.3	12.4	0.89	0.22	13.9	56.4	4.0
	5～10	7.3	1.2	10.5	0.71	0.18	14.8	58.3	3.9
	10～20	7.3	1.3	8.4	0.59	0.17	14.2	49.4	3.5
	20～30	7.3	1.3	6.4	0.44	0.16	14.5	40.0	2.8
	30～50	7.4	1.3	5.5	0.35	0.15	15.7	36.7	2.3
	50～70	7.6	1.4	4.5	0.26	0.14	17.3	32.1	1.9
	70～100	7.6	1.4	5.5	0.18	0.13	30.6	42.3	1.4
明水县	0～5	7.6	1.4	13.3	1.85	0.22	7.2	60.5	8.4
	5～10	7.7	1.5	8.5	1.58	0.20	5.4	42.5	7.9
	10～20	7.8	1.5	10.7	0.97	0.15	11.0	71.3	6.5
	20～30	7.9	1.4	6.2	0.57	0.16	10.9	38.8	3.6
	30～50	8.1	1.5	5.5	0.22	0.15	25.0	36.7	1.5
	50～70	8.3	1.5	3.8	0.19	0.14	20.0	27.1	1.4
	70～100	8.3	1.5	4.7	0.05	0.13	94.0	36.2	0.4
安达市	0～5	10.6	—	2.9	0.65	0.31	4.5	9.4	2.1
	5～10	10.7	—	2.2	0.51	0.39	4.3	5.6	1.3
	10～20	8.5	—	2.3	0.32	0.36	7.2	6.4	0.9
	20～30	10.6	—	3.8	0.30	0.38	12.7	10.0	0.8

地区	土壤深度（cm）	pH	容重（g/cm³）	有机碳（g/kg）	全氮（g/kg）	全磷（g/kg）	碳氮比	碳磷比	氮磷比
	30～50	10.5	—	2.6	0.29	0.31	9.0	8.4	0.9
安达市	50～70	10.5	—	3.1	0.21	0.30	14.8	10.3	0.7
	70～100	8.4	—	2.3	0.17	0.32	13.5	7.2	0.5

注：杜尔伯特蒙古族自治县贝加尔针茅群落的数据为 4 个样点 20 个样方的平均值；明水县贝加尔针茅群落的数据为 2 个样点 10 个样方的平均值；安达市贝加尔针茅群落的数据为 1 个样点 5 个样方的平均值

6. 羊草+芦苇群落

羊草+芦苇群落主要分布在肇州县、泰来县及农安县等。肇州县羊草+芦苇群落的土壤类型为黑土；泰来县和农安县羊草+芦苇群落的土壤类型为黑土与碱化盐土。羊草+芦苇群落覆盖度为 63.0%，高度为 40.9 cm。地上植被、枯落物、根系及土壤碳储量分别为 1.11 mg C/hm²、0.12 mg C/hm²、11.7 mg C/hm²、87.2 mg C/hm²（表 3-37 和表 3-38）。

表 3-37　羊草+芦苇群落地上植被和枯落物的碳含量及碳储量

类型	生物量（g/m²）	碳含量（g C/kg）	碳储量（mg C/hm²）
地上植被	272	409	1.11
枯落物	26	461	0.12

表 3-38　羊草+芦苇群落根系和土壤的碳含量及碳储量

土壤深度（cm）	土壤容重（g/cm³）	土壤碳含量（g C/kg）	土壤碳储量（mg C/hm²）	根系生物量（g/m²）	根系碳含量（g C/kg）	根系碳储量（mg C/hm²）
0～5	1.4	12.5	8.8	459	402	1.8
5～10	1.4	10.8	7.8	427	402	1.7
10～20	1.5	7.6	11.3	408	403	1.7
20～30	1.5	6.9	10.4	402	404	1.6
30～50	1.5	5.6	17.2	426	404	1.7
50～70	1.5	5.2	15.3	390	405	1.6
70～100	1.4	4.0	16.4	388	404	1.6
0～100	1.5	7.5	87.2	2900	403	11.7

注：表中数据为 3 个样点的平均值（肇州县、泰来县和农安县）

羊草+芦苇群落土壤 pH 为 9.6，土壤容重为 1.5 g/cm³。羊草+芦苇群落土壤有机碳含量为 8.8 g/kg，全氮含量为 0.53 g/kg，全磷含量为 0.32 g/kg，碳氮比为 18.8，碳磷比为 27.0，氮磷比为 1.6。农安县土壤有机碳、全氮、全磷含量及碳氮比、碳磷比、氮磷比明显高于泰来县（表 3-39）。

7. 冰草群落

冰草群落主要分布在长岭县、前郭尔罗斯蒙古族自治县及乾安县等，土壤类型有草甸风沙土和碱化盐土。冰草群落覆盖度为 57.6%，高度为 40.3 cm。地上植被、枯落物、根系及土壤碳储量分别为 0.82 mg C/hm²、0.40 mg C/hm²、4.3 mg C/hm²、105.8 mg C/hm²（表 3-40 和表 3-41）。

表 3-39　羊草+芦苇群落土壤碳、氮、磷含量及其化学计量比

地点	土壤深度（cm）	pH	容重（g/cm³）	有机碳（g/kg）	全氮（g/kg）	全磷（g/kg）	碳氮比	碳磷比	氮磷比
农安县	0～5	9.4	1.4	6.7	1.18	0.29	5.7	23.1	4.1
	5～10	9.8	1.7	9.5	0.80	0.37	11.9	25.7	2.2
	10～20	9.5	1.5	13.9	0.67	0.38	20.7	36.6	1.8
	20～30	9.4	1.5	12.3	0.50	0.38	24.6	32.4	1.3
	30～50	9.3	1.6	13.1	0.58	0.37	22.6	35.4	1.6
	50～70	9.4	1.6	10.3	0.41	0.34	25.1	30.3	1.2
	70～100	9.6	1.5	9.7	0.32	0.33	30.3	29.4	1.0
泰来县	0～5	9.5	1.4	11.6	0.84	0.35	13.8	33.1	2.4
	5～10	9.8	1.3	9.3	0.61	0.31	15.2	30.0	2.0
	10～20	9.8	1.3	5.9	0.41	0.25	14.4	23.6	1.6
	20～30	10.0	1.3	7.5	0.34	0.25	22.1	26.8	1.2
	30～50	9.9	1.5	5.4	0.31	0.26	17.4	20.8	1.2
	50～70	9.8	1.6	4.9	0.23	0.26	21.3	18.8	0.9
	70～100	9.5	1.5	3.2	0.18	0.26	17.8	12.3	0.7

注：农安县和泰来县羊草+芦苇群的数据为1个样点5个样方的平均值

表 3-40　冰草群落地上植被和枯落物的碳含量及碳储量

类型	生物量（g/m²）	碳含量（g C/kg）	碳储量（mg C/hm²）
地上植被	172	476	0.82
枯落物	89	454	0.40

表 3-41　冰草群落根系和土壤的碳含量及碳储量

土壤深度（cm）	土壤容重（g/cm³）	土壤碳含量（g C/kg）	土壤碳储量（mg C/hm²）	根系生物量（g/m²）	根系碳含量（g C/kg）	根系碳储量（mg C/hm²）
0～5	1.2	14.1	8.4	193	404	0.8
5～10	1.1	11.9	6.7	172	400	0.7
10～20	1.3	10.8	14.1	141	411	0.6
20～30	1.4	9.6	13.1	142	403	0.6
30～50	1.4	8.0	22.3	134	409	0.6
50～70	1.4	6.7	18.6	132	407	0.5
70～100	1.3	5.9	22.6	112	407	0.5
0～100	1.3	9.6	105.8	1026	406	4.3

注：表中数据为3个样点的平均值（长岭县、前郭尔罗斯蒙古族自治县及乾安县）

冰草群落土壤 pH 为 9.1，土壤容重为 1.6 g/cm³。冰草群落土壤有机碳含量为 6.2 g/kg，全氮含量为 0.41 g/kg，全磷含量为 0.18 g/kg，碳氮比为 19.2，碳磷比为 36.6，氮磷比为 2.2（表 3-42）。

8. 赖草群落

赖草群落主要分布在农安县、扶余县等，土壤类型为碱化盐土。赖草群落覆盖度为 75.1%，高度为 40.1 cm。地上植被、枯落物、根系及土壤碳储量分别为 1.41 mg C/hm²、0.13 mg C/hm²、12.7 mg C/hm²、139.6 mg C/hm²（表 3-43 和表 3-44）。

表 3-42 冰草群落土壤碳、氮、磷含量及其化学计量比

土壤深度（cm）	pH	容重（g/cm³）	有机碳（g/kg）	全氮（g/kg）	全磷（g/kg）	碳氮比	碳磷比	氮磷比
0～5	9.2	1.4	4.6	0.65	0.24	7.1	19.2	2.7
5～10	9.2	1.6	5.1	0.73	0.23	7.0	22.2	3.2
10～20	9.2	1.6	5.9	0.42	0.18	14.0	32.8	2.3
20～30	9.2	1.6	8.0	0.30	0.16	26.7	50.0	1.9
30～50	9.1	1.5	7.3	0.25	0.14	29.2	52.1	1.8
50～70	9.1	1.7	7.0	0.25	0.17	28.0	41.2	1.5
70～100	9.0	1.7	5.8	0.26	0.15	22.3	38.7	1.7

注：采样点为乾安县，冰草群落的数据为 1 个样点 5 个样方的平均值

表 3-43 赖草群落地上植被和枯落物的碳含量及碳储量

类型	生物量（g/m²）	碳含量（g C/kg）	碳储量（mg C/hm²）
地上植被	299	473	1.41
枯落物	30	446	0.13

表 3-44 赖草群落根系和土壤的碳含量及碳储量

土壤深度（cm）	土壤容重（g/cm³）	土壤碳含量（g C/kg）	土壤碳储量（mg C/hm²）	根系生物量（g/m²）	根系碳含量（g C/kg）	根系碳储量（mg C/hm²）
0～5	1.3	15.5	9.8	583	423	2.5
5～10	1.5	12.6	9.5	451	421	1.9
10～20	1.5	11.0	16.8	409	421	1.7
20～30	1.5	9.3	14.1	395	422	1.7
30～50	1.5	8.0	24.1	395	421	1.7
50～70	1.6	8.6	26.9	387	422	1.6
70～100	1.5	8.5	38.4	376	416	1.6
0～100	1.5	10.5	139.6	2996	421	12.7

注：表中数据为 2 个样点的平均值（农安县、扶余市）

赖草群落土壤 pH 为 9.4，土壤容重为 1.5 g/cm³。赖草群落土壤有机碳含量为 12.8 g/kg，全氮含量为 0.71 g/kg，全磷含量为 0.46 g/kg，碳氮比为 22.9，碳磷比为 27.5，氮磷比为 1.5（表 3-45）。

表 3-45 赖草群落土壤碳、氮、磷含量及其化学计量比

土壤深度（cm）	pH	容重（g/cm³）	有机碳（g/kg）	全氮（g/kg）	全磷（g/kg）	碳氮比	碳磷比	氮磷比
0～5	9.4	1.5	18.0	1.37	0.55	13.1	32.7	2.5
5～10	9.6	1.5	16.1	1.24	0.49	13.0	32.9	2.5
10～20	9.5	1.4	13.3	0.85	0.47	15.6	28.3	1.8
20～30	9.4	1.5	10.9	0.51	0.44	21.4	24.8	1.2
30～50	9.3	1.5	8.0	0.38	0.42	21.1	19.0	0.9
50～70	9.3	1.5	10.2	0.32	0.42	31.9	24.3	0.8
70～100	9.4	1.5	13.2	0.30	0.43	44.0	30.7	0.7

注：采样点为农安县，赖草群落的数据为 2 个样点 10 个样方的平均值

9. 虎尾草群落

虎尾草主要分布于长岭县，土壤类型有草甸碱土、草原碱土及草甸土等。虎尾草群落覆盖度为 70.8%，高度为 48.9 cm。地上植被、枯落物、根系及土壤碳储量分别为 1.42 mg C/hm²、0.12 mg C/hm²、0.71 mg C/hm²、87.0 mg C/hm²（表 3-46 和表 3-47）。

表 3-46　虎尾草群落地上植被和枯落物的碳含量及碳储量

类型	生物量（g/m²）	碳含量（g C/kg）	碳储量（mg C/hm²）
地上植被	329	432	1.42
枯落物	34	349	0.12

表 3-47　虎尾草群落根系和土壤的碳含量及碳储量

土壤深度（cm）	土壤容重（g/cm³）	土壤碳含量（g C/kg）	土壤碳储量（mg C/hm²）	根系生物量（g/m²）	根系碳含量（g C/kg）	根系碳储量（mg C/hm²）
0～5	1.5	8.1	6.0	60	307	0.18
5～10	1.6	8.3	6.4	37	331	0.12
10～20	1.5	7.7	11.7	30	310	0.09
20～30	1.5	6.1	9.0	26	336	0.09
30～50	1.5	5.3	16.2	31	355	0.11
50～70	1.5	4.4	13.5	25	316	0.08
70～100	1.6	5.1	24.2	13	341	0.04
0～100	1.5	6.4	87.0	222	328	0.71

注：表中数据为 1 个样点的平均值（长岭县）

虎尾草群落土壤 pH 为 9.6，土壤容重为 1.5 g/cm³。虎尾草群落土壤有机碳含量为 6.7 g/kg，全氮含量为 0.31 g/kg，全磷含量为 0.04 g/kg，碳氮比为 23.7，碳磷比为 170.7，氮磷比为 7.5（表 3-48）。

表 3-48　虎尾草群落土壤碳、氮、磷含量及其化学计量比

土壤深度（cm）	pH	容重（g/cm³）	有机碳（g/kg）	全氮（g/kg）	全磷（g/kg）	碳氮比	碳磷比	氮磷比
0～5	9.6	1.5	8.1	0.52	0.06	15.6	135.0	8.7
5～10	9.5	1.6	8.3	0.33	0.04	25.2	207.5	8.3
10～20	9.7	1.5	7.9	0.34	0.04	23.2	197.5	8.5
20～30	9.7	1.5	6.2	0.33	0.04	18.8	155.0	8.3
30～50	9.7	1.5	6.0	0.25	0.04	24.0	150.0	6.3
50～70	9.6	1.6	4.7	0.23	0.03	20.4	156.7	7.7
70～100	9.6	1.6	5.8	0.15	0.03	38.7	193.3	5.0

注：采样点为长岭县，虎尾草群落的数据为 3 个样点 15 个样方的平均值

10. 星星草群落

星星草群落主要分布在长岭县，土壤类型为草甸碱土。星星草群落覆盖度为 64.0%，高度为 47.8 cm。地上植被、枯落物、根系及土壤碳储量分别为 1.64 mg C/hm²、0.28 mg C/hm²、1.24 mg C/hm²、65.7 mg C/hm²（表 3-49 和表 3-50）。

表 3-49 星星草群落地上植被和枯落物的碳含量及碳储量

类型	生物量（g/m²）	碳含量（g C/kg）	碳储量（mg C/hm²）
地上植被	404	405	1.64
枯落物	73	390	0.28

表 3-50 星星草群落根系和土壤的碳含量及碳储量

土壤深度（cm）	土壤容重（g/cm³）	土壤碳含量（g C/kg）	土壤碳储量（mg C/hm²）	根系生物量（g/m²）	根系碳含量（g C/kg）	根系碳储量（mg C/hm²）
0～5	1.6	6.9	5.5	111	379	0.42
5～10	1.7	6.8	5.8	83	380	0.32
10～20	1.6	5.2	8.3	35	376	0.13
20～30	1.6	4.1	6.5	51	364	0.18
30～50	1.6	4.0	13.0	35	367	0.13
50～70	1.8	3.6	12.8	12	370	0.04
70～100	1.8	2.6	13.8	4	372	0.02
0～100	1.7	4.7	65.7	331	373	1.24

注：表中数据为 1 个样点的平均值（长岭县）

星星草群落土壤 pH 为 9.5，土壤容重为 1.7 g/cm³。星星草群落土壤有机碳含量为 4.7 g/kg，全氮含量为 0.60 g/kg，全磷含量为 0.08 g/kg，碳氮比为 7.9，碳磷比为 59.6，氮磷比为 7.9（表 3-51）。

表 3-51 星星草群落土壤碳、氮、磷含量及其化学计量比

土壤深度（cm）	pH	容重（g/cm³）	有机碳（g/kg）	全氮（g/kg）	全磷（g/kg）	碳氮比	碳磷比	氮磷比
0～5	9.6	1.6	6.9	0.57	0.11	12.1	62.7	5.2
5～10	9.6	1.7	6.8	0.62	0.08	11.0	85.0	7.8
10～20	9.6	1.6	5.2	0.59	0.08	8.8	65.0	7.4
20～30	9.5	1.6	4.1	0.65	0.07	6.3	58.6	9.3
30～50	9.5	1.6	4.0	0.61	0.07	6.6	57.1	8.7
50～70	9.5	1.8	3.6	0.60	0.07	6.0	51.4	8.6
70～100	9.4	1.8	2.6	0.58	0.07	4.5	37.1	8.3

注：采样点为长岭县，星星草群落的数据为 1 个样点 5 个样方的平均值

11. 稗群落

稗群落主要分布于长岭县，土壤类型为草甸碱土。稗群落覆盖度为 59.0%，高度为 62.0 cm。地上植被、枯落物、根系及土壤碳储量分别为 1.71 mg C/hm²、0.28 mg C/hm²、1.82 mg C/hm²、104.8 mg C/hm²（表 3-52 和表 3-53）。

表 3-52 稗群落地上植被和枯落物的碳含量及碳储量

类型	生物量（g/m²）	碳含量（g C/kg）	碳储量（mg C/hm²）
地上植被	315	545	1.71
枯落物	83	343	0.28

表 3-53 稗群落根系和土壤的碳含量及碳储量

土壤深度 （cm）	土壤容重 （g/cm³）	土壤碳含量 （g C/kg）	土壤碳储量 （mg C/hm²）	根系生物量 （g/m²）	根系碳含量 （g C/kg）	根系碳储量 （mg C/hm²）
0～5	1.3	15.0	9.6	246	361	0.89
5～10	1.4	19.3	13.7	159	242	0.38
10～20	1.5	12.2	17.9	62	286	0.18
20～30	1.6	8.6	13.6	53	225	0.12
30～50	1.5	6.4	19.3	47	331	0.16
50～70	1.5	4.6	14.0	10	275	0.03
70～100	1.5	3.7	16.7	18	349	0.06
0～100	1.5	10.0	104.8	595	296	1.82

注：表中数据为 1 个样点的平均值（长岭县）

稗群落土壤 pH 为 9.6，土壤容重为 1.5 g/cm³。稗群落土壤有机碳含量为 10.0 g/kg，全氮含量为 0.47 g/kg，全磷含量为 0.04 g/kg，碳氮比为 20.0，碳磷比为 226.3，氮磷比为 10.8（表 3-54）。

表 3-54 稗群落土壤碳、氮、磷含量及其化学计量比

土壤深度（cm）	pH	容重（g/cm³）	有机碳（g/kg）	全氮（g/kg）	全磷（g/kg）	碳氮比	碳磷比	氮磷比
0～5	9.8	1.3	15.0	0.66	0.07	22.7	214.3	9.4
5～10	9.8	1.4	19.3	0.68	0.04	28.4	482.5	17.0
10～20	9.6	1.5	12.2	0.65	0.04	18.8	305.0	16.3
20～30	9.6	1.6	8.6	0.35	0.04	24.6	215.0	8.8
30～50	9.5	1.5	6.4	0.33	0.04	19.4	160.0	8.3
50～70	9.6	1.5	4.6	0.30	0.04	15.3	115.0	7.5
70～100	9.5	1.5	3.7	0.34	0.04	10.9	92.5	8.5

注：采样点为长岭县，稗群落的数据为 1 个样点 5 个样方的平均值

12. 野古草群落

野古草群落主要分布于长岭县，土壤类型为草甸土。野古草群落覆盖度为 35.0%，高度为 41.0 cm。地上植被、枯落物、根系及土壤碳储量分别为 0.58 mg C/hm²、0.18 mg C/hm²、1.96 mg C/hm²、81.0 mg C/hm²（表 3-55 和表 3-56）。

表 3-55 野古草群落地上植被和枯落物的碳含量及碳储量

类型	生物量（g/m²）	碳含量（g C/kg）	碳储量（mg C/hm²）
地上植被	141	414	0.58
枯落物	49	362	0.18

野古草群落土壤 pH 为 9.2，土壤容重为 1.5 g/cm³。野古草群落土壤有机碳含量为 7.1 g/kg，全氮含量为 0.67 g/kg，全磷含量为 0.04 g/kg，碳氮比为 10.8，碳磷比为 161.5，氮磷比为 17.1（表 3-57）。

表 3-56　野古草群落根系和土壤的碳含量及碳储量

土壤深度 （cm）	土壤容重 （g/cm³）	土壤碳含量 （g C/kg）	土壤碳储量 （mg C/hm²）	根系生物量 （g/m²）	根系碳含量 （g C/kg）	根系碳储量 （mg C/hm²）
0～5	1.2	13.2	7.9	346	324	1.12
5～10	1.4	11.1	7.8	103	306	0.31
10～20	1.5	7.8	11.5	71	326	0.23
20～30	1.6	5.4	8.3	31	366	0.11
30～50	1.6	4.4	14.2	26	418	0.11
50～70	1.6	4.2	13.2	7	444	0.03
70～100	1.6	3.8	18.1	10	444	0.05
0～100	1.5	7.1	81.0	594	375	1.96

注：表中数据为 1 个样点的平均值（长岭县）

表 3-57　野古草群落土壤碳、氮、磷含量及其化学计量比

土壤深度（cm）	pH	容重（g/cm³）	有机碳（g/kg）	全氮（g/kg）	全磷（g/kg）	碳氮比	碳磷比	氮磷比
0～5	9.3	1.2	13.2	0.63	0.09	21.0	146.7	7.0
5～10	9.1	1.4	11.1	0.64	0.04	17.3	277.5	16.0
10～20	9.3	1.5	7.8	0.70	0.04	11.1	195.0	17.5
20～30	8.9	1.6	5.4	0.70	0.04	7.7	135.0	17.5
30～50	9.1	1.6	4.4	0.71	0.04	6.2	110.0	17.8
50～70	9.2	1.6	4.2	0.65	0.03	6.5	140.0	21.7
70～100	9.2	1.6	3.8	0.66	0.03	5.8	126.7	22.0

注：采样点为长岭县，野古草群落的数据为 1 个样点 5 个样方的平均值

13. 修氏苔草群落

修氏苔草群落主要分布于嫩江市，土壤类型为草甸土。修氏苔草群落覆盖度为 84.8%，高度为 32.2 cm。地上植被、枯落物、根系及土壤碳储量分别为 0.42 mg C/hm²、0.27 mg C/hm²、10.29 mg C/hm²、74.7 mg C/hm²（表 3-58 和表 3-59）。

表 3-58　修氏苔草群落地上植被和枯落物的碳含量及碳储量

类型	生物量（g/m²）	碳含量（g C/kg）	碳储量（mg C/hm²）
地上植被	132	320	0.42
枯落物	74	369	0.27

表 3-59　修氏苔草群落根系和土壤的碳含量及碳储量

土壤深度 （cm）	土壤容重 （g/cm³）	土壤碳含量 （g C/kg）	土壤碳储量 （mg C/hm²）	根系生物量 （g/m²）	根系碳含量 （g C/kg）	根系碳储量 （mg C/hm²）
0～5	0.9	14.4	6.7	598	363	2.17
5～10	1.0	15.0	7.3	474	362	1.72
10～20	1.0	10.1	10.1	355	360	1.28
20～30	1.1	7.5	8.3	358	361	1.29
30～50	1.0	6.3	13.0	355	360	1.28
50～70	1.0	6.2	12.5	355	360	1.28
70～100	1.0	5.8	16.8	353	361	1.27
0～100	1.0	9.3	74.7	2848	361	10.29

注：表中数据为 1 个样点的平均值（嫩江市）

修氏苔草群落土壤 pH 为 10.4，土壤容重为 1.0 g/cm³。修氏苔草群落土壤有机碳含量为 9.4 g/kg，全氮含量为 0.33 g/kg，全磷含量为 0.37 g/kg，碳氮比为 30.1，碳磷比为 24.7，氮磷比为 0.87（表 3-60）。

表 3-60　修氏苔草群落土壤碳、氮、磷含量及其化学计量比

土壤深度（cm）	pH	容重（g/cm³）	有机碳（g/kg）	全氮（g/kg）	全磷（g/kg）	碳氮比	碳磷比	氮磷比
0～5	10.1	1.0	17.2	0.67	0.39	25.7	44.1	1.7
5～10	10.4	0.9	15.9	0.52	0.44	30.6	36.1	1.2
10～20	10.5	1.0	9.0	0.34	0.37	26.5	24.3	0.9
20～30	10.6	1.0	7.4	0.26	0.38	28.5	19.5	0.7
30～50	10.6	1.0	6.8	0.18	0.35	37.8	19.4	0.5
50～70	10.4	0.9	4.6	0.12	0.36	38.3	12.8	0.3
70～100	10.4	0.9	5.1	0.22	0.31	23.2	16.5	0.7

注：采样点为嫩江市，修氏苔草群落的数据为 1 个样点 5 个样方的平均值

14. 糙隐子草群落

糙隐子草群落主要分布在长岭县，土壤类型为草甸风沙土。糙隐子草群落覆盖度为 19.6%，高度为 16.4 cm。地上植被、枯落物、根系及土壤碳储量分别为 0.19 mg C/hm²、0.50 mg C/hm²、1.45 mg C/hm²、110.8 mg C/hm²（表 3-61 和表 3-62）。

表 3-61　糙隐子草群落地上植被和枯落物的碳含量及碳储量

类型	生物量（g/m²）	碳含量（g C/kg）	碳储量（mg C/hm²）
地上植被	41	462	0.19
枯落物	137	369	0.50

表 3-62　糙隐子草群落根系和土壤的碳含量及碳储量

土壤深度（cm）	土壤容重（g/cm³）	土壤碳含量（g C/kg）	土壤碳储量（mg C/hm²）	根系生物量（g/m²）	根系碳含量（g C/kg）	根系碳储量（mg C/hm²）
0～5	1.4	9.3	6.6	119	238	0.28
5～10	1.3	9.7	6.4	45	291	0.13
10～20	1.4	10.1	13.8	91	230	0.21
20～30	1.4	9.5	12.9	68	346	0.24
30～50	1.3	9.3	24.3	88	336	0.30
50～70	1.4	7.9	21.3	66	265	0.17
70～100	1.3	6.4	25.5	38	327	0.12
0～100	1.4	8.9	110.8	515	290	1.45

注：表中数据为 1 个样点的平均值（长岭县）

15. 羊草+野古草群落

羊草+野古草群落主要分布在长岭县，土壤类型为草甸碱土。羊草+野古草群落覆盖度为 54.0%，高度为 44.8 cm。地上植被、枯落物、根系及土壤碳储量分别为 1.30 mg C/hm²、0.49 mg C/hm²、1.20 mg C/hm²、92.8 mg C/hm²（表 3-63 和表 3-64）。

表 3-63　羊草+野古草群落地上植被和枯落物的碳含量及碳储量

类型	生物量（g/m²）	碳含量（g C/kg）	碳储量（mg C/hm²）
地上植被	292	445	1.30
枯落物	134	363	0.49

表 3-64　羊草+野古草群落根系和土壤的碳含量及碳储量

土壤深度（cm）	土壤容重（g/cm³）	土壤碳含量（g C/kg）	土壤碳储量（mg C/hm²）	根系生物量（g/m²）	根系碳含量（g C/kg）	根系碳储量（mg C/hm²）
0～5	1.5	9.7	7.1	106	285	0.30
5～10	1.4	10.9	7.8	120	295	0.35
10～20	1.5	7.1	10.7	54	324	0.17
20～30	1.6	8.4	13.3	36	357	0.13
30～50	1.6	5.9	19.1	30	374	0.11
50～70	1.6	4.0	13.0	22	393	0.08
70～100	1.6	4.5	21.8	16	400	0.06
0～100	1.5	7.2	92.8	384	347	1.20

注：表中数据为 1 个样点的平均值（长岭县）

16. 羊草+星星草群落

羊草+星星草群落主要分布于林甸县，土壤类型为草甸土。羊草+星星草群落覆盖度为 52.0%，高度为 48.6 cm。地上植被、枯落物、根系及土壤碳储量分别为 0.92 mg C/hm²、0.14 mg C/hm²、9.15 mg C/hm²、112.8 mg C/hm²（表 3-65 和表 3-66）。

表 3-65　羊草+星星草群落地上植被和枯落物的碳含量及碳储量

类型	生物量（g/m²）	碳含量（g C/kg）	碳储量（mg C/hm²）
地上植被	198	465	0.92
枯落物	24	557	0.14

表 3-66　羊草+星星草群落根系和土壤的碳含量及碳储量

土壤深度（cm）	土壤容重（g/cm³）	土壤碳含量（g C/kg）	土壤碳储量（mg C/hm²）	根系生物量（g/m²）	根系碳含量（g C/kg）	根系碳储量（mg C/hm²）
0～5	1.3	16.6	10.8	450	312	1.40
5～10	1.1	18.2	10.3	391	333	1.30
10～20	1.2	12.3	15.2	372	349	1.30
20～30	1.3	9.1	11.4	361	355	1.28
30～50	1.4	6.4	18.2	367	349	1.28
50～70	1.2	5.1	12.5	364	355	1.29
70～100	1.6	7.4	34.4	357	364	1.30
0～100	1.3	10.7	112.8	2662	345	9.15

注：表中数据为 1 个样点的平均值（林甸县）

17. 碱茅群落

碱茅群落主要分布在肇东市，土壤类型为草甸土。碱茅群落覆盖度为 36.0%，高度为 49.4 cm。地上植被、枯落物、根系及土壤碳储量分别为 0.83 mg C/hm²、0.09 mg C/hm²、9.42 mg C/hm²、62.6 mg C/hm²（表 3-67 和表 3-68）。

表 3-67　碱茅群落地上植被和枯落物的碳含量及碳储量

类型	生物量（g/m²）	碳含量（g C/kg）	碳储量（mg C/hm²）
地上植被	158	523	0.83
枯落物	18	510	0.09

表 3-68　碱茅群落根系和土壤的碳含量及碳储量

土壤深度（cm）	土壤容重（g/cm³）	土壤碳含量（g C/kg）	土壤碳储量（mg C/hm²）	根系生物量（g/m²）	根系碳含量（g C/kg）	根系碳储量（mg C/hm²）
0～5	1.6	10.8	8.9	428	416	1.78
5～10	1.6	9.4	7.4	389	424	1.65
10～20	1.3	7.7	9.9	376	441	1.66
20～30	1.8	4.4	7.8	394	427	1.68
30～50	1.4	3.5	9.7	234	430	1.01
50～70	1.8	2.9	10.3	181	425	0.77
70～100	1.8	1.6	8.6	208	420	0.87
0～100	1.6	5.8	62.6	2210	426	9.42

注：表中数据为 1 个样点的平均值（肇东市）

二、阔叶草类群落

1. 马蔺群落

马蔺群落主要分布在兰西县、前郭尔罗斯蒙古族自治县及林甸县等，土壤类型为草甸土。马蔺群落覆盖度为 66.3%，高度为 46.1 cm。地上植被、枯落物、根系及土壤碳储量分别为 0.94 mg C/hm²、0.20 mg C/hm²、9.8 mg C/hm²、72.1 mg C/hm²（表 3-69 和表 3-70）。

表 3-69　马蔺群落地上植被和枯落物的碳含量及碳储量

类型	生物量（g/m²）	碳含量（g C/kg）	碳储量（mg C/hm²）
地上植被	191	493	0.94
枯落物	43	467	0.20

表 3-70　马蔺群落根系和土壤的碳含量及碳储量

土壤深度（cm）	土壤容重（g/cm³）	土壤碳含量（g C/kg）	土壤碳储量（mg C/hm²）	根系生物量（g/m²）	根系碳含量（g C/kg）	根系碳储量（mg C/hm²）
0～5	1.4	8.9	6.4	381	420	1.6
5～10	1.4	6.7	4.6	336	422	1.4
10～20	1.4	7.1	10.0	340	420	1.4

土壤深度 （cm）	土壤容重 （g/cm³）	土壤碳含量 （g C/kg）	土壤碳储量 （mg C/hm²）	根系生物量 （g/m²）	根系碳含量 （g C/kg）	根系碳储量 （mg C/hm²）
20～30	1.5	4.7	7.1	300	422	1.3
30～50	1.4	4.3	12.2	300	423	1.3
50～70	1.4	4.0	11.3	318	425	1.4
70～100	1.4	5.0	20.5	339	423	1.4
0～100	1.4	5.8	72.1	2314	422	9.8

注：表中数据为 3 个样点的平均值（兰西县、前郭尔罗斯蒙古族自治县和林甸县）

马蔺群落土壤 pH 为 10.0，土壤容重为 1.6 g/cm³。马蔺群落土壤有机碳含量为 7.5 g/kg，全氮含量为 0.50 g/kg，全磷含量为 0.39 g/kg，碳氮比为 22.4，碳磷比为 19.9，氮磷比为 1.2（表 3-71）。兰西县土壤有机碳、全氮和全磷含量高于林甸县。

表 3-71 马蔺群落土壤碳、氮、磷含量及其化学计量比

地点	土壤深度（cm）	pH	容重（g/cm³）	有机碳（g/kg）	全氮（g/kg）	全磷（g/kg）	碳氮比	碳磷比	氮磷比
	0～5	10.4	1.3	7.5	0.85	0.38	8.8	19.7	2.2
	5～10	10.5	1.5	4.6	0.55	0.34	8.4	13.5	1.6
	10～20	10.5	1.4	9.8	0.29	0.30	33.8	32.7	1.0
林甸县	20～30	10.5	1.5	3.4	0.28	0.30	12.1	11.3	0.9
	30～50	10.4	1.5	2.8	0.21	0.27	13.3	10.4	0.8
	50～70	10.2	1.5	3.5	0.23	0.27	15.2	13.0	0.9
	70～100	10.0	1.5	9.7	0.13	0.21	74.6	46.2	0.6
	0～5	9.1	1.6	14.0	1.36	0.56	10.3	25.0	2.4
	5～10	9.6	1.7	11.4	0.79	0.55	14.4	20.7	1.4
	10～20	9.7	1.7	10.9	0.67	0.54	16.3	20.2	1.2
兰西县	20～30	9.8	1.8	7.5	0.67	0.46	11.2	16.3	1.5
	30～50	9.7	1.6	8.0	0.63	0.48	12.7	16.7	1.3
	50～70	9.7	1.6	6.1	0.24	0.41	25.4	14.9	0.6
	70～100	9.6	1.6	6.3	0.11	0.34	57.3	18.5	0.3

注：林甸县和兰西县马蔺群落的数据为 1 个样点 5 个样方的平均值

2. 针蔺群落

针蔺群落主要分布于长岭县，土壤类型为草甸碱土。针蔺群落覆盖度为 73.8%，高度为 42.5 cm。地上植被、枯落物、根系及土壤碳储量分别为 1.29 mg C/hm²、0.62 mg C/hm²、1.54 mg C/hm²、72.3 mg C/hm²（表 3-72 和表 3-73）。

表 3-72 针蔺群落地上植被和枯落物的碳含量及碳储量

类型	生物量（g/m²）	碳含量（g C/kg）	碳储量（mg C/hm²）
地上植被	289	447	1.29
枯落物	161	385	0.62

表 3-73　针蔺群落根系和土壤的碳含量及碳储量

土壤深度 （cm）	土壤容重 （g/cm³）	土壤碳含量 （g C/kg）	土壤碳储量 （mg C/hm²）	根系生物量 （g/m²）	根系碳含量 （g C/kg）	根系碳储量 （mg C/hm²）
0～5	1.4	14.8	10.6	259	247	0.64
5～10	1.5	11.9	8.9	93	317	0.30
10～20	1.7	8.2	13.8	85	360	0.30
20～30	1.5	5.4	8.3	33	320	0.11
30～50	1.7	4.1	14.0	30	406	0.12
50～70	1.8	2.3	8.1	23	304	0.07
70～100	1.4	2.1	8.6	1	333	0.00
0～100	1.6	7.0	72.3	524	327	1.54

注：表中数据为 1 个样点的平均值（长岭县）

针蔺群落土壤 pH 为 9.5，土壤容重为 1.6 g/cm³。针蔺群落土壤有机碳含量为 7.0 g/kg，全氮含量为 0.62 g/kg，全磷含量为 0.10 g/kg，碳氮比为 13.3，碳磷比为 113.9，氮磷比为 7.1（表 3-74）。

表 3-74　针蔺群落土壤碳、氮、磷含量及其化学计量比

土壤深度（cm）	pH	容重（g/cm³）	有机碳（g/kg）	全氮（g/kg）	全磷（g/kg）	碳氮比	碳磷比	氮磷比
0～5	9.7	1.4	14.8	0.35	0.03	42.3	493.3	11.7
5～10	9.6	1.5	11.9	0.63	0.12	18.9	99.2	5.3
10～20	9.5	1.7	8.2	0.67	0.12	12.2	68.3	5.6
20～30	9.4	1.5	5.4	0.85	0.11	6.4	49.1	7.7
30～50	9.4	1.7	4.1	0.65	0.10	6.3	41.0	6.5
50～70	9.3	1.8	2.3	0.66	0.10	3.5	23.0	6.6
70～100	9.3	1.7	2.1	0.58	0.09	3.6	23.3	6.4

注：采样点为长岭县，针蔺群落的数据为 1 个样点 5 个样方的平均值

3. 碱蓬群落

碱蓬群落主要分布于长岭县，土壤类型为草甸碱土。碱蓬群落覆盖度为 56.4%，高度为 27.0 cm。地上植被、枯落物、根系及土壤碳储量分别为 1.35 mg C/hm²、0.12 mg C/hm²、0.57 mg C/hm²、60.3 mg C/hm²（表 3-75 和表 3-76）。

表 3-75　碱蓬群落地上植被和枯落物的碳含量及碳储量

类型	生物量（g/m²）	碳含量（g C/kg）	碳储量（mg C/hm²）
地上植被	360	375	1.35
枯落物	38	323	0.12

碱蓬群落土壤 pH 为 9.5，土壤容重为 1.6 g/cm³。碱蓬群落土壤有机碳含量为 4.2 g/kg，全氮含量为 0.53 g/kg，全磷含量为 0.09 g/kg，碳氮比为 7.8，碳磷比为 48.5，氮磷比为 6.2（表 3-77）。

表 3-76　碱蓬群落根系和土壤的碳含量及碳储量

土壤深度 （cm）	土壤容重 （g/cm³）	土壤碳含量 （g C/kg）	土壤碳储量 （mg C/hm²）	根系生物量 （g/m²）	根系碳含量 （g C/kg）	根系碳储量 （mg C/hm²）
0～5	1.5	4.9	3.7	48	331	0.16
5～10	1.6	4.4	3.5	30	329	0.10
10～20	1.5	4.8	7.4	27	334	0.09
20～30	1.5	4.6	6.9	21	433	0.09
30～50	1.6	4.1	13.0	23	268	0.06
50～70	1.6	3.4	11.0	13	329	0.04
70～100	1.6	3.0	14.8	8	357	0.03
0～100	1.6	4.2	60.3	170	340	0.57

注：表中数据为 1 个样点的平均值（长岭县）

表 3-77　碱蓬群落土壤碳、氮、磷含量及其化学计量比

土壤深度（cm）	pH	容重（g/cm³）	有机碳（g/kg）	全氮（g/kg）	全磷（g/kg）	碳氮比	碳磷比	氮磷比
0～5	9.4	1.5	4.9	0.54	0.07	9.1	70.0	7.7
5～10	9.4	1.6	4.4	0.57	0.09	7.7	48.9	6.3
10～20	9.5	1.5	4.8	0.56	0.11	8.6	43.6	5.1
20～30	9.6	1.5	4.6	0.53	0.08	8.7	57.3	6.6
30～50	9.6	1.6	4.1	0.51	0.08	8.0	51.3	6.4
50～70	9.6	1.6	3.4	0.50	0.11	6.8	30.9	4.5
70～100	9.6	1.7	3.0	0.51	0.08	5.9	37.5	6.4

注：采样点为长岭县，碱蓬群落的数据为 3 个样点 15 个样方的平均值

4. 委陵菜群落

委陵菜群落主要分布在农安县，土壤类型为碱化盐土。委陵菜群落覆盖度为 77.9%，高度为 9.6 cm。地上植被、枯落物、根系及土壤碳储量分别为 0.99 mg C/hm²、0.09 mg C/hm²、11.22 mg C/hm²、141.4 mg C/hm²（表 3-78 和表 3-79）。

表 3-78　委陵菜群落地上植被和枯落物的碳含量及碳储量

类型	生物量（g/m²）	碳含量（g C/kg）	碳储量（mg C/hm²）
地上植被	270	366	0.99
枯落物	25	379	0.09

表 3-79　委陵菜群落根系和土壤的碳含量及碳储量

土壤深度 （cm）	土壤容重 （g/cm³）	土壤碳含量 （g C/kg）	土壤碳储量 （mg C/hm²）	根系生物量 （g/m²）	根系碳含量 （g C/kg）	根系碳储量 （mg C/hm²）
0～5	1.3	19.0	12.7	453	421	1.91
5～10	1.2	18.0	11.2	385	420	1.62
10～20	1.3	15.4	19.7	377	421	1.59
20～30	1.4	11.5	16.0	366	421	1.54
30～50	1.5	10.0	29.9	364	424	1.54
50～70	1.4	8.7	24.6	351	420	1.47
70～100	1.5	5.9	27.3	367	422	1.55
0～100	1.4	12.7	141.4	2663	421	11.22

注：表中数据为 1 个样点的平均值（农安县）

委陵菜群落土壤 pH 为 9.3，土壤容重为 1.2 g/cm^3。委陵菜群落土壤有机碳含量为 12.1 g/kg，全氮含量为 0.97 g/kg，全磷含量为 0.47 g/kg，碳氮比为 16.3，碳磷比为 24.7，氮磷比为 1.9（表 3-80）。

表 3-80　委陵菜群落土壤碳、氮、磷含量及其化学计量比

土壤深度（cm）	pH	容重（g/cm^3）	有机碳（g/kg）	全氮（g/kg）	全磷（g/kg）	碳氮比	碳磷比	氮磷比
0~5	9.2	1.3	17.2	1.71	0.58	10.1	29.7	2.9
5~10	9.3	1.1	20.0	1.68	0.58	11.9	34.5	2.9
10~20	9.3	1.2	13.6	1.41	0.56	9.6	24.3	2.5
20~30	9.4	1.1	11.7	0.87	0.46	13.4	25.4	1.9
30~50	9.5	1.1	11.6	0.64	0.47	18.1	24.7	1.4
50~70	9.3	1.2	5.5	0.29	0.33	19.0	16.7	0.9
70~100	9.3	1.1	5.4	0.17	0.30	31.8	18.0	0.6

注：采样点为农安县，委陵菜群落的数据为 1 个样点 5 个样方的平均值

5. 胡枝子群落

胡枝子群落主要分布于长岭县，土壤类型为草甸风沙土。胡枝子群落覆盖度为 19.6%，高度为 19.1 cm。地上植被、枯落物、根系及土壤碳储量分别为 0.32 mg C/hm^2、0.87 mg C/hm^2、1.74 mg C/hm^2、95.4 mg C/hm^2（表 3-81 和表 3-82）。

表 3-81　胡枝子群落地上植被和枯落物的碳含量及碳储量

类型	生物量（g/m^2）	碳含量（g C/kg）	碳储量（mg C/hm^2）
地上植被	74	434	0.32
枯落物	205	426	0.87

表 3-82　胡枝子群落地上植被和枯落物的碳含量及碳储量

土壤深度（cm）	土壤容重（g/cm^3）	土壤碳含量（g C/kg）	土壤碳储量（mg C/hm^2）	根系生物量（g/m^2）	根系碳含量（g C/kg）	根系碳储量（mg C/hm^2）
0~5	1.4	16.5	11.8	85	491	0.41
5~10	1.5	14.4	10.8	105	322	0.34
10~20	1.5	10.3	15.6	29	349	0.10
20~30	1.4	8.0	10.9	35	344	0.12
30~50	1.4	7.0	18.7	95	486	0.46
50~70	1.4	4.4	12.5	54	429	0.23
70~100	1.4	3.5	15.1	26	312	0.08
0~100	1.4	9.2	95.4	429	390	1.74

注：表中数据为 1 个样点的平均值（长岭县）

6. 獐毛群落

獐毛群落主要分布在长岭县，土壤类型为草甸碱土。獐毛群落覆盖度为 57.6%，高度为 21.8 cm。地上植被、枯落物、根系及土壤碳储量分别为 1.29 mg C/hm^2、0.18 mg C/hm^2、1.15 mg C/hm^2、158.7 mg C/hm^2（表 3-83 和表 3-84）。

表 3-83　獐毛群落地上植被和枯落物的碳含量及碳储量

类型	生物量（g/m²）	碳含量（g C/kg）	碳储量（mg C/hm²）
地上植被	302	427	1.29
枯落物	53	336	0.18

表 3-84　獐毛群落根系和土壤的碳含量及碳储量

土壤深度（cm）	土壤容重（g/cm³）	土壤碳含量（g C/kg）	土壤碳储量（mg C/hm²）	根系生物量（g/m²）	根系碳含量（g C/kg）	根系碳储量（mg C/hm²）
0~5	1.4	17.3	11.6	130	442	0.57
5~10	1.4	16.4	11.8	70	460	0.32
10~20	1.5	13.8	21.1	40	384	0.16
20~30	1.5	11.5	17.4	12	331	0.04
30~50	1.6	10.2	32.8	8	393	0.03
50~70	1.5	10.2	30.1	5	438	0.02
70~100	1.4	8.1	33.9	4	367	0.01
0~100	1.5	12.5	158.7	269	402	1.15

注：表中数据为 1 个样点的平均值（长岭县）

7. 荆三棱群落

荆三棱群落主要分布在前郭尔罗斯蒙古族自治县、克东县等，土壤类型为碱化盐土和草甸土。荆三棱群落覆盖度为 69.5%，高度为 40.1 cm。地上植被、枯落物、根系及土壤碳储量分别为 0.49 mg C/hm²、0.19 mg C/hm²、8.0 mg C/hm²、63.3 mg C/hm²（表3-85 和表 3-86）。

表 3-85　荆三棱群落地上植被和枯落物的碳含量及碳储量

类型	生物量（g/m²）	碳含量（g C/kg）	碳储量（mg C/hm²）
地上植被	109	448	0.49
枯落物	39	491	0.19

表 3-86　荆三棱群落根系和土壤的碳含量及碳储量

土壤深度（cm）	土壤容重（g/cm³）	土壤碳含量（g C/kg）	土壤碳储量（mg C/hm²）	根系生物量（g/m²）	根系碳含量（g C/kg）	根系碳储量（mg C/hm²）
0~5	1.2	13.8	8.5	460	428	2.0
5~10	1.2	10.0	5.7	322	332	1.1
10~20	1.1	5.4	5.8	305	373	1.1
20~30	1.0	9.0	8.8	307	346	1.1
30~50	1.1	4.4	9.1	281	281	0.8
50~70	1.0	5.0	10.5	297	334	1.0
70~100	0.8	6.3	14.9	269	319	0.9
0~100	1.1	7.7	63.3	2241	345	8.0

注：表中数据为 2 个样点的平均值（前郭尔罗斯蒙古族自治县、克东县）

第三节　草地土壤碳管理

草地（草本植物占优势，木本植物覆盖度少于10%）占全球陆地面积的近一半，是陆地生态系统的主要碳储库（Conant et al.，2001），虽管理粗放，但采用合适的管理措施可以增加土壤碳储量。

IPCC（2007）报道认为，全球具有低成本的草地管理措施，采取这些措施可以大量减缓放牧草地的碳排放。同时，附带有重要的保证粮食安全、维持生物多样性、适应全球变化及保持水土的协同效益（FAO，2009）。

到2030年，全球农业技术减少CO_2排放的潜力为5.5~6 Gt/年，其中放牧草地为1.5 Gt，草地恢复为0.6 Gt，包括饲料地在内的作物田地管理为1.5 Gt，30%得益于发达国家，70%得益于发展中国家（IPCC，2007）。

草地管理措施包括放牧强度和开始时间及持续期管理、草地生产力管理、草地火频次和强度管理、退化草地恢复、施肥或氮沉降增加、新物种或新品种引入、增加树木覆盖度。

放牧强度和开始时间影响植物生长、碳分配、草地植物组成，因此影响草地土壤的碳截获量（Conant et al.，2005；Reeder et al.，2004）。合理放牧草地的碳截获量常常大于不放牧草地和过牧草地（Conant et al.，2001；Liebig et al.，2006）。由于气候、土壤、物种组成及放牧实践存在差异，各地区碳截获量的结论并不一致（Derner et al.，2006；Schuman and Simpson，2001）。

促进草地生产力提高和产量增加可以增加土壤碳截获能力，如采取施肥、减少营养损耗、增加枯落物归还等措施来增加土壤碳储量（Schnabel et al.，2000）。促进草地植物吸收营养的措施（适量适时施肥、定位施肥、施加缓释肥）可以减少温室气体释放，但是草地的牲畜粪尿使问题变得复杂化（Oenema and Tamminga，2005）。

草地进行火烧会释放温室气体、气溶胶及作用于对流层臭氧的烃，还有后续几周因地表变黑导致反射减少而增温。减少火烧可以减轻上述温室效应，同时，减少火烧频次和强度可以增加木本植物，从而增加土壤的生物量和碳密度。防火、减少可燃物承载、计划火烧可以积极地减缓碳释放。

草地大面积退化、盐碱化、沙化后，表现为产量下降，恢复生产力的任何措施（补播或进行微生境的植被恢复、改善肥力状况、避免地表受干扰破坏）都可以增加草地土壤碳密度（Olsson and Ardö，2002）。

引种高生产力的物种或品种可以增加生物量，并增加土壤的碳储存。引入深根系物种可以分配更多的碳到土壤深层（Fisher et al.，1994），引入豆科作物增强了生物固氮，促进产量增加，进而可以增加土壤碳储存，同时，由于减少了氮肥用量而减少了氧化氮的排放。

牛羊排放的甲烷占全球总排放量的18%，主要随肠道厌氧发酵产生的嗝气排出。三种措施可以减少牛羊的甲烷排放：①饲喂精料，降低单位动物产品的排出量；饮食中添加油脂；改善饲草质量，提高生长率，减少能量以甲烷的形式消耗；优化蛋白的摄入量，减少碳体外排泄和排放。②使用添加剂可以抑制甲烷形成，如离子载体、卤化物、益生菌、疫苗、生长素。③改变管理模式及进行动物育种，通过缩短饲养期来减少饲养周期内的排放量，通过提高生产力来降低产生单位能量的甲烷释放量，通过提高繁殖率来减少基础母畜数量。

牲畜粪便可以释放大量的 N_2O、CH_4，对其进行密封储存并厌氧发酵可以减少排放。

总之，实施良好的草地管理实践可以使草地成为重要的碳汇（Conant et al.，2001）。

由于研究方法的不确定性、地上地下生产力时空变化的巨大性、土壤呼吸的复杂性，我们需要谨慎估算草地生态系统的碳收支。

良好的草地管理实践，包括正确的放牧强度、适宜的放牧开始时间、适合的放牧持续期、恢复退化草地的各种措施、高产牧草品种的引入及豆科牧草的种植、权衡效益的饲草利用方式（放牧或割草）、提高饲喂精料水平、提高牲畜生长率、缩短存栏期、提高产羔率（图3-3），都可以减少草地生态系统和草地畜牧业生产系统的碳释放量与释放速率，这些措施的实施同样是草地管理的需要、草地畜牧业发展的需要，标志着生产水平提高和草业科学进步。

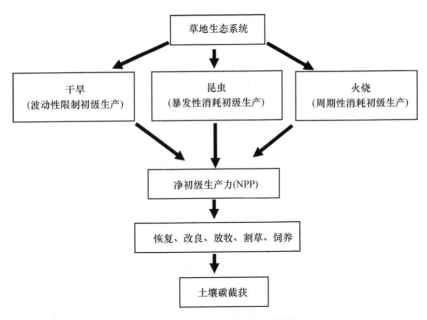

图 3-3　草地土壤碳截获影响因素

（本章作者：胡娟，禹朴家，周道玮）

参 考 文 献

陈恩凤, 王汝楣, 张同亮, 等. 1957. 吉林郭前旗灌区的碱化草甸盐土[J]. 土壤学报, 5(1): 61-76.

程伯容, 王汝楣, 龙显助. 1965. 松花江流域平原地区的土壤(第二集)[M]. 北京: 科学出版社.

戴旭, 申元村. 1984. 松嫩平原的栗钙土[J]. 土壤通报, (1): 16-19.

李建东, 郑慧莹. 1997. 松嫩平原盐碱化草地治理及其生物生态机理[M]. 北京: 科学出版社.

辽宁省土壤普查办公室. 1961. 辽宁省土壤志[M]. 沈阳: 辽宁人民出版社.

林业部综合调查队. 1954—1955. 大兴安岭森林调查报告(七, 八卷)[R].

罗金明, 王永洁, 邓伟, 等. 2009. 松嫩平原盐渍化区土壤的微域特征[J]. 应用生态学, 20(8): 1912-1917.

宋达泉. 1955. 土壤调查手册[M]. 北京: 科学出版社.

宋达泉, 程伯容, 曾昭顺. 1958. 东北及内蒙东部土壤区划[J]. 土壤通报, (4): 3-11.

王春裕. 2004. 中国东北盐渍土[M]. 北京: 科学出版社.

熊业奇, 鞠山见, 田麟杰, 等. 1958a. 小兴安岭山地森林土壤初步研究[J]. 土壤集刊, 第 1 号.

熊业奇, 严长生, 张丽珊, 等. 1958b. 内蒙古自治区东兴巴旗和西兴巴旗的土壤[J]. 土壤集刊, 第 1 号.

中国科学院林业土壤研究所. 1980. 中国东北土壤[M]. 北京: 科学出版社.

Conant R T, Edward K P, Elliott E T. 2001. Grassland management and conversion into grassland: effects on soil carbon[J]. Ecological Applications, 11(2): 343-355.

Conant R T, Paustian K, Grosso S, et al. 2005. Nitrogen pools and fluxes in grassland soils sequestering carbon[J]. Nutrient Cycling in Agroecosystems, 71(3): 239-248.

Derner J D, Boutton T W, Briske D D. 2006. Grazing and ecosystem carbon storage in the north American great plains[J]. Plant & Soil, 280(1-2): 77-90.

FAO. 2009. FAOSTAT. Crop production data[R]. http: //faostat.fao.org /site/567/default[2015-7-22].

Fisher M J, Rao I M, Ayarza M A, et al. 1994. Carbon storage by introduced deep-rooted grasses in the South American savannas[J]. Nature, 371(6494): 236-238.

Foley J A. 2005. Global consequences of land use[J]. Science, 309(5734): 570-574.

IPCC. 2007. Climate Change 2007: Fourth Assessment Report.

Liebig M, Gross J, Kronberg S, et al. 2006. Soil response to long-term grazing in the northern great plains of north America[J]. Agriculture, Ecosystems & Environment, 115: 270-276.

Oenema O, Tamminga S. 2005. Nitrogen in global animal production and management options for improving nitrogen use efficiency[J]. 中国科学: 生命科学(英文版), (z2): 17.

Olsson L, Ardö J. 2002. Soil carbon sequestration in degraded semiarid agro-ecosystems-perils and potentials[J]. AMBIO A Journal of the Human Environment, 31(6): 471-477.

Reeder J D, Schuman G E, Morgan J A, et al. 2004. Response of organic and inorganic carbon and nitrogen to long-term grazing of the shortgrass steppe[J]. Environmental Management, 33(4): 485-495.

Schnabel R R, Franzluebbers A J, Stout W L, et al. 2000. The Effects of Pasture Management Practices[M] Boca Raton: Lewis Publishers.

Scholes R J, Ward D E, Justice C O. 1996. Emissions of trace gases and aerosol particles due to vegetation burning in southern hemisphere Africa[J]. Journal of Geophysical Research Atmospheres, 101(D19): 23677-23682.

Schuman S H, Simpson W M. 2001. Postscript to Graber DR and Jones WJ on health care for family farmers[J]. Journal of Agromedicine, 7(4): 39.

Yu P, Liu S, Han K, et al. 2017. Conversion of cropland to forage land and grassland increases soil labile carbon and enzyme activities in northeastern China[J]. Agriculture, Ecosystems & Environment, 245: 83-91.

第四章　松嫩平原的草地植被

松嫩平原范围内降水量平均为 350～450 mm，理论上可以发育灌丛或森林植被，实际上草本植物群落占优势，这主要取决于土壤及地下水，即草甸植被不是由气候所决定的，而是由土壤及地下水所决定的（周道玮等，2010）。

气候特征沿山地呈环状分布，土壤特征亦沿山地呈环状分布，所以东北植被表现出环松嫩平原分布的特点，并显示出微弱的垂直地带性。

松嫩平原周边台地、沙地及土壤无盐碱的区域，分布有木本植物群落；沼泽湿地分布有水生植物群落；农田有各种作物群落。草本植物群落广泛分布于平原土壤有盐碱的区域，构成松嫩平原的主要植被景观。

第一节　东北的植被分布及区划

气候、地貌及土壤决定了东北植被群落的类型及分布。山地、丘陵分布着森林植被类型，台地分布着森林及灌丛植被类型，但灌丛植被类型在东北发育不充分。台地靠向松嫩平原一侧及倾斜高平原分布着草原，在大兴安岭东侧的倾斜平原表现最为典型。平原分布着草甸，尤其是盐碱含量较高的平原，这是地下水位高及土壤富含盐碱协同作用的结果。由于土壤及植被分布的空间异质性高，即土壤及植被呈多样的斑块状分布，因此松嫩平原缺少如内蒙古高原同质性非常高的草地，进行各种相关研究时，利用草原理论进行指导需要谨慎。

一、东北植被分布

东北植被呈由海拔及土地因子决定的垂直地带性环状分布格局。土地因子（edaphic factor）包括地势和土壤，影响（李继侗，1930；李继侗和李博，1986）植物组合及其分布。东北最高山长白山海拔 2500 m 以上，辽河平原入海口海拔近于海平面，上下高差大，构筑了植被的垂直地带性分布规律（图 4-1）。山地的最高处为高山荒漠带、高山苔原带、岳桦林带、针叶林、落叶阔叶林，台地上分布着低矮稀树灌丛，草原群落位于疏林与平原草甸之间的狭窄地带，低平原上分布着草甸，再低处分布着湿地植被。这种垂直地带性分布规律也指示着纬向的水平地带性分布规律：湿地植被、草甸→草原→灌丛、落叶阔叶林→针叶林→苔原→无植被带。

长白山天池附近为东北最高峰，周围为火山岩裸地，属于无植被地带，向外逐渐发展了高山草甸，随着海拔降低，依次发展了针叶林、针阔混交林、落叶阔叶林。至丘陵、台地地段，森林逐渐稀疏变成疏林类型，一些地区表现为灌丛。但是，由于地形变化突然，灌丛在东北长白山西麓发育得不是很完全，在大兴安岭东麓发育得相对完整。向平原部分，在一些地段发育着草原群落，形成了环状草原条带，平原中心区域发育着草甸。

河流在平原穿过，一些地段形成大面积的水域，成为湿地植被类型区（图 4-2）。

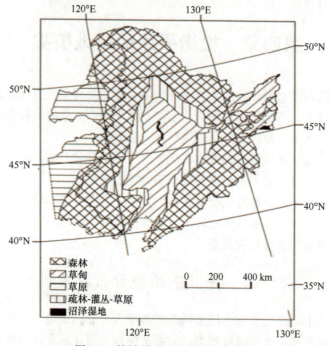

图 4-1　植被的垂直地带性分布规律

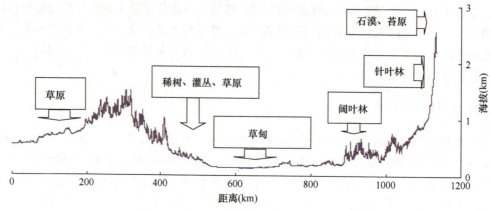

图 4-2　东北地形地势剖面及其对应的植被
自呼伦湖（左侧）至长白山天池（右侧）

二、东北植被区划

　　根据地貌分异、气候区划和土壤区划及松辽平原的植被性质与综合生态环境要素排序，对东北植被研究表明，松嫩平原、辽河平原构成的松辽平原的植被主体为草甸，松嫩平原的针茅群落分布于较高地势的二级台地上，沙丘上分布的针茅群落为草甸植被中不连续分布的沙地植被类型（图 4-3）。据此将松辽平原植被划为温带落叶阔叶林区域（周道玮等，2010），这不同于传统的将松嫩平原、辽河平原植被划为草原区域。

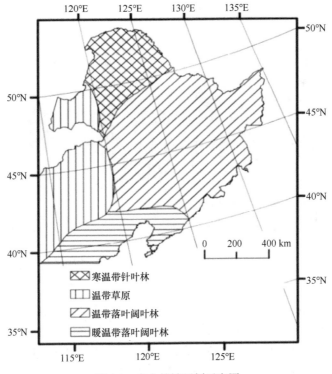

图 4-3 东北植被区划示意图

中国过去的历次植被区划对于松辽平原的归属也有不同的方案（黄秉维，1940）。在中国全境范围内，吴征镒等（1980）和张新时（2007）将松辽平原植被划为温带草原区域，基本遵循的依据是松嫩平原广泛发育了草本植被，并被定性为草甸草原。在东北范围内，大气候主体受季风影响，为半湿润气候，地带性土壤为黑钙土、黑土，但广泛发育着草甸土、草甸盐渍土，这与内蒙古高原的草原气候和土壤都不一致。松辽平原的植被定性是决定东北植被区划的根本因子。

松嫩平原羊草群落中高频分布着中生植物，甚至湿生植物层片，少旱生植物层片，这为定性这些草本植物群落为草甸提供了依据和基础。同时，松嫩平原羊草群落的退化演替阶段不同于羊草草甸草原的退化演替阶段，进一步指示了松嫩平原羊草群落为草甸。针茅群落中高频分布着中生植物及其退化演替阶段不同于针茅草原退化演替阶段的特点，都表明松嫩平原针茅群落不同于内蒙古高原草原针茅群落。

松嫩平原广泛分布的羊草群落为草甸，草甸是松嫩平原的主体植被，针茅群落是草甸植被区内不连续分布的植物群落，正如在草原地区鲜有成群成片的木本植物群落，但是在森林区可以有连续成片的草本植物群落，即较旱生的植物群落可以出现在较湿生的植物群落中。

在松嫩平原地区，沙地上长满了树木，以榆树疏林为主，杨树人工林生长得也非常好，在广大的平原地区若不是土壤富含盐离子，树木可以适应生长（图4-4）。这意味着大气候决定本区适宜森林树木生长，也意味着此区具有适宜森林树木生长的气候，但土壤的高含盐量决定了此区的草本植被，即是草甸植被而不是草原植被。

图 4-4　草甸中残存的原土土台及生长的柳树

吉林省长岭县北 20 km

大兴安岭南部森林群落成片连续分布，即北部联系寒温带针叶林，南部联系暖温带落叶阔叶林，将大兴安岭南北部的森林联系到一起，符合植被区划的空间连续原则。

松辽平原的地带性气候为半湿润气候，地带性土壤为黑钙土，但广泛发育了盐渍土，构成了松嫩平原草地的主体土壤类型。黑钙土既是草甸发育所需的土壤，也是草甸草原、森林发育所需的土壤，不专属于某一植被类型，加上土壤盐碱含量高，决定了松辽平原的植被性质，即由土壤和地下水决定的生态系统。

基于气候、土壤及植被类型的不同，将松辽平原植被划为森林区，即温带落叶阔叶林区。生产实践中，此区被广泛开垦为农田，也指示了此区为森林区，草原区干旱、寒冷的气候及贫瘠的土壤不具备开垦农田的潜力。

植被分类及区划的目的之一是支持管理决策、评估资源利用（Meeker and Merkel，1984），将松辽平原植被划为森林区除具有理论意义外，在生产实践中也具有指导意义。在广大的松辽平原地区，在没有土壤限制的地段可以植树造林、发展森林，进行林业生产或生态建设，并进行旱作作物生产，而草原无林是气候作用的结果（李继侗，1930），其不适宜植树造林（雅罗申科，1960），也不具备广泛发展旱作作物的基础。

东北植被分布受地形地势的深远影响，表现出强烈的垂直地带性分布规律，这一垂直地带性分布格局也指示了北方植被的水平地带性分布规律。

第二节　松嫩平原的草地类型

松嫩平原有森林、灌丛、草原、草甸、沼泽和沙生及水生植物等自然植被型，并有玉米（*Zea mays*）、水稻（*Oryza sativa*）、白菜（*Brassica rapa*）等人工植被型（周以良，1997；李建东等，2001）。森林和灌丛植被型发生于松嫩平原周边台地及内部沙地。草原植被型主要分布于台地及与其毗连的倾斜平原。草甸、沼泽和沙生及水生植物植被型主要分布于松嫩平原的内部平原地区，为松嫩平原的代表性植被型。

松嫩平原的草地植被中，草本植物占优势的植物种类组合包括草原植被型、草甸植被型、沼泽和沙生植物植被型及玉米、水稻和小麦（*Triticum aestivum*）等人工植被型，可以为反刍动物饲养提供饲料，甚至包括森林和灌丛的落叶，为发展草食动物畜牧业的基础资源。草地植被的一些优势种，如羊草（*Leymus chinensis*）、碱茅（*Puccinellia distans*）在逐步被培育为优质饲草，其他一些种类，如花苜蓿（*Medicago ruthenica*）、苣荬菜（*Sonchus arvensis*）、牛鞭草（*Hemarthria sibirica*）具有深度开发为优质饲草的潜力。

松嫩平原常见的一些草地植被群落指示相应的植物组合及对应的土地条件，对于理解松嫩平原草地生产及利用有参考意义。

一、禾草类群落

群落的优势种为单子叶禾本科植物，一年生或多年生。叶片带状、狭窄，多为须根系，分蘖丛生或根茎散生。较耐干旱，一些耐盐碱。

1. 大针茅（*Stipa grandis*）群落

沙生植被群落，草原植被型，生长于沙质土壤，在松嫩平原西部的倾斜平原常见。群落组成种类较多，多样性较高，辛普森多样性指数 0.55，群落较均匀，均匀度指数 0.67。群落伴生种常见羊草、芦苇，建群种比例为 63.3%，群落总生物量为 115.5 g/m² （表 4-1）。建群种大针茅多年生，高 50～100 cm，5 月返青，7 月抽穗，9 月种子成熟。生长早期适口性较好，家畜喜食其茎、叶。

表 4-1　大针茅群落物种组成及其生物多样性

物种名	拉丁名	平均高度（cm）	株/丛数（株或丛/m²）	生物量（g/m²）
大针茅	*Stipa grandis*	38.9	64.4	74.7
芦苇	*Phragmites australis*	44.8	6.4	11.2
兴安胡枝子	*Lespedeza davurica*	25.8	7.6	9.6
糙隐子草	*Cleistogenes squarrosa*	14.6	12.0	6.7
羊草	*Leymus chinensis*	45.5	3.2	4.4
多叶隐子草	*Cleistogenes polyphylla*	32.5	0.4	1.9
地锦	*Parthenocissus tricuspidata*	12.0	0.4	1.7
鸦葱	*Scorzonera austriaca*	20.0	0.2	0.9
展枝唐松草	*Thalictrum squarrosum*	28.0	0.2	0.9
银灰旋花	*Convolvulus ammannii*	6.0	0.8	0.9
苦荬菜	*Ixeris polycephala*	9.0	0.4	0.9
细叶韭	*Allium tenuissimum*	20.5	0.4	0.9
狗尾草	*Setaria viridis*	13.0	1.4	0.8
总生物量	—	—	—	115.5
建群种比例（%）	—	—	—	63.3
物种丰富度指数	—	—	—	6.4

续表

物种名	拉丁名	平均高度（cm）	株/丛数（株或丛/m²）	生物量（g/m²）
辛普森多样性指数	—	—	—	0.55
香农-维纳多样性指数	—	—	—	1.18
均匀度指数	—	—	—	0.67

注：5个样方平均结果；取样时间：2012年8月11日；地点：镇赉县境内（45°47′N，123°0′E）。"—"表示无数据，本章后同

2. 冰草（*Agropyron cristatum*）群落

沙生植被群落，草原植被型。群落组成种类少，群落多样性较低，辛普森多样性指数0.398，群落较均匀，均匀度指数0.62。群落伴生种常见白草（*Pennisetum flaccidum*）、羊草（*Leymus chinensis*），建群种比例较高，达69.53%，群落总生物量为100.1 g/m²（表4-2）。建群种冰草多年生，高20～75 cm，4月中旬开始返青，5月末抽穗，7月中下旬种子成熟。生长早期适口性较好，家畜喜食其茎、叶。

表 4-2　冰草群落物种组成及其生物多样性

物种名	拉丁名	平均高度（cm）	株/丛数（株或丛/m²）	生物量（g/m²）
冰草	*Agropyron cristatum*	64.06	186.6	67.81
白草	*Pennisetum flaccidum*	58.47	54.6	15.89
羊草	*Leymus chinensis*	64.25	6.2	7.22
狗尾草	*Setaria viridis*	16.45	23.4	5.84
花苜蓿	*Medicago ruthenica*	25.00	0.4	1.36
拂子茅	*Calamagrostis epigeios*	20.00	0.6	1.11
马唐	*Digitaria sanguinalis*	10.00	1.2	0.88
总生物量	—	—	—	100.1
建群种比例（%）	—	—	—	69.53
物种丰富度指数	—	—	—	3.4
辛普森多样性指数	—	—	—	0.398
香农-维纳多样性指数	—	—	—	0.745
均匀度指数	—	—	—	0.62

注：5个样方平均结果；取样时间：2012年8月4日；地点：乾安县境内（44°33′N，123°39′E）

3. 羊草（*Leymus chinensis*）群落

轻度、中度盐碱化土壤上分布的群落。群落组成种类往往单一，群落多样性较低，辛普森多样性指数0.43，群落较均匀，均匀度指数0.58。建群种可单独形成群落，群落伴生种常见羊草、芦苇（*Phragmites australis*）、狗尾草（*Setaria viridis*），建群种比例为71.8%，群落总生物量为107.3 g/m²（表4-3）。建群种羊草多年生，高40～90 cm，4月初返青，7月中旬种子成熟。生长早期适口性较好，家畜喜食其叶。

表 4-3 羊草群落物种组成及其生物多样性

物种名	拉丁名	平均高度（cm）	株/丛数（株或丛/m²）	生物量（g/m²）
羊草	*Leymus chinensis*	41.9	166.0	80.9
稗	*Echinochloa crusgalli*	17.5	16.8	5.6
虎尾草	*Chloris virgata*	22.5	25.4	5.5
芦苇	*Phragmites australis*	37.0	5.2	4.8
狗尾草	*Setaria viridis*	24.1	3.4	4.4
银灰旋花	*Convolvulus ammannii*	9.0	9.6	3.5
碱蓬	*Suaeda glauca*	19.0	6.8	2.7
总生物量	—	—	—	107.3
建群种比例（%）	—	—	—	71.8
物种丰富度指数	—	—	—	4.4
辛普森多样性指数	—	—	—	0.43
香农-维纳多样性指数	—	—	—	0.89
均匀度指数	—	—	—	0.58

注：5个样方平均结果；取样时间：2012年8月15日；地点：农安县境内（44°17′N，124°50′E）

羊草-花苜蓿（*Medicago ruthenica*）群系分布于轻度、中度盐碱化土壤上，为羊草群落的一个重要类型。群落组成种类6～10种，花苜蓿生物量占群落总生物量的5%～20%。群落伴生种除花苜蓿外，还常见羊须草（*Carex callitrichos*），偶见糙隐子草（*Cleistogenes squarrosa*）、老芒麦（*Elymus sibiricus*）、细叶胡枝子（*Lespedeza juncea*），群落总生物量为185.6 g/m²（表4-4）。花苜蓿多年生，高50～80 cm，5月末返青，7～8月开花结实，9～10月种子成熟。饲用价值较高，蛋白含量高，适口性好，家畜喜食其全株。

表 4-4 羊草-花苜蓿群系物种组成及其生物多样性

物种名	拉丁名	平均高度（cm）	株/丛数（株或丛/m²）	生物量（g/m²）
羊草	*Leymus chinensis*	72.0	485.3	159.1
花苜蓿	*Medicago ruthenica*	61.2	3.7	10.9
羊须草	*Carex callitrichos*	11.4	95.8	5.5
兴安胡枝子	*Lespedeza davurica*	28.0	8.7	3.8
辽东蒿	*Artemisia verbenacea*	28.5	9.0	2.9
匍枝委陵菜	*Potentilla flagellaris*	66.0	5.0	0.9
全叶马兰	*Aster pekinensis*	8.3	13.5	0.9
委陵菜	*Potentilla chinensis*	39.6	5.0	0.6
猪毛蒿	*Artemisia scoparia*	32.2	1.0	0.3
糙隐子草	*Cleistogenes squarrosa*	6.6	2.5	0.3
老芒麦	*Elymus sibiricus*	50.9	0.2	0.2
蒲公英	*Taraxacum mongolicum*	14.6	0.3	0.1
细叶胡枝子	*Lespedeza juncea*	23.5	0.2	0.1
鸡眼草	*Kummerowia striata*	7.9	2.7	0.1

续表

物种名	拉丁名	平均高度（cm）	株/丛数（株或丛/m²）	生物量（g/m²）
苦荬菜	*Ixeris polycephala*	8.4	0.3	0.1
少花米口袋	*Gueldenstaedtia verna*	8.2	0.2	<0.1
总生物量	—	—	—	185.6
建群种比例（%）	—	—	—	5.5
物种丰富度指数	—	—	—	8.0
辛普森多样性指数	—	—	—	0.244
香农-维纳多样性指数	—	—	—	0.578
均匀度指数	—	—	—	0.277

注：6个样方平均结果；取样时间：2015年7月21日；地点：龙江县境内（47°23′N，123°31′E）

羊草-抱茎苦荬菜（*Ixeris sonchifolia*）群系分布于轻度、中度盐碱化土壤上，为羊草群落的一个特殊类型。群落组成种类较多，可达10余种，群落伴生种除抱茎苦荬菜外，常见牛鞭草、扁秆藨草（*Bolboschoenus planiculmis*），偶见蒲公英（*Taraxacum mongolicum*），群落生物量为165.5 g/m²（表4-5）。抱茎苦荬菜多年生，高60～100 cm，具有根状茎，4月返青，7～8月开花结实，9～10月种子成熟。饲用价值较高，家畜喜食其叶。

表4-5　羊草-抱茎苦荬菜群系物种组成及其生物多样性

物种名	拉丁名	平均高度（cm）	株/丛数（株或丛/m²）	生物量（g/m²）
羊草	*Leymus chinensis*	52.2	343.7	79.3
抱茎苦荬菜	*Ixeris sonchifolia*	73.2	97.3	60.2
牛鞭草	*Hemarthria sibirica*	43.7	35.2	10.2
扁秆藨草	*Bolboschoenus planiculmis*	39.9	15.5	3.2
拂子茅	*Calamagrostis epigeios*	40.9	11.7	3.1
苦荬菜	*Ixeris polycephala*	15.1	26.3	2.9
马唐	*Digitaria sanguinalis*	24.0	12.5	2.2
苣荬菜	*Sonchus wightianus*	13.3	4.7	0.9
日本毛连菜	*Picris japonica*	44.4	0.8	0.7
蒲公英	*Taraxacum mongolicum*	14.8	0.7	0.5
斜茎黄芪	*Astragalus laxmannii*	41.0	0.7	0.4
山莴苣	*Lactuca sibirica*	14.5	3.2	0.3
猪毛蒿	*Artemisia scoparia*	47.4	0.5	0.3
旋覆花	*Inula japonica*	8.7	2.0	0.2
糙隐子草	*Cleistogenes squarrosa*	9.6	0.7	0.2
地榆	*Sanguisorba officinalis*	21.2	0.2	0.2
草地风毛菊	*Saussurea amara*	7.5	1.5	0.2
狗尾草	*Setaria viridis*	7.7	12.8	0.2
草木樨	*Melilotus officinalis*	49.3	0.3	0.2

续表

物种名	拉丁名	平均高度（cm）	株/丛数（株或丛/m²）	生物量（g/m²）
羊须草	*Carex callitrichos*	24.7	2.3	0.1
兴安胡枝子	*Lespedeza davurica*	14.2	0.7	0.1
鹅绒藤	*Cynanchum chinense*	12.3	0.3	<0.1
辽东蒿	*Artemisia verbenacea*	11.2	0.2	<0.1
总生物量	—	—	—	165.5
建群种比例（%）	—	—	—	35.8
物种丰富度指数	—	—	—	9.2
辛普森多样性指数	—	—	—	0.59
香农-维纳多样性指数	—	—	—	1.12
均匀度指数	—	—	—	0.51

注：6个样方平均结果；取样时间：2015年7月24日；地点：前郭尔罗斯蒙古族自治县境内（44°45′N, 124°29′E）

羊草-线叶柴胡（*Bupleurum angustissimum*）群系分布于轻度盐碱化土壤上。群落组成种类较多，可达10余种，群落伴生种除线叶柴胡外，常见拂子茅（*Calamagrostis epigeios*）、猪毛蒿（*Artemisia scoparia*），偶见苦荬菜（*Ixeris polycephala*）、草地风毛菊（*Saussurea amara*）、苣荬菜，群落生物量为164.5 g/m²（表4-6）。线叶柴胡多年生，高15~100 cm，4月返青，7~8月开花结实，9~10月种子成熟。饲用价值较高，家畜喜食其叶，并有药用价值。

表4-6　羊草-线叶柴胡群系物种组成及其生物多样性

物种名	拉丁名	平均高度（cm）	株/丛数（株或丛/m²）	生物量（g/m²）
羊草	*Leymus chinensis*	60.7	420.7	96.8
线叶柴胡	*Bupleurum angustissimum*	66.4	51.0	39.0
拂子茅	*Calamagrostis epigeios*	50.0	16.2	9.0
猪毛蒿	*Artemisia scoparia*	33.0	25.0	8.9
糙隐子草	*Cleistogenes squarrosa*	12.2	19.8	2.7
羊须草	*Carex callitrichos*	19.7	10.2	1.8
辽东蒿	*Artemisia verbenacea*	34.3	3.8	1.6
苦荬菜	*Ixeris polycephala*	16.1	6.8	1.6
草地风毛菊	*Saussurea amara*	13.7	5.0	0.8
披碱草	*Elymus dahuricus*	68.5	0.5	0.6
问荆	*Equisetum arvense*	23.1	6.3	0.4
苣荬菜	*Sonchus wightianus*	15.3	3.7	0.4
毛芦苇	*Phragmites hirsuta*	33.0	0.7	0.3
全叶马兰	*Aster pekinensis*	30.1	0.3	0.1
兴安胡枝子	*Lespedeza davurica*	27.2	0.7	0.1
女菀	*Turczaninovia fastigiata*	27.5	0.3	0.1
斜茎黄芪	*Astragalus laxmannii*	21.0	0.2	0.1

物种名	拉丁名	平均高度（cm）	株/丛数（株或丛/m²）	生物量（g/m²）
鸡眼草	*Kummerowia striata*	9.8	0.5	<0.1
鹅绒藤	*Cynanchum chinense*	6.7	0.2	<0.1
总生物量	—	—	—	164.5
建群种比例（%）	—	—	—	—
物种丰富度指数	—	—	—	8.5
辛普森多样性指数	—	—	—	0.52
香农-维纳多样性指数	—	—	—	1.10
均匀度指数	—	—	—	0.51

注：6 个样方平均结果；取样时间：2015 年 7 月 24 日；地点：前郭尔罗斯蒙古族自治县境内（44°50′N，124°31′E）

羊草-披针叶野决明（*Thermopsis lanceolata*）群系分布于轻度、中度盐碱化土壤上。群落组成种类 4～8 种，群落伴生种除披针叶野决明外，常见全叶马兰（*Aster pekinensis*），偶见水苏（*Stachys japonica*）、车前（*Plantago asiatica*）、兴安胡枝子（*Lespedeza davurica*），群落总生物量可达 416.4 g/m²（表 4-7）。披针叶野决明多年生，高 10～40 cm，4 月返青，6～8 月开花结实，9～10 月种子成熟。饲用价值较高，蛋白含量高，适口性好，家畜喜食其全株，有药用价值。

表 4-7　羊草-披针叶野决明群系物种组成及其生物多样性

物种名	拉丁名	平均高度（cm）	株/丛数（株或丛/m²）	生物量（g/m²）
披针叶野决明	*Thermopsis lanceolata*	35.0	220.0	179.1
羊草	*Leymus chinensis*	61.5	692.7	226.6
全叶马兰	*Aster pekinensis*	51.3	6.8	4.0
旋覆花	*Inula japonica*	44.5	3.2	3.2
西伯利亚蓼	*Polygonum sibiricum*	29.8	3.3	1.3
乳浆大戟	*Euphorbia esula*	19.5	5.0	0.7
野鸢尾	*Iris dichotoma*	44.1	0.7	0.5
蒲公英	*Taraxacum mongolicum*	20.3	0.8	0.3
问荆	*Equisetum arvense*	27.0	0.3	0.3
猪毛蒿	*Artemisia scoparia*	32.0	0.5	0.2
水苏	*Stachys japonica*	29.0	0.3	0.2
车前	*Plantago asiatica*	17.0	0.2	0.1
兴安胡枝子	*Lespedeza davurica*	8.0	0.2	<0.1
细叶藜	*Chenopodium stenophyllum*	19.6	0.2	<0.1
总生物量	—	—	—	416.4
建群种比例（%）	—	—	—	42.7
物种丰富度指数	—	—	—	5.8
辛普森多样性指数	—	—	—	0.51
香农-维纳多样性指数	—	—	—	0.79
均匀度指数	—	—	—	0.49

注：6 个样方平均结果；取样时间：2015 年 7 月 30 日；地点：长岭县境内（44°33′N，123°41′E）

4. 星星草（*Puccinellia tenuiflora*）群落

中度、重度盐碱化土壤上分布的群落，湿生。群落组成种类较少，群落多样性低，辛普森多样性指数 0.04，群落极不均匀。群落伴生种常见碱地肤（*Kochia scoparia*）等，偶见芦苇、虎尾草（*Chloris virgata*），建群种比例达 98.1%，群落总生物量为 171.5 g/m^2（表 4-8）。建群种星星草多年生，高 30～80 cm，4 月初返青，7 月中旬种子成熟。生长早期适口性较好，适于放牧，结实后饲料价值急剧下降。

表 4-8　星星草群落物种组成及其生物多样性

物种名	拉丁名	平均高度（cm）	株/丛数（株或丛/m^2）	生物量（g/m^2）
星星草	*Puccinellia tenuiflora*	71.1	193.8	168.4
碱地肤	*Kochia scoparia*	28.0	4.0	1.1
羊草	*Leymus chinensis*	51.0	2.7	0.9
猪毛蒿	*Artemisia scoparia*	46.0	0.3	0.6
狗尾草	*Setaria viridis*	7.5	15.3	0.2
芦苇	*Phragmites australis*	40.0	0.2	0.1
南玉带	*Asparagus oligoclonos*	22.3	0.3	0.1
虎尾草	*Chloris virgata*	17.0	0.5	<0.1
总生物量	—	—	—	171.5
建群种比例（%）	—	—	—	98.1
物种丰富度指数	—	—	—	2.50
辛普森多样性指数	—	—	—	0.04
香农-维纳多样性指数	—	—	—	0.04
均匀度指数	—	—	—	—

注：6 个样方平均结果；取样时间：2015 年 7 月 15 日；地点：泰来县境内（46°17′N，123°40′E）

5. 虎尾草（*Chloris virgata*）群落

轻度、中度和重度盐碱化土壤上分布的群落。轻度、中度盐碱地的虎尾草群落组成种类较多，重度盐碱地的虎尾草群落组成种类较少。单一种类建成的群落较常见，偶有其他物种，建群种比例 75.9%，群落总生物量为 102.3 g/m^2（表 4-9）。建群种虎尾草为一年生 C$_4$ 植物，高 12～90 cm，6 月出苗，7 月抽穗，8 月末至 9 月初种子成熟，同时植株枯黄。生长早期适口性较好，适于放牧。

表 4-9　虎尾草群落物种组成及其生物多样性

物种名	拉丁名	平均高度（cm）	株/丛数（株或丛/m^2）	生物量（g/m^2）
虎尾草	*Chloris virgata*	74.2	876.0	76.9
星星草	*Puccinellia tenuiflora*	41.6	12.0	21.1
萹蓄	*Polygonum aviculare*	11.1	12.0	2.2
蒲公英	*Taraxacum mongolicum*	86.0	0.8	1.5
碱地肤	*Kochia scoparia*	40.0	0.4	0.4

续表

物种名	拉丁名	平均高度（cm）	株/丛数（株或丛/m²）	生物量（g/m²）
碱蓬	*Suaeda glauca*	23.3	0.6	0.1
总生物量	—	—	—	102.3
建群种比例（%）	—	—	—	75.9
物种丰富度指数	—	—	—	3.6
辛普森多样性指数	—	—	—	0.35
香农-维纳多样性指数	—	—	—	0.60
均匀度指数	—	—	—	0.47

注：5 个样方平均结果；取样时间：2011 年 8 月 16 日；地点：长岭县境内（44°33′N，123°30′E）

6. 芨芨草（*Achnatherum splendens*）群落

中度、重度盐碱化土壤上分布的群落。群落组成种类较少，群落多样性较低，辛普森多样性指数 0.27，均匀度指数 0.41。群落伴生种常见乌拉草（*Carex meyeriana*）等，偶见匍枝委陵菜（*Potentilla flagellaris*）、毛芦苇（*Phragmites hirsuta*）、西伯利亚蓼（*Polygonum sibiricum*）。建群种芨芨草在群落内多呈大丛状，建群种比例为 83.0%，群落总生物量可达 773.4 g/m²（表 4-10）。建群种芨芨草多年生，高 50～250 cm，5 月返青，7 月抽穗，9 月种子成熟。生长早期适口性较好，但后期家畜不喜食，有微毒。

表 4-10　芨芨草群落物种组成及其生物多样性

物种名	拉丁名	平均高度（cm）	株/丛数（株或丛/m²）	生物量（g/m²）
芨芨草	*Achnatherum splendens*	130.7	963.5	638.5
乌拉草	*Carex meyeriana*	88.8	604.2	130.8
山黧豆	*Lathyrus quinquenervius*	59.5	2.2	0.8
辽东蒿	*Artemisia verbenacea*	86.7	0.8	0.8
委陵菜	*Potentilla chinensis*	16.8	7.7	0.7
毛芦苇	*Phragmites hirsuta*	128.6	0.2	0.5
细叶婆婆纳	*Veronica linariifolia*	61.5	2.0	0.5
水珍珠菜	*Pogostemon auricularius*	60.5	1.8	0.3
匍枝委陵菜	*Potentilla flagellaris*	25.3	0.7	0.3
西伯利亚蓼	*Polygonum sibiricum*	26.9	0.2	0.1
总生物量	—	—	—	773.4
建群种比例（%）	—	—	—	83.0
物种丰富度指数	—	—	—	3.8
辛普森多样性指数	—	—	—	0.27
香农-维纳多样性指数	—	—	—	0.45
均匀度指数	—	—	—	0.41

注：6 个样方平均结果；取样时间：2015 年 7 月 27 日；地点：富裕县境内（47°38′N，124°21′E）

7. 芦苇（*Phragmites australis*）群落

轻度、中度盐碱化土壤上分布的群落。旱生环境物种数较多，生物多样性较高，群落组成种类可达 10 种以上；湿生环境物种数较少，可形成单一的芦苇群落。群落伴生种常见星星草、虎尾草，建群种比例为 61.52%，群落总生物量为 176.7 g/m^2（表 4-11）。建群种芦苇多年生，高 40～300 cm，4 月返青，7 月抽穗，9 月种子成熟，同时植株枯黄。适口性一般，家畜喜食其嫩茎、叶。

表 4-11　芦苇群落物种组成及其生物多样性

物种名	拉丁名	平均高度（cm）	株/丛数（株或丛/m^2）	生物量（g/m^2）
芦苇	*Phragmites australis*	135.7	112.4	106.54
虎尾草	*Chloris virgata*	89.4	209.8	52.16
星星草	*Puccinellia tenuiflora*	74.5	1.4	16.54
獐毛	*Aeluropus sinensis*	14.6	4.0	1.44
萹蓄	*Polygonum aviculare*	11.1	0.4	0.02
碱地肤	*Kochia scoparia*	31.0	0.2	0.01
苍耳	*Xanthium strumarium*	8.8	0.2	0.01
蒲公英	*Taraxacum mongolicum*	8.7	0.2	<0.01
总生物量	—	—	—	176.7
建群种比例（%）	—	—	—	61.52
物种丰富度指数	—	—	—	3.6
辛普森多样性指数	—	—	—	0.51
香农-维纳多样性指数	—	—	—	0.82
均匀度指数	—	—	—	0.69

注：6 个样方平均结果；取样时间：2015 年 7 月 16 日；地点：通榆县境内（45°3′N，122°59′E）

8. 牛鞭草（*Hemarthria sibirica*）群落

轻度盐碱化土壤上分布的群落。群落组成种类较多，但建群种占绝对优势，群落多样性较低，辛普森多样性指数 0.25，群落不均匀，均匀度指数 0.26。群落伴生种常见羊草、山黧豆（*Lathyrus quinquenervius*）等，建群种比例达 86.1%，群落总生物量可达 568.9 g/m^2（表 4-12）。建群种牛鞭草为多年生 C$_4$ 植物，高 60～100 cm，5 月返青，7 月抽穗，9 月种子成熟。适口性较好，家畜喜食其茎、叶。

表 4-12　牛鞭草群落物种组成及其生物多样性

物种名	拉丁名	平均高度（cm）	株/丛数（株或丛/m^2）	生物量（g/m^2）
牛鞭草	*Hemarthria sibirica*	105.2	799.3	490.4
羊草	*Leymus chinensis*	60.7	138.3	47.6
山黧豆	*Lathyrus quinquenervius*	55.9	20.8	19.5
曲枝委陵菜	*Potentilla rosulifera*	14.0	57.8	3.0
珠芽蓼	*Polygonum viviparum*	50.5	3.0	2.1

续表

物种名	拉丁名	平均高度（cm）	株/丛数（株或丛/m²）	生物量（g/m²）
艾蒿	*Artemisia argyi*	65.0	2.3	1.7
女菀	*Turczaninovia fastigiata*	17.5	5.0	1.2
打碗花	*Calystegia hederacea*	41.6	0.8	0.9
箭头唐松草	*Thalictrum simplex*	52.1	0.7	0.8
委陵菜	*Potentilla chinensis*	10.4	23.2	0.6
全叶马兰	*Aster pekinensis*	43.7	2.3	0.3
细叶益母草	*Leonurus sibiricus*	36.8	1.2	0.3
辽东蒿	*Artemisia verbenacea*	71.5	0.3	0.2
羊须草	*Carex callitrichos*	19.6	9.3	0.2
兴安胡枝子	*Lespedeza davurica*	25.5	0.5	0.2
地榆	*Sanguisorba officinalis*	37.0	0.2	<0.1
匍枝委陵菜	*Potentilla flagellaris*	16.0	0.2	<0.1
总生物量	—	—	—	568.9
建群种比例（%）	—	—	—	86.1
物种丰富度指数	—	—	—	7.8
辛普森多样性指数	—	—	—	0.25
香农-维纳多样性指数	—	—	—	0.53
均匀度指数	—	—	—	0.26

注：6 个样方平均结果；取样时间：2015 年 7 月 22 日；地点：龙江县境内（47°28'N，123°40'E）

9. 老芒麦（*Elymus sibiricus*）群落

轻度、中度盐碱化土壤上分布的群落。群落组成种类较多，建群种常占优势，群落多样性较低，辛普森多样性指数 0.28，群落不均匀，均匀度指数 0.32。群落伴生种常见星星草、荆三棱（*Bolboschoenus yagara*）、乌拉草，偶见西伯利亚蓼、刺儿菜（*Cirsium arvense* var. *integrifolium*），建群种比例达 84.0%，群落总生物量可达 294.5 g/m²（表 4-13）。建群种老芒麦多年生，高 60~90 cm，5 月返青，7 月抽穗，9 月种子成熟。适口性较好，家畜喜食其茎、叶。

表 4-13　老芒麦群落物种组成及其生物多样性

物种名	拉丁名	平均高度（cm）	株/丛数（株或丛/m²）	生物量（g/m²）
老芒麦	*Elymus sibiricus*	86.1	1378.2	247.6
星星草	*Puccinellia tenuiflora*	77.1	104.7	17.1
荆三棱	*Bolboschoenus yagara*	83.5	29.3	13.4
乌拉草	*Carex meyeriana*	91.7	15.3	7.6
旋覆花	*Inula japonica*	34.5	25.8	4.0
车前	*Plantago asiatica*	26.1	5.7	3.2
委陵菜	*Potentilla chinensis*	19.8	3.8	0.6
香蒲	*Typha orientalis*	59.2	0.5	0.4
酸模叶蓼	*Polygonum lapathifolium*	35.6	0.7	0.3
苣荬菜	*Sonchus wightianus*	20.8	0.5	0.1

续表

物种名	拉丁名	平均高度（cm）	株/丛数（株或丛/m²）	生物量（g/m²）
西伯利亚蓼	*Polygonum sibiricum*	42.9	0.2	0.1
刺儿菜	*Cirsium arvense* var. *integrifolium*	26.6	0.3	0.1
匍枝委陵菜	*Potentilla flagellaris*	24.6	0.2	<0.1
总生物量	—	—	—	294.5
建群种比例（%）	—	—	—	84.0
物种丰富度指数	—	—	—	6.7
辛普森多样性指数	—	—	—	0.28
香农-维纳多样性指数	—	—	—	0.60
均匀度指数	—	—	—	0.32

注：6 个样方平均结果；取样时间：2015 年 7 月 28 日；地点：富裕县境内（47°42′N，124°24′E）

10. 毛秆野古草（*Arundinella hirta*）群落

轻度、中度盐碱化土壤上分布的群落。群落组成种类较多，建群种占优势，群落多样性低，辛普森多样性指数 0.10，群落不均匀，均匀度指数 0.18。群落伴生种常见羊须草，偶见兴安胡枝子、糙隐子草，建群种比例可达 94.5%，群落总生物量为 236.9 g/m²（表 4-14）。建群种毛秆野古草多年生，高 60～110 cm，5 月返青，7 月抽穗，9 月种子成熟。适口性较好，家畜喜食其茎、叶。

表 4-14　毛秆野古草群落物种组成及其生物多样性

物种名	拉丁名	平均高度（cm）	株/丛数（株或丛/m²）	生物量（g/m²）
毛秆野古草	*Arundinella hirta*	84.0	770.2	223.7
羊须草	*Carex callitrichos*	22.6	159.3	6.7
毛芦苇	*Phragmites hirsuta*	48.4	5.0	4.2
山黧豆	*Lathyrus quinquenervius*	45.0	0.7	0.6
大油芒	*Spodiopogon sibiricus*	51.0	0.8	0.5
兴安胡枝子	*Lespedeza davurica*	41.0	0.3	0.3
大花千里光	*Senecio megalanthus*	13.8	0.5	0.2
鸦葱	*Scorzonera austriaca*	30.0	0.2	0.2
糙隐子草	*Cleistogenes squarrosa*	15.0	0.5	0.2
野韭	*Allium ramosum*	25.9	2.1	0.1
羊草	*Leymus chinensis*	32.0	0.2	0.1
细叶胡枝子	*Lespedeza juncea*	28.0	0.2	<0.1
苣荬菜	*Sonchus wightianus*	10.0	0.2	<0.1
总生物量	—	—	—	236.9
建群种比例（%）	—	—	—	94.5
物种丰富度指数	—	—	—	4.3
辛普森多样性指数	—	—	—	0.10
香农-维纳多样性指数	—	—	—	0.24
均匀度指数	—	—	—	0.18

注：6 个样方平均结果；取样时间：2015 年 7 月 18 日；地点：白城市境内（45°46′N，122°56′E）

11. 獐毛（*Aeluropus sinensis*）群落

中度、重度盐碱化土壤上分布的群落。群落组成物种较少，群落多样性较低，辛普森多样性指数 0.42，均匀度指数 0.49。群落伴生种常见羊草，偶见碱蒿（*Artemisia anethifolia*）、二色补血草（*Limonium bicolor*）、鹅绒藤（*Cynanchum chinense*），建群种比例可达 70.4%，群落总生物量可达 305.7 g/m^2（表 4-15）。建群种獐毛多年生，高 15～60 cm，4 月返青，7 月抽穗，9 月种子成熟。生长早期适口性较好，家畜喜食其茎、叶。

表 4-15   獐毛群落物种组成及其生物多样性

物种名	拉丁名	平均高度（cm）	株/丛数（株或丛/m²）	生物量（g/m²）
獐毛	*Aeluropus sinensis*	48.3	494.8	215.3
羊草	*Leymus chinensis*	66.4	256.5	87.4
苣荬菜	*Sonchus wightianus*	24.9	7.0	2.4
毛芦苇	*Phragmites hirsuta*	36.2	0.3	0.3
碱蒿	*Artemisia anethifolia*	31.2	0.2	0.1
二色补血草	*Limonium bicolor*	5.6	0.2	0.1
鹅绒藤	*Cynanchum chinense*	24.9	0.3	0.1
萹蓄	*Polygonum aviculare*	20.0	0.7	<0.1
碱蓬	*Suaeda glauca*	20.1	0.3	<0.1
全叶马兰	*Aster pekinensis*	28.0	0.2	<0.1
总生物量	—	—	—	305.7
建群种比例（%）	—	—	—	70.4
物种丰富度指数	—	—	—	4.0
辛普森多样性指数	—	—	—	0.42
香农-维纳多样性指数	—	—	—	0.65
均匀度指数	—	—	—	0.49

注：6 个样方平均结果；取样时间：2015 年 7 月 30 日；地点：长岭县境内（44°39′N，123°26′E）

12. 小叶章（*Deyeuxia anguatifolia*）群落

轻度、中度盐碱化土壤上分布的群落，沼生。群落组成种类较多，建群种占绝对优势，群落多样性较低，辛普森多样性指数 0.30，群落不均匀，均匀度指数 0.34。群落伴生种常见委陵菜（*Potentilla chinensis*）、旋覆花（*Inula japonica*）等，偶见全叶马兰、兴安胡枝子，建群种比例达 82.6%，群落总生物量为 168.3 g/m^2（表 4-16）。建群种小叶章多年生，高 30～110 cm，4 月返青，7 月抽穗，9 月种子成熟。适口性较好，家畜喜食其茎、叶。

表 4-16   小叶章群落物种组成及其生物多样性

物种名	拉丁名	平均高度（cm）	株/丛数（株或丛/m²）	生物量（g/m²）
小叶章	*Deyeuxia anguatifolia*	106.6	312.7	141.3
委陵菜	*Potentilla chinensis*	16.5	39.8	12.1
辽东蒿	*Artemisia verbenacea*	57.0	7.0	4.4
旋覆花	*Inula japonica*	33.4	12.3	3.4

续表

物种名	拉丁名	平均高度（cm）	株/丛数（株或丛/m²）	生物量（g/m²）
猪毛蒿	*Artemisia scoparia*	46.7	7.2	2.3
苣荬菜	*Sonchus wightianus*	15.9	10.0	1.8
山莴苣	*Lactuca sibirica*	48.3	1.7	1.0
蒲公英	*Taraxacum mongolicum*	13.8	3.5	0.7
车前	*Plantago asiatica*	7.8	2.0	0.3
鸡眼草	*Kummerowia striata*	7.1	14.5	0.2
草地风毛菊	*Saussurea amara*	7.8	4.2	0.2
星星草	*Puccinellia tenuiflora*	64.6	0.8	0.1
柳叶旋覆花	*Inula salicina*	20.0	0.7	0.1
全叶马兰	*Aster pekinensis*	49.7	0.2	0.1
苦荬菜	*Ixeris polycephala*	12.2	1.8	0.1
兴安胡枝子	*Lespedeza davurica*	7.1	0.2	<0.1
总生物量	—	—	—	168.3
建群种比例（%）	—	—	—	82.6
物种丰富度指数	—	—	—	7.3
辛普森多样性指数	—	—	—	0.30
香农-维纳多样性指数	—	—	—	0.65
均匀度指数	—	—	—	0.34

注：6 个样方平均结果；取样时间：2015 年 7 月 22 日；地点：龙江县境内（47°35′N，123°33′E）

13. 稗（*Echinochloa crusgalli*）群落

轻度盐碱化土壤上分布的群落，湿生。群落组成种类较少，建群种占绝对优势，群落多样性较低，辛普森多样性指数 0.35，均匀度指数 0.47。群落伴生种常见星星草、荆三棱，偶见萹蓄（*Polygonum aviculare*）、虎尾草，建群种比例达 78.1%，群落总生物量为 77.6 g/m²（表 4-17）。建群种稗一年生，高 50～150 cm，5 月出苗，7 月抽穗，9 月种子成熟。适口性较好，家畜喜食其茎、叶。

表 4-17　稗群落物种组成及其生物多样性

物种名	拉丁名	平均高度（cm）	株/丛数（株或丛/m²）	生物量（g/m²）
稗	*Echinochloa crusgalli*	87.6	1210.6	60.8
星星草	*Puccinellia tenuiflora*	44.1	6.2	10.8
荆三棱	*Bolboschoenus yagara*	56.5	21.8	5.3
萹蓄	*Polygonum aviculare*	12.0	9.0	0.2
苍耳	*Xanthium strumarium*	33.0	0.2	0.2
虎尾草	*Chloris virgata*	32.5	0.8	0.2
碱蓬	*Suaeda glauca*	36.0	0.2	0.1
总生物量	—	—	—	77.6
建群种比例（%）	—	—	—	78.1

续表

物种名	拉丁名	平均高度（cm）	株/丛数（株或丛/m²）	生物量（g/m²）
物种丰富度指数	—	—	—	4.0
辛普森多样性指数	—	—	—	0.35
香农-维纳多样性指数	—	—	—	0.60
均匀度指数	—	—	—	0.47

注：5 个样方平均结果；取样时间：2011 年 8 月 19 日；地点：长岭县境内（44°34′N，123°31′E）

14. 糙隐子草（*Cleistogenes squarrosa*）群落

轻度、中度盐碱化土壤上分布的群落。群落组成种类较少，建群种占绝对优势，群落多样性较低，辛普森多样性指数 0.39，均匀度指数 0.50。群落伴生种常见羊草、兴安胡枝子，偶见猪毛蒿、狗尾草，建群种比例为 74.9%，群落总生物量为 62.2 g/m²（表 4-18）。建群种糙隐子草多年生，高 10～30 cm，4 月中旬返青，6 月初拔节，8 月中旬盛花期，9 月中下旬开始枯黄。适口性较好，家畜喜食其茎、叶。

表 4-18　糙隐子草群落物种组成及其生物多样性

物种名	拉丁名	平均高度（cm）	株/丛数（株或丛/m²）	生物量（g/m²）
糙隐子草	*Cleistogenes squarrosa*	19.6	302.4	46.1
羊草	*Leymus chinensis*	23.3	22.0	5.8
兴安胡枝子	*Lespedeza davurica*	24.3	16.0	4.6
猪毛蒿	*Artemisia scoparia*	32.0	3.4	2.9
狗尾草	*Setaria viridis*	38.8	3.6	1.8
芦苇	*Phragmites australis*	44.0	0.6	0.6
稷	*Panicum miliaceum*	40.0	0.4	0.2
砂引草	*Messerschmidia sibirica*	16.0	0.2	0.2
总生物量	—	—	—	62.2
建群种比例（%）	—	—	—	74.9
物种丰富度指数	—	—	—	4.8
辛普森多样性指数	—	—	—	0.39
香农-维纳多样性指数	—	—	—	0.78
均匀度指数	—	—	—	0.50

注：5 个样方平均结果；取样时间：2011 年 10 月 11 日；地点：长岭县境内（44°34′N，123°31′E）

15. 大油芒（*Spodiopogon sibiricus*）群落

轻度、中度盐碱化土壤上分布的群落。群落组成种类较少，群落多样性较低，辛普森多样性指数 0.35，均匀度指数 0.49。群落伴生种常见荆三棱、糙隐子草，偶见羊草、兴安胡枝子、地锦（*Parthenocissus tricuspidata*），建群种比例达 79.4%，群落总生物量为 137.6 g/m²（表 4-19）。建群种大油芒多年生，高 70～150 cm，4 月初开始返青，7 月抽穗开花，8 月中旬种子成熟。适口性较好，家畜喜食其茎、叶。

表 4-19　大油芒群落物种组成及其生物多样性

物种名	拉丁名	平均高度（cm）	株/丛数（株或丛/m²）	生物量（g/m²）
大油芒	*Spodiopogon sibiricus*	90.6	145.0	109.2
荆三棱	*Bolboschoenus yagara*	28.2	98.0	10.5
糙隐子草	*Cleistogenes squarrosa*	26.6	31.8	7.1
羊草	*Leymus chinensis*	49.7	4.4	4.8
兴安胡枝子	*Lespedeza davurica*	66.3	0.6	2.6
地锦	*Parthenocissus tricuspidata*	7.3	3.6	2.6
通泉草	*Mazus pumilus*	31.0	0.2	0.9
总生物量	—	—	—	137.6
建群种比例（%）	—	—	—	79.4
物种丰富度指数	—	—	—	4.8
辛普森多样性指数	—	—	—	0.35
香农-维纳多样性指数	—	—	—	0.76
均匀度指数	—	—	—	0.49

注：5 个样方平均结果；取样时间：2012 年 8 月 10 日；地点：白城市境内（45°45′N，122°56′E）

二、阔叶草类群落

群落优势种为双子叶菊科、豆科和藜科植物，一年生或多年生。叶片圆状、较宽，多为直根系。不耐干旱，一些较耐盐碱。

1. 线叶菊（*Filifolium sibiricum*）群落

分布于台地或倾斜平原，草甸草原植被型。群落组成种类可达 10 余种，群落多样性较高，辛普森多样性指数 0.57，群落较均匀，均匀度指数 0.67。群落伴生种常见兴安胡枝子、大针茅等，偶见狗尾草、细叶胡枝子、糙隐子草，建群种比例达 61.5%，群落总生物量为 120.9 g/m²（表 4-20）。建群种线叶菊多年生，高 20～60 cm，5 月返青，7～8 月开花结实，9～10 月种子成熟。饲用价值较差，家畜不喜食。

表 4-20　线叶菊群落物种组成及其生物多样性

物种名	拉丁名	平均高度（cm）	株/丛数（株或丛/m²）	生物量（g/m²）
线叶菊	*Filifolium sibiricum*	34.0	55.8	75.6
兴安胡枝子	*Lespedeza davurica*	40.4	7.8	10.1
大针茅	*Stipa grandis*	31.4	42.2	9.9
银灰旋花	*Convolvulus ammannii*	20.0	13.8	8.2
芦苇	*Phragmites australis*	45.8	2.0	5.1
细叶黄芪	*Astragalus tenuis*	33.4	1.6	2.8
羊草	*Leymus chinensis*	53.0	2.6	2.5
狗尾草	*Setaria viridis*	37.3	1.0	1.9

续表

物种名	拉丁名	平均高度（cm）	株/丛数（株或丛/m²）	生物量（g/m²）
花苜蓿	*Medicago ruthenica*	41.0	0.8	1.1
多叶隐子草	*Cleistogenes polyphylla*	38.0	0.8	1.1
细叶胡枝子	*Lespedeza juncea*	16.5	0.2	0.9
展枝唐松草	*Thalictrum squarrosum*	19.0	0.2	0.8
糙隐子草	*Cleistogenes squarrosa*	14.0	2.8	0.8
总生物量	—	—	—	120.9
建群种比例（%）	—	—	—	61.5
物种丰富度指数	—	—	—	6.4
辛普森多样性指数	—	—	—	0.57
香农-维纳多样性指数	—	—	—	1.25
均匀度指数	—	—	—	0.67

注：5 个样方平均结果；取样时间：2012 年 8 月 12 日；地点：镇赉县境内（45°47′N，122°0′E）

2. 甘草（*Glycyrrhiza uralensis*）群落

轻度盐碱化土壤上分布的群落。群落组成种类较多，达 10 余种，群落多样性较高，辛普森多样性指数 0.60，均匀度指数 0.51。群落伴生种常见羊草、扁秆藨草、委陵菜，偶见乳浆大戟（*Euphorbia esula*）、细叶胡枝子、兴安胡枝子，建群种比例为 56.5%，群落总生物量为 305.4 g/m²（表 4-21）。建群种甘草多年生，高 60～120 cm，5 月返青，7～8 月开花结实，9～10 月种子成熟。饲用及药用价值较高，蛋白含量高，适口性好，家畜喜食其全株。

表 4-21　甘草群落物种组成及其生物多样性

物种名	拉丁名	平均高度（cm）	株/丛数（株或丛/m²）	生物量（g/m²）
甘草	*Glycyrrhiza uralensis*	85.7	12.7	172.6
羊草	*Leymus chinensis*	63.5	101.3	38.8
扁秆藨草	*Bolboschoenus planiculmis*	64.7	74.8	18.8
荆三棱	*Bolboschoenus yagara*	51.9	30.2	15.4
委陵菜	*Potentilla chinensis*	24.0	35.5	12.3
冷蒿	*Artemisia frigida*	47.3	29.0	12.1
羊须草	*Carex callitrichos*	24.0	63.5	7.7
苣荬菜	*Sonchus wightianus*	23.5	8.8	4.8
乳浆大戟	*Euphorbia esula*	30.4	5.0	4.5
细叶胡枝子	*Lespedeza juncea*	37.4	6.3	3.0
大针茅	*Stipa grandis*	41.3	16.7	2.4
毛芦苇	*Phragmites hirsuta*	78.6	1.0	1.9
兴安胡枝子	*Lespedeza davurica*	83.1	3.2	1.6
细叶黄芪	*Astragalus tenuis*	35.2	1.2	1.4

续表

物种名	拉丁名	平均高度（cm）	株/丛数（株或丛/m²）	生物量（g/m²）
刺儿菜	*Cirsium arvense* var. *integrifolium*	26.8	1.5	1.1
鸦葱	*Scorzonera austriaca*	35.9	4.5	0.8
龙芽草	*Agrimonia pilosa*	26.0	0.8	0.8
辽东蒿	*Artemisia verbenacea*	27.4	3.2	0.7
知母	*Anemarrhena asphodeloides*	50.0	0.2	0.7
芦苇	*Phragmites australis*	69.0	0.2	0.7
银灰旋花	*Convolvulus ammannii*	13.0	4.5	0.5
远志	*Polygala tenuifolia*	27.3	2.3	0.5
猪毛蒿	*Artemisia scoparia*	56.4	0.8	0.4
草地风毛菊	*Saussurea amara*	18.9	1.5	0.4
女菀	*Turczaninovia fastigiata*	20.1	0.2	0.4
柳叶旋覆花	*Inula salicina*	39.0	0.5	0.3
箭头唐松草	*Thalictrum simplex*	45.5	0.2	0.3
碱蒿	*Artemisia anethifolia*	18.0	1.0	0.2
西伯利亚蓼	*Polygonum sibiricum*	32.0	0.3	0.1
匍枝委陵菜	*Potentilla flagellaris*	20.3	0.2	0.1
苦荬菜	*Ixeris polycephala*	15.2	0.2	0.1
糙隐子草	*Cleistogenes squarrosa*	17.0	0.5	0.1
野葱	*Allium chrysanthum*	9.0	2.0	<0.1
总生物量	—	—	—	305.4
建群种比例（%）	—	—	—	56.5
物种丰富度指数	—	—	—	13.0
辛普森多样性指数	—	—	—	0.60
香农-维纳多样性指数	—	—	—	1.31
均匀度指数	—	—	—	0.51

注：6 个样方平均结果；取样时间：2015 年 7 月 18 日；地点：镇赉县境内（45°47′N，122°0′E）

3. 草木樨（*Melilotus officinalis*）群落

轻度、中度盐碱化土壤上分布的群落。群落组成种类较多，达 10 余种，群落多样性较高，辛普森多样性指数 0.72，群落均匀，均匀度指数 0.69。群落伴生种常见老芒麦（*Elymus sibiricus*）、辽东蒿（*Artemisia verbenacea*）、全叶马兰，偶见刺儿菜、苦荬菜，建群种比例为 34.3%，群落总生物量为 184.5 g/m²（表 4-22）。建群种草木樨一、二年生，高 60～120 cm，4 月返青，7～8 月开花结实，9～10 月种子成熟。干草饲用价值较高，蛋白含量高，适口性差，家畜不喜食，有微毒。

表 4-22　草木樨群落物种组成及其生物多样性

物种名	拉丁名	平均高度（cm）	株/丛数（株或丛/m²）	生物量（g/m²）
草木樨	*Melilotus officinalis*	112.5	24.0	64.5
老芒麦	*Elymus sibiricus*	62.5	432.5	47.0
辽东蒿	*Artemisia verbenacea*	56.2	92.0	17.7

续表

物种名	拉丁名	平均高度（cm）	株/丛数（株或丛/m²）	生物量（g/m²）
全叶马兰	*Aster pekinensis*	41.6	100.8	10.6
旋覆花	*Inula japonica*	31.9	83.0	9.3
乌拉草	*Carex meyeriana*	58.4	51.3	9.2
羊须草	*Carex callitrichos*	39.2	62.7	8.5
车前	*Plantago asiatica*	30.7	12.2	6.7
星星草	*Puccinellia tenuiflora*	54.7	22.0	3.0
马唐	*Digitaria sanguinalis*	42.8	43.3	2.7
委陵菜	*Potentilla chinensis*	30.4	10.7	2.1
匍枝委陵菜	*Potentilla flagellaris*	16.2	4.5	1.6
荆三棱	*Bolboschoenus yagara*	51.0	4.0	0.8
羊草	*Leymus chinensis*	40.2	1.2	0.4
斜茎黄芪	*Astragalus laxmannii*	40.0	0.3	0.3
刺儿菜	*Cirsium arvense* var. *integrifolium*	19.7	0.7	0.2
狗尾草	*Setaria viridis*	23.0	3.8	0.1
稗	*Echinochloa crusgalli*	33.2	0.8	<0.1
苣荬菜	*Sonchus wightianus*	16.1	0.2	<0.1
总生物量	—	—	—	184.5
建群种比例（%）	—	—	—	34.3
物种丰富度指数	—	—	—	10.3
辛普森多样性指数	—	—	—	0.72
香农-维纳多样性指数	—	—	—	1.61
均匀度指数	—	—	—	0.69

注：6 个样方平均结果；取样时间：2015 年 7 月 28 日；地点：富裕县境内（47°38′N，124°30′E）

4. 全叶马兰（*Aster pekinensis*）群落

轻度、中度盐碱化土壤上分布的群落。群落组成种类较多，但建群种优势度较高，因而群落多样性不高，辛普森多样性指数 0.46，群落不均匀，均匀度指数 0.48。群落伴生种常见羊草、马唐（*Digitaria sanguinalis*），偶见狗尾草、委陵菜、苣荬菜，建群种比例为 62.0%。群落总生物量为 278.0 g/m²（表 4-23）。建群种全叶马兰多年生，高 30～70 cm，5 月返青，7～8 月开花结实，9～10 月种子成熟。饲用价值较好，全株可被家畜采食。

表 4-23　全叶马兰群落物种组成及其生物多样性

物种名	拉丁名	平均高度（cm）	株/丛数（株或丛/m²）	生物量（g/m²）
全叶马兰	*Aster pekinensis*	61.0	417.8	173.6
羊草	*Leymus chinensis*	45.5	530.8	91.5
马唐	*Digitaria sanguinalis*	40.6	34.3	4.3
车前	*Plantago asiatica*	29.3	5.7	2.7
猪毛蒿	*Artemisia scoparia*	47.9	3.3	2.2

物种名	拉丁名	平均高度（cm）	株/丛数（株或丛/m²）	生物量（g/m²）
蒲公英	*Taraxacum mongolicum*	16.5	2.7	1.0
旋覆花	*Inula japonica*	22.4	3.0	0.6
委陵菜	*Potentilla chinensis*	12.8	8.5	0.5
山黧豆	*Lathyrus quinquenervius*	29.4	1.7	0.4
苦荬菜	*Ixeris polycephala*	11.2	0.8	0.2
草地风毛菊	*Saussurea amara*	15.6	2.8	0.2
狗尾草	*Setaria viridis*	18.6	6.0	0.2
羊须草	*Carex callitrichos*	31.0	2.3	0.1
柳叶旋覆花	*Inula salicina*	41.5	0.2	0.1
苣荬菜	*Sonchus wightianus*	12.1	1.0	0.1
鸡眼草	*Kummerowia striata*	9.8	1.3	0.1
花苜蓿	*Puccinellia distans*	61.4	0.2	0.1
少花米口袋	*Gueldenstaedtia verna*	23.2	0.7	<0.1
总生物量	—	—	—	278.0
建群种比例（%）	—	—	—	62.0
物种丰富度指数	—	—	—	6.2
辛普森多样性指数	—	—	—	0.46
香农-维纳多样性指数	—	—	—	0.78
均匀度指数	—	—	—	0.48

注：6个样方平均结果；取样时间：2015年7月24日；地点：前郭尔罗斯蒙古族自治县境内（44°58′N，124°36′E）

5. 罗布麻（*Apocynum venetum*）群落

轻度、中度盐碱化土壤上分布的群落。群落组成种类较多，群落多样性较高，辛普森多样性指数0.73，群落均匀，均匀度指数0.70。群落伴生种常见糙隐子草、萹蓄、猪毛蒿，偶见兴安胡枝子，建群种比例为35.2%，群落总生物量为175.1 g/m²（表4-24）。建群种罗布麻多年生，高30～300 cm，5月返青，7～8月开花结实，9～10月种子成熟。具有降血压、降血脂等药用价值，牲畜喜食。

表4-24　罗布麻群落物种组成及其生物多样性

物种名	拉丁名	平均高度（cm）	株/丛数（株或丛/m²）	生物量（g/m²）
罗布麻	*Apocynum venetum*	49.6	20.7	56.0
糙隐子草	*Cleistogenes squarrosa*	18.5	24.7	25.0
毛芦苇	*Phragmites hirsuta*	53.7	22.3	21.4
苦荬菜	*Ixeris polycephala*	15.8	36.2	13.7
全叶马兰	*Aster pekinensis*	47.4	16.0	12.2
大花千里光	*Senecio megalanthus*	46.4	2.7	10.9
兴安胡枝子	*Lespedeza davurica*	35.8	1.2	10.3
狗尾草	*Setaria viridis*	25.3	115.0	9.2

续表

物种名	拉丁名	平均高度（cm）	株/丛数（株或丛/m²）	生物量（g/m²）
羊草	*Leymus chinensis*	42.7	14.2	6.7
角蒿	*Incarvillea sinensis*	122.9	0.2	4.8
萹蓄	*Polygonum aviculare*	24.6	0.7	1.4
披针叶野决明	*Thermopsis lanceolata*	26.9	0.7	1.2
尖裂假还阳参	*Crepidiastrum sonchifolium*	83.6	0.5	0.9
蒲公英	*Taraxacum mongolicum*	16.4	0.3	0.8
防风	*Saposhnikovia divaricata*	20.3	0.7	0.5
猪毛蒿	*Artemisia scoparia*	28.4	0.2	0.1
总生物量	—	—	—	175.1
建群种比例（%）	—	—	—	35.2
物种丰富度指数	—	—	—	9.2
辛普森多样性指数	—	—	—	0.73
香农-维纳多样性指数	—	—	—	1.56
均匀度指数	—	—	—	0.70

注：6 个样方平均结果；取样时间：2015 年 7 月 30 日；地点：长岭县境内（44°47′N，123°52′E）

6. 阿尔泰狗娃花（*Aster altaicus*）群落

轻度、中度盐碱化土壤上分布的群落。群落组成种类较多，可达 10 余种，群落多样性较高，辛普森多样性指数 0.59，群落较均匀，均匀度指数 0.60。群落伴生种常见兴安胡枝子、羊须草、糙隐子草，偶见甘草、狭叶沙参（*Adenophora gmelinii*）、猪毛菜，建群种比例为 61.4%，群落总生物量为 148.5 g/m²（表 4-25）。建群种阿尔泰狗娃花多年生，高 40～60 cm，5 月返青，7～8 月开花结实，9～10 月种子成熟。优质饲用植物，生长早期家畜喜食其嫩枝叶及初开花朵。

表 4-25 阿尔泰狗娃花群落物种组成及其生物多样性

物种名	拉丁名	平均高度（cm）	株/丛数（株或丛/m²）	生物量（g/m²）
阿尔泰狗娃花	*Aster altaicus*	52.4	339.2	91.0
兴安胡枝子	*Lespedeza davurica*	26.3	95.0	14.6
黄花菜	*Hemerocallis citrina*	24.9	4.2	9.1
马唐	*Digitaria sanguinalis*	25.9	35.0	7.9
羊须草	*Carex callitrichos*	24.8	164.8	6.3
糙隐子草	*Cleistogenes squarrosa*	11.1	195.5	5.2
棉团铁线莲	*Clematis hexapetala*	21.3	4.8	5.1
甘草	*Glycyrrhiza uralensis*	51.3	0.3	1.9
翠雀	*Delphinium grandiflorum*	41.5	5.5	1.6
知母	*Anemarrhena asphodeloides*	62.7	0.3	1.0
火绒草	*Leontopodium leontopodioides*	19.0	0.7	1.0

续表

物种名	拉丁名	平均高度（cm）	株/丛数（株或丛/m²）	生物量（g/m²）
辽东蒿	*Artemisia verbenacea*	16.6	5.0	0.7
狭叶沙参	*Adenophora gmelinii*	34.4	0.7	0.7
牻牛儿苗	*Erodium stephanianum*	18.9	1.2	0.6
地榆	*Sanguisorba officinalis*	22.4	0.2	0.5
石竹	*Dianthus chinensis*	60.9	0.5	0.4
防风	*Saposhnikovia divaricata*	25.2	0.2	0.3
拂子茅	*Calamagrostis epigeios*	34.3	0.7	0.3
毛芦苇	*Phragmites hirsuta*	30.4	0.3	0.2
羊草	*Leymus chinensis*	25.5	0.7	0.2
大针茅	*Stipa grandis*	27.2	0.5	0.1
野鸢尾	*Iris dichotoma*	7.9	0.2	0.1
猪毛菜	*Salsola collina*	20.5	0.2	0.1
总生物量	—	—	—	148.5
建群种比例（%）	—	—	—	61.4
物种丰富度指数	—	—	—	9.5
辛普森多样性指数	—	—	—	0.59
香农-维纳多样性指数	—	—	—	1.36
均匀度指数	—	—	—	0.60

注：6个样方平均结果；取样时间：2015年7月24日；地点：前郭尔罗斯蒙古族自治县境内（44°37′N，124°1′E）

7. 益母草（*Leonurus japonicus*）群落

轻度、中度盐碱化土壤上分布的群落，农田地边及废弃地多分布。群落组成种类较多，群落多样性较高，辛普森多样性指数0.71，群落均匀，均匀度指数0.73。群落伴生种常见狗尾草、毛芦苇、苣荬菜，偶见猪毛蒿、少花米口袋（*Gueldenstaedtia verna*）、兴安胡枝子，建群种比例仅为38.3%，群落总生物量为174.1 g/m²（表4-26）。建群种益母草一年生，高40～70 cm，5～6月发芽生长，7～8月开花，8～9月种子成熟。适口性较好，家畜喜食其茎、叶，有兽药用价值。

表4-26 益母草群落物种组成及其生物多样性

物种名	拉丁名	平均高度（cm）	株/丛数（株或丛/m²）	生物量（g/m²）
益母草	*Leonurus japonicus*	55.6	133.7	66.7
狗尾草	*Setaria viridis*	23.2	1672.5	56.5
毛芦苇	*Phragmites hirsuta*	63.3	14.7	13.0
苣荬菜	*Sonchus wightianus*	27.0	10.8	9.4
春蓼	*Polygonum persicaria*	44.3	39.0	7.6
委陵菜	*Potentilla chinensis*	21.8	18.3	5.2
羊须草	*Carex callitrichos*	41.0	140.8	3.6
猪毛蒿	*Artemisia scoparia*	65.5	1.5	3.4

续表

物种名	拉丁名	平均高度（cm）	株/丛数（株或丛/m²）	生物量（g/m²）
山莴苣	*Lactuca sibirica*	43.0	2.8	2.0
荆三棱	*Bolboschoenus yagara*	17.0	17.8	1.9
刺儿菜	*Cirsium arvense* var. *integrifolium*	28.0	1.3	1.0
水蓼	*Polygonum hydropiper*	27.0	1.2	0.7
西伯利亚蓼	*Polygonum sibiricum*	28.0	0.7	0.6
角蒿	*Incarvillea sinensis*	33.6	0.7	0.2
独行菜	*Lepidium apetalum*	17.0	1.2	0.2
鹤虱	*Lappula myosotis*	14.5	6.5	0.2
少花米口袋	*Gueldenstaedtia verna*	13.4	1.8	0.2
兴安胡枝子	*Lespedeza davurica*	12.0	0.7	0.1
苦荬菜	*Ixeris polycephala*	16.1	1.0	0.1
总生物量	—	—	—	174.1
建群种比例（%）	—	—	—	38.3
物种丰富度指数	—	—	—	7.3
辛普森多样性指数	—	—	—	0.71
香农-维纳多样性指数	—	—	—	1.43
均匀度指数	—	—	—	0.73

注：6 个样方平均结果；取样时间：2015 年 7 月 16 日；地点：通榆县境内（44°51′N，123°4′E）

8. 柳叶旋覆花（*Inula salicina*）群落

轻度、中度盐碱化土壤上分布的群落。群落组成种类少，群落多样性较低，辛普森多样性指数 0.34，均匀度指数 0.32。群落伴生种常见毛芦苇、兴安胡枝子、辽东蒿，偶见糙隐子草、苦荬菜、鹅绒藤，建群种比例为 65.0%，群落总生物量为 182.8 g/m²（表 4-27）。建群种柳叶旋覆花多年生，高 30～70 cm，7～8 月开花结实，9～10 月种子成熟。饲用价值较高，家畜喜食其叶。

表 4-27 柳叶旋覆花群落物种组成及其生物多样性

物种名	拉丁名	平均高度（cm）	株/丛数（株或丛/m²）	生物量（g/m²）
柳叶旋覆花	*Inula salicina*	42.8	92.0	118.5
毛芦苇	*Phragmites hirsuta*	52.5	41.7	47.2
兴安胡枝子	*Lespedeza davurica*	30.9	19.2	7.4
辽东蒿	*Artemisia verbenacea*	27.3	14.3	3.3
山黧豆	*Lathyrus quinquenervius*	26.7	3.3	1.5
西伯利亚蓼	*Polygonum sibiricum*	28.2	2.3	1.2
苣荬菜	*Sonchus wightianus*	19.2	1.8	1.1
野韭	*Allium ramosum*	28.0	7.2	0.9
苦荬菜	*Ixeris polycephala*	16.5	0.8	0.8
羊草	*Leymus chinensis*	30.6	1.7	0.7
草地风毛菊	*Saussurea amara*	27.0	1.0	0.3

续表

物种名	拉丁名	平均高度（cm）	株/丛数（株或丛/m²）	生物量（g/m²）
糙隐子草	*Cleistogenes squarrosa*	17.8	0.5	0.1
鹅绒藤	*Cynanchum chinense*	10.7	0.2	<0.1
总生物量	—	—	—	182.8
建群种比例（%）	—	—	—	65.0
物种丰富度指数	—	—	—	7.5
辛普森多样性指数	—	—	—	0.34
香农-维纳多样性指数	—	—	—	0.64
均匀度指数	—	—	—	0.32

注：6个样方平均结果；取样时间：2015年7月24日；地点：乾安县境内（45°7′N，123°59′E）

9. 委陵菜（*Potentilla chinensis*）群落

轻度、中度盐碱化土壤上分布的群落。群落组成种类较多，群落多样性较高，辛普森多样性指数 0.67，群落均匀，均匀度指数 0.79。群落伴生种常见稗、碱蓬（*Suaeda glauca*），偶见雀瓢（*Cynanchum thesioides* var. *australe*）、独行菜（*Lepidium apetalum*）、西伯利亚蓼，建群种比例为 50.2%，群落总生物量为 90.1 g/m²（表 4-28）。建群种委陵菜多年生，高 20～70 cm，5 月返青，7～8 月开花结实，9～10 月种子成熟。饲用价值较高，家畜喜食其叶。

表 4-28 委陵菜群落物种组成及其生物多样性

物种名	拉丁名	平均高度（cm）	株/丛数（株或丛/m²）	生物量（g/m²）
委陵菜	*Potentilla chinensis*	11.7	52.8	46.9
稗	*Echinochloa crusgalli*	16.8	76.8	16.1
大果虫实	*Corispermum macrocarpum*	23.0	31.2	8.9
碱蓬	*Suaeda glauca*	31.6	5.6	5.2
萹蓄	*Polygonum aviculare*	9.0	18.6	3.9
星星草	*Puccinellia tenuiflora*	16.3	17.0	3.8
糙隐子草	*Cleistogenes squarrosa*	18.6	0.4	1.4
雀瓢	*Cynanchum thesioides* var. *australe*	13.0	1.6	1.1
独行菜	*Lepidium apetalum*	10.0	1.0	1.0
西伯利亚蓼	*Polygonum sibiricum*	16.0	0.2	0.9
苣荬菜	*Sonchus wightianus*	11.0	0.2	0.9
总生物量	—	—	—	90.1
建群种比例（%）	—	—	—	50.2
物种丰富度指数	—	—	—	6.0
辛普森多样性指数	—	—	—	0.67
香农-维纳多样性指数	—	—	—	1.39
均匀度指数	—	—	—	0.79

注：6个样方平均结果；取样时间：2012年8月16日；地点：农安县境内（44°17′N，124°50′E）

10. 碱蓬（*Suaeda glauca*）群落

重度盐碱化土壤上分布的群落类型。群落组成种类较少，群落多样性较低，辛普森多样性指数 0.24。群落伴生种常见虎尾草，建群种比例可达 83.0%，群落总生物量为 75.7 g/m^2（表 4-29）。建群种碱蓬一年生，高 90～100 cm，6 月初出苗，8 月开花，9 月种子成熟。碱蓬植物积盐，牲畜采食后可以补充所需矿物质盐，碱蓬籽是一种营养价值较高的饲料资源。

表 4-29　碱蓬群落物种组成及其生物多样性

物种名	拉丁名	平均高度（cm）	株/丛数（株或丛/m^2）	生物量（g/m^2）
碱蓬	*Suaeda glauca*	35.3	288.8	60.2
虎尾草	*Chloris virgata*	40.7	3.6	11.0
芦苇	*Phragmites australis*	21.5	1.0	4.5
总生物量	—	—	—	75.7
建群种比例（%）	—	—	—	83.0
物种丰富度指数	—	—	—	1.8
辛普森多样性指数	—	—	—	0.24
香农-维纳多样性指数	—	—	—	0.36
均匀度指数	—	—	—	

注：5 个样方平均结果；取样时间：2011 年 9 月 11 日；地点：长岭县境内（44°33′N，123°31′E）

第三节　独特的松嫩平原草地

松嫩平原草地土壤含盐量高，碱化度（ESP）高，黏粒成分含量高（王春裕等，1999），极不同于世界各地的地带性草原土壤。由于土壤盐分含量普遍高，具有过滤作用，可适应的植物有限，广泛形成单优势种群落。盐分含量有微域差异，盐分有差异地段形成不同的单优势种群落，导致斑块景观明显。

地表被干扰后，原生盐渍化草地土壤的淋溶层消失（通过践踏及风蚀等），下层高含盐量的盐碱土裸露成新地表，新地表裸露或生长盐生植物群落。地表被干扰而裸露是松嫩平原草地次生显性盐碱化的主导原因。草地地表被破坏后，草地土壤腐殖质消失，下层高含盐量的盐土裸露成新地表或生长盐生植物群落，群落组成种类更为单一。

松嫩平原典型地貌区域大面积分布着羊草群落，其中广泛镶嵌着由中生植物构成的群落，如牛鞭草群落、全叶马兰群落、匍枝委陵菜群落，湿地植物群落随处可见。在羊草群落中，高频分布着中生植物，如地榆（*Sanguisorba officinalis*）、全叶马兰、山黧豆、箭头唐松草（*Thalictrum simplex*）、狼尾花（*Lysimachia barystachys*）、旋覆花、匍枝委陵菜，甚至有湿生植物针蔺（*Eleocharis pellucida*）、稗（*Echinochloa crusgalli*）等，这些都指示羊草群落是草甸，而不是草原。

　　李建东等（2001）明确将吉林西部的羊草群落划为草甸植被。羊草群落在黑龙江省的分布类型与在吉林省的分布类型一致（周以良，1997），同样应该是草甸。羊草群落退化演替阶段的植物群落为虎尾草群落、碱蓬群落、碱地肤群落、碱茅群落等盐生植物群落（郑慧宝和李建东，1995），极不同于羊草草原退化演替阶段的植物群落（王炜等，2000），也进一步指示松嫩平原的羊草植被不同于草原区的羊草植被。

　　松嫩平原有针茅群落（李博等，1980），但其中广泛分布着中生植物，如大油芒、毛秆野古草、小黄花菜（*Hemerocallis minor*）、小玉竹（*Polygonatum humile*）、山黧豆、箭头唐松草、地榆、狼尾花、旋覆花、匍枝委陵菜、斜茎黄芪（*Astragalus laxmannii*）、红柴胡（*Bupleurum scorzonerifolium*）等。在针茅群落分布的地方，上述中生植物有的还能够形成占优势的群落，如毛秆野古草群落，但这些植物种类在草原区不出现或很少出现。另外，针茅群落分布的地方还有很多在森林湿润环境中生长的种类，如苔藓，并散生各种灌木，如榆树（*Ulmus pumila*）、山杏（*Prunus sibirica*），一些地方甚至有蒙古栎（*Quercus mongolica*）（李建东等，2001）。这些物种的存在，指示将针茅群落的这些分布点定为草原有些牵强，或者仅能说这些针茅群落是草原植物群落，但并不指示此区为草原区，因为这符合群落分布的不连续原则，即在某种植被区内可以存在其他植被区的群落类型。

　　针茅群落、冰草群落、线叶菊群落分布在松嫩平原外围台地，不分布于松嫩平原的典型地域，这些群落具有明显的垂直地带性。在排水良好的沙质土壤上分布的针茅群落，也不是地带性的指示群落，因为沙质土壤在松嫩平原主要是通过河流冲积形成的，本身就是隐域类型。

　　松嫩平原针茅群落的退化演替阶段包括拂子茅群落阶段、狗尾草群落阶段和猪毛蒿（*Artemisia scoparia*）群落阶段（李崇皞等，1982），都不同于内蒙古高原针茅群落的退化演替阶段（王炜等，2000），进一步指示松嫩平原的针茅群落不代表草原植被类型区。

　　总之，羊草群落在松嫩平原的分布占主导地位。同时，平原上高频广泛发育着中生植物占优势的草本植物群落和疏林植被及湿地植被，而针茅群落分布在非典型地段，都指示松嫩平原草地是草甸更为合理，即属于由地下水决定的非地带性隐域植被。定义松嫩平原植被为草甸，意味着草原科学理论在此不具指导意义，需要建立新的理论体系揭示松嫩平原草地的存在及发展。

一、异质性的土壤

　　未退化羊草草地土壤含有较高水平的盐碱离子，表层低，下层高，表层具染色的腐殖质层。土壤离子（除钾离子）含量从表层向下逐渐升高，20～40 cm 达到最大，之后向下逐渐降低，80～100 cm 最低（表4-30）。可溶性阴离子以 HCO_3^- 为主，占可溶性阴离子总量的90%，Cl^- 和 SO_4^{2-} 占比小，分别占可溶性阴离子总量的4%和0.6%。可溶性阳离子以 Ca^{2+} 为主，占可溶性阳离子总量的51%，其次为 Na^+、Mg^{2+} 和 K^+，分别占可溶性阳离子总量的38%、10%和1%。

表 4-30　未退化羊草草地土壤离子含量（mg/kg）

土层（cm）	CO_3^{2-}	HCO_3^-	Cl^-	SO_4^{2-}	Na^+	Mg^{2+}	K^+	Ca^{2+}
0～20	216.0	2244.8	124.3	34.2	518.9	68.5	12.8	521.0
20～40	390.0	6136.6	204.1	38.0	858.2	217.6	9.8	1443.2
40～60	198.0	4184.6	142.0	18.8	553.6	227.8	5.8	753.9
60～80	18.0	610.0	76.9	9.2	128.5	38.0	1.0	78.4
80～100	12.0	463.6	94.7	6.1	72.6	25.5	0.7	59.7

　　未退化羊草草地土壤表层 pH 和电导率（EC）较低，20～40 cm 最大，向下逐渐降低，60 cm 以下土壤 pH 和电导率低于表层。交换性 Na^+、阳离子交换量、ESP 的垂直分布也有相同的变化规律，即先增加后减少，在 20～40 cm 达到最大（表 4-31）。表层有机碳含量较高，有机碳、全氮、全磷含量随土层深度增加而逐渐降低。

表 4-31　未退化羊草草地土壤理化特征

土层（cm）	交换性 Na^+（cmol/kg）	阳离子交换量（cmol/kg）	ESP（%）	pH	EC（μS/cm）	有机碳（g/kg）	全氮（g/kg）	全磷（g/kg）
0～20	1.9	11.1	17.1	9.6	426.4	8.14	0.65	0.17
20～40	3.3	11.6	28.4	10.2	643.5	1.81	0.36	0.16
40～60	1.6	10.6	15.1	9.9	501.8	1.53	0.34	0.15
60～80	0.7	9.5	7.4	9.4	279.4	0.86	0.18	0.10
80～100	0.4	8.4	4.8	9.1	198.7	0.53	0.15	0.09

　　裸碱斑地土壤可溶性 HCO_3^- 含量从表层向下逐渐升高，其余 3 种阴离子从表层向下有降低的趋势。可溶性 Na^+ 含量从表层向下逐渐降低，40～60 cm 最低，之后逐渐升高。Mg^{2+} 和 K^+ 含量从表层向下逐渐增加，Ca^{2+} 在 60～80 cm 达最大值（表 4-32）。可溶性阴离子以 HCO_3^- 为主，占可溶性阴离子总量的 89%，Cl^- 和 SO_4^{2-} 占比小，分别占可溶性阴离子总量的 3% 和 0.2%。可溶性阳离子以 Ca^{2+} 为主，占可溶性阳离子总量的 49.5%，其次为 Na^+、Mg^{2+} 和 K^+，分别占可溶性阳离子总量的 37.7%、11.7% 和 1%。

表 4-32　裸碱斑地土壤离子含量（mg/kg）

土层（cm）	CO_3^{2-}	HCO_3^-	Cl^-	SO_4^{2-}	Na^+	Mg^{2+}	K^+	Ca^{2+}
0～20	774.0	4 379.8	571.0	53.9	1 509.9	113.8	11.3	826.6
20～40	678.0	7 710.4	396.4	15.4	1 302.4	281.5	29.4	1 524.2
40～60	684.0	7 832.4	289.9	12.9	1 237.2	280.8	35.6	1 475.3
60～80	744.0	12 102.4	242.6	11.0	1 310.6	436.8	50.8	3 260.6
80～100	660.0	12 932.0	287.0	10.8	1 441.7	1 003.1	51.0	1 846.5

　　裸碱斑地土壤 pH 和电导率表层最高，向下逐渐降低。裸碱斑地土壤 pH 高，在 10 以上。交换性 Na^+ 含量和阳离子交换量在垂直分层上没有一致的规律，pH 和电导率的变化规律一致，从表层向下逐渐降低。有机碳、全氮、全磷含量随土层深度增加而逐渐降低（表 4-33）。

表 4-33　裸碱斑地土壤理化特征

土层 （cm）	交换性 Na$^+$ （cmol/kg）	阳离子交换量 （cmol/kg）	ESP （%）	pH	EC （μS/cm）	有机碳 （g/kg）	全氮 （g/kg）	全磷 （g/kg）
0～20	5.4	10.0	54.0	10.4	1832.6	1.12	0.28	0.20
20～40	5.9	11.3	52.2	10.3	969.1	0.83	0.21	0.16
40～60	4.7	10.6	44.3	10.3	713.5	0.63	0.15	0.12
60～80	5.0	10.7	46.7	10.3	556.5	0.54	0.14	0.12
80～100	4.9	11.4	43.0	10.2	459.3	0.51	0.14	0.11

　　松嫩平原土壤类型及质地存在高度异质性，在 2 m 范围内，土壤可能有 3 个类型（李昌华和何万云，1963）（图 4-5）。土壤类型变化，则其对应的质地及理化性质各不相同，地上植物群落，特别是土壤微生物区系组成会发生相应变化。

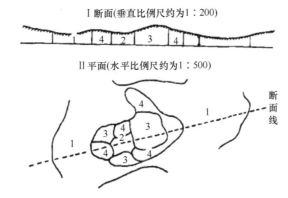

图 4-5　松嫩平原高河-湖漫滩和高河漫滩上土壤分布和微地形之间的关系
1. 草甸土；2. 碱化草甸土；3. 浅位柱状草甸碱土；4. 结皮草甸碱土

二、单纯的健康草地群落

　　健康草地群落组成相对单一，优势种密度及生物量比例高。健康羊草群落组成以羊草为优势种，伴生种有苣荬菜、全叶马兰等；种饱和度为 8 种/m^2，群落密度为 854.4 株/m^2；地上生物量为 252.2 g/m^2，优势种占群落的 97.2%，伴生种地上生物量仅占群落的 2.8%（表 4-34）。

　　拂子茅群落、全叶马兰群落、牛鞭草群落、多茎野豌豆群落、兴安胡枝子群落和野古草群落以大小不等的斑块镶嵌于羊草群落。未退化植物群落优势植物的地上生物量均占到群落地上生物量的 75% 以上。多茎野豌豆群落地上生物量最大（612.5 g/m^2），然后依次为兴安胡枝子群落（393.0 g/m^2）、牛鞭草群落（364.0 g/m^2）、野古草群落（349.2 g/m^2）、拂子茅群落（336.2 g/m^2）、全叶马兰群落（215.5 g/m^2）。除全叶马兰群落外，其余植物群落地上生物量均高于羊草群落（表 4-34）。

　　相对于羊草群落来说，其他群落有较高的种饱和度，顺序为野古草（27 种/m^2）>兴安胡枝子（20 种/m^2）>多茎野豌豆（17 种/m^2）>拂子茅（14 种/m^2）>牛鞭草（11 种/m^2）>全叶马兰（8 种/m^2）。各个群落的物种组成中，中湿生植物占绝大多数，旱生植物很少，并且这些群落仅局域分布于小生境。

表 4-34 健康草地的植物群落组成

物种	拂子茅			全叶马兰			牛鞭草			多茎野豌豆			兴安胡枝子			野古草			羊草		
	B	D	H	B	D	H	B	D	H	B	D	H	B	D	H	B	D	H	B	D	H
银灰旋花	—	—	—	—	—	—	—	—	—	—	—	—	—	—	—	—	—	—	0.6	13.8	12.5
合掌消	—	—	—	—	—	—	—	—	—	0.9	0.2	12.4	0.5	0.2	9.0	—	—	—	—	—	—
并头黄芩	—	—	—	—	—	—	—	—	—	—	—	—	5.4	9.4	6.0	—	—	—	—	—	—
糙隐子草	—	—	—	—	—	—	—	—	—	—	—	—	—	—	—	0.1	2.2	4.8	—	—	—
草木樨	0.2	0.2	10.0	—	—	—	—	—	—	—	—	—	—	—	—	—	—	—	—	—	—
寸草苔	0.3	3.0	9.3	2.2	73.8	19.5	—	—	—	—	—	—	1.0	56.0	12.7	8.6	272.6	22.1	—	—	—
地榆	—	—	—	—	—	—	—	—	—	—	—	—	—	—	—	0.1	0.4	5.5	—	—	—
鹅绒藤	0.2	0.4	6.1	—	—	—	—	—	—	—	—	—	—	—	—	—	—	—	0.1	0.2	6.6
防风	—	—	—	—	—	—	—	—	—	—	—	—	—	—	—	0.5	1.8	9.3	—	—	—
拂子茅	279.3	358.0	85.3	—	—	—	0.4	1.0	24.6	10.6	40.0	39.9	6.9	18.4	25.5	—	—	—	—	—	—
狗尾草	—	—	—	—	—	—	0.1	0.8	4.5	1.8	1.6	14.8	2.8	10.8	43.6	3.1	7.6	25.7	—	—	—
光稃茅香	—	—	—	—	—	—	—	—	—	—	—	—	—	—	—	1.6	10.4	14.8	—	—	—
虎尾草	—	—	—	—	—	—	—	—	—	0.3	0.4	13.6	—	—	—	—	—	—	—	—	—
花苜蓿	—	—	—	—	—	—	—	—	—	0.4	0.4	20.1	4.8	16.2	17.0	0.9	4.0	19.9	—	—	—
黄花蒿	0.9	1.0	23.5	0.8	1.0	26.4	—	—	26.4	10.7	1.0	37.7	0.1	0.2	6.3	1.7	4.4	34.6	—	—	—
猫儿菊	—	—	—	—	—	—	—	—	—	—	—	—	—	—	—	—	—	—	—	—	—
碱地肤	—	—	—	—	—	—	—	—	—	—	—	—	—	—	—	—	—	—	—	—	—
碱蓬	—	—	—	—	—	—	—	—	—	2.3	1.4	12.8	1.1	0.4	8.1	—	—	—	—	—	—
箭头唐松草	6.0	1.0	56.3	—	—	—	—	—	—	31.4	13.0	12.0	1.8	2.0	13.5	0.9	7.8	25.6	—	—	—
苣荬菜	33.6	42.2	78.9	2.4	3.6	18.3	0.3	0.4	4.0	1.5	0.2	28.5	0.1	1.6	7.6	0.9	0.8	13.9	1.2	3.0	12.1
芦苇	—	—	—	0.7	0.8	15.7	54.3	46.8	68.5	—	—	—	1.3	0.6	35.9	4.8	5.4	35.3	—	—	—
蒟枝委陵菜	—	—	—	—	—	—	—	—	—	0.2	1.6	10.8	3.3	42.0	5.8	4.6	41.0	5.8	—	—	—
蒙古蒿	0.9	2.6	9.0	—	—	—	—	—	—	1.7	5.4	9.2	0.5	1.8	5.8	1.9	3.8	7.9	—	—	—
少花米口袋	—	—	—	—	—	—	—	—	—	—	—	—	—	—	—	0.2	2.4	6.7	0.7	6.6	4.6
牛鞭草	—	—	—	—	—	—	271.3	478.0	79.4	0.5	0.4	11.6	—	—	—	—	—	—	—	—	—

续表

物种	拂子茅 B	D	H	全叶马兰 B	D	H	牛鞭草 B	D	H	多茎野豌豆 B	D	H	兴安胡枝子 B	D	H	野古草 B	D	H	羊草 B	D	H
全叶马兰	—	—	—	170.3	282.8	59.4	6.6	9.4	32.2	53.8	33.2	51.1	3.4	4.2	7.8	3.8	12.0	33.3	2.7	10.6	24.9
雀飘	—	—	—	—	—	—	—	—	—	—	—	—	2.2	2.4	9.1	0.4	2.6	9.4	—	—	—
海三棱藨草	—	—	—	—	—	—	0.1	0.2	8.4	—	—	—	—	—	—	—	—	—	—	—	—
射干	—	—	5.4	—	—	—	—	—	—	—	—	—	—	—	—	1.3	3.4	7.4	—	—	—
薹	0.1	0.6	5.4	—	—	—	—	—	—	—	—	—	—	—	—	—	—	—	—	—	—
水苏	0.1	0.2	8.0	—	—	—	7.6	14.8	28.6	—	—	—	—	—	—	—	—	—	—	—	—
春蓼	1.8	5.0	33.8	—	—	—	—	—	—	—	—	—	—	—	—	—	—	—	—	—	—
华北铊绒蒿	—	—	—	—	—	—	—	—	—	—	—	—	—	12.8	8.7	—	—	—	—	—	—
山藜豆	0.8	1.6	30.0	—	—	—	13.2	30.4	40.3	—	—	—	—	—	—	0.1	0.4	9.2	—	—	—
西伯利亚蓼	—	—	—	—	—	—	—	—	—	—	—	—	0.4	0.2	11.1	—	—	—	—	—	—
细叶胡枝子	—	—	—	—	—	—	—	—	—	—	—	—	—	—	—	—	—	—	—	—	—
细叶苦荬菜	—	—	—	—	—	—	—	—	—	—	—	—	—	—	—	—	—	—	—	—	—
猴毛	—	—	2.2	0.1	—	4.1	—	—	—	—	—	—	—	—	—	—	—	—	0.1	0.4	4.0
兴安胡枝子	10.0	58.8	21.4	—	—	—	—	—	—	0.1	0.2	6.2	312.5	147.4	56.5	1.1	1.6	20.5	1.7	6.4	5.1
星星草	—	—	—	—	—	—	—	—	—	—	—	—	—	—	—	0.9	7.2	6.0	—	—	—
鸦葱	—	—	—	—	—	—	—	—	—	—	—	—	—	—	—	3.5	27.0	25.0	—	—	—
羊草	2.0	5.2	16.9	38.9	197.6	34.3	8.1	26.4	23.5	28.8	29.4	43.3	22.2	30.8	40.2	4.2	13.0	21.1	245.1	813.4	41.3
野古草	—	—	—	—	—	—	—	—	—	0.5	0.4	14.8	7.7	8.4	17.3	302.3	722.0	85.8	—	—	—
野韭	—	—	—	—	—	—	—	—	—	—	—	—	—	—	—	0.5	16.2	13.0	—	—	—
野豌豆	—	—	—	—	—	—	2.0	110.4	19.2	467.0	192.8	112.2	—	—	—	—	—	—	—	—	—
展枝唐松草	—	—	—	—	—	—	—	—	—	—	—	—	—	—	—	0.1	0.4	5.5	—	—	—
针蔺	—	—	—	—	—	—	—	—	—	—	—	—	—	—	—	—	—	—	—	—	—
藤长苗	—	—	—	—	—	—	—	—	—	—	—	—	—	—	—	0.7	1.2	13.6	—	—	—
紫花地丁	0.1	0.2	2.5	—	—	—	—	—	—	—	—	—	—	—	—	0.4	3.2	7.2	—	—	—

注：B. 地上生物量（g/m²）；D. 密度（株/m²）；H. 高度（cm）

　　健康群落间比较表明，未退化草地的植物群落 0～20 cm 土壤pH 在 8.5 左右，20～40 cm 土壤 pH 高于 0～20 cm，拂子茅群落、兴安胡枝子群落和野古草群落 20～40 cm 土壤 pH 在 9.0 以上。未退化草地的植物群落 0～40 cm 土壤电导率低，且各植物群落 0～20 cm 土壤的电导率相差不大，20～40 cm 土壤的电导率大于 0～20 cm。

　　拂子茅群落和全叶马兰群落土壤有机碳（SOC）含量低于其他 4 种植物群落，且各个植物群落 0～20 cm 土壤的有机碳含量高于 20～40 cm，牛鞭草群落和野古草群落 0～20 cm 土壤有机碳含量接近 20 g/kg。牛鞭草群落、多茎野豌豆群落和兴安胡枝子群落有较高的土壤全氮（STN）、全磷（STP）含量，其与土壤有机碳含量的垂直分布规律一致，各个植物群落 0～20 cm 土壤的全磷含量高于 20～40 cm（图 4-6）。

三、单一的退化草地群落

　　退化草地群落组成更为单一，优势种密度及生物量比例更高。退化草地的植物群落为一年生的虎尾草群落、碱地肤群落、碱蓬群落和多年生的星星草群落、朝鲜碱茅群落，不排除一些类似群落是原生群落的可能。退化草地的群落多样性低，结构单一。碱地肤群落物种丰富度最大，其次为星星草群落和朝鲜碱茅群落，虎尾草群落和碱蓬群落较低。虎尾草群落仅个别样方中出现芦苇，碱蓬群落没有伴生种。各群落优势种地上生物量占整个群落的 95% 以上，伴生种地上生物量占比不足 5%，且优势种有最大的密度和高度。一年生植物群落地上生物量在 300 g/m² 以上，大于多年生植物群落（表 4-35）。

表 4-35　退化草地的植物群落组成

物种	虎尾草			星星草			碱地肤			朝鲜碱茅			碱蓬		
	B	D	H	B	D	H	B	D	H	B	D	H	B	D	H
羊草	—	—	—	1.6	4.0	6.8	9.9	34.2	13.8	—	—	—	—	—	—
星星草	—	—	—	183.4	2434.6	60.8				—	—	—	—	—	—
山黧豆										0.1	0.2	4.2			
稗										0.4	1.0	8.0			
海三棱藨草				0.3	4.0	6.3									
芦苇	3.6	3.2	10.6	2.1	2.0	25.7	0.5	0.6	6.3	10.0	16.2	24.3			
碱蓬													300.6	430.8	32.1
碱蒿							3.0	1.6	17.8						
碱地肤							347.1	75.6	46.9						
黄花蒿							0.7	0.6	10.3						
虎尾草	307.0	931.8	76.0				30.7	27.6	29.4	12.4	38.0	30.8			
朝鲜碱茅										191.9	802.8	38.5			

　　注：B. 地上生物量（g/m²）；D. 密度（株/m²）；H. 高度（cm）

　　退化群落间的比较表明，退化草地的植物群落 0～40 cm 土壤 pH 都在 10 以上，除星星草群落外，其余 4 种植物群落 0～20 cm 土壤 pH 大于 20～40 cm。5 种植物群落的电导率都较大，表现为碱蓬群落>朝鲜碱茅群落>虎尾草群落>碱地肤群落>星星草群落，除虎尾草群落外，其余 4 种植物群落 0～20 cm 土壤电导率低于 20～40 cm。

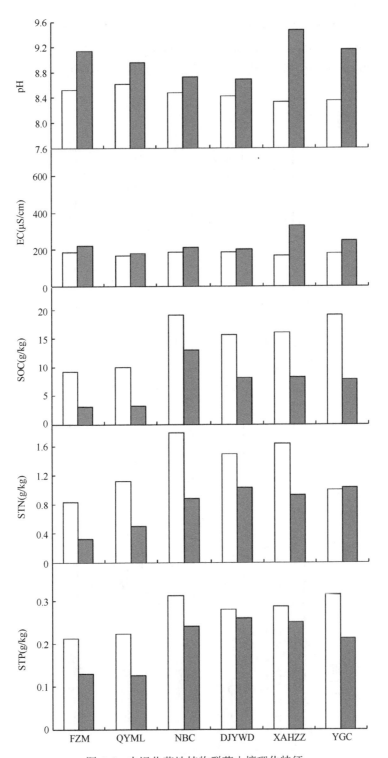

图 4-6　未退化草地植物群落土壤理化特征

□ 0～20 cm，■ 20～40 cm；FZM. 拂子茅群落，QYML. 全叶马兰群落，NBC. 牛鞭草群落，
DJYWD. 多茎野豌豆群落，XAHZZ. 兴安胡枝子群落，YGC. 野古草群落

退化草地的植物群落土壤有机碳含量低且没有一致的规律，虎尾草群落和朝鲜碱茅群落土壤有机碳含量较高，其余植物群落在 3.0 g/kg 左右。除虎尾草群落外，其余 4 种植物群落 0～20 cm 土壤全氮、全磷含量高于 20～40 cm，虎尾草群落有较高的土壤全氮、全磷含量（图 4-7）。

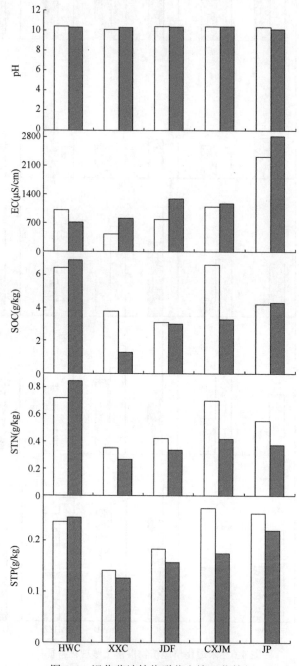

图 4-7　退化草地植物群落土壤理化特征

□ 0～20 cm，■ 20～40 cm；HWC. 虎尾草群落，XXC. 星星草群落，JDF. 碱地肤群落，
CXJM. 朝鲜碱茅群落，JP. 碱蓬群落

松嫩平原土壤表层为淋溶层，适合羊草生长，羊草群落分布广泛，且占绝对优势，其群落特征不同于典型羊草草原和羊草草甸草原。内蒙古锡林郭勒草原生态系统国家野外科学观测研究站 1979 年围封的羊草样地中，羊草、大针茅、冰草和羽茅在群落中占优势（表 4-36）。内蒙古呼伦贝尔草甸草原群落有类似特征，羊草占群落地上生物量的42%，种饱和度为 17 种/m² （杨桂霞等，2011）。典型羊草草原和羊草草甸草原不形成单优势种群落，且种饱和度比松嫩平原羊草群落高。

表 4-36　内蒙古锡林郭勒典型羊草草原群落组成（韩兴国，2011）

物种	地上生物量（g/m²）	株/丛数（株或丛/m²）	覆盖度（%）
大针茅	39.34	17.1	10.05
羊草	12.60	22.6	3.38
冰草	51.23	39.0	15.80
羽茅	25.23	21.2	9.66
糙隐子草	15.20	18.9	7.39
落草	0.17	0.6	0.40
草地早熟禾	0.01	0.2	0.02
阿尔泰狗娃花	0.17	0.1	0.20
柔毛蒿	0.20	0.1	0.20
冷蒿	3.05	2.6	2.68
星毛委陵菜	0.68	0.4	0.40
刺藜	0.06	0.2	0.10
灰绿藜	2.37	7.4	1.36
木地肤	4.97	1.3	1.72
轴藜	4.00	27.1	3.43
猪毛菜	14.36	7.0	2.55
矮韭	0.22	0.4	0.02
砂韭	0.08	0.2	0.01
细叶韭	0.18	0.5	0.12
野韭	0.52	1.7	0.61
细叶白头翁	0.07	0.1	0.01
展枝唐松草	1.66	2.6	1.14
二裂委陵菜	3.04	4.9	1.53
菊叶委陵菜	0.55	0.5	0.62
防风	0.85	0.3	0.06
黄囊苔草	3.58	42.8	5.23
瓦松	0.04	0.1	0.01
达乌里芯芭	1.00	1.6	0.03

注：2008 年 8 月中旬取样，取样面积 1 m×1 m，10 次重复

四、多样的草地植被斑块

由于土壤高度异质性及极端性（高盐分含量或水淹），因此群落分布多呈斑块状。松嫩平原草地植被群落多呈斑块状，斑块表现出群落组成不同或群落结构有差异。在地表受干扰的地段，斑块尤为明显，斑块大小不一，直径从几十厘米到几百米。

1. 羊草群落-虎尾草群落-碱蓬群落-碱茅群落系列

该斑块群落系列优势种分别为羊草、虎尾草、碱蓬和碱茅,各群落总盖度为 25%～75%,种类组成 1～3 种(图 4-8)。对应 0～20 cm 土壤电导率为 503～1920 μS/cm,pH 为 10.0～10.4(图 4-9)。

羊草群落   羊草-芦苇群落

羊草群落,总盖度=75%
羊草*H*39、*C*75、*D*2270

虎尾草群落,总盖度=30%
虎尾草*H*12、*C*30、*D*1050
芦苇*H*14、*C*5、*D*70

碱蓬群落,总盖度=25%
碱蓬*H*11、*C*25、*D*490
虎尾草*H*4、*C*1、*D*10

碱茅群落,总盖度=30%
碱茅*H*35、*C*15、*D*160
芦苇*H*38、*C*10、*D*310
虎尾草*H*6、*C*10、*D*580

图 4-8　羊草群落-虎尾草群落-碱蓬群落-碱茅群落斑块分布及其群落组成
H. 群落高度(cm);*C*. 群落盖度(%);*D*. 群落密度(株或丛/m²)

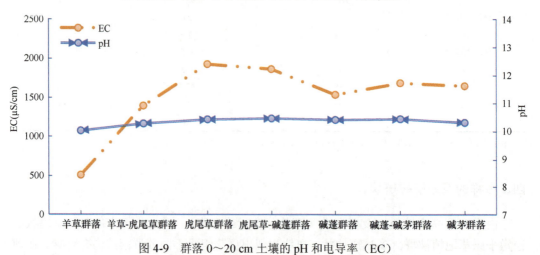

图 4-9　群落 0～20 cm 土壤的 pH 和电导率(EC)

2. 羊草群落-碱茅群落-碱蓬群落-积水系列

该斑块群落系列优势种分别为羊草、碱茅、碱蓬，紧邻无植被积水坑，各群落总盖度为 25%～70%，种类组成 1～4 种（图 4-10）。对应的 0～20 cm 土壤电导率为 493～2554 μS/cm，pH 为 9.8～10.3（图 4-11）。

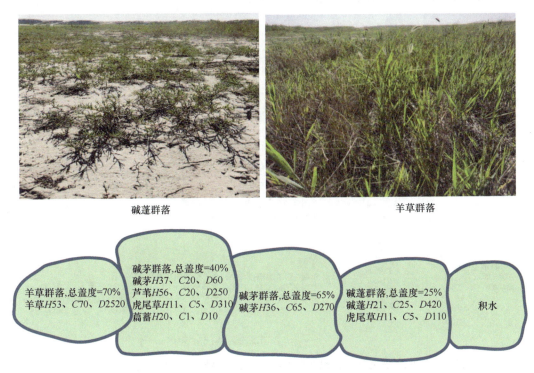

碱蓬群落　　　　　　　　　　　　　　　　　　羊草群落

图 4-10　羊草群落-碱茅群落-碱蓬群落斑块分布及其群落组成
H. 群落高度（cm）；*C*. 群落盖度（%）；*D*. 群落密度（株或丛/m²）

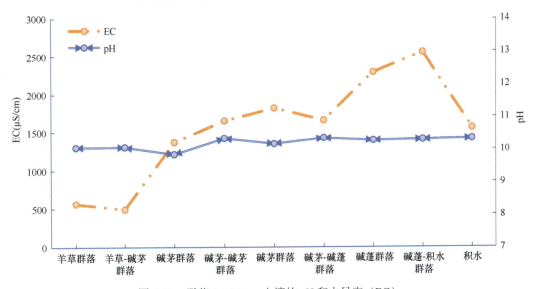

图 4-11　群落 0～20 cm 土壤的 pH 和电导率（EC）

3. 羊草群落-虎尾草群落-碱茅群落-虎尾草群落-碱蓬群落-积水系列

该斑块群落系列优势种分别为羊草、虎尾草、碱茅、碱蓬，紧邻无植被积水坑，各群落总盖度 25%~80%，种类组成 1~2 种（图 4-12）。对应的 0~20 cm 土壤电导率为 489~1984 μS/cm，pH 为 10.2~10.5（图 4-13）。

虎尾草群落

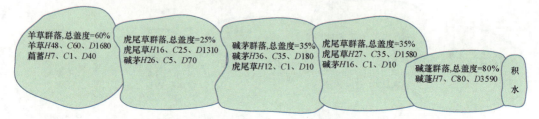

图 4-12　羊草群落-虎尾草群落-碱茅群落-虎尾草群落-碱蓬群落斑块分布及其群落组成

H. 群落高度（cm）；*C.* 群落盖度（%）；*D.* 群落密度（株或丛/m²）

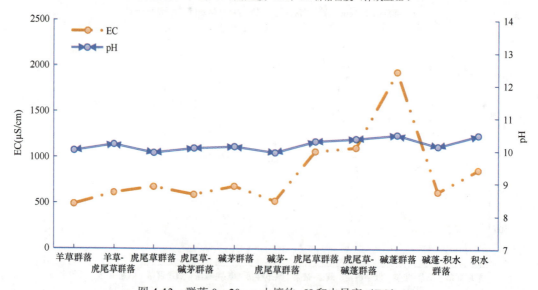

图 4-13　群落 0~20 cm 土壤的 pH 和电导率（EC）

4. 羊草群落-虎尾草群落-碱茅群落-苔草群落-芦苇群落系列

该斑块群落系列优势种分别为羊草、虎尾草和碱茅，各群落总盖度 25%～80%，种类组成 1～3 种（图 4-14）。对应的 0～20 cm 土壤电导率为 281～777 μS/cm，pH 为 9.6～10.2（图 4-15）。

碱茅群落、芦苇群落　　　　　　　　　苔草群落、芦苇群落

羊草群落，总盖度=80%
羊草 *H*52、*C*80、*D*3960

虎尾草群落，总盖度=35%
虎尾草 *H*16、*C*35、*D*2220
碱茅 *H*15、*C*1、*D*10
芦苇 *H*17、*C*1、*D*20

碱茅群落，总盖度=45%
碱茅 *H*47、*C*45、*D*340

苔草群落，总盖度=70%
苔草 *H*36、*C*70、*D*1650
碱茅 *H*34、*C*1、*D*20

芦苇群落，总盖度=25%
芦苇 *H*34、*C*20、*D*510
碱茅 *H*29、*C*5、*D*90
苔草 *H*13、*C*1、*D*20

图 4-14　羊草群落-虎尾草群落-碱茅群落-苔草群落-芦苇群落斑块分布及其群落组成
H. 群落高度（cm）；*C*. 群落盖度（%）；*D*. 群落密度（株或丛/m²）

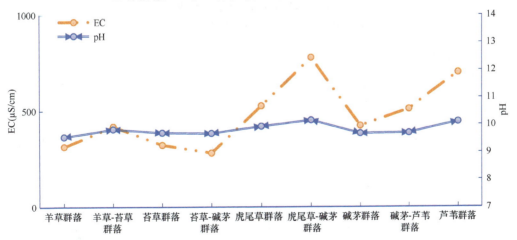

图 4-15　群落 0～20 cm 土壤的 pH 和电导率（EC）

5. 苔草群落-羊草群落-芦苇群落-碱蓬群落-獐毛群落-芦苇群落-羊草群落-萹蓄群落系列

该斑块群落系列优势种分别为苔草、羊草、芦苇、碱蓬、獐毛、芦苇和萹蓄，各群落总盖度 5%～85%，种类组成 2～3 种（图 4-16）。对应的 0～20 cm 土壤电导率为 198～1937 μS/cm，pH 为 9.6～10.5（图 4-17）。

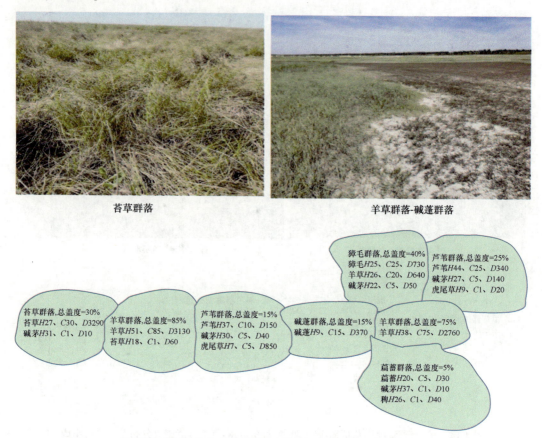

苔草群落

羊草群落-碱蓬群落

苔草群落,总盖度=30%
苔草H27、C30、D3290
碱茅H31、C1、D10
羊草群落,总盖度=85%
羊草H51、C85、D3130
苔草H18、C1、D60
芦苇群落,总盖度=15%
芦苇H37、C10、D150
碱茅H30、C5、D40
虎尾草H7、C5、D850
碱蓬群落,总盖度=15%
碱蓬H9、C15、D370
獐毛群落,总盖度=40%
獐毛H25、C25、D730
羊草H26、C20、D640
碱茅H22、C5、D50
芦苇群落,总盖度=25%
芦苇H44、C25、D340
碱茅H27、C5、D140
虎尾草H9、C1、D20
羊草群落,总盖度=75%
羊草H38、C75、D2760
萹蓄群落,总盖度=5%
萹蓄H20、C5、D30
碱茅H37、C1、D10
稗H26、C1、D40

图 4-16　苔草群落-羊草群落-芦苇群落-碱蓬群落-獐毛群落-芦苇群落-羊草群落-萹蓄群落斑块分布及其群落组成

H. 群落高度（cm）；*C.* 群落盖度（%）；*D.* 群落密度（株或丛/m^2）

EC
pH
EC(μS/cm)
pH
2500
2000
1500
1000
500
0
14
13
12
11
10
9
8
7
苔草群落
苔草-羊草群落
羊草群落
羊草-芦苇群落
芦苇群落
芦苇-碱蓬群落
碱蓬群落
碱蓬-芦苇群落
芦苇群落
獐毛群落
羊草群落
萹蓄群落

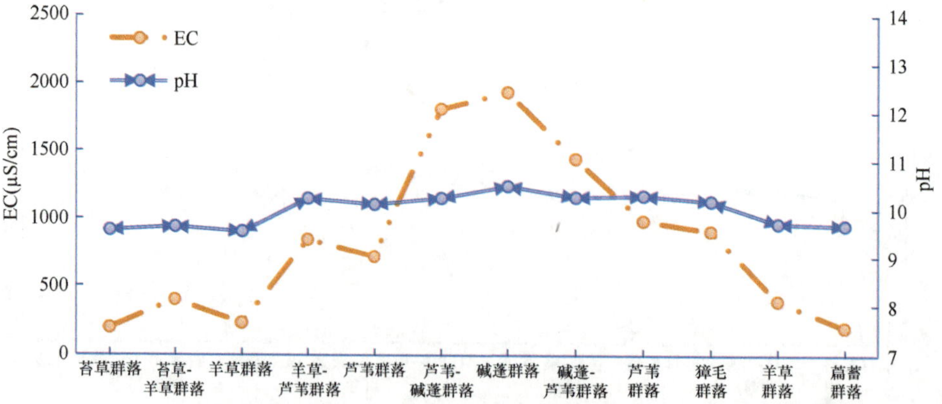

图 4-17　群落 0～20 cm 土壤的 pH 和电导率（EC）

6. 针蔺群落-芦苇群落-三棱草群落-碱茅群落-碱蓬群落系列

该斑块群落系列优势种分别为针蔺、芦苇、三棱草、碱茅和碱蓬，各群落总盖度10%~50%，种类组成1~2种（图4-18）。对应的0~20 cm土壤电导率为192~2063 μS/cm，pH为9.4~10.6（图4-19）。

针蔺群落　　　　　　　　　　　　　　三棱草群落

图4-18 针蔺群落-芦苇群落-三棱草群落-碱茅群落-碱蓬群落斑块分布及其群落组成
H. 群落高度（cm）；*C.* 群落盖度（%）；*D.* 群落密度（株或丛/m²）

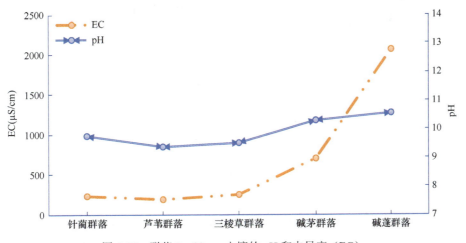

图4-19 群落0~20 cm土壤的pH和电导率（EC）

7. 稗群落-三棱草群落-狗尾草群落-虎尾草群落-碱蓬群落-芦苇群落系列

该斑块群落系列优势种分别为稗、三棱草、狗尾草、虎尾草、碱蓬和芦苇,各群落总盖度 20%～60%,种类组成 1～4 种(图 4-20)。对应的 0～20 cm 土壤电导率为 156～1972 μS/cm,pH 为 9.2～10.3(图 4-21)。

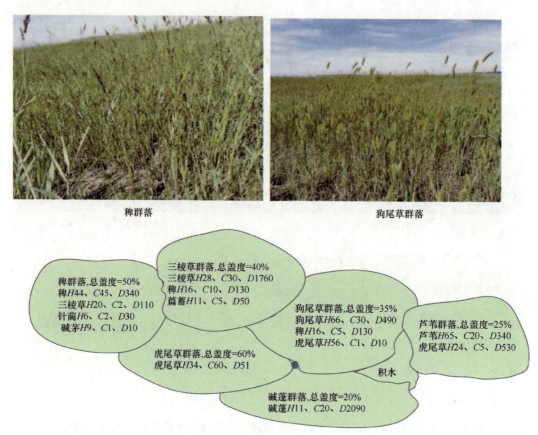

稗群落　　　　　　　　　　　狗尾草群落

三棱草群落,总盖度=40%
三棱草H28、C30、D1760
稗H16、C10、D130
蔄蓄H11、C5、D50

稗群落,总盖度=50%
稗H44、C45、D340
三棱草H20、C2、D110
针蔺H6、C2、D30
碱茅H9、C1、D10

狗尾草群落,总盖度=35%
狗尾草H66、C30、D490
稗H16、C5、D130
虎尾草H56、C1、D10

芦苇群落,总盖度=25%
芦苇H65、C20、D340
虎尾草H24、C5、D530

虎尾草群落,总盖度=60%
虎尾草H34、C60、D51

积水

碱蓬群落,总盖度=20%
碱蓬H11、C20、D2090

图 4-20　稗群落-三棱草群落-狗尾草群落-虎尾草群落-碱蓬群落-芦苇群落斑块分布及其群落组成

H. 群落高度(cm);*C*. 群落盖度(%);*D*. 群落密度(株或丛/m²)

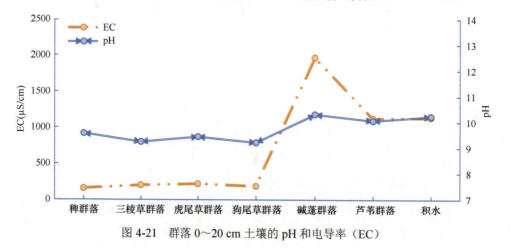

图 4-21　群落 0～20 cm 土壤的 pH 和电导率(EC)

8. 羊草群落-牛鞭草群落-全叶马兰群落-唐松草群落-虎尾草群落-碱茅群落系列

该斑块群落系列优势种分别为羊草、全叶马兰、唐松草、虎尾草和碱茅，各群落总盖度20%～70%，种类组成1～6种（图4-22）。对应的0～20 cm 土壤电导率为189～1753 μS/cm，pH 为8.9～10.4（图4-23）。

图4-22　羊草群落-牛鞭草群落-全叶马兰群落-唐松草群落-虎尾草群落-碱茅群落
斑块分布及其群落组成
H. 群落高度（cm）；*C.* 群落盖度（%）；*D.* 群落密度（株或丛/m²）

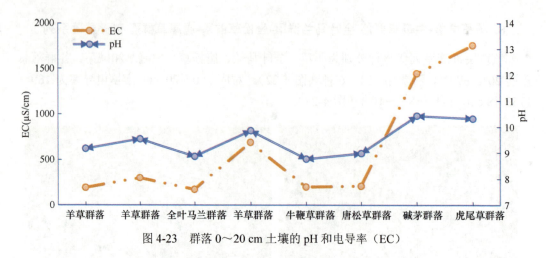

图 4-23　群落 0～20 cm 土壤的 pH 和电导率（EC）

9. 羊草群落-獐毛群落-碱蓬群落-虎尾草群落系列

该斑块群落系列优势种分别为羊草、獐毛、碱蓬和虎尾草，群落总盖度 15%～40%，种类组成 1～4 种（图 4-24）。对应的 0～20 cm 土壤电导率为 315～2944 μS/cm，pH 为 9.5～10.5（图 4-25）。

獐毛群落

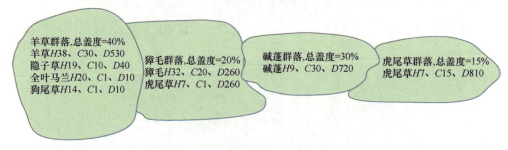

羊草群落，总盖度=40%
羊草 H38、C30、D530
隐子草 H19、C10、D40
全叶马兰 H20、C1、D10
狗尾草 H14、C1、D10

獐毛群落，总盖度=20%
獐毛 H32、C20、D260
虎尾草 H7、C1、D260

碱蓬群落，总盖度=30%
碱蓬 H9、C30、D720

虎尾草群落，总盖度=15%
虎尾草 H7、C15、D810

图 4-24　羊草群落-獐毛群落-碱蓬群落-虎尾草群落斑块分布及其群落组成
H. 群落高度（cm）；C. 群落盖度（%）；D. 群落密度（株或丛/m²）

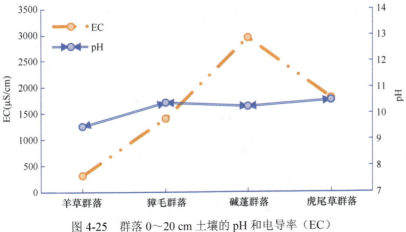

图 4-25　群落 0～20 cm 土壤的 pH 和电导率（EC）

五、水盐梯度决定的斑块分布

各类植物群落在低洼的微地形内自低处向高处顺序替代分布，完整的分布序列自低处向高处依次为稗、针蔺、萹蓄、苔草、虎尾草、星星草、碱地肤、碱蓬等群落。不完整的顺序替代序列依次为稗、萹蓄、虎尾草及萹蓄、苔草、虎尾草、碱蓬等群落（图 4-26）。

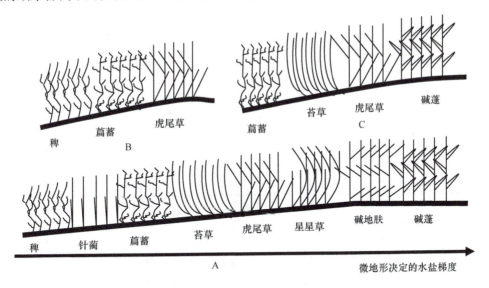

图 4-26　低洼微地形自低处向高处盐生植物群落的顺序替代分布示意图
A. 完整的替代分布序列；B 和 C. 不完整的替代分布序列

根据各群落所在微地形的位置和土壤湿度判断，此替代分布序列是由微地形决定的水盐梯度作用的结果，但不代表退化演替序列关系。

盐分随水迁移，低洼地有积水的地方，盐分随水迁运到低洼处，并积累到土壤某一深层，发展形成上述植物群落分布系列。最低洼处，生长季节有积水，湿生植物稗、针蔺占优势形成群落，萹蓄、苔草依次占据水分逐渐减少、盐分逐渐增多的地段（表 4-37），各群落分别占据不同的生态位，形成不同的群落结构（表 4-38）。

表 4-37　微生境群落系列对应的土壤 pH 和电导率（μS/cm）

分层(cm)	稗		针蔺		蒿蓄		苔草		虎尾草		星星草		碱地肤		碱蓬	
	pH	EC	pH	EC	pH	EC	pH	EC	pH	EC	pH	EC	pH	EC	pH	EC
0~10	9.2	251	9.3	257	10.0	563	9.4	369	10.1	786	9.3	215	10.0	1096	10.0	1788
10~20	9.6	311	9.7	358	10.0	838	9.6	519	10.2	823	9.7	439	10.2	1025	10.0	1377
20~30	9.8	394	9.9	444	10.0	799	9.6	576	10.1	994	9.9	615	10.4	1224	10.0	1604
30~40	9.9	393	10.0	453	10.0	714	9.8	499	9.8	837	10.0	636	10.4	1223	10.0	1273
40~50	10.0	381	10.0	427	10.0	623	9.8	442	9.6	707	10.0	531	10.3	1148	10.1	1047
平均	9.7	346	9.8	388	10.0	708	9.6	482	10.0	830	9.8	488	10.3	1144	10.0	1418

表 4-38　微生境群落系列的群落组成

群落类型	物种名	覆盖度（%）	高度（cm）	密度（株/m²）	生物量（g/m²）
碱地肤群落	碱地肤	70	28.7	1007.0	417.2
	虎尾草	17	38.9	85.3	21.8
星星草群落	星星草	62	50.5	39.2	356.5
	碱地肤	<1	16.5	5.0	1.0
	稗	1	16.6	17.0	1.5
	虎尾草	5	23.9	57.3	9.0
	海三棱藨草	1	33.4	41.3	2.4
	獐毛	<1	28.3	5.7	1.3
	蒿蓄	1	10.4	33.7	0.9
针蔺群落	针蔺	90	35.9	3908.0	229.0
	海三棱藨草	<1	40.6	6.0	0.8
	稗	1	16.4	45.3	2.4
	蒿蓄	2	12.8	129.3	7.6
	碱地肤	<1	18.1	2.3	0.4
	虎尾草	<1	29.9	27.3	2.8
	星星草	<1	23.4	10.3	0.6
寸草苔群落	寸草苔	95	27.0	2896.0	302.9
	虎尾草	1	29.5	89.3	26.7
	星星草	<1	34.6	21.0	2.4
	蒿蓄	2	16.2	94.3	4.9
	稗	2	23.7	66.7	4.8
	猪毛菜	<1	29.8	0.3	0.3
	角碱蓬	<1	20.8	0.7	0.1
	针蔺	1	26.1	54.0	2.5
	碱地肤	<1	27.1	1.7	0.9
	菊叶委陵菜	<1	23.6	31.0	5.9
	蒲公英	<1	9.6	0.3	1.4
	车前	<1	25.2	0.3	0.1
	海三棱藨草	<1	38.4	4.3	0.7

续表

群落类型	物种名	覆盖度（%）	高度（cm）	密度（株/m²）	生物量（g/m²）
	蒿蓄	75	8.3	3925.3	220.3
	虎尾草	1	15.3	84.7	10.7
	碱地肤	<1	17.8	6.0	2.4
	稗	<1	12.4	51.0	10.9
蒿蓄群落	车前	<1	22.1	0.3	0.2
	寸草苔	<1	13.9	1.0	<0.1
	星星草	<1	38.2	0.7	<0.1
	菊叶委陵菜	<1	9.8	1.3	<0.1
	隐花草	<1	8.1	0.3	<0.1

松嫩平原广泛分布的盐生植物群落是以一年生植物功能群为优势种建成的植物群落，主要为虎尾草群落、碱蓬群落、碱地肤群落。但是，在一些地段生长有以多年生植物功能群为优势种建成的植物群落，主要有星星草群落、獐毛群落。星星草喜生长于湿润生境，其群落中伴生种有稗、海三棱藨草，反映了其中生、湿生的特点，多分布在水分条件较好、盐分含量较高的地段。尽管星星草被确定为盐生植物，但因其具有水生、湿生的性质，星星草在松嫩平原较干旱的土壤地段上不能形成群落，所以它与羊草群落构不成演替系列关系。

在盐渍化草地的一些高岗处，水分多蒸发，形成盐碱地，并持续存在，獐毛（*Aeluropus sinensis*）群落是生长于这样地段上的盐生植物群落。由于长期的蒸发作用，獐毛群落土壤各层含盐量一直维持在较高水平（表4-39），其他植物很难侵入定居，形成单优势种群落（表4-40）。獐毛群落既不与上述水盐梯度系列的群落发生联系，也不与羊草的退化群落系列发生联系。

表 4-39　獐毛群落土壤 pH 及电导率（μS/cm）

土层（cm）	pH	EC
0～10	9.8±0.04	1962.3±314.5
10～20	9.9±0.05	2530.0±129.0
20～30	9.9±0.06	2483.3±218.0
30～40	9.9±0.08	2056.7±388.9
40～50	9.9±0.04	2043.0±62.0

表 4-40　獐毛群落组成特征

物种	盖度（%）	高度（cm）	密度（株/m²）	生物量（g/m²）
獐毛	50	20.1	675.0	160.9

因为盐生植物群落发展形成于土壤表层被干扰后的盐碱裸地上，所以说松嫩平原羊草草地退化是土壤退化在先而植被退化在后的结果。盐生裸地条件非常严酷，盐生植物群落的形成发展及其后续演替近似于原生演替。微地形决定的水盐梯度土壤上发育着系列盐生植物群落，指示盐生植物群落的形成是由不同水盐组合决定的，不是群落逐渐退化演替的结果。

六、独特的意义

盐碱化土壤所具有的特性，土壤的高度异质性及群落组成单一，为研究及生产实践提供了特定的场景。土壤中若含有大量的盐离子（0～30 cm>0.6%），则很少有植物能够适应生长，能够适应生长的植物多构成几乎为单优势种的群落（图 4-27A）。由于微地形决定的盐分分布差异，单一的群落分布呈梯度式，表现出明显的斑块景观（图 4-27B）。种类组成相对单一、斑块状分布为研究植物群落组成及适应提供了丰富的材料。

图 4-27　单优势种羊草草地（A）和单优势种斑块景观（B）

B 图左侧为羊草群落，右侧为拂子茅群落，前面为苔草群落，后面为虎尾草群落，远处为全叶马兰群落、牛鞭草群落、多茎野豌豆群落等

盐碱化草地土壤沙粒成分含量低，黏粒成分含量高，雨天放牧牛羊践踏干扰后，呈现出大量的牛羊蹄孔（图 4-28）。由于土壤中含有高量的 Na^+，湿润土壤分散性好，加之践踏翻动，土壤结构疏松，雨后土壤表面易风蚀消失，下面土层形成新地面，裸露或后续形成单一的植物群落（周道玮等，2011）。富含黏粒的土壤践踏后极易风蚀，需要加强植被恢复及其保护，防止土壤侵蚀及后续可能的风蚀及沙尘暴。

图 4-28　践踏的羊蹄孔（左）、退化碱斑（中）、盐生植物群落（右）

　　盐碱裸地地表光滑，不能截流种子雨，所以自然恢复缓慢（Wu and Zhou，2005）。然而，由于松嫩平原草地土壤黏粒含量高，12 月到次年 3 月会出现冻裂缝，4～7 月出现旱裂缝（图 4-29）（田洪艳等，2003），而土壤裂缝能够截留种子和风沙，当裂缝愈合后，耐盐碱的虎尾草从裂缝里生长出（图 4-29），可加快草地植被恢复（Song et al.，2012），并恢复成组成单一的群落类型。这为人工加快次生裸碱地恢复提供了新视角，如干扰（如扦插秸秆、筑沟或筑垄）光滑的裸地后，被干扰地区积聚沙土和种子，植被易恢复，特别是结合撒播某种适宜的种子（图 4-30）（何念鹏等，2004；Jiang et al.，2010）。土壤水分含量相对高，则受干扰地面植被易于恢复。

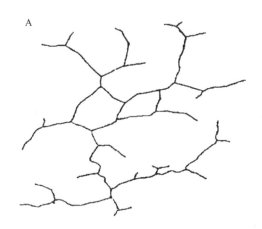

图 4-29　地裂缝分布图（A）（田洪艳等，2003）和从地裂缝里生长出的虎尾草（B）

图 4-30　利用秸秆扦插（A）和筑沟（B）恢复盐碱裸地的植被

　　分布于松嫩平原南部的科尔沁沙地呈丘带状，沙丘上原生的榆树灌丛被改造为杨树人工林，羊草草地分布于沙丘之间的平地上。在沙丘与羊草草地的过渡区，如沙丘下部的斜坡，土地被开垦为农田，发展了玉米、向日葵等旱作作物的生产（图 4-31）。在这样的区域，将沙丘上的风沙土搬运到盐碱地上进行"移沙改造盐碱地"和"覆沙造旱田"，具有重要的理论意义和经济效益（周道玮等，2011）。

　　由于土壤高度异质性，并且对应的群落组成单一，植被恢复或发展人工草地需要综合考虑区分地块区别对待，选择不同的物种及采用不同的管理农艺。

图 4-31　榆树灌丛沙丘和草地之间开垦的农田
图中的壕沟起到围栏的作用

（本章作者：黄迎新，李强，周道玮）

参 考 文 献

韩兴国. 2011. 中国生态系统定位观测与研究数据集·草地与荒漠生态系统卷·内蒙古锡林郭勒站
　　(2005-2008) [M]. 北京: 中国农业出版社.

何念鹏, 吴泠, 姜世成, 等. 2004. 扦插玉米秸秆改良松嫩平原次生光碱斑的研究[J]. 应用生态学报, (6):
　　969-972.

侯学煜. 1963. 试论历次中国植被分区方案中所存在的争论性问题[J]. 植物生态学与地植物学丛刊,
　　1(Z1): 1-23.

黄秉维. 1940. 中国之植物区域(上) [J]. 史地杂志, 1(3): 19-30.

李博, 雍世鹏, 刘钟龄, 等. 1980. 松辽平原的针茅草原及其生态地理规律[J]. Journal of Integrative Plant
　　Biology, (3): 270-279.

李昌华, 何万云. 1963. 松嫩平原盐渍土主要类型、性质及其形成过程[J]. 土壤学报, (2): 88-101.

李崇皜, 郑萱凤, 赵魁义, 等. 1982. 松嫩平原的植被[J]. 地理科学, (2): 170-178, 193-194.

李继侗. 1930. 植物气候组合论[J]. 清华周刊, 12/13: 1-13.

李继侗, 李博. 1986. 内蒙古呼伦贝尔谢尔塔拉种畜场的植被[M]. 北京: 科学出版社: 273-274.

李建东, 吴榜华, 盛连喜. 2001. 吉林植被[M]. 长春: 吉林科学技术出版社.

田洪艳, 李质馨, 周道玮, 等. 2003. 草原土壤胀缩运动的发生机制研究[J]. 干旱地区农业研究, (1):
　　86-90.

王春裕, 王汝镛, 李建东. 1999. 中国东北地区盐渍土的生态分区[J]. 土壤通报, (5): 193-196.

王炜, 梁存柱, 刘钟龄, 等. 2000. 羊草大针茅草原群落退化演替机理的研究[J]. 植物生态学报, (4):
　　468-472.

吴征镒. 1980. 中国植被[M]. 北京: 科学出版社.

雅罗申科. 1960. 植被学说原理[M]. 李继侗, 等译. 北京: 科学出版社.

杨桂霞, 唐华俊, 辛晓平. 2011. 草地与荒漠生态系统卷: 内蒙古呼伦贝尔站(2006-2008)[M]. 北京: 中
　　国农业出版社.

张新时. 2007. 中国植被及其地理格局·中华人民共和国植被图集(1∶100 万)说明书(上卷)[M]. 北京: 地
　　质出版社.

郑慧莹, 李建东. 1995. 松嫩平原盐碱植物群落形成过程的探讨[J]. 植物生态学报, (1): 1-12.

中国科学院. 1979. 中华人民共和国植被图[M]. 北京: 地图出版社.

周道玮, 李强, 宋彦涛, 等. 2011. 松嫩平原羊草草地盐碱化过程[J]. 应用生态学报, 22(6): 1423-1430.

周道玮, 张正祥, 靳英华, 等. 2010. 东北植被区划及其分布格局[J]. 植物生态学报, 34(12): 1359-1368.

周以良. 1997. 中国东北植被地理[M]. 北京: 科学出版社.

Jiang S C, He N P, Wu L, et al. 2010. Vegetation restoration of secondary bare saline-alkali patches in the Songnen plain, China[J]. Applied Vegetation Science, 13(1): 47-55.

Meeker D O, Merkel D L. 1984. Climax theories and a recommendation for vegetation classification-a viewpoint[J]. Journal of Range Management, 37(5): 427-430.

Song Y, Turkington R, Zhou D. 2012. Soil fissures help in the restoration of vegetation on secondary bare alkali-saline soil patches on the Songnen plain, China[J]. Journal of Soil and Water Conservation, 67(1): 24A-25A.

Wu L, Zhou D W. 2005. Seed movement of bare alkali-saline patches and their potential role in the ecological restoration in Songnen grassland, China[J]. Journal of Forestry Research, 16(4): 270-274.

第五章　松嫩平原的盐碱地改良

松嫩平原广泛存在盐碱地。盐碱土及盐碱地研究基本沿两条主线展开：盐碱土分类和盐碱土内水盐运动、生物适应及生态过程（李昌华和何万云，1963；王遵亲，1993；王萍等，1994；郑慧莹和李建东，1995；尚宗波等，2002）；盐碱地生态恢复及其资源开发利用（李秀军，2000；孙广友和王海霞，2016）。为改良利用盐碱地，地质水文学专家建议改变区域水文循环（宋长春等，2003；蒋海云等，2006），并逐渐降低地下潜水层对上层土壤的影响；土壤学专家强调"淡化"表层土壤盐碱（孙毅等，2001；赵兰坡等，2013），满足植物或作物生长需求。

为了生产饲草，需要促进部分盐碱地原生羊草草地稳定存在或高产。首要措施是合理利用盐碱地，根据土壤营养平衡理论施肥，根据放牧场理论划区轮牧，减少地表扰动为基本保护措施。

灰白色显性盐碱地土壤含盐量高，含盐土层深达 10～30 m，各种表层土壤盐碱"淡化"措施可以一定程度实现植被恢复，但改良利用盐碱地需要实施大规模的工程措施进行改建、重建，建立新植被类型。

地表水及地下水丰富区域，根据盐随水运移规律，通过浸泡溶解表层盐碱并冲洗，盐碱沿排水渠排走，改造盐碱地为水田，种植水稻获得成功（陈恩凤等，1957）。根据"沙压碱"经验法则，移沙覆沙造旱田同样获得成功。这是盐碱地改良并得到高效利用的两条基本路线。

第一节　盐碱地分区及分级

松嫩平原三面环山一面为岭的地貌及其水文过程、含碳酸盐的成土母质、半干旱或半湿润气候，决定其有盐渍土及由盐渍土所组成的盐碱地（程伯容等，1963），并且是自然形成的原生盐碱地（熊绍澧，1962；李昌华和何万云，1963；王凤生和田兆成，2002），即非灌溉等形成的次生盐碱地。松嫩平原盐碱地犹如腌透的"咸菜疙瘩"，很难脱盐变淡；而次生盐碱地似"色拉菜"，用水冲洗即可洗去表面盐分（熊毅，1963）。

地，土也，盐碱地由区域或局域范围内的各类盐渍土组成，盐渍土在区域或局域内所占的比例及其盐碱程度，决定了某一盐碱地的可利用性。盐渍土又称盐障碍土、盐影响土（salt-affected soil），是土壤饱和提取液电导率（ECe）>4.0 dS/m（可溶盐含量≈0.67%）的土壤类别（Richards，1954）。土壤含盐量大于上述阈值后，大多数作物生长受限，表现为减产。根据美国盐土实验室的划分，盐渍土范畴内，依据含盐量（salinity）、碱化度（ESP）、钠吸附比（SAR）等，进一步细分为盐化土（saline soil）、盐化碱土（saline alkali soil）、非盐化碱土（nonsaline alkali soil）（Richards，1954）。基于土壤分类，我国对盐渍土也有相似的界定；基于种植利用，我国各地定义盐渍土的盐含量下限为 0.2%～0.3%（中国土壤学会盐渍土委员会，1989）。

按盐分种类及其剖面结构、土壤分类学，松嫩平原有 3 类 10 种盐渍土及由其组成的盐碱地（李昌华和何万云，1963），根据表层含盐量及碱化度分 4 级（杨国荣等，1986）。按土地利用标准划分，松嫩平原有盐碱荒地 1.6 万 km^2（王学志等，2010）；加之土壤有盐碱障碍的草地、季节性湿地及其漫滩、部分农田，松嫩平原有盐碱障碍土地 4 万～5 万 km^2（张正祥等，2012）。

松嫩平原盐渍土有系统土壤分类及定点改良的研究结果（赵兰坡，2013；王春裕和王汝镛，1996），但由水文格局及地形地貌决定的分区及其盐碱性论述不充分。同时，土壤分类及定点改良研究结果的地上植被记录不完善，没有表土层，特别是表土层颜色的说明。缺少地形及群落信息，不清楚采集的土壤为原生状态还是干扰后状态，一些微域盐碱地是原生羊草植被破坏后的结果（赵兰坡，2013）。

为了准确理解、科学改良松嫩平原盐碱地，对其盐渍土种类及其盐碱性进行代表性研究是基础，基于改良后用于农业种植及植被恢复的目标，对松嫩平原盐碱地空间分布及其由地形决定的土壤盐碱性进行数量研究，有助于系统理解松嫩平原盐碱地的形成，并提出科学的改良方案和利用对策。

一、盐碱地分区

地面河流分异了地表水的独立积水特点，根据河流分布，松嫩平原可以分为 5～7 个大的集水区。松嫩平原地貌信息、河流分布格局及土地利用信息叠加结果表明，松嫩平原盐碱地分布于由河流及河流间分水岭所决定的独立区域，即分布于 5 个独立的集水区范围内，形成了 5 个区片水分及其所溶解的矿物质基本不相联系的盐碱地（图 5-1）。

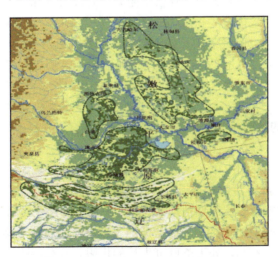

图 5-1　松嫩平原盐碱地的集中分布区片

江东平原盐碱地：位于嫩江左岸，分布于黑龙江省肇州、肇源、安达、大庆、杜蒙等市（县）的部分地区。本区低平原海拔 125 m，内部相对平坦，有高起的沙丘台地，地表水及矿物质源于小兴安岭西麓坡地集水区。嫩江左岸存在连续系列风沙高地，海拔 >127 m，地表水不能顺畅流入嫩江，平原内季节性积水-干旱交替发生，形成平原盐碱地。

岭东洼地盐碱地：位于洮儿河左岸，分布于吉林省白城、镇赉，黑龙江省泰来等市（县）的部分地区。本区低洼地海拔 129 m，四周高起而内部低凹，地表水及矿物质源于大兴安岭东麓坡地集水区。洮儿河左岸风沙高地海拔>130 m，阻止了积水流入洮儿河，并与莫莫格湿地间有高起台地阻隔，限制了地表水流入莫莫格湿地而下泄进入洮儿河或嫩江，低洼地内积水-干旱交替发生，形成洼地盐碱地。

霍林河流域盐碱地：位于霍林河两岸流域，集中分布于吉林省通榆、乾安、前郭、大安等市（县）地区。本区低平地海拔 126 m，内部多沙丘台地，间有低平地、低洼地，呈凸凹相间分布，形成不同面积的局域积水区。地表水来源于大兴安岭南部东麓坡地，平原内多局域集水区，不能流入霍林河，加之下游嫩江沿岸海拔>127 m，地表水聚积于局域集水区的低平地、低洼地，积水-干旱交替发生，形成流域盐碱地。霍林河与洮儿河之间有分水岭，靠近洮儿河右岸，阻隔霍林河流域水进入洮儿河；霍林河与松辽分水岭之间有次级分水岭，阻隔松辽分水岭北坡流水进入霍林河流域；此区片盐碱地围绕霍林河两岸发育而成。

岭北丘间盐碱地：位于松辽分水岭北侧，集中分布于吉林省长岭县、内蒙古自治区科尔沁左翼中旗等地区，西段分布于辽河平原松辽分水岭南侧。本区低洼地海拔 142 m，内部多垄形沙丘，间有低平地、低洼地，地表水及矿物质源于松辽分水岭北坡，北侧有高起垄形沙丘，海拔>144 m，阻隔积水进入霍林河流域，垄形沙丘间发生积水-干旱交替过程，形成丘间盐碱地。

三河盆地盐碱地：位于嫩江、松花江、拉林河之间，分布于吉林省扶余市境内。本区低洼地海拔 138 m，内部连续低洼，形成低盆地，地表水来源于长白山西麓坡地。嫩江右岸、松花江和拉林河间有突起沙丘台地阻隔，海拔>139 m，积水不能顺畅流入嫩江及松花江和拉林河，盆地内发生积水-干旱交替过程，形成盆地盐碱地。

上述各区片盐碱地，除地表水长期汇集沉淀矿物质盐分外（熊绍澧，1962），地下潜水埋深往往高于 1.8～2.0 m 的临界水位，向地表输送其历史积累的盐离子是盐碱地发育的另一个重要原因（李昌华和何万云，1963）。

二、各区片盐碱地的盐碱特性

分区片、分群落统计的土壤盐碱数据表明：岭北丘间盐碱地羊草群落表层有腐殖质染色的 0～50 cm 层土壤可溶盐含量相对最低，碱化度也低，基本可开垦为农田（表 5-1）。江东平原盐碱地羊草群落表层有腐殖质染色的 0～50 cm 层土壤可溶盐含量不高，但碱化度高。霍林河流域盐碱地、岭东洼地盐碱地羊草群落有腐殖质染色的 0～50 cm 层土壤可溶盐含量及碱化度都高，处于羊草可生长的极限。岭东洼地盐碱地、霍林河流域盐碱地及江东平原盐碱地的虎尾草群落、裸地和碱茅群落的 0～50 cm 层土壤可溶盐含量及碱化度都达到很高的水平，超出羊草生长分布的范围，直接恢复羊草群落几乎没有可能。各区片、各群落 0～50 cm 层土壤的钠吸附比都达到极高水平，羊草群落钠吸附比相对低而稳定。

表5-1　不同区片分群落的0～50 cm层土壤盐碱特性

羊草群落，镇赉、通榆、洮南、长岭、乾安、大安、安达、肇州 8个地点 32个样地平均结果

区片	pH	ECe (dS/m)	SS (%)	ESP (%)	Na^+ (mg/kg)	Mg^{2+} (mg/kg)	K^+ (mg/kg)	Ca^{2+} (mg/kg)	CO_3^{2-} (mg/kg)	HCO_3^- (mg/kg)	Cl^- (mg/kg)	SO_4^{2-} (mg/kg)	CEC (cmol/kg)	Ena (cmol/kg)	SAR
岭北丘间盐碱地	8.7	0.91	0.14	3.3	196.0	43.0	7.2	171.2	32.6	901.3	67.1	11.8	15.3	0.5	19
江东平原盐碱地	8.6	1.38	0.27	10.9	340.8	21.3	17.5	159.0	50.4	1903.2	91.6	98.3	24.3	2.8	36
霍林河流域盐碱地	9.1	1.77	0.32	11.8	509.7	66.4	12.1	348.8	103.3	1817.6	287.0	98.3	14.4	1.9	35
岭东洼地盐碱地	8.9	2.72	0.41	13.3	577.1	70.3	12.8	441.3	128.9	2613.1	147.9	94.7	16.4	2.3	36

虎尾草群落，镇赉、洮南、通榆、乾安、安达、肇州 6个地点 24个样地平均结果

区片	pH	ECe (dS/m)	SS (%)	ESP (%)	Na^+ (mg/kg)	Mg^{2+} (mg/kg)	K^+ (mg/kg)	Ca^{2+} (mg/kg)	CO_3^{2-} (mg/kg)	HCO_3^- (mg/kg)	Cl^- (mg/kg)	SO_4^{2-} (mg/kg)	CEC (cmol/kg)	Ena (cmol/kg)	SAR
岭东洼地盐碱地	9.4	2.29	0.56	19.2	831.9	93.1	9.2	588.8	216.2	3664.4	126.0	110.1	17.6	3.7	45
霍林河流域盐碱地	9.7	3.49	0.63	25.5	1170.9	188.2	23.6	569.2	264.4	3238.9	556.5	314.4	9.7	2.8	60
江东平原盐碱地	10.5	6.42	1.04	73.3	2701.1	66.7	5.5	486.6	1006.6	5182.6	609.2	331.9	21.9	16.3	162

裸地和碱茅群落，镇赉、洮南、通榆、乾安、安达、肇州 6个地点 24个样地平均结果

区片	pH	ECe (dS/m)	SS (%)	ESP (%)	Na^+ (mg/kg)	Mg^{2+} (mg/kg)	K^+ (mg/kg)	Ca^{2+} (mg/kg)	CO_3^{2-} (mg/kg)	HCO_3^- (mg/kg)	Cl^- (mg/kg)	SO_4^{2-} (mg/kg)	CEC (cmol/kg)	Ena (cmol/kg)	SAR
岭东洼地盐碱地	10.0	4.27	0.89	44.5	1822.4	77.0	11.9	622.0	484.2	5485.6	234.8	184.9	22.5	9.3	97
霍林河流域盐碱地	10.1	5.87	0.82	40.0	1990.4	148.1	11.1	518.6	352.9	3348.5	1453.4	350.8	13.3	5.6	109
江东平原盐碱地	10.5	7.40	1.28	74.6	3231.0	36.7	12.8	471.9	1282.3	6902.8	518.7	381.7	23.9	18.3	203

注: ECe=4×$EC_{1:2}$; SS. 可溶盐含量; CEC. 阳离子交换量; Ena. 交换性钠离子; SAR. 钠吸附比

　　各区片盐碱地都分布于一面有高地的集水区内，100 km 范围内，自高海拔处向低海拔处连续取样的分析结果表明，羊草群落 0～50 cm 层土壤可溶盐含量及碱化度随海拔降低而增高（图 5-2），190 m 为盐碱地分布海拔界限。但是，这一结论并不严格，

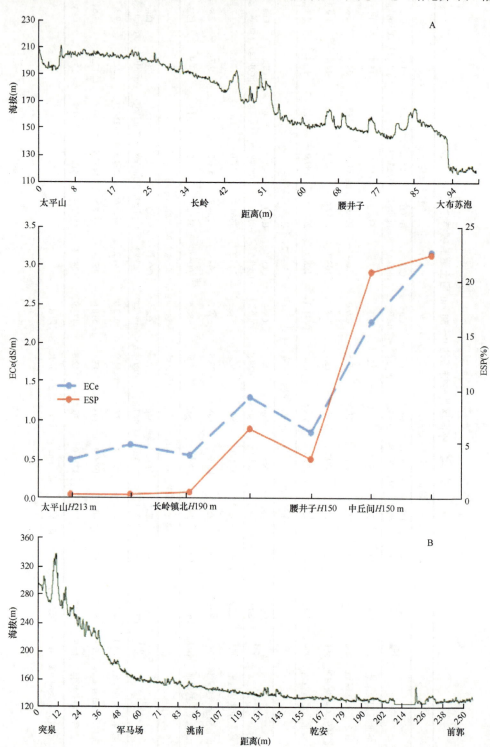

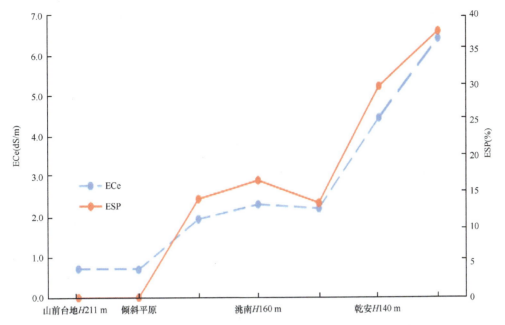

图 5-2　羊草群落 0～50 cm 层土壤电导率及碱化度随海拔的变化

A. 自长岭县位于松辽分水岭的太平山镇经东六号乡、三团乡至通榆县境内;

B. 自内蒙古突泉县与白城市交界处经洮南市、大安市至乾安县、前郭尔罗斯蒙古族自治县境内

局域范围内的相对高度更能决定土壤的盐碱程度，图 5-2 中曲线的高低变化指示了这一现象。沿河、沿江两岸，地表水能进入主河道的地区没有盐碱地。

江东平原盐碱地羊草群落连续或间断分布，相间分布的虎尾草群落、碱茅群落、碱蓬群落等多分布于风蚀低平地（图 5-3）。羊草群落土壤 pH、电导率、碱化度随海拔降低逐渐变大，后由于逐渐接近嫩江，pH、电导率和碱化度逐渐变小。土壤 pH 在 30～50 cm 土层最大，为 7.37～8.39；土壤电导率在 10～20 cm 土层最大，为 46.74～2589.97 μS/m；碱化度最大值自高海拔至低海拔依次出现在 30～50 cm、20～30 cm、10～20 cm 层土壤中，分别为 0.52%～50.16%、0.15%～37.87%、0.11%～30.25%（图 5-3）。

岭北丘间盐碱地羊草群落连续或间断分布，相间分布有虎尾草群落、针茅群落、糙隐子草群落等（图 5-4）。羊草群落的土壤 pH、电导率和碱化度随海拔降低逐渐增加。土壤 pH、电导率和碱化度在 30～50 cm 土层最大，分别为 8.1～10.3、177.3～1015.8 μS/cm 和 0.1%～39.2%。

三、微地形决定的土壤盐碱性

松嫩平原内部的平原面上，进一步可以鉴定划分出各种微地形（或称微地貌）（熊绍丰，1962；宋长春和邓伟，2000；熊毅，1963），包括沙丘坨地、低洼地、高台地、低平地。不同的微地形形成原因不同，其上植被各异，土壤盐碱性亦有极大差别。

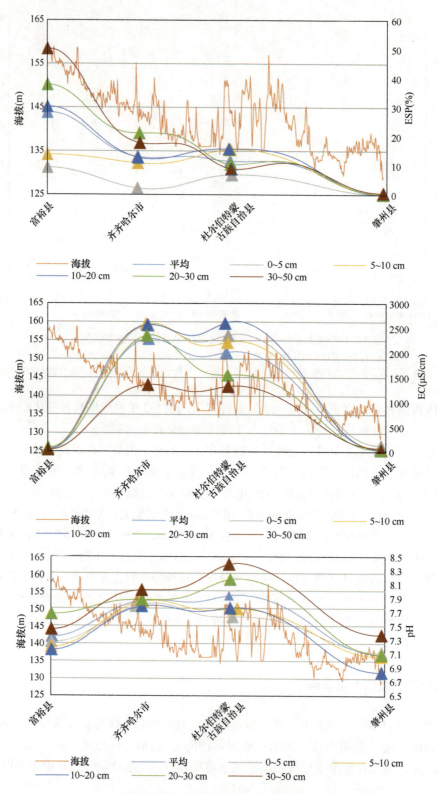

图 5-3 江东平原盐碱地土壤 pH、电导率和碱化度随海拔变化趋势

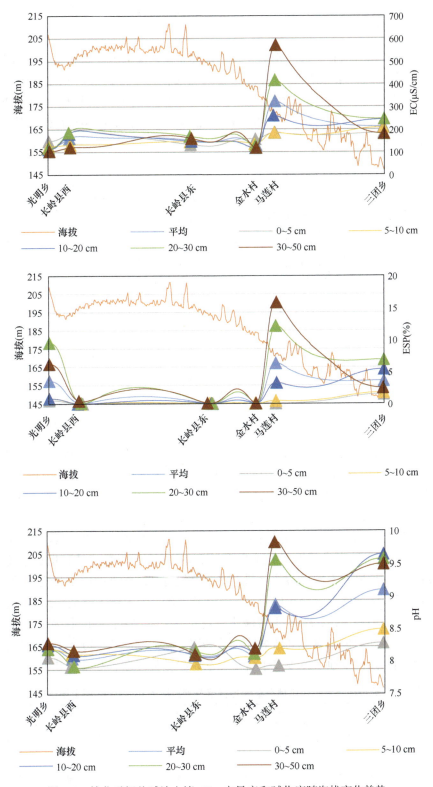

图 5-4　岭北丘间盐碱地土壤 pH、电导率和碱化度随海拔变化趋势

1. 沙丘坨地

沙丘坨地经历史风积、冲积形成,自然植被为榆树疏林或羊草群落。坡面土壤含盐量及碱化度非常低,多被开垦为农田。坡面上部较为干旱,多种植耐旱的糜子;坡面中部多种植玉米、绿豆等作物;坡面下部盐碱程度增加,多种植耐盐碱作物向日葵(图 5-5)。随坡度下降,进入草甸区域,渐次为羊草群落、虎尾草群落,甚至受到干扰形成盐碱裸地。

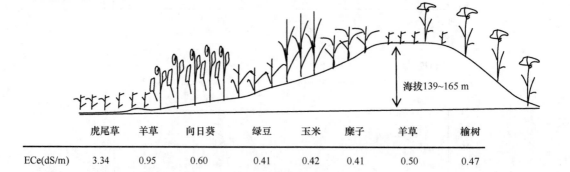

	虎尾草	羊草	向日葵	绿豆	玉米	糜子	羊草	榆树
ECe(dS/m)	3.34	0.95	0.60	0.41	0.42	0.41	0.50	0.47
SS(%)	0.72	0.28	0.11	0.06	0.06	0.07	0.08	0.08
ESP(%)	30.6	2.2	1.0	0.7	0.4	0.6	0.5	0.5

图 5-5 沙丘坨地的群落系列及其 0~30 cm 层土壤盐碱性
长岭种马场,44.6°N,123.7°E,2017 年 11 月采样

坡面中上部种植糜子、玉米及绿豆区段的土壤可溶盐含量为 0.06%~0.07%,土壤碱化度为 0.4%~0.7%。坡面下部种植向日葵区段的土壤可溶盐含量为 0.06%~0.11%,碱化度为 0.7%~2.2%。羊草地、虎尾草地的土壤可溶盐含量上升为 0.28%~0.72%,土壤碱化度上升为 2.2%~30.6%。

据此判断,限制耐盐碱作物向日葵生长的土壤含盐量阈值为 0.28%,土壤碱化度阈值为 2.2%。这种种植方式是生产实践的长期经验,分布界限数值具有指示意义。

种植向日葵地段的土壤可溶盐含量(0.11%)没有超过轻度盐碱地界定标准(0.3%),所以认为土壤可溶盐含量没有对向日葵生长造成制约,土壤碱化度是制约向日葵生长的障碍因素,有理由相信,2.2%的土壤碱化度是向日葵能否生长的限制因子。

沙丘坨地不同坡位对应不同植被或土地利用类型,因此 0~30 cm 层土壤盐碱离子含量各不相同。渐近草地,各项离子含量及盐碱参数值逐渐升高(表 5-2)。

表 5-2 长岭种马场沙丘坨地至草甸地群落系列对应的 0~30 cm 层土壤盐碱特性

群落	海拔(m)	土壤	pH	$EC_{1:2}$(μS/cm)	Na^+(mg/kg)	Mg^{2+}(mg/kg)	K^+(mg/kg)	Ca^{2+}(mg/kg)	CO_3^{2-}(mg/kg)	HCO_3^-(mg/kg)	Cl^-(mg/kg)	SO_4^{2-}(mg/kg)	CEC(cmol/kg)	Ena(cmol/kg)
榆树疏林	165.0	黑钙土	7.8	118.2	4.9	15.9	15.6	129.6	0.0	549.0	53.3	12.2	10.1	0.0
羊草	165.0	黑钙土	8.0	129.2	5.3	8.6	11.5	132.7	0.0	497.8	63.9	10.4	10.7	0.1
糜子	160.0	黑钙土	8.3	104.9	14.4	5.5	13.6	129.6	0.0	585.6	79.9	9.5	8.8	0.0

续表

群落	海拔（m）	土壤	pH	EC$_{1:2}$（μS/cm）	Na$^+$（mg/kg）	Mg^{2+}（mg/kg）	K$^+$（mg/kg）	Ca^{2+}（mg/kg）	CO$_3^{2-}$（mg/kg）	HCO$_3^-$（mg/kg）	Cl$^-$（mg/kg）	SO$_4^{2-}$（mg/kg）	CEC（cmol/kg）	Ena（cmol/kg）
糜子	154.0	黑钙土	8.2	95.4	5.6	10.9	10.1	142.6	0.0	380.6	56.8	8.7	9.9	0.1
玉米	151.0	黑钙土	7.9	84.2	6.6	12.0	14.4	97.8	0.0	307.4	53.3	9.7	7.4	0.1
玉米	147.0	黑钙土	7.7	105.1	7.3	13.9	10.2	128.0	0.0	424.6	44.4	11.5	10.8	0.0
绿豆	142.0	黑钙土	8.2	101.5	10.5	17.4	17.6	109.0	0.0	417.2	56.8	12.0	8.4	0.1
向日葵	141.0	黑钙土	8.7	148.8	118.9	25.2	7.2	118.1	0.0	805.2	53.3	11.7	7.6	0.1
羊草	140.0	草甸碱土	9.4	237.0	249.9	80.2	25.5	300.6	43.2	2035.0	85.2	12.5	7.6	0.2
虎尾草	139.0	草甸碱土	9.9	836.0	986.4	206.9	18.5	809.9	273.6	4128.5	390.5	345.2	8.4	2.6

注：长岭种马场砖厂附近，44.6°N，123.7°E，2017 年 11 月采样

沙丘坡面上，0～30 cm 层土壤电导率（dS/m）与可溶盐含量（%）呈直线正相关关系（图 5-6）：SS=0.2238ECe−0.0147（R^2=0.98）。0～30 cm 层土壤碱化度（%）与电导率（dS/m）亦呈直线正相关关系（图 5-6）：ESP=10.27ECe−4.1966（R^2=0.98）。生产实践中，可以简易测定电导率，估测碱化度，确定种植某种作物的可行性。

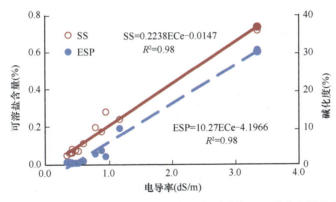

图 5-6　沙丘坨地 0～30 cm 层土壤电导率与碱化度、可溶盐含量的关系

洮南市东南 40 km 处二龙乡地区的沙丘坨地群落系列进一步表明，沙丘坨地 0～30 cm 层土壤盐离子含量及可溶盐含量很低（表 5-3），玉米农田的土壤可溶盐含量仅为 0.11%，碱化度为 0.7%（图 5-7）。

表 5-3　沙丘坨地群落系列对应的土壤各层盐碱特性（洮南二龙）

群落	土层（cm）	土壤	pH	EC$_{1:2}$（μS/cm）	Na$^+$（mg/kg）	Mg^{2+}（mg/kg）	K$^+$（mg/kg）	Ca^{2+}（mg/kg）	CO$_3^{2-}$（mg/kg）	HCO$_3^-$（mg/kg）	Cl$^-$（mg/kg）	SO$_4^{2-}$（mg/kg）	CEC（cmol/kg）	Ena（cmol/kg）
虎尾草	0～5	草甸土	10.1	988.0	1667.6	57.0	11.7	444.7	432.0	4977.6	284.0	130.4	18.4	6.7
	5～10	草甸土	10.3	1350.0	2126.1	105.0	15.2	696.2	648.0	5006.9	333.7	205.4	26.5	12.1
	10～20	草甸土	10.4	1489.0	2056.9	72.3	13.7	678.7	792.0	4509.1	362.1	282.1	28.1	13.4

续表

群落	土层 (cm)	土壤	pH	EC$_{1:2}$ (μS/cm)	Na$^+$ (mg/kg)	Mg^{2+} (mg/kg)	K$^+$ (mg/kg)	Ca^{2+} (mg/kg)	CO$_3^{2-}$ (mg/kg)	HCO$_3^-$ (mg/kg)	Cl$^-$ (mg/kg)	SO$_4^{2-}$ (mg/kg)	CEC (cmol/kg)	Ena (cmol/kg)
虎尾草	20~30	草甸土	10.4	1621.0	2084.9	70.7	8.7	617.9	936.0	4245.6	383.4	316.7	26.5	12.7
	30~50	草甸土	10.5	1658.0	1793.1	85.6	5.3	725.4	936.0	5197.2	347.9	323.9	23.7	11.3
羊草	0~5	草甸土	8.3	438.0	498.1	14.6	6.9	183.6	0.0	1405.4	124.3	51.5	13.4	1.3
	5~10	草甸土	9.7	766.0	1157.4	91.0	21.1	514.5	244.8	3191.5	170.4	73.4	15.5	4.4
	10~20	草甸土	10.2	1018.0	1520.1	90.4	20.3	539.3	504.0	3074.4	284.0	155.8	12.4	5.7
	20~30	草甸土	10.3	1354.0	2105.3	140.8	14.3	789.8	756.0	5709.6	887.5	270.2	17.9	7.7
	30~50	草甸土	10.3	1322.0	2296.0	153.5	12.9	626.2	792.0	6939.4	550.3	325.5	18.2	8.3
农田	0~5	黑钙土	8.2	164.3	56.7	24.1	10.5	140.0	0.0	695.4	55.0	15.5	9.5	0.0
	5~10	黑钙土	8.3	158.9	60.3	18.8	13.3	184.4	0.0	717.4	53.3	16.5	10.1	0.1
	10~20	黑钙土	8.4	160.1	100.3	10.5	9.8	174.8	0.0	937.0	67.5	21.4	11.3	0.2
	20~30	黑钙土	8.3	166.2	103.4	9.8	6.9	172.6	0.0	761.3	63.9	27.1	11.1	0.1
	30~50	黑钙土	8.5	149.1	74.9	9.9	6.9	152.4	0.0	585.6	62.1	36.0	8.9	0.1
羊草	0~5	黑钙土	8.0	150.2	1.7	14.3	27.1	143.4	0.0	512.4	71.0	10.5	13.4	0.0
	5~10	黑钙土	8.0	157.3	1.2	15.7	19.9	163.8	0.0	571.0	56.8	12.5	11.7	0.0
	10~20	黑钙土	8.1	159.6	6.7	17.0	5.8	160.0	0.0	585.6	58.6	13.8	9.8	0.0
	20~30	黑钙土	8.1	170.5	5.2	16.4	7.4	181.2	0.0	600.2	53.3	22.5	16.1	0.0
	30~50	黑钙土	8.2	174.8	34.6	13.1	5.0	157.7	0.0	483.1	56.8	45.2	13.3	0.0

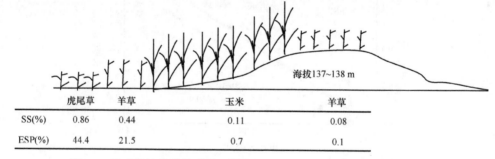

	虎尾草	羊草	玉米	羊草
SS(%)	0.86	0.44	0.11	0.08
ESP(%)	44.4	21.5	0.7	0.1

图 5-7　沙丘坨地的群落系列及其 0~30 cm 层土壤盐碱性（洮南二龙）

2. 低洼地

低洼地经地质历史过程形成，分两类：一类为盐碱土低洼地，有植被或无植被或有季节性积水；另一类为草甸土低洼地，俗称"狗肉地"，多被开垦为农田。

盐碱土低洼地 0~50 cm 层土壤可溶盐含量高达 0.7%，碱化度为 20.7%。低洼地外围可溶性盐和碱化度逐次升高，但碱化度逐渐升高（图 5-8）。盐碱土低洼地及其四周植被呈环状分布，土壤各层离子分别不同，差异明显（表 5-4）。

草甸土低洼地（狗肉地）经地质历史过程形成，自然植被多由甜土植物组成，如苔草群落、稗群落、狗尾草群落。土壤盐碱离子含量及碱化度都非常低，向外渐次升高，具有直接开垦为农田的潜力（图 5-9 和表 5-5），一些开垦后的草甸土低洼地可以种植玉米或向日葵等作物（图 5-10 和表 5-6）。

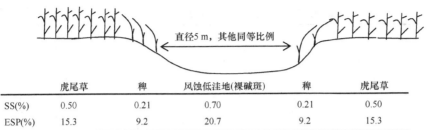

	虎尾草	稗	风蚀低洼地(裸碱斑)	稗	虎尾草
SS(%)	0.50	0.21	0.70	0.21	0.50
ESP(%)	15.3	9.2	20.7	9.2	15.3

图 5-8　盐碱土低洼地的群落系列及其 0～50 cm 层土壤盐碱性（洮南二龙）

表 5-4　盐碱土低洼地及四周群落系列对应的土壤各层盐碱特性（洮南二龙）

群落	土层 (cm)	pH	EC$_{1:2}$ (μS/cm)	Na$^+$ (mg/kg)	Mg^{2+} (mg/kg)	K$^+$ (mg/kg)	Ca^{2+} (mg/kg)	CO$_3^{2-}$ (mg/kg)	HCO$_3^-$ (mg/kg)	Cl$^-$ (mg/kg)	SO$_4^{2-}$ (mg/kg)	CEC (cmol/kg)	Ena (cmol/kg)
虎尾草	0～5	8.2	271.0	221.1	15.2	15.8	79.3	0.0	819.8	63.9	18.1	25.3	0.5
	5～10	9.1	345.0	397.7	33.7	7.6	265.1	18.0	1464.0	88.8	25.7	22.9	1.7
	10～20	10.0	683.0	1368.9	146.8	9.9	761.1	288.0	5270.4	213.0	60.1	19.5	4.2
	20～30	10.2	861.0	1820.7	128.3	7.3	659.6	446.4	6880.8	234.3	60.0	22.0	6.7
稗	0～5	8.3	302.0	276.0	18.6	13.7	78.4	0.0	878.4	88.8	44.0	23.5	0.7
	5～10	8.7	339.0	384.3	24.3	8.0	164.0	18.0	988.2	71.0	26.3	19.6	1.4
	10～20	9.0	439.0	569.6	46.0	9.7	206.0	36.0	1420.1	56.8	29.5	26.4	3.3
	20～30	9.3	471.0	664.8	62.0	8.3	256.8	43.2	1683.6	74.6	28.8	29.7	4.2
	30～50	9.6	382.0	491.4	49.0	6.1	260.1	79.2	1698.2	67.5	24.0	26.1	3.0
裸碱斑	0～5	9.7	731.0	1257.2	90.7	15.2	449.5	201.6	5416.8	195.3	154.2	31.5	7.7
	5～10	9.7	709.0	1589.1	136.3	24.9	722.4	216.0	4743.4	170.4	99.7	27.1	5.8
	10～20	9.5	632.0	1158.7	101.6	23.2	890.0	144.0	3689.3	195.3	112.9	25.4	4.7
	20～30	9.5	618.0	1023.8	77.9	12.2	764.7	129.6	3879.6	166.9	155.7	26.5	4.9
	30～50	9.5	514.0	664.3	43.7	9.7	298.3	64.8	1573.8	115.4	198.1	19.3	3.1

注：土壤为盐化或碱化草甸土

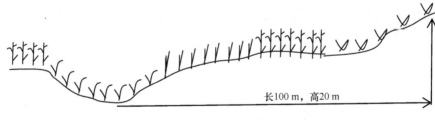

	虎尾草	苔草	萹蓄	虎尾草	稀疏虎尾草
SS(%)	0.1	0.1	0.1	0.1	1.1
ESP(%)	0.6	0.3	0.4	0.9	53.8

图 5-9　"狗肉地"的群落系列及其 0～50 cm 层土壤盐碱性（洮南二龙）

表 5-5 "狗肉地"群落系列对应的土壤各层盐碱特性（洮南二龙）

群落	土层(cm)	pH	$EC_{1:2}$(μS/cm)	Na^+(mg/kg)	Mg^{2+}(mg/kg)	K^+(mg/kg)	Ca^{2+}(mg/kg)	CO_3^{2-}(mg/kg)	HCO_3^-(mg/kg)	Cl^-(mg/kg)	SO_4^{2-}(mg/kg)	CEC(cmol/kg)	Ena(cmol/kg)
虎尾草	0～5	8.0	232.0	39.3	32.2	16.4	190.6	0.0	841.8	60.4	15.6	27.7	0.1
	5～10	8.0	168.2	27.8	24.0	5.6	141.5	0.0	644.2	55.0	6.9	20.6	0.1
	10～20	8.1	159.0	39.0	23.4	4.4	118.2	0.0	585.6	42.6	4.9	23.0	0.1
	20～30	8.2	148.2	34.8	23.8	3.5	91.0	0.0	497.8	53.3	3.8	22.0	0.1
	30～50	8.3	145.4	42.3	34.4	3.7	82.4	0.0	512.4	49.7	9.1	20.3	0.1
苔草	0～5	8.0	183.4	35.2	23.5	9.1	133.7	0.0	600.2	62.1	9.5	32.7	0.2
	5～10	8.0	176.5	35.7	22.3	5.1	127.1	0.0	585.6	53.3	7.2	27.6	0.1
	10～20	8.1	169.1	42.1	21.9	4.0	119.6	0.0	585.6	58.9	4.7	25.5	0.1
	20～30	8.1	184.6	31.4	25.4	7.0	144.9	0.0	600.2	58.9	11.9	23.2	0.2
	30～50	8.3	152.6	42.5	21.7	4.2	104.9	0.0	512.4	44.4	5.2	16.8	0.1
苔草-蒿蓄	0～5	8.1	236.0	56.4	28.5	22.1	170.1	0.0	768.6	79.9	17.6	28.4	0.2
	5～10	8.0	181.8	35.3	25.7	8.5	141.8	0.0	614.9	49.7	16.0	25.2	0.1
	10～20	8.1	180.9	52.8	23.1	7.9	126.8	0.0	622.2	51.5	8.5	23.2	0.1
	20～30	8.2	165.7	53.8	23.2	18.3	107.7	0.0	571.0	56.8	6.9	25.1	0.1
	30～50	8.4	140.6	50.2	25.6	15.1	83.5	0.0	439.2	46.2	4.8	20.8	0.1
蒿蓄	0～5	8.2	218.0	43.9	23.8	19.7	159.8	0.0	761.3	47.9	20.0	32.1	0.1
	5～10	8.1	220.0	38.3	27.0	6.4	187.9	0.0	790.6	53.3	12.5	28.6	0.1
	10～20	8.1	179.1	28.5	26.4	3.7	151.1	0.0	600.2	49.7	6.6	22.8	0.1
	20～30	8.2	153.7	25.6	28.7	4.2	116.0	0.0	512.4	51.5	7.1	22.3	0.1
	30～50	8.4	143.1	31.1	32.7	5.9	92.4	0.0	468.5	56.8	11.4	18.3	0.1
虎尾草	0～5	7.9	254.0	68.8	41.9	14.0	252.0	0.0	805.2	79.9	45.0	32.8	0.2
	5～10	8.0	201.0	77.0	23.1	7.1	131.4	0.0	658.8	67.5	17.7	28.8	0.3
	10～20	8.0	174.9	61.8	22.3	7.5	120.5	0.0	585.6	56.8	16.3	27.2	0.2
	20～30	8.1	187.4	92.6	22.1	15.0	108.2	0.0	629.5	60.4	12.9	26.3	0.3
	30～50	8.3	169.9	108.0	16.6	9.1	88.1	0.0	549.0	53.3	9.5	20.2	0.4
稀疏虎尾草	0～5	10.5	2690.0	3635.0	44.9	6.4	251.2	1454.4	4304.2	759.7	463.8	20.5	12.3
	5～10	10.5	2580.0	3504.5	59.1	6.8	385.1	1497.6	4128.5	681.6	592.9	22.9	12.3
	10～20	10.5	2170.0	2945.5	73.6	10.4	487.6	1224.0	4392.0	560.9	581.4	23.0	11.3
	20～30	10.5	1961.0	2461.3	138.1	9.5	860.7	1209.6	5343.6	532.5	513.1	20.8	10.9
	30～50	10.4	1662.0	2439.2	227.0	6.0	1005.8	468.0	6588.0	280.5	378.0	20.8	9.7

注：土壤为盐化或碱化草甸土

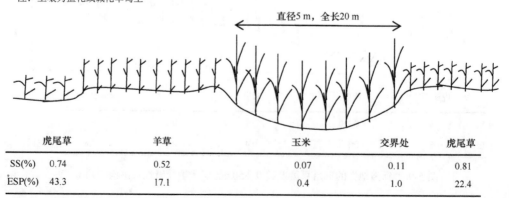

	虎尾草	羊草	玉米	交界处	虎尾草
SS(%)	0.74	0.52	0.07	0.11	0.81
ESP(%)	43.3	17.1	0.4	1.0	22.4

图 5-10 "狗肉地"的群落系列及其 0～50 cm 层土壤盐碱性（镇赉城西）

表 5-6 "狗肉地"群落系列对应的 **0～50 cm** 层土壤盐碱特性（镇赉城西）

群落	pH	EC$_{1:2}$（μS/cm）	Na$^+$（mg/kg）	Mg^{2+}（mg/kg）	K$^+$（mg/kg）	Ca^{2+}（mg/kg）	CO$_3^{2-}$（mg/kg）	HCO$_3^-$（mg/kg）	Cl$^-$（mg/kg）	CEC（cmol/kg）	Ena（cmol/kg）
虎尾草	9.9	818.0	1613.0	43.1	2.4	894.8	4318.8	85.2	162.1	23.0	10.0
虎尾草-猪毛蒿	9.9	583.0	931.4	52.3	4.7	842.0	5709.6	134.9	122.7	19.6	4.4
羊草	8.9	4208.0	579.6	27.5	8.2	754.9	3513.6	142.0	57.8	22.6	3.9
玉米	8.2	108.5	18.3	10.4	29.9	98.8	439.2	85.2	10.0	19.6	0.1
玉米-虎尾草	8.7	153.8	125.5	15.4	39.4	111.4	673.4	92.3	10.3	18.9	0.2

3. 高台地、低平地

高台地、低平地经自然风蚀或人类干扰直接形成，或人类干扰后耦合自然风蚀形成。高台地表层土壤有腐殖质染色层，其上生长着健康或退化的羊草群落，低平地上生长着虎尾草群落、碱茅群落等，部分为"裸碱斑"。

高台地 0～50 cm 层土壤普遍具有很低的可溶盐含量及碱化度，土壤碱化度未达到碱地分类标准（图 5-11～图 5-14）。低平地无论是虎尾草群落、碱茅群落或"裸碱斑"，0～50 cm 层土壤可溶盐含量及碱化度分别达到盐土和碱土分类标准（表 5-7～表 5-14）（中国土壤学会盐渍土委员会，1989）。

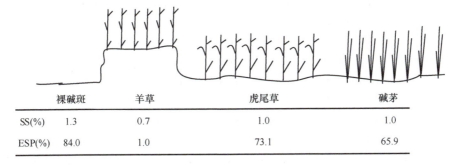

	裸碱斑	羊草	虎尾草	碱茅
SS(%)	1.3	0.7	1.0	1.0
ESP(%)	84.0	1.0	73.1	65.9

图 5-11　高台地、低平地的群落系列及其 0～50 cm 层土壤盐碱性（肇州城北 20 km）

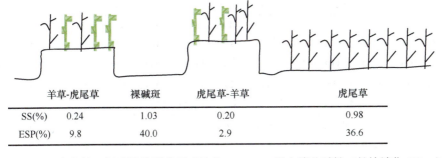

	羊草-虎尾草	裸碱斑	虎尾草-羊草	虎尾草
SS(%)	0.24	1.03	0.20	0.98
ESP(%)	9.8	40.0	2.9	36.6

图 5-12　高台地、低平地的群落系列及其 0～50 cm 层土壤盐碱性（长岭城北 40 km）

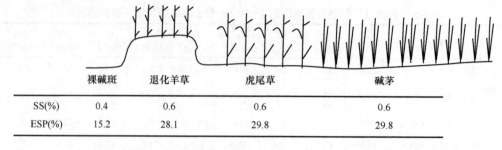

	裸碱斑	退化羊草	虎尾草	碱茅
SS(%)	0.4	0.6	0.6	0.6
ESP(%)	15.2	28.1	29.8	29.8

图 5-13 长岭杨家围子风蚀高台地的群落系列及其 0～30 cm 层土壤盐碱性（长岭城北 40 km）

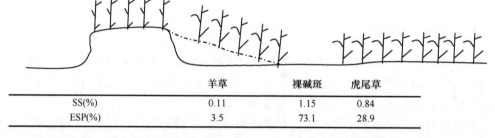

	羊草	裸碱斑	虎尾草
SS(%)	0.11	1.15	0.84
ESP(%)	3.5	73.1	28.9

图 5-14 风蚀高台地、低平地的群落系列及其 0～30 cm 层土壤盐碱性（镇赉城西 10 km，中平原洼地）

表 5-7 高台地、低平地群落系列对应的土壤各层盐碱特性（肇州城北 20 km）

群落	土层 (cm)	pH	EC$_{1:2}$ (μS/cm)	Na$^+$ (mg/kg)	Mg^{2+} (mg/kg)	K$^+$ (mg/kg)	Ca^{2+} (mg/kg)	CO$_3^{2-}$ (mg/kg)	HCO$_3^-$ (mg/kg)	Cl$^-$ (mg/kg)	SO$_4^{2-}$ (mg/kg)	CEC (cmol/kg)	Ena (cmol/kg)
裸碱斑	0～5	10.7	3 490.0	5 667.2	11.3	7.9	282.1	1 958.4	6 880.8	656.8	853.3	28.5	23.5
	5～10	10.7	2 770.0	4 350.2	8.3	33.0	249.1	1 584.0	5 856.0	461.5	585.8	25.8	22.2
	10～20	10.7	2 190.0	3 599.3	18.9	38.0	503.5	1 296.0	5 416.8	869.8	371.4	25.5	21.8
	20～30	10.6	1 783.0	3 227.4	32.8	16.2	601.1	1 224.0	6 441.6	603.5	214.0	25.2	20.5
	30～50	10.6	1 496.0	3 416.3	92.9	4.8	784.8	1 022.4	7 905.6	426.0	111.1	24.0	18.8
羊草	0～5	7.8	146.0	43.7	12.9	20.5	93.8	0.0	380.6	63.9	16.7	16.9	0.0
	5～10	7.6	143.0	47.9	11.4	8.2	87.6	0.0	402.6	79.9	20.4	27.4	0.1
	10～20	8.0	156.0	81.3	10.0	9.7	75.6	0.0	439.2	74.6	23.2	29.0	0.3
	20～30	8.7	152.0	121.0	11.1	8.1	75.6	0.0	585.6	81.7	13.8	27.4	0.6
	30～50	9.3	196.0	202.0	8.6	3.8	70.4	0.0	717.4	71.0	6.4	22.2	1.4
虎尾草	0～5	10.4	895.0	1 158.4	33.2	11.3	443.0	446.4	3 220.8	347.9	99.7	16.2	9.8
	5～10	10.6	1 436.0	1 885.0	54.5	8.5	587.2	950.4	3 191.5	568.0	213.1	20.6	14.9
	10～20	10.6	1 912.0	3 230.2	73.1	3.8	363.2	1 080.0	4 392.0	639.0	434.3	24.6	19.0
	20～30	10.6	2 090.0	3 963.5	95.2	1.0	522.0	1 440.0	7 349.3	852.0	534.6	25.3	20.9
	30～50	10.6	1 689.0	3 268.3	77.7	2.8	517.5	1 116.0	7 759.2	639.0	377.8	22.7	16.8
碱茅	0～5	10.1	606.0	813.5	37.5	13.3	336.2	360.0	2 225.3	177.5	151.9	16.5	6.2
	5～10	10.5	1 156.0	1 768.7	52.5	8.2	657.7	936.0	4 831.2	269.8	288.4	20.5	13.8
	10～20	10.5	1 819.0	3 245.6	25.4	3.4	287.1	1 548.0	6 075.6	727.8	519.5	27.8	21.3
	20～30	10.5	1 796.0	3 385.6	36.3	2.7	633.7	1 440.0	8 344.8	532.5	488.3	23.6	19.4
	30～50	10.5	1 390.0	2 836.5	51.4	0.2	383.3	1 454.4	15 049.9	461.5	233.5	21.9	15.0

表 5-8　高台地、低平地群落系列对应的土壤各层盐碱特性（长岭城北 40 km）

群落	土层 (cm)	pH	$EC_{1:2}$ (μS/cm)	Na^+ (mg/kg)	Mg^{2+} (mg/kg)	K^+ (mg/kg)	Ca^{2+} (mg/kg)	CO_3^{2-} (mg/kg)	HCO_3^- (mg/kg)	Cl^- (mg/kg)	SO_4^{2-} (mg/kg)	CEC (cmol/kg)	Ena (cmol/kg)
羊草-虎尾草	0～5	8.4	142.8	33.0	32.2	17.1	108.5	0.0	497.8	60.4	21.4	6.7	0.0
	5～10	8.5	170.4	141.5	28.4	6.4	79.7	0.0	614.9	56.8	18.9	8.5	0.2
	10～20	9.6	337.0	479.4	119.1	6.6	395.4	108.0	1610.4	85.2	20.9	12.9	1.4
	20～30	9.8	517.0	814.3	201.9	7.5	851.8	198.0	2928.0	127.8	50.6	11.1	2.8
	30～50	9.8	803.0	1200.5	335.9	6.6	1276.5	288.0	5709.6	390.5	564.3	12.8	3.2
裸碱斑	0～5	10.4	4390.0	5718.9	16.0	4.4	51.2	684.0	1756.8	4206.8	2636.7	12.6	6.4
	5～10	10.5	1054.0	1733.0	193.6	4.6	454.0	288.0	4538.4	301.8	166.1	15.0	5.5
	10～20	10.2	939.0	1837.5	234.6	5.3	447.1	396.0	7759.2	568.0	159.1	13.9	5.3
	20～30	10.3	828.0	1418.2	326.2	7.0	612.6	374.4	3879.6	454.4	161.9	13.7	4.7
	30～50	10.0	733.0	1010.5	411.8	7.0	738.1	360.0	2928.0	443.8	179.2	13.1	2.7
虎尾草-羊草	0～5	8.2	153.2	13.2	43.2	17.1	181.0	0.0	549.0	56.8	27.8	8.3	0.0
	5～10	8.2	129.0	28.0	36.3	6.1	117.0	0.0	424.6	53.3	16.3	10.6	0.0
	10～20	8.4	159.4	129.3	30.9	9.2	86.5	0.0	585.6	49.7	10.8	14.2	0.0
	20～30	9.6	341.0	484.2	315.0	8.0	1036.2	288.0	3220.8	159.8	44.6	14.4	1.6
	30～50	10.1	556.0	865.6	769.2	15.8	1504.5	273.6	5299.7	266.3	263.0	10.7	2.3
虎尾草	0～5	10.2	2560.0	3692.1	255.5	6.3	619.2	1080.0	4099.2	3550.0	1775.8	16.0	7.4
	5～10	10.3	1043.0	1720.0	330.5	5.1	683.7	252.0	6880.8	252.1	328.9	16.0	6.0
	10～20	10.2	708.0	1139.9	490.2	9.6	947.7	381.6	4392.0	266.3	102.2	11.8	4.4
	20～30	10.4	616.0	921.3	516.9	10.3	969.5	288.0	3103.7	220.1	71.3	13.7	3.5
	30～50	10.4	588.0	928.0	487.6	9.3	936.1	360.0	3952.8	213.0	71.8	12.7	2.8

表 5-9　长岭杨家围子风蚀高台地群落系列对应的土壤各层盐碱特性（长岭城北 40 km）

群落	土层 (cm)	pH	$EC_{1:2}$ (μS/cm)	Na^+ (mg/kg)	Mg^{2+} (mg/kg)	K^+ (mg/kg)	Ca^{2+} (mg/kg)	CO_3^{2-} (mg/kg)	HCO_3^- (mg/kg)	Cl^- (mg/kg)	SO_4^{2-} (mg/kg)	CEC (cmol/kg)	Ena (cmol/kg)
裸碱斑	0～5	9.5	396.0	524.7	79.8	24.9	484.9	100.8	2283.8	142.0	27.6	10.6	1.9
	5～10	8.4	257.0	234.4	18.1	17.8	75.3	0.0	834.5	159.8	21.3	13.4	0.2
	10～20	10.3	793.0	1418.3	47.4	2.7	317.9	576.0	5270.4	319.5	37.1	12.4	5.3
	20～30	10.3	899.0	1521.4	96.3	7.9	661.4	612.0	5636.4	408.3	63.6	10.9	5.5
	30～50	10.3	931.0	1567.7	51.5	3.3	193.8	259.2	3499.0	248.5	97.1	13.3	5.4
羊草	0～5	10.3	675.0	868.2	120.1	21.5	620.5	432.0	2664.5	603.5	80.5	10.9	2.3
	5～10	10.3	615.0	787.1	89.6	16.5	442.6	396.0	3176.9	205.9	33.9	9.5	2.3
	10～20	10.2	473.0	606.9	103.8	25.2	458.7	288.0	2928.0	142.0	21.8	9.8	1.5
	20～30	9.0	104.9	58.7	18.2	15.6	74.5	0.0	512.4	71.0	8.4	6.3	0.0
	30～50	8.2	126.1	9.6	17.3	34.4	91.0	0.0	439.2	71.0	14.6	6.8	0.0
碱茅	0～5	10.1	1484.0	1569.7	65.8	11.1	291.6	187.2	1610.4	1904.6	202.9	7.2	2.2
	5～10	10.1	1403.0	1481.3	42.3	4.1	212.9	129.6	1273.7	1462.6	187.7	8.2	2.8
	10～20	10.0	1311.0	1398.2	64.1	5.5	283.9	180.0	1244.4	1420.0	158.8	9.2	2.8
	20～30	10.0	1123.0	1273.6	230.8	11.3	641.3	216.0	3220.8	1448.4	126.0	9.9	2.3
	30～50	10.2	801.0	1129.3	163.9	7.0	325.2	115.2	3133.0	381.6	27.0	11.4	2.6

表 5-10 风蚀高台地（相对高 30 cm）、低平地群落系列对应的土壤各层盐碱特性
（镇赉城西 10 km，中平原洼地）

群落	土层 (cm)	pH	$EC_{1:2}$ (μS/cm)	Na^+ (mg/kg)	Mg^{2+} (mg/kg)	K^+ (mg/kg)	Ca^{2+} (mg/kg)	CO_3^{2-} (mg/kg)	HCO_3^- (mg/kg)	Cl^- (mg/kg)	SO_4^{2-} (mg/kg)	CEC (cmol/kg)	Ena (cmol/kg)
羊草	0～5	7.9	97.3	9.0	13.2	20.4	94.8	0.0	380.6	49.7	8.0	9.1	0.1
	5～10	8.0	91.7	12.1	12.0	9.8	92.1	0.0	388.0	53.3	6.3	10.2	0.1
	10～20	8.4	162.7	87.2	8.9	54.6	122.4	0.0	585.6	118.9	5.3	14.2	0.4
	20～30	8.2	294.0	297.2	10.9	1.6	138.0	0.0	1 793.4	51.5	15.7	21.3	2.0
	30～50	9.6	367.0	478.2	64.4	10.8	709.4	144.0	3 147.6	71.0	23.2	19.9	3.4
裸地	0～5	10.4	2 360.0	3 281.3	17.5	11.7	310.0	1 296.0	5 124.0	621.3	640.1	21.5	18.7
	5～10	10.5	1 922.0	3 266.8	54.7	9.8	1 045.7	1 368.0	7 612.8	497.0	354.1	20.3	16.4
	10～20	10.5	1 195.0	2 170.2	51.5	3.1	595.0	522.0	6 039.0	159.8	71.8	19.0	12.4
	20～30	10.3	1 022.0	1 946.9	40.0	1.8	225.4	468.0	8 125.2	120.7	29.6	17.2	10.2
	30～50	10.4	952.0	1 865.9	156.3	7.1	919.1	432.0	8 652.2	106.5	32.2	16.9	8.9
虎尾草	0～5	8.3	223.0	193.6	12.6	7.3	88.9	0.0	512.4	88.8	34.8	9.5	0.0
	5～10	9.7	532.0	815.0	85.5	3.9	865.4	288.0	4 977.6	170.4	103.8	16.1	4.4
	10～20	10.2	907.0	1 564.5	101.0	0.4	469.7	403.0	8 257.0	142.0	147.7	17.8	8.2
	20～30	10.3	856.0	1 395.5	254.1	4.5	1046.7	396.0	10 892.2	159.8	185.4	18.2	7.5
	30～50	10.3	692.0	1 120.4	241.4	4.1	781.3	360.0	8 198.4	97.6	38.4	17.0	5.9

表 5-11 安达风蚀台地羊草群落与虎尾草群落的土壤各层盐碱特性

群落	土层 (cm)	pH	$EC_{1:2}$ (μS/cm)	Na^+ (mg/kg)	Mg^{2+} (mg/kg)	K^+ (mg/kg)	Ca^{2+} (mg/kg)	CO_3^{2-} (mg/kg)	HCO_3^- (mg/kg)	Cl^- (mg/kg)	SO_4^{2-} (mg/kg)	CEC (cmol/kg)	Ena (cmol/kg)
羊草	0～5	7.9	160.0	47.3	10.2	88.6	111.8	0.0	424.6	133.1	24.7	16.8	0.1
	5～10	8.0	193.0	159.8	9.7	11.1	78.3	0.0	600.2	56.8	21.4	23.3	1.1
	10～20	9.3	373.0	363.8	9.1	10.9	125.9	0.0	1 024.8	71.0	55.7	26.5	4.5
	20～30	9.8	763.0	850.9	54.9	14.3	618.4	108.0	2 379.0	124.3	368.0	29.5	9.6
	30～50	10.1	1 101.0	1 490.3	75.1	0.1	252.3	396.0	12 078.0	159.8	432.8	24.2	10.7
虎尾草	0～5	10.4	1 424.0	1 712.0	17.0	11.9	419.2	806.0	3 952.8	426.0	209.5	22.2	14.1
	5～10	10.5	1 832.0	2 178.2	21.5	12.5	388.3	1 296.0	5 124.0	532.5	294.6	24.9	20.0
	10～20	10.6	2 590.0	3 285.0	28.1	6.9	485.8	1 281.6	5 885.3	532.5	405.7	27.6	21.9
	20～30	10.6	1 994.0	3 137.0	20.1	4.8	348.1	1 224.0	5 563.2	816.5	432.7	24.3	19.3
	30～50	10.6	1 355.0	1 754.7	19.9	3.7	241.0	1 080.0	3 952.8	390.5	184.5	25.5	18.2

表 5-12 乾安高台地羊草群落与低平地裸地的土壤各层盐碱特性

群落	土层 (cm)	pH	$EC_{1:2}$ (μS/cm)	Na^+ (mg/kg)	Mg^{2+} (mg/kg)	K^+ (mg/kg)	Ca^{2+} (mg/kg)	CO_3^{2-} (mg/kg)	HCO_3^- (mg/kg)	Cl^- (mg/kg)	SO_4^{2-} (mg/kg)	CEC (cmol/kg)	Ena (cmol/kg)
羊草-虎尾草	0～5	8.3	143.6	81.3	8.9	14.5	59.5	0.0	439.2	115.4	24.0	5.4	0.0
	5～10	9.4	273.0	312.7	11.2	4.5	104.2	0.0	1127.3	142.0	19.7	11.0	1.0
	10～20	9.9	734.0	942.2	39.0	5.2	366.3	108.0	2708.4	617.7	114.3	18.4	6.3
	20～30	9.7	1021.0	1130.8	16.5	2.5	233.0	36.0	1903.2	1189.3	339.1	19.6	6.6
	30～50	9.1	1662.0	1619.3	15.9	14.5	69.0	0.0	695.4	2364.3	670.7	19.6	5.4

续表

群落	土层(cm)	pH	EC$_{1:2}$(μS/cm)	Na$^+$(mg/kg)	Mg^{2+}(mg/kg)	K$^+$(mg/kg)	Ca^{2+}(mg/kg)	CO$_3^{2-}$(mg/kg)	HCO$_3^-$(mg/kg)	Cl$^-$(mg/kg)	SO$_4^{2-}$(mg/kg)	CEC(cmol/kg)	Ena(cmol/kg)
裸地	0~5	10.1	4880.0	6627.7	20.4	6.6	176.8	288.0	2371.7	6922.5	1661.7	16.9	11.9
	5~10	10.2	3530.0	4730.6	16.3	7.9	161.4	360.0	1976.4	4810.3	1015.7	16.3	11.8
	10~20	10.2	2700.0	3636.0	14.9	5.1	171.4	324.0	1976.4	3692.0	385.6	16.4	10.2
	20~30	10.2	1833.0	1995.9	44.2	5.5	522.2	360.0	4867.8	2076.8	123.5	16.9	10.8
	30~50	8.9	157.2	103.6	11.6	26.1	73.9	0.0	585.6	127.8	16.9	7.6	0.0

表 5-13　长岭种马场高台地羊草群落、低平地虎尾草群落和裸地的土壤各层盐碱特性

群落	土层(cm)	pH	EC$_{1:2}$(μS/cm)	Na$^+$(mg/kg)	Mg^{2+}(mg/kg)	K$^+$(mg/kg)	Ca^{2+}(mg/kg)	CO$_3^{2-}$(mg/kg)	HCO$_3^-$(mg/kg)	Cl$^-$(mg/kg)	SO$_4^{2-}$(mg/kg)	CEC(cmol/kg)
裸地	0~5	7.9	154.4	9.8	23.5	17.5	164.8	571.0	46.2	13.9	10.0	0.0
	5~10	8.0	139.8	18.7	24.1	9.5	138.0	497.8	47.9	10.4	8.1	0.0
	10~20	8.6	184.8	200.9	29.0	15.0	72.7	658.8	53.3	20.6	16.4	0.3
	20~30	9.6	296.0	384.6	66.1	4.1	391.0	1683.6	56.8	12.1	9.7	1.0
	30~50	10.0	453.0	635.1	237.0	8.6	1063.9	4655.5	106.5	27.9	11.8	1.6
虎尾草-羊草	0~5	10.4	1501.0	2143.9	92.8	29.9	701.2	4026.0	834.3	625.5	14.1	7.3
	5~10	10.3	1162.0	1893.7	133.6	19.1	848.1	5270.4	532.5	335.4	14.3	6.1
	10~20	10.4	1016.0	1811.5	132.8	12.8	842.8	5709.6	479.3	219.1	13.0	6.1
	20~30	10.3	723.0	1222.5	153.1	10.6	624.4	3367.2	397.6	72.1	13.0	4.4
	30~50	10.2	493.0	786.1	304.0	8.8	753.0	4026.0	213.0	29.6	14.2	2.9
羊草	0~5	10.0	805.0	1304.7	162.6	23.3	844.5	4538.4	266.3	160.5	15.7	4.9
	5~10	7.9	136.8	25.8	17.6	19.7	114.8	497.8	56.8	10.6	5.7	0.0
	10~20	7.8	157.7	4.7	19.0	22.8	139.3	512.4	53.3	7.5	8.8	0.0
	20~30	9.2	308.0	408.0	34.5	8.5	182.8	1281.0	88.8	35.2	8.4	0.9
	30~50	10.2	967.0	1472.2	174.0	12.1	646.2	4684.8	461.5	363.0	10.8	5.0

表 5-14　苏公坨高台地裸碱斑和低平地虎尾草群落的土壤各层盐碱特性

群落	土层(cm)	pH	EC$_{1:2}$(μS/cm)	Na$^+$(mg/kg)	Mg^{2+}(mg/kg)	K$^+$(mg/kg)	Ca^{2+}(mg/kg)	CO$_3^{2-}$(mg/kg)	HCO$_3^-$(mg/kg)	Cl$^-$(mg/kg)	SO$_4^{2-}$(mg/kg)	CEC(cmol/kg)	Ena(cmol/kg)	ESP(%)	全盐量(mg/kg)
虎尾草	0~5	8.0	150.2	73.3	11.7	14.7	81.1	0.0	439.2	88.8	19.4	6.9	0.1	0.9	728.2
	5~10	8.1	148.7	108.6	10.2	63.7	61.9	0.0	424.6	150.9	16.1	4.6	0.2	3.7	836.0
	10~20	9.1	196.1	201.3	9.9	118.9	69.3	18.0	512.4	262.7	18.1	3.5	0.2	6.4	1 210.6
	20~30	10.0	831.0	1 076.8	67.6	10.1	439.6	280.8	2 723.0	456.2	80.4	6.3	1.6	25.6	5 134.6
	30~50	10.1	1 256.5	1 837.4	70.6	16.7	375.9	396.0	2 854.8	864.0	276.7	16.3	6.6	40.7	6 692.5
裸碱斑	0~5	10.2	3 130.0	3 412.7	39.0	10.6	432.5	374.4	3 045.1	3 237.6	788.7	10.1	6.3	62.1	11 340.6
	5~10	10.1	1 800.0	2 079.9	38.3	8.7	512.8	302.4	2 459.5	1 633.0	316.7	11.2	5.1	45.6	7 351.3
	10~20	10.1	1 319.0	1 689.1	51.3	13.4	567.9	288.0	2 957.3	1 171.5	135.0	10.3	4.5	43.7	6 873.5
	20~30	10.0	1 265.0	1 886.0	84.9	14.0	410.1	302.4	2 898.7	1 065.0	118.7	17.2	5.7	33.4	6 779.9
	30~50	10.1	959.0	1 280.0	55.8	9.4	266.7	234.0	1 742.2	692.3	101.9	18.3	6.4	34.8	4 382.2

四、群落系列土壤的盐碱性

依群落统计 0~50 cm（农田为 0~30 cm）层土壤化学性质表明：山前台地的针茅群落土壤可溶盐含量及碱化度都非常低；玉米地的土壤可溶盐含量为 0.08%，低于盐渍土分类标准，碱化度也很低；向日葵地土壤可溶盐含量为 0.20%（ECe=0.77 dS/m），低于盐渍土分类标准，但碱化度高达 1.6%，确定这个数值是制约耐盐碱向日葵种植的界限（表 5-15）；稗及羊草群落土壤可溶盐含量及碱化度很高，但未达到盐土或碱土分类标准，属于轻度盐渍化土壤（中国土壤学会盐渍土委员会，1989）；虎尾草群落、碱茅群落及"裸碱斑"土壤均达到盐土或碱土分类标准。

表 5-15　分群落统计的 0~50 cm 层土壤盐碱特性

群落	pH	ECe (dS/m)	ESP (%)	SS (%)	Na⁺ (mg/kg)	Mg²⁺ (mg/kg)	K⁺ (mg/kg)	Ca²⁺ (mg/kg)	CO₃²⁻ (mg/kg)	HCO₃⁻ (mg/kg)	Cl⁻ (mg/kg)	SO₄²⁻ (mg/kg)	SAR
针茅	8.1	0.71	0.1	0.09	11.2	13.8	11.0	210.5	0.0	609.0	54.0	22.4	1
玉米	8.1	0.54	1.0	0.08	25.2	15.6	13.6	146.9	0.0	534.6	64.1	13.8	3
向日葵	9.0	0.77	1.6	0.20	184.4	52.7	16.4	209.4	21.6	1420.1	69.2	12.1	16
稗	9.0	1.55	9.7	0.22	477.2	40.0	9.2	193.1	35.3	1333.7	71.7	30.5	44
羊草	8.9	1.68	10.0	0.30	424.7	61.3	12.8	332.6	103.1	1913.5	125.9	71.3	30
退化羊草	9.1	2.18	13.7	0.27	579.7	35.2	7.9	163.8	43.2	1296.4	481.2	123.3	58
虎尾草	9.3	3.11	7.0	0.54	1064.0	82.4	10.7	411.9	340.7	3006.8	275.8	163.1	62
裸碱斑	10.1	5.76	46.6	0.91	2186.3	112.5	12.6	539.9	527.8	4364.7	975.8	313.2	68
碱茅	10.3	5.16	47.4	0.89	1890.2	77.0	6.7	405.3	656.6	4700.9	878.6	238.4	121

五、盐碱地盐碱程度分级

依据上述群落系列 0~50 cm 层土壤可溶盐含量及碱化度，参考盐渍土分类、分级标准及相关研究（杨国荣等，1986），将可开垦种植的盐碱地划分为 3 级。

轻度盐碱地：土壤可溶盐含量≤0.2%（ECe≤0.7 dS/m），或碱化度≤3%，可以种植甜土作物。

中度盐碱地：土壤可溶盐含量为 0.2%~0.3%（ECe=0.7~0.8 dS/m），或碱化度为 3%~5%，可以种植耐盐碱作物，种植甜土作物收益下降。

重度盐碱地：土壤可溶盐含量>0.3%（ECe>0.8 dS/m），或碱化度>5%，不能种植作物或种植作物收成低。

根据上述羊草群落、虎尾草群落、碱茅群落及裸碱地对应的 0~50 cm 层土壤可溶盐含量及碱化度，按植被恢复难易程度将盐碱地划为 2 级。

轻度盐碱地：土壤可溶盐含量≤0.3%，碱化度≤15%，羊草植被容易恢复。

重度盐碱地：土壤可溶盐含量>0.3%，碱化度>15%，地面经处理，创造出种子可占据生境，虎尾草等耐盐碱植物易自然生长。

需要明确的是，松嫩平原土壤含盐量很低，只有虎尾草群落、碱茅群落或裸碱斑 0～50 cm 层土壤电导率超过所定义的盐土或碱土分类标准（Abrol et al.，1988；Tanji and Kielen，2002），但是碱化度非常高，也就是可交换性钠离子含量高，因此，碱化度是作物种植及植被恢复的限制因素。农业种植或植被恢复实践中，可以参考上述盐碱地分级标准，确定种植什么、恢复什么及怎么恢复。

综上，松嫩平原曾经存在含淡水的古大湖，近一万年前，古大湖消失，现代水系格局形成（詹涛等，2019）。河流水系是分异地面的界线，河流两岸矿物质盐分不能相互连通运移，各集水区的矿物质盐分独立积累，据此对盐碱地进行分区，可以深入研究各区片盐碱地矿物质盐分来源、特点及其运移过程。

根据河流对地面的分异及盐碱地所处位置，松嫩平原盐碱地可以分为 5 个区片。嫩江、洮儿河及霍林河两岸有高起的沙丘带，阻滞积水使其存留于低平原或低洼地内，反复发生积水-干旱交替过程，形成盐碱地，"无尾河及半流区"理论对此做了解释（李昌华和何万云，1963）。进一步说，就是低平地、低洼地、丘间积水-干旱反复交替发生，导致积盐，盐碱地呈分散分布。所以，疏浚集水区内河道流水至固定区域存留形成连片湿地或水域，以及疏浚河道引导积水至嫩江、洮儿河及霍林河为改良各区片盐碱地的策略性途径。

现代水系形成后的一万年间，松嫩平原湖泊泡沼广布，气候湿润（汪佩芳和夏玉梅，1988），地表土经风蚀、水蚀剥离后堆积形成沙丘坨地、垄形沙地，而低洼盐碱地伴随地表面剥离发展形成。近 1000 年间气候干旱后（汪佩芳和夏玉梅，1988），地表蒸发增大，无疑加重了松嫩平原土壤盐碱化。在盐碱地发展形成过程中，如沙丘上发展了古土壤一样（李取生，1990），地表层必然发展了黑褐色腐殖质染色层，覆盖着下层高盐碱含量的土层，本书称其为"隐性盐碱地"。现代地表无腐殖质层的盐碱地为风蚀、水蚀的结果，部分经长期积水内涝或冲刷形成；近代，人类干扰地面后，加剧了腐殖质层消失，以羊草群落为主的原生植被遭到破坏，形成了地表无黑褐色腐殖质层的灰白色盐碱地，本书称其为"显性盐碱地"。各区片灰白色盐碱地，包括碱蓬群落及部分碱茅群落，总可以找到"残留高台地"（周道玮等，2011b），证明"显性盐碱地"是"隐性盐碱地"地表被干扰后经风蚀而裸露成为新地面所形成的。因此，松嫩平原盐碱土及盐碱地的盐碱性研究，包括盐渍土分类及发生研究，需要比照原生羊草群落的土壤。

松嫩平原原生羊草群落 0～50 cm 层土壤可溶盐含量接近或不及盐土分类标准（ECe=4 dS/m，可溶盐含量=0.67%），不及盐化碱土或碱土分类标准（ESP>15%）（中国土壤学会盐渍土委员会，1989）。一旦地表裸露，0～50 cm 层土壤可溶盐含量及碱化度急剧上升，可溶盐含量达 0.9%，碱化度达 46%。因此，保护地表为松嫩平原植被保护的基础原则。

松嫩平原"显性盐碱地"各处都可以生长虎尾草、碱茅、碱蓬等群落（除频繁有水流冲刷的地段），适宜季节进行地表翻动或秸秆扦插等适当处理，可以快速建植一年生植物群落（何念鹏等，2004）。因此，为了保护草地生态，应禁牧或轻牧，或辅以地面粗糙化处理，可实现植被恢复。尽管虎尾草等为一年生植物，但一年生植物可以年年生，对地面形成生态防护作用。久而久之，积累的枯枝落叶可以增加土壤有机质，逐渐改良土壤，并发展出多年生植物群落。

全球有盐渍化土地 322.9 万 km² (Brinkman, 1980)。盐化土 (saline soil) 的土壤盐质性 (soil salinity) 用土壤溶液可溶盐含量 (g/L) 或电导率 (EC, dS/m) 表示。一般，这两个指标之间的换算关系为：可溶盐含量：电导率≈5：3 (ILRI, 2003)。电导率取土壤饱和泥浆提取液测定 (记为 ECe)，或水土比为 2：1 (或 5：1) 的混合液测定 (记为 $EC_{1:2}$ 或 $EC_{1:5}$)，二者之间的关系为：$ECe=4EC_{1:2}$ (ILRI, 2003)。碱化土 (alkaline soil) 的土壤碱质性 (alkalinity) 或钠质性 (sodicity) 用碱化度 (ESP)、钠吸附比 (SAR) 或酸碱度 (pH) 描述。三者在土壤中的不同表现构成了盐化土 (saline soil)、钠质土 (sodic soil，非盐化碱土) 和碱化土 (alkalic soil，盐化碱土) (Richards, 1954)。

盐化土：ECe>4 dS/m，SAR<13，pH<8.5。

钠质土：ECe<4 dS/m，SAR>13，pH>8.5。

碱化土：ECe>4 dS/m，SAR>13，pH<8.5。

按这一标准分类，松嫩平原裸碱地土壤 ECe>4 dS/m、pH>8.5、SAR>16，不属于上述任何一种盐渍土。松嫩平原土壤分类需要继续深入研究。

一般，根据 0～30 cm 或 0～50 cm 层土壤电导率 (ECe) 确定盐渍土分级：ECe<2 dS/m，为非盐化土；ECe=2～4 dS/m，为弱度盐化土；ECe=4～8 dS/m，为轻度盐化土；ECe=8～16 dS/m，为中度盐化土；ECe>16 dS/m，为重度盐化土 (Richards, 1954)。根据作物可种植系列将松嫩平原盐碱地分为 3 级，根据原生植被可恢复程度将松嫩平原盐碱地分为 2 级。但是，松嫩平原土壤总体上盐分含量低，不具决定意义，可交换性钠离子量，即碱化度为根本限制因子，也或许是水溶性钠离子及可交换钠性离子的毒害作用为根本限制因子。碱地肤、甜菜的耐盐上限为 16 dS/m，向日葵、春小麦、紫花苜蓿的耐盐上限为 8 dS/m，玉米、土豆的耐盐上限为 4 dS/m (Wentz, 2001)，可作参考。

干旱半干旱区，土壤次生盐渍化的主要原因是灌溉，即由农田灌溉后水分蒸发而盐分残留地面所致，化学改良剂或肥料不能改良盐化土地以复垦，有效办法是淋洗 (leaching, flushing) (Reeve et al., 1955; Ahmad, 1998; Nayak and Sharma, 2008)。松嫩平原盐碱地为原生盐碱地，淋洗种水稻同样是改良盐碱地的有效技术 (陈恩凤等，1957; 王汝楠等，1962; 王春裕等，1987)。松嫩平原地下水丰富 (林学钰，2000)，在疏松表层土壤的基础上，开发地下水喷淋洗盐，可以一体化解决土壤盐碱障碍-气候干旱问题，并降低地下潜水位，有利于缓解松嫩平原的土壤盐分表聚问题。在喷淋灌溉基础上，可以实行 1 年 2 季种植 (陶冬雪等，2021)。

第二节 盐碱地的形成

地表水分蒸发，盐分在地表聚集是盐碱地发生形成的基本解释理论 (王遵亲，1993)，该理论认为植被退化后，土壤水分由蒸腾为主变蒸发为主，表层下面的盐分随毛细管上升到地表，增加表层含盐量，发生所谓的"次生盐渍化" (张为政，1993)。这一理论可以解释一些地区现代表层盐分运移及次生盐渍化的现象。

松嫩平原盐碱地为原生盐碱地，为经四周山地汇水，溶解于其中的盐分积累而成。但是，没有说清楚经历史过程所形成的黑褐色腐殖质去向，现存的大面积"白花花"盐碱地用"蒸发-表聚"理论仅可以对其后续形成过程做出解释。

由历史地质、地貌和水文决定，松嫩平原发育有盐碱地，经长期历史过程形成的原生盐碱地，其植被为羊草群落。原生羊草植被的土壤表层具黑褐色淡化层，有机质丰富，盐碱较轻。有淡化层土壤上的羊草群落演变成无淡化层土壤上的盐生植物群落或盐碱裸地，是原生羊草群落土壤的淡化层消失，富含盐分的下层土壤直接裸露成新地表的结果，盐生植物侵入形成群落或不侵入而地面裸露的盐碱地，本书称为"显性盐碱地"，而有黑色腐殖质层的盐碱地称为"隐性盐碱地"。

地表遭受干扰后，地下层直接裸露为新地面，新地表无淡化层，表层盐分含量多，进而发展为盐生植物群落或盐碱裸地（周道玮等，2011a），这一解释及论述在本书称为显性盐碱地形成的"干扰-裸露"理论。

一、盐碱地的发生类型

根据盐碱地发生形成过程，结合盐碱化程度，探究盐碱地形成过程及后续干扰发生的作用，特别是有无"淡化"表层现象，提出如下盐碱地发生关系及其改良方向（图 5-15）。

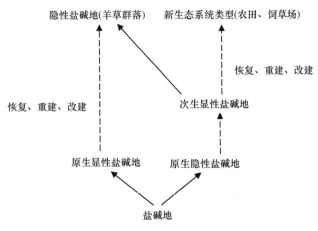

图 5-15　松嫩平原盐碱地发生分类及其关系

实线箭头表示自然发生，虚线箭头表示干扰发生

原生隐性盐碱地：松嫩平原盐碱地形成初期发生发展而来的一类盐碱地。广泛存在于松嫩平原，植被为羊草群落、拂子茅群落、全叶马兰群落、豆科+杂类草群落，种类组成多为甜土植物。土壤表层暗黑褐色，有"淡化"表层。

原生显性盐碱地：松嫩平原盐碱地形成初期发生发展而来的另一类盐碱地。位于泡沼周围，由于雨水冲刷，植物不能定居，没有形成植被覆盖，地表裸露。表层有或无"淡化"表层。

次生显性盐碱地：原生隐性盐碱地形成后，地表层受到干扰而消失，下层土壤直接成为新地面发展而来的一类盐碱地。地面灰白色、灰黄色，无"淡化"表层，有盐生植物群落覆盖，或无植物群落覆盖。

松嫩平原为半湿润区，原生隐性盐碱地在无干扰情况下可持续存在。隐性盐碱地表层土壤含较多有机质，土层透水性好，即使原生羊草植被退化，采取休牧或禁牧措施，一个生长季内羊草群落植被即可恢复。

原生或次生显性盐碱地经改造，可以形成隐性盐碱地。原生及次生显性盐碱地表层土壤具有如下特点：①由于土壤特点及风吹作用，地表光滑，几乎没有种子能被截留定居。②有机质含量低，土壤肥力差。③水溶盐离子含量高，总可溶盐含量>0.8%。④钠离子含量高，透水性差，下层土壤更干旱。

上述特点综合作用，导致原生和次生显性盐碱地植被稀疏或没有植被。原生显性盐碱地源于历史性汇水冲积或季节性积水，恢复植被的前提是阻断区域水文循环。原生及次生显性盐碱地的植被恢复都需要截留或补充种子，制造种子定居、发芽的安全生境，保证种子具有定居并发芽的基础条件。

根据原生及次生显性盐碱地上述特点，采取下列措施对于植被恢复具有积极作用：①改造区域水文循环，停止致损干扰，这是最基本的前提条件。②在周边群落种子成熟季节，适时扰动地表，造成地表粗糙不平，拦截种子流，并适当补播种子。③添加枯落物、秸秆等有机物料并旋耕，增加土壤有机质，提高土壤肥力并增加土壤通透性。

二、隐性盐碱地

自第四纪早更新世以来，松嫩平原湖相沉积黏土、沙土厚达 113 m（表 5-16）（夏玉梅和汪佩芳，1987），其中晚更新世后期，沉积 10～40 m，全新世沉积 5～8 m（裴善文等，1984）。这是松嫩平原现代土壤发育的物质基础。

晚更新世至全新世，松辽分水岭形成，并不断向北迁移，松嫩平原进入河流时期。河流迂回流淌，自由河曲、沙洲、牛轭湖、迂回扇发育，河漫滩不断发展，并形成大片沼泽湿地，松嫩冲积平原逐渐形成（裴善文等，1992）。

松嫩平原是经先湖积后冲积形成的由沙土覆盖的冲积平原，因此其地层中有沙土和黄土分布（李取生，1990；裴善文等，1992），地面沙土后来发展形成沙丘。研究表明，这些沙丘通过冲积、风积就地形成。沙丘中发育有黑褐色古土壤，说明当时整个沙地基本处于固定状态。沙丘中的古土壤可分为 4 个时代，表明沙丘经历了 4 次较大的固定时期，也指示了气候变化（李取生，1990，1991）。

约 9000 年前为沙地初始形成时期：气候干燥，冬季盛行西北风，春季盛行西南风。松嫩平原河漫滩阶地上的细沙经风的作用，形成西北走向和西南走向的沙丘。9000～7000 年前为沙地固定时期：气候转为半干旱，流沙趋于固定，发育了以蒿、藜、麻黄为主的植被景观，形成了古土壤层。此后，沙地依次经历了 7000～5500 年前的扩张期，5000 年前的固定期，4000 年前的扩张期，3000 年前的固定期，2800～1400 年前的扩张期，1400～1000 年前的固定期。

表 5-16　松嫩平原乾安地层地质时代、孢粉及地层岩性

地层时代	剖面	深度(m)	年代(距今百万年)	孢粉总含量(%) 20 40 100	地层岩性
晚更新世		20			0～20 m，棕黄色、灰黄色亚砂土
中更新世		30 40			20～30 m，深灰色淤泥质亚黏土，富含腐殖质及贝壳化石碎片 30～36 m，灰绿色淤泥质亚砂土 36～43 m，深灰色淤泥质亚黏土
早更新世		50 60 70 75	0.73 0.90 0.97 1.67 1.87		43～48 m，深灰色淤泥质亚黏土和粉砂互层 48 m 处有少量炭化木屑 48～75 m，灰绿色淤泥质亚黏土
新近纪		100			75～87 m，灰白色砂砾石和含砾中砂 87～113 m，灰绿色砂砾岩、泥岩夹细砂岩和粉砂岩

1 2 3 4 5
6 7 8 9 10 11

1. 亚砂土；2. 淤泥质亚砂土；3. 淤泥质亚黏土；4. 亚黏土；5. 淤泥质亚黏土夹砂粉；6. 砂砾石夹黏土透镜体；7. 砂砾岩；8. 泥岩夹粉砂岩；9. 粉砂岩；10. 孢粉含量<1%；11. 孢粉极多

距今 1000 年以来，气候逐渐变干（李取生，1990），形成了半湿润气候及西部沙地古土壤层和湿地泥炭层（殷志强和秦小光，2010）。

上述分析表明，松嫩平原河流网及沙丘形成于距今一万年前后，也只有大面积水域消失后才能形成稳定的河流，才具备冲积、风积沙丘形成的条件。这间接证明，含淡水的松嫩大湖或湖状泡沼等大面积水域消失于距今一万年前后。晚更新世初，地层中富含腐殖质，证明当时植被发育良好，至少在此之前没有土地盐碱化问题。

晚全新世的近 1200 年间，尽管气候在向干旱化方向发展，形成了半湿润气候，但松嫩平原植被依旧为针叶林、针阔混交林、疏林草甸（汪佩芳和夏玉梅，1988），意味着那时气候及土壤含盐量没有达到制约木本植物生长的程度，土壤没有发生盐碱化。

气候制约木本植物生长，土壤含盐量同样制约木本植物生长。所以，森林存在或退却一方面指示气候的变化，另一方面指示土壤含盐量的变化。现代气候及植被研究也表明，松嫩平原降水量为 400 mm 的区域，在没有土壤盐碱障碍的情况下，同样可以生长树木及森林；有盐碱障碍的区域，植被以草本植物群落占优势，没有树木及森林（周道玮等，2010）。因此，在松嫩平原，与其说森林退却是气候干旱的结果，不如说是土壤出现盐碱障碍的结果。

综上，有理由相信，松嫩平原的土壤盐碱化是晚全新世以来近 1000 年间发生的事件，近 1000 年为盐碱地发展形成的时期，或者说是盐碱地盐碱程度加重的时期。原初的湖相沉积没有盐碱，地表层起初也是没有盐碱化的"甜岩土"。

部分构造性大而深的湖泊封闭性储水较多，有湖水蒸发浓缩现象，形成了泡沼状盐碱地，是气候干湿交替、湖水蒸发浓缩的结果，这个过程在晚更新世前就存在发生过，如大布苏泡的盐分积累（沈吉等，1998；李志民等，2000），其周围植被为森林。

全新世开始以后，湖水及湖状泡沼水退却，地面裸露无盐，植被普遍发育覆盖地面，或存在各样湿地沼泽。伴随着森林或草甸植被发展，现代土壤开始形成，土壤腐殖质逐渐积累。腐殖质积累，对沉积的表层岩土、亚砂土染色，灰色、黄色、暗绿色的岩土逐渐朝黑色方向发展，形成表层为黑褐色的现代土壤，覆盖在灰白岩土上面。腐殖质的加入相对"酸化"了土壤表层。

近 1000 年间，由于地下浅层水的盐分积累及运移，形成所谓的"暗碱层"，木本植物退却，草本植被发育，土壤表层持续维持"淡化"状态。从历史发展角度看，"淡化"的土壤表层是历史发展的结果，不是植被覆盖后土壤水分蒸发变蒸腾的结果。植被覆盖可能影响现代积盐过程，但恢复植被影响盐分向下运移的结论还有待进一步证明，植被恢复后盐分下降或许是由干扰地表导致的物理下渗作用造成的。据此，总结并推定"暗碱层"形成过程如下。

第一，四周向平原中心汇集的浅层地下水含盐，沿途沉积于平原各处，埋藏于地表下层（图 5-16）。此时地表层没有盐碱，土壤疏松有利于降水入渗，雨水或地表水也没有可溶解携带的盐碱。

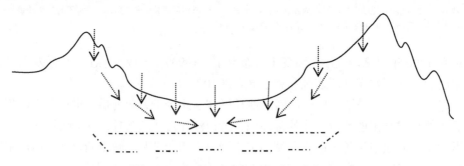

图 5-16　盐碱地形成的初期过程模式图

第二，降水形成的浅层地下水在地下各层沿途溶解盐分，使其沉积埋藏于地表下层，地表疏松无盐离子或少盐离子，降水将可能的盐离子淋洗于下层 0～1 m，浅层地下水深 1～10 m。地表下层积累的盐分在地下水沉积过程中下渗到更深层，或上升到木本植物根系密集分布层，导致木本植物退却消失，草本植被持续发展（图 5-17）。

第三，近千年的地质历史过程中，平原浅层地下水积累了充分的盐分，为盐分上升到地面提供了物质基础。特别是干旱时期，在蒸发及毛细管吸附力作用下，土壤表层也或多或少发生盐碱化。地表含盐是后续发生的事件，是地下水积累的充分的盐分上升的结果（图 5-18）。

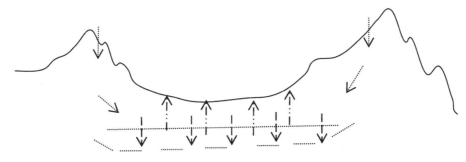

图 5-17 盐碱地形成的中间过程模式图

沉积埋藏于地表下层的盐分部分下渗至深层，部分表聚到地表上层 0～1 m

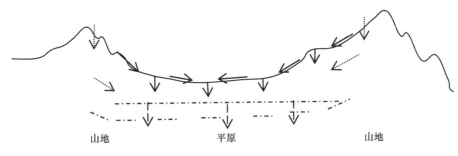

山地　　　　　　平原　　　　　　山地

图 5-18 盐碱地形成的现代过程模式图

地表上层盐在降水作用下又淋洗渗入地表下层；现代 3 个过程（汇盐、渗盐、盐分上升）同时发生存在

第四，现代过程中，由于地表有了上升的盐分，降水及地表水淋洗地表盐分，下渗后带入地下，雨后蒸发盐分又表聚到地表，构成了现代盐分沉积过程。地表上层继续维持相对"淡化"的状态。

第五，外源水补充少、没有出口的湖沼水体蒸发，水中的盐分浓缩，沉积于土壤表面或下层（图 5-19）（沈吉等，1998；李志民等，2000）。这是松嫩平原土壤盐碱地形成的另一种途径。这种途径要求湖泡足够大，水量足够多，蒸发足够强，盐分足以浓缩到一定程度。

第六，经风积、冲积形成的小泡沼储存的水少，或外溢或不足以浓缩至积盐的程度。小泡沼洼地土壤表层盐碱化是地表下层盐分及周边盐分运移的现代过程。

第七，松嫩平原广泛存在地下浅水层，地质学称为潜水，水位 1～2 m，水层深 3～7 m。室内测定表明，风沙土毛细管上升区的毛细管支撑水高 70～80 cm。松嫩平原需要 5～7 天 2 次 30 mm 降水才能达到"下透"的水平，"下透雨"深度达 60～70 cm（似毛细管悬着水深度）。这样，地下水位高 130～150 cm，毛细管支撑水和毛细管悬着水相联系，至少在降水丰季相联系，包气带消失，使毛细管的水分上下连通，促使高盐分地下水能达到随蒸发上升的程度。

第八，松嫩平原潜水富含盐分，凡是地下水位高于能使盐分上升水平的地区，土壤都潜在有盐碱化问题。降水丰季，松嫩平原地下水位广泛低于 1 m，所以松嫩平原盐碱地广泛分布。这是历史发展的结果，是"天生"的盐碱地。

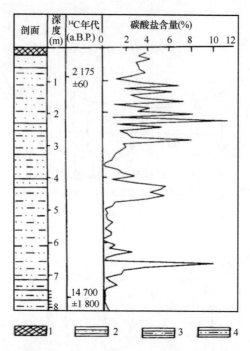

图 5-19　大布苏泡地层的盐碱积累过程

1. 耕作层；2. 粉砂；3. 泥粉；4. 粉泥；a.B.P. 绝对年代，a. 表示公元年，
B.P. 表示现代的科学放射性年代以距今（1950 年）为起点

第九，潜水层隔板具有不连续性，即潜水连同下层承压水，保持潜水有上升的压力，所以潜水层一直维持很高的水位。降低承压水水位，具有降低潜水水位的作用，具有阻止盐分上升的作用。

更新世晚期，地层碳酸盐含量为最低值，湖水较多，气候冷湿。全新世期间，湖水碳酸盐浓度经历了急剧上升、下降、波动、上升等变化，对应反映气候干或湿，湖面水多或少（沈吉等，1998）。中全新世中晚期，湖泊发育经历了一次扩张和收缩。晚全新世以来，气候朝干旱化方向发展，蒸发强烈，湖泊逐渐萎缩，湖水浓缩，由淡水湖逐渐演变为盐湖（李志民和吕金福，2001）。

在近千年的发展过程中，不排除一些汇水沉积继续存在，如大布苏泡阶地，其四周由于频繁的汇水冲刷，不生长植物及植被，发生地下层盐碱裸露，也发生盐分随蒸发上升表聚，形成近于原生的盐碱地，表层无"淡化"层。

在另一些地段，不排除现代盐分表聚严重，没有适宜的植物生长，形成近于原生的盐碱地，表层无"淡化"层。这些地段往往也是流水经常冲刷或有水淹的地方。

除一些泡沼湿地及上述"原生盐碱裸地"外，理论上，其他区域都是有植被覆盖的盐碱地且土壤表层有"淡化"层。

在长时间的发展过程中，也不排除一些湖泊干涸，特别是全新世晚期气候开始干燥化以后，那时存在的"原生盐碱裸地"由于降水淋溶冲洗脱盐，植被恢复发展，表层出现腐殖质染色的黑褐色"淡化"层，形成有植被覆盖的盐碱地，即对应气候干湿变化，地面发生覆盖-裸露-覆盖交替变化，致使下层的盐碱地变化多样。

　　腐殖质在表层积累与否、植被有无，不是表观判断盐碱地的标准。换言之，即使表层有植被，有黑褐色腐殖质覆盖层，表层盐碱含量很低的地段或区域，同样可能是盐碱地，为地表下层（10～20 cm）富含盐离子的盐碱地。

　　总之，近 1000 年来松嫩平原是在淡水湖相沉积的"甜岩土、亚砂土"基础上，表层逐渐形成现代"甜土"土壤，下层盐碱化广泛发生。1000 年，时间尺度足够长，地表下层有充分的时间发展成盐碱地，类似于盐渍的"萝卜疙瘩"（熊毅，1963）。这不同于其他地区的次生盐碱地，类似"色拉菜"（熊毅，1963）。

三、显性盐碱地

　　前面论述了有植被覆盖、有"淡化"层的盐碱地历史形成过程，松嫩平原也广泛存在无"淡化"层、有植被覆盖的盐碱地，无"淡化"层、无植被覆盖的盐碱裸地。过去，地表无"淡化"层的原因和过程有两种理论假说。

　　原始发生假说：地质历史作用过程中，大量的盐分直接积累在地表层，如季节性河道地区、湖泊（淖洼地）周围、干涸的季节性集水区。

　　植被退化，土壤水分蒸腾变蒸发假说：由于羊草植被退化，土壤中水分散失的途径由植被蒸腾变成土壤蒸发。在这个过程中，原本埋藏在土壤表层以下的盐分随土壤蒸发作用，沿土壤毛细管上升并积聚于土壤表层。

　　广泛的野外考察发现，有"淡化"层的羊草群落演变成无"淡化"层的盐生植物群落或盐碱裸地，是原初羊草群落的"淡化"表层消失，富含盐分的下层土壤直接裸露成新地表的结果，盐生植物侵入形成群落或不侵入而地面裸露的盐碱地，称为"显性盐碱地"。广泛存在的残留"土台"及其上面的羊草群落和周围低处的盐生植物群落比较，直接证明了这个结论。

　　地表遭受干扰，地下层直接裸露为新地面，这是地表无"淡化"层，表层盐分含量多，进而发展为盐生植物群落或盐碱裸地的主要原因，被定义为干扰-裸露理论（周道玮等，2011a）。这是部分盐碱地形成的第 3 种解释。

四、隐性盐碱地、显性盐碱地的植物群落

　　根据盐碱地的形成过程，特别是隐性盐碱地和显性盐碱地，将其对应的草地植物群落分为原生草地群落、次生草地群落。

　　原生草地群落：有"淡化"层、有植被的盐碱地上的植被群落，除羊草群落外，还有拂子茅（*Calamagrostis epigeios*）、全叶马兰（*Aster pekinensis*）、豆科+杂类草、星星草（*Puccinellia tenuiflora*）、朝鲜碱茅（*Puccinellia chinampoensis*）等群落，这些是松嫩平原原初未退化的草地。

　　次生草地群落：地表层盐分含量增多，无"淡化"层、有植被的盐碱地上的植被群落，主要有碱蓬（*Suaeda glauca*）、虎尾草（*Chloris virgata*）、碱地肤（*Kochia scoparia*）、碱蒿（*Artemisia anethifolia*）等群落，也称盐生植物群落，这些是表层盐分升高后形成的草地。

1. 隐性盐碱地的原生草地群落

广泛存在的羊草群落为原生草地，生长在有"淡化"层的盐碱地上。未退化的原生羊草草地群落组成以羊草占绝对优势，伴生种有寸草苔、狗尾草等（表 5-17）。群落中共有 17 种植物，100%为中生种或湿生种，其中，多年生植物 11 种，占 65%，一年生植物 6 种，占 35%。这是典型的盐碱地原生羊草草地群落组成。

表 5-17　原生羊草草地群落组成

物种	覆盖度（%）	高度（cm）	密度（株/m²）	生物量（g/m²）
羊草 *Leymus chinensis*	72	45.2	1119.2	381.1
寸草苔 *Carex duriuscula*	1	17.4	52.3	2.3
狗尾草 *Setaria viridis*	<1	43.2	4.8	1.8
糙隐子草 *Cleistogenes squarrosa*	<1	28.9	11.4	1.3
扁蓿豆 *Medicago ruthenica*	<1	48.0	0.9	1.2
兴安胡枝子 *Lespedeza davurica*	<1	41.5	0.7	1.0
全叶马兰 *Aster pekinensis*	<1	26.3	6.5	0.8
匍枝委陵菜 *Potentilla flagellaris*	1	8.9	6.9	0.7
山黧豆 *Lathyrus quinquenervius*	<1	23.3	2.6	0.4
鹅绒藤 *Cynanchum chinense*	<1	100.8	0.1	0.3
芦苇 *Phragmites australis*	<1	40.1	0.3	0.2
碱地肤 *Kochia scoparia*	<1	26.0	0.8	0.2
针蔺 *Eleocharis pellucida*	<1	38.1	4.0	0.1
虎尾草 *Chloris virgata*	<1	15.2	0.9	<0.1
画眉 *Eragrostis pilosa*	<1	31.6	0.1	<0.1
拂子茅 *Calamagrostis epigeios*	<1	30.4	0.1	<0.1
少花米口袋 *Gueldenstaedtia verna*	<1	18.8	0.9	<0.1

2. 显性盐碱地的次生草地群落

虎尾草群落、碱蓬群落、碱地肤群落、碱蒿群落为次生草地群落，生长在无"淡化"层的盐碱地上。各群落的优势种占其总生物量的 95%以上，互为伴生种（表 5-18），优势种均为盐生植物。次生草地群落的植物多样性低，但群落覆盖度、平均高度及生物量并不低，甚至比原生羊草群落的生物量高近 2 倍。

表 5-18　次生虎尾草、角碱蓬草地群落组成

	物种	覆盖度（%）	高度（cm）	密度（株/m²）	生物量（g/m²）
虎尾草群落 *Chloris virgata*	虎尾草	80	58.9	1247.7	460.9
	稗	1	36.0	62.0	34.7
	角碱蓬	<1	23.8	0.3	0.1
角碱蓬群落 *Suaeda corniculata*	角碱蓬	90	88.1	212.7	722.3
	虎尾草	<1	8.9	31.0	2.9
	芦苇	<1	43.3	0.7	0.4

松嫩平原没有或少有羊草群落逐渐退化的现象，也没有碱蓬或碱地肤等盐生植物在羊草群落中渐渐增多的现象，各群落都呈斑块状分布，界线清晰，互不侵入或极少侵入。羊草群落地上被割除后，其伴生种虎尾草也不会变成优势种，羊草高度极度低矮的"土台"也不生长碱蓬，羊草仍旧占据总生物量的 90% 以上。

五、原生草地、次生草地、盐碱裸地的土壤盐分

原生羊草草地土壤表层含盐量（电导率）和 pH 相对下层低，30～40 cm 层含盐量和 pH 最高。虎尾草群落土壤表层含盐量约为羊草群落的 2 倍。碱蓬群落表层含盐量非常高，向下逐层降低，至 1 m 深处，电导率仍高达 1071.3 μS/cm，但各层 pH 稳定。裸地表层含盐量高，向下逐层降低，但降低速度较快，至 1 m 深处，仅为表层的约 1/6，pH 也是由上向下逐渐降低，但总体处于较高水平（表 5-19）。

表 5-19　原生羊草群落、次生植物群落及盐碱裸地土壤的 pH 和电导率

土层（cm）	羊草群落		虎尾草群落		碱蓬群落		裸地	
	pH	EC（μS/cm）	pH	EC（μS/cm）	pH	EC（μS/cm）	pH	EC（μS/cm）
0～10	9.5	361.5	10.1	796.7	10.0	2169.3	10.4	2358.3
10～20	9.6	491.3	10.2	837.7	10.0	2115.0	10.3	1306.9
20～30	10.1	590.5	10.0	994.3	10.0	1850.0	10.3	1047.0
30～40	10.2	697.8	9.8	850.0	10.0	1625.0	10.3	891.2
40～50	10.1	639.5	9.6	734.8	10.0	1391.0	10.3	777.3
50～60	9.7	364.0	9.4	612.3	10.0	1513.7	10.3	649.7
60～70	9.5	307.7	9.4	513.3	10.1	1283.3	10.3	595.7
70～80	9.3	251.0	9.3	262.0	10.1	1225.3	10.3	517.3
80～90	9.1	208.0	9.3	191.0	10.1	1033.3	10.2	469.3
90～100	9.0	189.3	9.3	215.0	10.1	1071.3	10.1	449.2
平均	9.6[b]	410.1[c]	9.6[b]	600.7[bc]	10.0[a]	1527.7[a]	10.3[a]	906.2[b]

注：不同小写字母表示不同处理间差异显著，下同

以 30 cm 为一层进行评估，虎尾草群落、碱蓬群落及裸地土壤各层含盐量自下而上依次升高，无"淡化"表层。表明盐生植物群落土壤的盐分有上移现象，并且各层的含盐量都高于羊草草地土壤各层的含盐量，指示盐分源于 1 m 以下的深层土壤，不是源于 1 m 土层范围内的上移或下移。

相比原生羊草群落，羊草草地退化形成的盐生植物群落土壤表层盐分有积累，这是事实，并且盐分源自深层土壤。但是，这个结果并不能证实羊草群落退化后土壤水分蒸腾变蒸发促进盐分向上移动的假说，只能说盐分向上发生了移动或者说含盐量发生了变化，这或许是地表受到干扰而表层消失，下层土壤直接裸露后的结果。

虎尾草群落和碱蓬群落的生物量、覆盖度并不比健康羊草群落低，但生长多年的虎尾草群落和碱蓬群落的土壤表层含盐量依然很高，表明单一植被覆盖的恢复并未抑制退化草地土壤盐分的上升或促使其向下运移。

羊草群落在退化的过程中，若发生虎尾草或碱蓬逐渐替代，补偿退出的羊草，群落生物量不降低或略降低，甚至增多，这便没有土壤水分由"蒸腾变蒸发"这一假说的基础。

据此认为，羊草群落退化成虎尾草群落或碱蓬群落这个过程不是逐渐发生的，在羊草群落演变成虎尾草或碱蓬群落期间发生了间断干扰，清除了羊草存在条件。前述的群落分析也表明，盐生植物群落中没有羊草，也是这一认识的基础。

六、退化原生羊草草地群落及其土壤盐分

盐碱裸地多环村落分布、沿道路两侧分布；集体放牧场存在连续大面积的盐碱裸地，其上镶嵌分布着盐生植物群落，或盐生植物群落中镶嵌分布着盐碱裸地；流水作用过的地区多为盐碱裸地。

环村落分布或沿道路两侧分布的盐碱裸地或盐生植物群落是土壤表层被移走后，盐生植物在下层裸露的盐碱地面上发生形成的结果，这些地方零星残存原初的土壤表层——"土台"（图5-20），其上生长着羊草，可以直接证明这个过程。

图 5-20 "土台"及其周围盐碱裸地和盐生植物群落

A. 生长羊草的"土台"及周围的盐碱裸地；B. 生长芦苇的"土台"及周围的盐生植物群落

"土台"较四周地势高，土壤颜色黑暗、质地疏松；周边较低，"表层土壤"黏滞、颜色泛白；两者0～50 cm层土壤有机质含量差异显著（表5-20）。

表 5-20 "土台"与周围盐碱裸地土壤各层的有机质（%）

分层（cm）	未退化羊草群落	退化土台羊草群落	恢复土台羊草群落	外围裸地
0～10	2.2±0.40[a]	1.0±0.01[bc]	1.8±0.14[ab]	0.4±0.07[c]
10～20	1.3±0.18[a]	1.2±0.12[a]	1.6±0.09[a]	0.3±0.03[b]
20～30	0.7±0.01[b]	1.1±0.04[a]	1.1±0.02[a]	0.3±0.01[c]
30～40	1.0±0.08[a]	0.9±0.09[a]	0.8±0.04[a]	0.2±0.01[b]
40～50	0.8±0.05[a]	0.7±0.03[ab]	0.6±0.01[b]	0.2±0.05[c]
平均	1.1±0.05[a]	1.0±0.01[a]	1.2±0.01[a]	0.3±0.02[b]

各地区盐碱裸地及盐生植物群落中都残留有土台。不同地区，表层土消失后残留的土台高度及其占所调查地区面积的比例不同，"土台"高度一般为 5～40 cm，面积所占比例为 1%～20%。

在大面积盐碱裸地或盐生植物群落中，残留"土台"上面的植被是羊草群落，尽管羊草高度极度退化，但羊草生物量仍占群落总生物量的 70% 以上，伴生种有虎尾草，很少或没有盐生植物碱蓬（表 5-21）。这些"土台"被封育禁牧的当年夏季，羊草即恢复，生物量占到 90% 以上（表 5-22）。

表 5-21　干扰退化"土台"上的植物群落组成

物种	覆盖度（%）	高度（cm）	密度（株/m²）	生物量（g/m²）
羊草	40	15.2	453.4	113.1
虎尾草	8	8.4	79.6	50.4
画眉	<1	8.9	4.3	0.5
猪毛菜	<1	6.4	8.2	1.0
猪毛蒿 Artemisia scoparia	<1	9.5	3.6	0.5
蔺蓄	<1	7.9	0.9	<0.1
寸草苔	<1	13.3	65.2	1.9
绿珠藜 Chenopodium acuminatum	<1	6.5	0.1	<0.1
碱地肤	<1	12.5	4.8	0.3
蒲公英	<1	5.1	0.1	<0.1
狗尾草	<1	13.2	0.2	<0.1
马唐 Digitaria sanguinalis	<1	8.7	4.3	0.2
碱蒿	<1	11.6	0.1	<0.1
稗	<1	7.8	0.8	0.6
马齿苋 Portulaca oleracea	<1	5.9	0.1	<0.1

表 5-22　干扰退化"土台"恢复当年的植物群落组成

物种	覆盖度（%）	高度（cm）	密度（株/m²）	生物量（g/m²）
羊草	75	51.4	640.5	407.6
虎尾草	<1	15.2	5.0	0.5
碱地肤	<1	13.4	3.0	0.1
寸草苔	<1	18.2	83.7	3.4
马唐	<1	15.5	14.0	0.8
细叶苦菜 Ixeris chinensis	<1	15.9	0.4	<0.1
刺藜 Chenopodium aristatum	<1	22.5	0.1	<0.1
砂地委陵菜 Potentilla tanacetifolia	<1	9.8	0.8	0.1
西伯利亚蓼 Polygonum sibiricum	<1	11.7	0.1	0.1
星星草	<1	14.4	0.4	<0.1

尽管"土台"上的群落长期处于极度退化状态，但其表层土壤电导率并不高（表 5-23），恢复当年的参数值反而有一定程度的升高。这证明：羊草群落退化导致的单一植被覆盖度或生物量降低并不引起表层含盐量升高。

表 5-23 退化"土台"及其恢复当年的土壤 pH 及电导率

分层（cm）	退化土台		恢复土台	
	pH	EC（μS/cm）	pH	EC（μS/cm）
0~10	8.8	147.2	9.0	282.0
10~20	9.9	452.7	9.4	285.3
20~30	10.1	767.7	9.7	382.0
30~40	10.1	801.2	9.8	410.3
40~50	10.1	834.5	9.8	447.3
50~60	10.1	736.5	9.8	475.3
60~70	10.0	704.8	9.8	403.0
70~80	10.0	570.0	9.8	325.7
80~90	9.9	447.5	9.7	259.7
90~100	9.8	371.8	9.7	264.0
平均	9.9	583.4	9.6	353.5

盐碱裸地形成后，土壤盐分可以在地面积累，即降水发生后数日内，在微凹地形的外围可以看到有白色盐晶自土壤中析出积累在地表，其成分主要为各种盐离子（表 5-24）。在羊草群落极度矮化但土壤未受干扰的地表，如土台上面，看不到此类现象，表明羊草草地退化很少或不发生土壤水分蒸腾变蒸发的盐碱化过程。

表 5-24 盐碱裸地地表结晶的化学成分

成分	CO_3^{2-}（mg/kg）	HCO_3^-（mg/kg）	Cl^-（mg/kg）	SO_4^{2-}（mg/kg）	K^+（mg/kg）	Na^+（mg/kg）	Ca^{2+}（mg/kg）	Mg^{2+}（mg/kg）	可溶物（%）
含量	576.0	4 392.0	2 236.5	37 207.0	6.6	16 598.8	154.2	42.2	2.39

综上，松嫩平原所谓的"次生盐碱地"是土壤水分蒸腾变蒸发的盐碱化过程理论并不确切。相反，可能是"淡化"的土壤表层受到干扰消失后，下层"原生盐碱土或暗碱土"裸露的结果。

原初生长羊草的土壤表层消失后，下层地面裸露形成盐碱裸地，继而形成盐生植物群落，这是在盐碱地原生羊草草地随处可见的事实。表层土壤消失的原因还有待进一步研究，但下面的事实存在。

第一，村落内盖房修墙等需要挖取表层土，使下层富含盐碱的土壤层直接裸露成新的土壤表层。

第二，牲畜雨季践踏，上下混合了土壤表层，进而经风蚀吹走，这可能是大面积土壤表层消失的主要原因。

第三，不排除历史地质过程中，风蚀、水蚀导致表层消失，下层裸露形成新地表，发展为次生草地或盐碱裸地。

第四，不排除现代地质过程中，风蚀、水蚀导致表层消失，下层裸露形成新地表，发展为次生草地或盐碱裸地。特别是在割草、放牧作用下，表层活动，风蚀、水蚀使表层消失。

第三节　盐碱地植被恢复

松嫩平原为半湿润气候，对于草原植物生长而言降水相对充裕，在轻度退化的隐性盐碱地和盐碱化程度相对较轻的显性盐碱地，封育 2～3 年植被就可以覆盖地面，甚至可以恢复优势植被羊草群落。但是，在盐碱化严重的显性盐碱地，恢复植被覆盖需要相应辅助措施，研究和实践表明施加枯落物、秸秆扦插、翻耙、筑垄、制沟筑台等措施具有良好的植被生态恢复效果。针对不同类型显性盐碱地，采用不同技术进行植被恢复时，均需要遵循如下原则：①技术有效，成本低廉。②可操作，可大面积推广。③有后续经济效益或社会效益。

一、围封恢复隐性和显性盐碱地

退化的隐性盐碱地，主要植被仍为羊草群落，植被高度较低，但仍保持着较高的植物密度；盐碱化程度较轻的显性盐碱地，其上稀疏生长着虎尾草、芦苇及碱蓬等植物，但覆盖度非常低，地面多裸露，呈灰色、白色或灰白色。利用围栏或挖沟渠围封阻止放牧后，植被可以自然恢复，即植被覆盖度、高度均增加，种类增多。

封栏封育 1～3 年后，隐性和显性盐碱地植被均可快速恢复并覆盖地面，围封 4 年后，退化的隐性盐碱地植被覆盖度即可恢复到未退化水平（李强等，2009）。

围封 4 年后，围栏内各群落的物种数总体高于围栏外。隐性盐碱地羊草群落具有较高的物种丰富度，而显性盐碱地芦苇群落和虎尾草群落的物种丰富度较低，都在 5 种以下。围栏内羊草群落含多年生植物 17 种，一年生植物 8 种；围栏外含多年生植物 10 种，一年生植物 12 种。围栏内各群落物种的高度均高于围栏外（表 5-25～表 5-27）。

表 5-25　围栏内外羊草群落的植物组成

物种组成	生活型	围栏内			围栏外		
		密度（株/m²）	高度（cm）	生物量（g/m²）	密度（株/m²）	高度（cm）	生物量（g/m²）
羊草	PG	558	54.1	253.91	475	28.9	75.42
芦苇	PG	4	59.5	2.84	2	11.7	0.17
糙隐子草	PG	1	19.7	0.04	2	7.7	0.09
牛鞭草	PG	9	55.2	7.16	—	—	—
拂子茅	PG	8	48.3	1.92	—	—	—
苦荬菜	PF	1	16.4	0.18	2	4.7	0.10
寸草苔	PF	17	26.8	0.76	1	8.6	0.05
草地风毛菊	PF	1	17.0	0.06	1	6.4	0.04
野韭	PF	1	30.6	0.21	1	9.1	0.01
匍枝委陵菜	PF	2	25.3	0.67	—	—	—
细叶苦菜	PF	1	22.9	0.10	1	6.8	0.03
鹅绒委陵菜	PF	1	12.0	0.01	—	—	—
鹅绒藤	PF	1	46.3	0.48	1	4.9	0.01
全叶马兰	PF	7	54.3	5.01	—	—	—

物种组成	生活型	围栏内			围栏外		
		密度（株/m²）	高度（cm）	生物量（g/m²）	密度（株/m²）	高度（cm）	生物量（g/m²）
蒙古蒿	PF	7	68.9	3.56	—	—	—
西伯利亚蓼	PF	9	8.7	0.08	—	—	—
兴安胡枝子	PL	14	50.0	18.53	—	—	—
糙叶黄芪	PL	—	—	—	5	4.1	0.28
狗尾草	AG	1	23.7	0.08	42	7.9	3.53
稗	AG	1	15.8	0.01	1	13.0	0.01
虎尾草	AG	—	—	—	64	7.1	6.55
画眉	AG	—	—	—	6	5.1	0.22
马唐	AG	—	—	—	3	7.1	0.15
猪毛蒿	AF	1	49.6	0.62	1	15.8	0.27
猪毛菜	AF	1	26.8	0.01	3	2.8	0.07
碱蒿	AF	1	34.6	2.40	1	2.8	0.01
蒿蓄	AF	1	22.8	0.05	1	3.2	0.01
碱地肤	AF	4	31.9	1.50	—	—	—
碱蓬	AF	1	23.6	0.02	—	—	—
独行菜	AF	—	—	—	3	1.8	0.08
猪毛蒿	AF	—	—	—	3	2.8	0.07
马齿苋	AF	—	—	—	1	4.0	0.03
总物种数		25			22		

注：PG. 多年生禾草；PF. 多年生杂类草；PL. 多年生豆草；AG. 一年生禾草；AF. 一年生杂类草；下同

表 5-26　围栏内外芦苇群落的植物组成

物种组成	生活型	围栏内			围栏外		
		密度（株/m²）	高度（cm）	生物量（g/m²）	密度（株/m²）	高度（cm）	生物量（g/m²）
芦苇	PG	218	77.4	139.11	205	26.4	44.26
星星草	PG	21	35.8	7.82	—	—	—
虎尾草	AG	1	48.7	0.38	—	—	—
碱蓬	AF	17	36.6	13.21	1	70.0	6.35
总物种数		4			2		

表 5-27　围栏内外虎尾草群落的植物组成

物种组成	生活型	围栏内			围栏外		
		密度（株/m²）	高度（cm）	生物量（g/m²）	密度（株/m²）	高度（cm）	生物量（g/m²）
芦苇	PG	60	58.3	35.95	12	15.7	3.85
羊草	PG	30	31.5	9.55			
匍枝委陵菜	PF	—	—	—	1	5.2	0.02
虎尾草	AG	331	60.1	176.06	355	21.1	9.25
翅碱蓬	AF	5	45.6	3.55	—	—	—
碱地肤	AF	—	—	—	1	12.5	1.18
总物种数		4			4		

围栏外虎尾草、芦苇、羊草群落植被覆盖度分别为35%、14%和33%，围栏内虎尾草、芦苇、羊草群落植被覆盖度分别达到了65%、56%和84%，封育4年后羊草群落的植被覆盖度已经接近未退化草地水平（89%）。

围封4年后，虎尾草群落植被高度由30.0 cm增加至60.0 cm，芦苇群落植被高度由26.4 cm增加至77.4 cm，羊草群落植被高度由29.0 cm增加至54.1 cm。虎尾草群落地上生物量由73.30 g/m² 增加至225.11 g/m²，芦苇群落地上生物量由50.11 g/m² 增加至160.52 g/m²，羊草群落地上生物量由87.02 g/m² 增加至300.21 g/m²，与健康草地已无显著差异（表5-28）。

表5-28　围栏内外群落特征

群落	位置	覆盖度（%）	建群种密度（株/m²）	高度（cm）	地上生物量（g/m²）
虎尾草	围栏内	0.65±0.04ᵃ	330.7±61.6ᵇ	60.0±2.4ᵃ	225.11±38.94ᵇ
	围栏外	0.35±0.04ᵇ	355.0±31.8ᵇ	30.0±1.3ᵇ	73.30±12.52ᶜ
芦苇	围栏内	0.56±0.06ᵇ	218.1±34.6ᵇ	77.4±2.6ᵃ	160.52±19.25ᵇ
	围栏外	0.14±0.04ᶜ	205.3±22.2ᵇ	26.4±1.4ᶜ	50.11±8.62ᶜ
羊草	围栏内	0.84±0.01ᵃ	558.0±54.3ᵃ	54.1±1.4ᵇ	300.21±26.44ᵃ
	围栏外	0.33±0.04ᵇ	475.2±108.8ᵃ	29.0±1.1ᶜ	87.02±23.80ᵇ
羊草	健康草地	0.89±0.02ᵃ	605.0±86.6ᵃ	62.2±1.2ᵃ	394.82±67.90ᵃ

围封4年后，退化的羊草群落及显性盐碱地的虎尾草群落、芦苇群落0～10 cm层土壤电导率略有降低，但10～20 cm层电导率和pH基本未发生变化，总体仍明显高于健康羊草草地（表5-29）。

表5-29　围栏内外各群落土壤电导率和pH

土层（cm）	位置	电导率（μS/cm）			pH		
		虎尾草	芦苇	羊草	虎尾草	芦苇	羊草
	围栏外	96.7	54.3	41.6	10.29	9.72	9.24
0～10	围栏内	85.8	38.5	25.1	10.33	9.72	9.45
	健康草地	14.8	14.8	14.8	8.93	8.93	8.93
	围栏外	129.6	48.6	59.1	10.44	9.96	9.46
10～20	围栏内	97.3	46.9	66.8	10.35	9.97	10.08
	健康草地	41.4	41.4	41.4	9.68	9.68	9.68

0～10 cm土层，围栏内外虎尾草和芦苇群落的有机质与总氮含量显著低于健康草地，而围栏内外羊草群落的总氮含量与健康草地无显著差异，3种群落围栏内外的土壤总磷含量与健康草地相近（表5-30）。

表5-30　围栏内外各群落土壤养分含量

土层（cm）	位置	有机质（%）			总氮含量（g/kg）			总磷含量（g/kg）		
		虎尾草	芦苇	羊草	虎尾草	芦苇	羊草	虎尾草	芦苇	羊草
	围栏外	0.47ᵇ	0.49ᵇ	1.38ᵃ	0.40ᵇ	0.37ᵇ	0.94ᵃ	0.22ᵃ	0.23ᵃ	0.25ᵃ
0～10	围栏内	0.70ᵇ	0.66ᵇ	1.30ᵃ	0.41ᵇ	0.45ᵇ	0.79ᵃ	0.23ᵃ	0.24ᵃ	0.25ᵃ
	健康草地	1.03ᵃ	1.03ᵃ	1.03ᵇ	0.79ᵃ	0.79ᵃ	0.79ᵃ	0.20ᵃ	0.20ᵃ	0.20ᵃ

土层 (cm)	位置	有机质（%）			总氮含量（g/kg）			总磷含量（g/kg）		
		虎尾草	芦苇	羊草	虎尾草	芦苇	羊草	虎尾草	芦苇	羊草
10~20	围栏外	0.31[b]	0.33[c]	1.04[a]	0.29[b]	0.23[c]	0.75[a]	0.24[a]	0.16[b]	0.21[a]
	围栏内	0.45[b]	0.51[b]	1.03[a]	0.29[b]	0.36[b]	0.63[a]	0.25[a]	0.23[a]	0.20[a]
	健康草地	0.92[a]	0.92[a]	0.92[a]	0.66[a]	0.66[a]	0.66[a]	0.18[b]	0.18[ab]	0.18[a]

10~20 cm 土层，除芦苇群落外，各群落围栏内外土壤有机质、总氮、总磷含量均无显著差异。围栏内外虎尾草和芦苇群落的有机质与总氮含量显著低于健康草地，而围栏内外羊草群落的有机质和总氮含量与健康草地无显著差异（表 5-30）。

长岭种马场范围内，300 hm² 退化羊草草地围栏封育 5~8 年的研究结果表明，5~8 年长时间围封后植被恢复良好，近于原生群落（Li et al.，2014；李强等，2014）。围封 5~8 年，围封羊草草地有 19 种植物，其中，13 种植物也在围栏外退化草地中出现，拂子茅等 6 种植物仅出现在围封草地中，另有蒲公英等 7 种植物仅出现在围栏外退化草地中。在封育草地中，第 5~8 年，一年生禾草物种数由 4 降到 0，羊草生物量及其所占比例逐年升高（表 5-31）。

表 5-31　围栏封育 5~8 年物种数及其生物量（g/m²）

物种	生活型	第 5 年		第 6 年		第 8 年	
		围封	放牧	围封	放牧	围封	放牧
羊草	PG	134.70	18.06	283.42	87.02	360.88	35.01
芦苇	PG	59.88	0.30	—	—	6.68	0.50
拂子茅	PG	0.64	—	11.06	—	—	—
碱地风毛菊	PF	6.74	—	—	—	—	—
驴耳风毛菊	PF	0.20	—	0.15	—	0.01	0.11
鹅绒藤	PF	0.40	0.08	2.40	—	0.22	0.01
苣荬菜	PF	2.10	0.06	—	—	0.21	0.12
短星菊	PF	—	0.26	—	—	—	—
鹅绒委陵菜	PF	—	0.02	—	—	—	—
蒲公英	PF	—	0.24	—	0.11	—	0.18
细叶苦菜	PF	—	—	—	—	—	0.03
车前	PF	—	—	—	0.07	—	—
马蔺	PF	—	—	13.63	—	0.61	—
马唐	AG	0.46	—	—	—	—	—
稗	AG	6.60	25.24	—	0.08	—	0.04
虎尾草	AG	35.10	28.60	0.05	3.01	—	0.50
狗尾草	AG	0.78	1.36	—	—	—	—
萹蓄	AF	—	0.68	—	—	0.16	—
灰绿藜	AF	—	0.14	—	—	—	—

物种	生活型	第 5 年		第 6 年		第 8 年	
		围封	放牧	围封	放牧	围封	放牧
西伯利亚蓼	AF	—	—	0.31	—	—	—
莳萝蒿	AF	1.98	—	1.80	—	—	—
猪毛蒿	AF	—	—	18.48	0.52	0.81	0.28
碱蒿	AF	1.46	0.04	—	—	0.01	0.02
碱地肤	AF	5.70	0.10	—	0.17	0.13	0.39
翅碱蓬	AF	0.34	99.26	—	—	—	—

对比放牧，围封未改变退化羊草草地的物种丰富度（图 5-21A）。随围封年限增加，退化羊草草地的物种多样性和均匀性均逐渐降低（图 5-21B 和 C）。

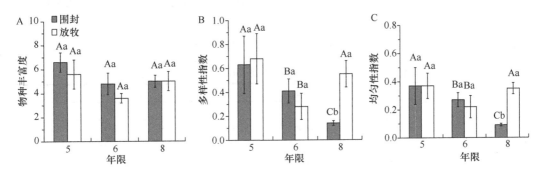

图 5-21　围封年限对退化羊草群落物种丰富度（A）、物种多样性（B）和物种均匀性（C）的影响

不同小写字母代表围封管理间差异显著，不同大写字母代表围封年限间差异显著，下同

围封 6 年后，退化草地植被覆盖度恢复至 80% 以上，高度达 50 cm，密度达 630 株/m²，之后相关指标缓慢增加。相反，连续放牧 8 年后，退化羊草草地的植被覆盖度、高度和密度已由初始的 37%、32 cm 和 684 株/m² 分别下降至 10%、20 cm 和 110 株/m²（图 5-22）。

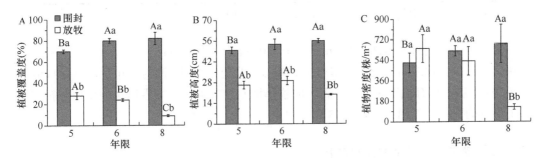

图 5-22　围封年限对退化羊草群落植被覆盖度（A）、植被高度（B）和植物密度（C）的影响

围封 5 年、6 年、8 年后退化草地地上生物量分别增加了 33.9%、72.4% 和 92.2%，而放牧 5 年、6 年、8 年后退化草地地上生物量分别降低了 10.3%、52.6% 和 80.7%（图 5-23）。

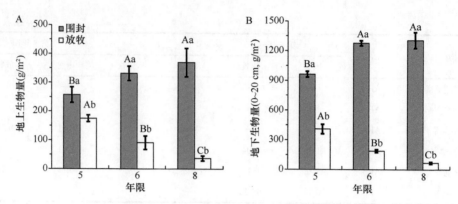

图 5-23　围封年限对退化羊草草地地上、地下生物量的影响

围封后退化羊草草地土壤 pH 和容重不断降低，而土壤有机碳、总氮、总磷含量不断增加。围封 6 年后，土壤 pH 显著低于放牧草地（表 5-32）。围封 5 年后，0～10 cm 土壤有机碳和总氮含量显著高于放牧草地。围封 6 年后，10～20 cm 层土壤有机碳和总氮含量显著高于放牧草地。土壤总磷含量对放牧管理响应不敏感（表 5-32）。

表 5-32　退化草地土壤理化性质随围封和放牧的变化

土壤特性	处理	0～10（cm）			10～20（cm）		
		5 年	6 年	8 年	5 年	6 年	8 年
pH	围封	9.23±0.12^A	9.14±0.06^{ABb}	8.91±0.11^{Bb}	10.24±0.07^A	9.99±0.07^{Ab}	9.49±0.10^{Bb}
	放牧	9.48±0.07	9.51±0.07^a	9.48±0.18^a	10.34±0.04	10.32±0.08^a	10.38±0.14^a
有机碳（g/kg）	围封	6.92±0.22^{Ca}	7.96±0.13^{Ba}	9.45±0.36^{Aa}	6.00±0.27^C	6.88±0.10^{Ba}	7.56±0.33^{Aa}
	放牧	6.20±0.12^{Ab}	5.94±0.26^{ABb}	5.51±0.33^{Bb}	5.64±0.20^A	5.01±0.15^{Bb}	4.34±0.11^{Cb}
总氮（g/kg）	围封	0.82±0.01^{Ba}	0.86±0.02^{Aa}	0.90±0.02^{Aa}	0.75±0.01	0.78±0.03^a	0.78±0.02^a
	放牧	0.77±0.01^{Ab}	0.76±0.02^{ABb}	0.72±0.01^{Bb}	0.70±0.01^A	0.64±0.02^{Ab}	0.56±0.02^{Bb}
总磷（g/kg）	围封	0.21±0.02	0.23±0.02	0.25±0.02	0.20±0.02	0.22±0.01	0.22±0.02
	放牧	0.21±0.02	0.20±0.02	0.20±0.01	0.19±0.02	0.18±0.01	0.18±0.01
容重（g/cm^3）	围封	1.40±0.02^b	1.38±0.02^b	1.37±0.02^b	1.45±0.02^b	1.43±0.02^b	1.41±0.02^b
	放牧	1.58±0.04^a	1.59±0.04^a	1.60±0.03^a	1.63±0.03^a	1.64±0.02^a	1.64±0.02^a

注：不同小写字母表示围封管理间差异显著，不同大写字母表示围封年限间差异显著

围封 8 年较围封 5 年，0～10 cm 和 10～20 cm 土壤有机碳储量显著增加。土壤总氮、总磷储量对放牧管理的响应与土壤有机碳相似，但变化缓慢。围封 6 年后，0～10 cm 和 10～20 cm 层土壤有机碳储量显著高于放牧草地（图 5-24）。土壤碳储量的变化与植被地上生物量的变化呈正相关（表 5-33）。

二、枯落物添加改良土壤恢复植被

松嫩平原一些地区被开垦为农田，由于土壤盐碱程度高，种植效益低，这些开垦的农田被弃耕或退耕还草。对这些地块进行羊草补播恢复，并在地表施加不同数量的枯落物（0 g/m^2、200 g/m^2、400 g/m^2、600 g/m^2）覆盖以减少水分蒸发和返盐。结果表明，枯落物添加及羊草补播，恢复效果显著（李强，2014）。

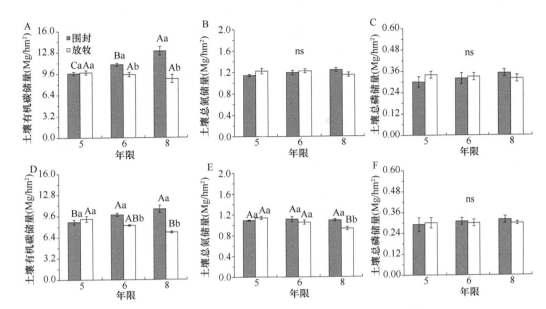

图 5-24 不同围封和放牧年限后退化草地土壤碳、氮、磷储量
A～C 为深度 0～10 cm，D～E 为深度 10～20 cm，ns. 所有处理间无显著差异

表 5-33 土壤碳、氮、磷储量（Y）变化与地上生物量（X）变化关系

最佳拟合方程	F	R^2	P 值
$Y_C=0.0087X+0.659$	25.688	0.479	<0.0001
$Y_N=6.15\times10^{-5}X+0.029$	0.231	0.008	0.634
$Y_P=7.39\times10^{-5}X+0.032$	1.076	0.037	0.306

从恢复第 1 年（2010 年）至第 3 年（2012 年），在未补播羊草的弃耕地中，依枯落物添加量由多到少，群落物种数分别增加至 5～8 种（图 5-25A）。而在补播羊草的退耕还草地中，不同枯落物添加处理的群落物种数均增加至 8～9 种（图 5-25B）。

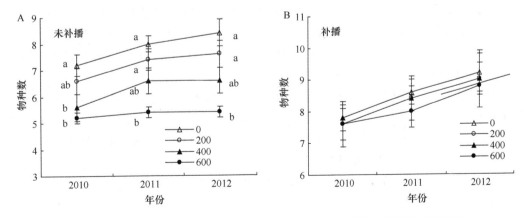

图 5-25 未补播和补播弃耕地中不同枯落物添加处理下群落物种数的年际变化
数值表示为平均值±标准误差；不同小写字母表示差异显著；下同

　　从恢复第 1 年至第 3 年,在未补播羊草的弃耕地中,植被覆盖度逐年降低至 52%～76%,且植被覆盖度随枯落物添加量的增加而降低(图 5-26A)。在补播羊草的退耕还草地中,不同枯落物添加处理的植被覆盖度逐年增加至 75%以上,而不同枯落物添加处理间无显著差异(图 5-26B)。

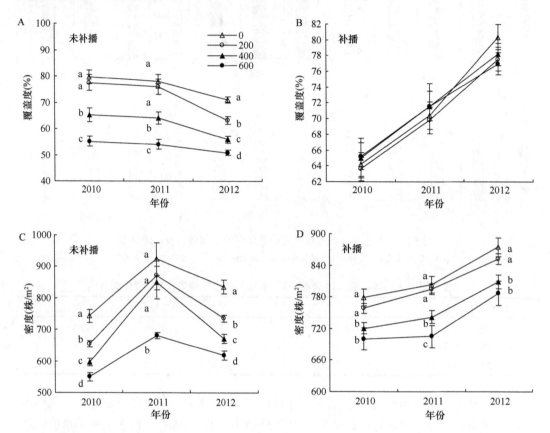

图 5-26　未补播和补播弃耕地中不同枯落物添加处理下植被覆盖度与植物密度的年际变化

　　从恢复第 1 年至第 3 年,在未补播羊草的弃耕地中,植被密度先增加后降低至 620～850 株/m²,植物密度随枯落物添加量的增加而降低(图 5-26C)。在补播羊草的退耕还草地中,植物密度逐年增加至 770～870 株/m²,植物密度同样随枯落物添加量的增加而降低(图 5-26D)。

　　从恢复第 1 年至第 3 年,在未补播羊草的弃耕地中,地上生物量先增加后降低至 300～370 g/m²,且群落地上生物量随枯落物添加量的增加而增加(图 5-27A)。在补播羊草的退耕还草地中,群落地上生物量逐年增加至 450～530 g/m²,群落地上生物量同样随枯落物添加量的增加而增加(图 5-27B)。

　　从恢复第 1 年至第 3 年,在未补播羊草的弃耕地中,群落地下生物量逐渐降低至 320～350 g/m²,且群落地下生物量随枯落物添加量的增加而降低(图 5-28A)。在补播羊草的退耕还草地中,群落地下生物量表现为先增加后降低至 650～800 g/m²,同一年限的群落地下生物量随枯落物添加量的增加而降低(图 5-28B)。

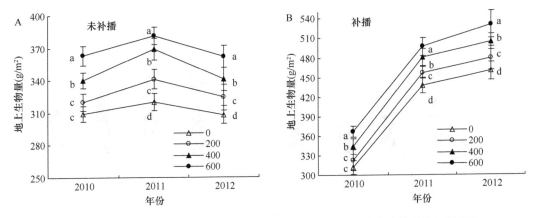

图 5-27　未补播和补播弃耕地中不同枯落物添加处理下群落地上生物量的年际变化

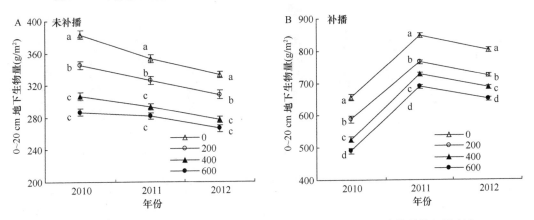

图 5-28　未补播和补播弃耕地中不同枯落物添加处理下群落地下生物量的年际变化

恢复次年和第 3 年，羊草补播显著降低了土壤温度，随初始枯落物添加量增加，土壤温度逐渐降低（图 5-29A 和 B）。相反，羊草补播显著增加了土壤湿度，随初始枯落物添加量增加，土壤湿度逐渐增加（图 5-29C 和 D）。

在补播羊草的退耕还草地中，随枯落物添加量由 0 g/m² 增加至 600 g/m²，0～10 cm 层土壤 pH 从 9.30 降至 9.13，10～20 cm 层土壤 pH 由 9.35 降至 9.19；在未补播羊草的弃耕地中，随枯落物添加量由 0 g/m² 增加至 600 g/m²，0～10 cm 层土壤 pH 从 9.35 降至 9.18，10～20 cm 层土壤 pH 由 9.40 降至 9.23（表 5-34）。

在补播羊草的退耕还草地中，随枯落物添加量由 0 g/m² 增加至 600 g/m²，0～10 cm 层土壤电导率从 432 μS/cm 降至 399 μS/cm，10～20 cm 层土壤电导率由 468 μS/cm 降至 427 μS/cm；在未补播羊草的弃耕地中，随枯落物添加量由 0 g/m² 增加至 600 g/m²，0～10 cm 层土壤电导率从 451 μS/cm 降至 412 μS/cm，10～20 cm 层土壤电导率从 484 μS/cm 降至 441 μS/cm（表 5-35）。

0～10 cm 层土壤 pH、电导率（EC）与生长季平均湿度呈显著的负相关关系，表明枯落物添加可能通过抑制水分蒸发降低表土盐碱化程度（图 5-30）。

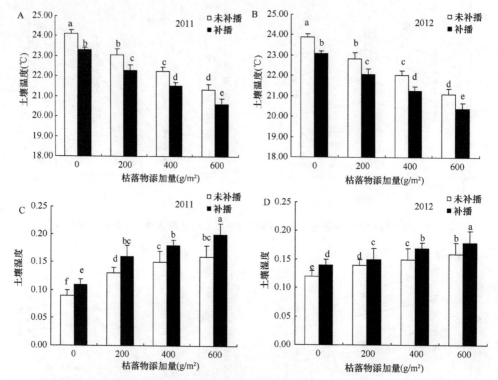

图 5-29　未补播和补播弃耕地中不同枯落物添加处理下土壤温度与湿度生长季均值

表 5-34　未补播和补播弃耕地中不同枯落物添加处理下土壤 pH

土层（cm）	补播（g/m²）				未补播（g/m²）			
	0	200	400	600	0	200	400	600
0～10	9.30±0.03ᵃᵇ	9.24±0.02ᵇᶜ	9.19±0.02ᶜᵈ	9.13±0.01ᵈ	9.35±0.03ᵃ	9.29±0.02ᵃᵇ	9.23±0.02ᵇᶜ	9.18±0.01ᶜᵈ
10～20	9.35±0.03ᵃᵇ	9.30±0.02ᵇᶜ	9.24±0.02ᶜᵈ	9.19±0.01ᵈ	9.40±0.03ᵃ	9.34±0.02ᵃᵇ	9.29±0.02ᵇᶜ	9.23±0.01ᶜᵈ

注：数值表示为均值±标准误差；不同小写字母表示不同处理间差异显著；下同

表 5-35　未补播和补播弃耕地中不同枯落物添加处理下土壤电导率（μS/cm）

土层（cm）	补播（g/m²）				未补播（g/m²）			
	0	200	400	600	0	200	400	600
0～10	432±10ᵃᵇ	428±10ᵃᵇ	416±10ᵇᶜ	399±9ᶜ	451±10ᵃ	442±10ᵃᵇ	429±10ᵃᵇ	412±9ᵇᶜ
10～20	468±12ᵃᵇ	459±12ᵃᵇᶜ	445±11ᵇᶜ	427±11ᶜ	484±12ᵃ	474±11ᵃᵇ	460±11ᵃᵇᶜ	441±11ᵇᶜ

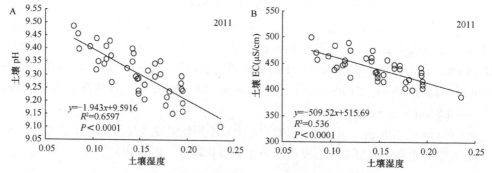

图 5-30　0～10 cm 层土壤 pH、电导率与土壤湿度关系

　　无论补播或未补播羊草，0～10 cm 和 10～20 cm 层土壤有机碳、微生物生物量碳（MBC）、总氮含量均随枯落物添加量的增加而增加，羊草补播能明显提高土壤碳、氮含量（图 5-31 和图 5-32）。

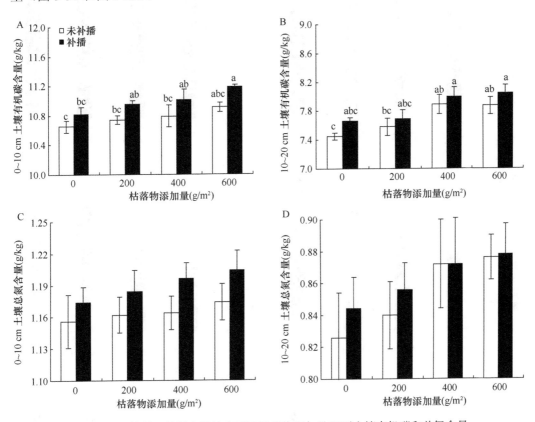

图 5-31　未补播和补播弃耕地中不同枯落物添加处理下土壤有机碳和总氮含量

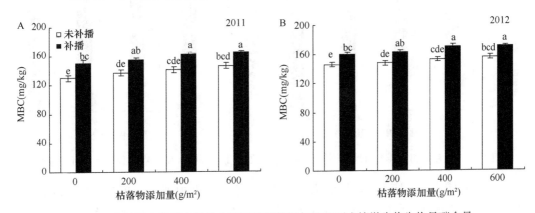

图 5-32　未补播和补播弃耕地中不同枯落物添加处理下土壤微生物生物量碳含量

　　无论补播或未补播羊草，增加地表枯落物数量均会降低根呼吸速率，会增加土壤微生物呼吸速率，且土壤微生物呼吸速率的增加幅度大于根呼吸速率的降低幅度，表明补播显著提高土壤根和微生物呼吸速率（图 5-33）。

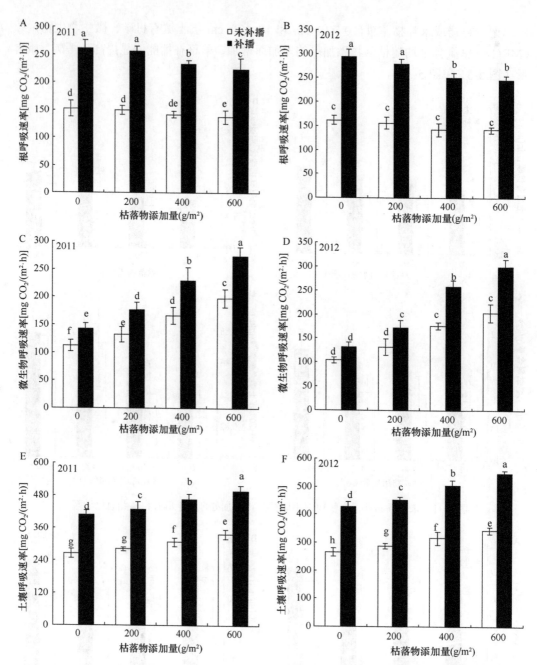

图 5-33　未补播和补播弃耕地中不同枯落物添加处理下根呼吸、微生物呼吸与土壤呼吸速率

　　无论补播或未补播羊草，枯落物添加均会降低土壤根呼吸的温度敏感性（Q_{10}）。枯落物添加对土壤微生物呼吸温度敏感性的作用在不同年限和补播管理间存在差异。增加枯落物添加量会降低土壤总呼吸的温度敏感性（图 5-34）。

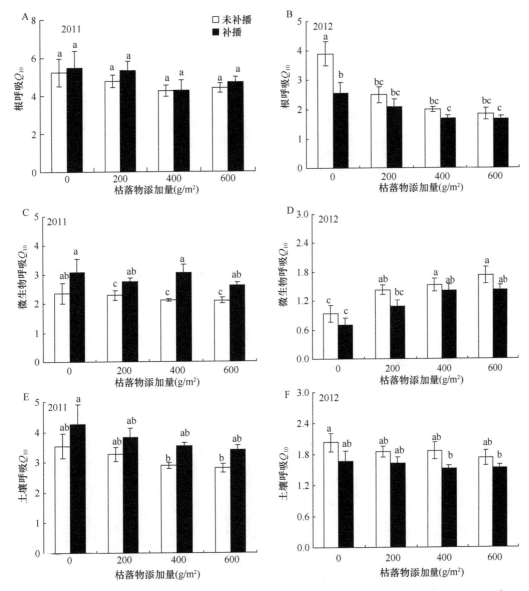

图 5-34 未补播和补播弃耕地中不同枯落物添加处理下根呼吸、微生物呼吸与土壤呼吸 Q_{10} 值

三、秸秆扦插恢复盐碱裸地植被

松嫩平原的盐碱裸地地表光滑，经风传播的种子在其上不能停留，从而不能定居发芽（图 5-35）。粗糙化地面，建立种子可以定居的安全生境，有利于植被恢复。扦插秸秆，即将一小段玉米秸秆挖小坑扦插在地面，可以围绕秸秆阻挡、积累部分风沙土，并截留部分种子，或通过扬撒形式补播一些种子截留于秸秆周围，可以成功地恢复盐碱裸地的植被。

图 5-35　松嫩平原盐碱裸地景观图

相关研究（姜世成，2010）在围栏封育（F）结合秸秆扦插（FS）的基础上，撒播羊草种子 25 kg/hm^2（FSL）和碱茅种子 15 kg/hm^2（FSP）（图 5-36），连续监测各处理样地植被和土壤变化。

扦插玉米秸秆第 2 年春天虎尾草生长

扦插玉米秸秆第 2 年秋天虎尾草生长

扦插玉米秸秆第 2 年春天碱茅生长

扦插玉米秸秆第 2 年秋天碱茅生长

图 5-36　盐碱裸地及其玉米秸秆扦插恢复效果

扦插秸秆后第 1 年（2002 年），各样地覆盖度较低，仅为 5%；扦插秸秆后第 2 年植被覆盖度急剧上升，达到 55%以上，显著高于对照和围栏封育样地（图 5-37）。扦插秸秆第 1 年，植株密度较低，第 2 年密度剧增。扦插未撒播种子处理第 3 年植株密度达到最高，为 538.4 株/扦插。扦插撒播小花碱茅第 2 年植株密度最高，达 626.7 株/扦插。扦插撒播羊草植株密度在第 3 年达到最高，为 253.7 株/扦插。换算成单位面积植株数量后，各扦插处理植株密度显著高于对照和围栏封育样地（表 5-36）。

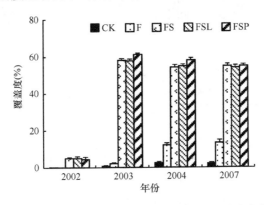

图 5-37　盐碱裸地扦插玉米秸秆后样地的覆盖度变化

CK. 对照；F. 围栏；FS. 围栏+扦插秸秆；FSL. 围栏+扦插秸秆+撒播羊草；FSP. 围栏+扦插秸秆+撒播小花碱茅；下同

表 5-36　各扦插处理植物密度（株/扦插）与围栏封育、对照的植物密度（株/m²）

| 年份 | FS | FSP | | FSL | | F | CK |
	虎尾草	小花碱茅	虎尾草	羊草	虎尾草	虎尾草	虎尾草
2002	12.0±1.3^c	3.4±0.3^d	2.5±0.8^b	3.0±0.3^c	3.0±0.9^d		
2003	347.3±30.9^b	626.7±29.9^a	25.5±6.8^a	61.0±5.8^b	158.1±16.8^b	114.7±15.3^{bc}	1.8±1.1^b
2004	538.4±55.2^a	498.5±57.4^b		253.7±18.1^a	257.8±24.2^a	282.8±63.7^{ab}	19.0±2.3^b
2007	392.3±41.0^b	135.2±20.3^c		262.7±12.6^a	81.2±13.6^c	309.0±32.0^a	83.2±8.4^a

注：CK. 对照；F. 围栏；FS. 围栏+扦插秸秆；FSP. 围栏+扦插秸秆+小花碱茅种子；FSL. 围栏+扦插秸秆+羊草种子；本章后同

扦插秸秆后第 1 年，植物地上与地下生物量均较低（图 5-38），第 2 年 3 种扦插秸秆处理植物地上与地下生物量剧增，扦插未撒播种子处理的地上与地下生物量分别达到了 105.2 g/扦插和 32.1 g/扦插；扦插撒播小花碱茅种子处理的地上与地下生物量分别达到了 114.3 g/扦插与 34.7 g/扦插；扦插撒播羊草种子处理的地上与地下生物量分别为 72 g/扦插和 30 g/扦插。扦插秸秆后第 3 年，扦插撒播羊草种子处理的地上和地下生物量明显优于其他处理。所有扦插秸秆处理历年地上和地下生物量均显著高于对照与围栏封育样地（图 5-38）。

扦插秸秆各处理产生的植物繁殖体（包括种子产量、冬性植株数量与芽数量）显著高于围栏封育及对照样地（表 5-37）。

与对照相比，扦插秸秆后，0～15 cm 土壤容重由 1.58 g/cm³ 降低至 1.34 g/cm³，同时，土壤渗透速度由 0.0036 mm/min 增加为 0.3801 mm/min，土壤毛细管持水量由 22.4% 提高到 26.24%（表 5-38）。

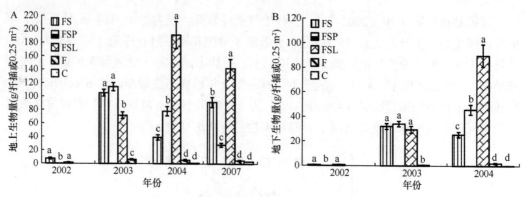

图 5-38 各处理样地地上与地下生物量变化

表 5-37 各处理植物繁殖体变化

年份	FS		FSP			FSL			F	CK
	种子产量（粒/扦插）	土壤种子（粒/m²）	小花碱茅种子产量（粒/扦插）	冬性植株（株/扦插）	芽（芽/扦插）	羊草种子产量（粒/扦插）	冬性植株（株/扦插）	芽（芽/扦插）	土壤种子（粒/m²）	土壤种子（粒/m²）
2002	12 259±603[c]	4 792±584[b]		3.4±0.3[c]			3.0±0.3[c]	14.2±1.7[c]	162±53	44±30
2003	193 303±17 604[b]	32 702±4 797[a]	13 636±2 815[b]	285±16[a]	163±13[a]	51±12[b]	25.0±1.9[b]	511±83[b]	737±256	206±189
2004	484 110±42 092[a]	40 354±4 834[a]	87 251±8 738[a]	112±14[b]	135±12[a]	243±84[a]	156±14[a]	1 121±58[a]	1 695±259	191±95

表 5-38 植被恢复 3 年后土壤容重、渗透速度、土壤毛细管持水量变化

指标	土壤剖面（cm）	扦插处理	对照
土壤容重（g/cm³）（n=6）	0～15	1.34±0.04[b]	1.58±0.06[a]
土壤渗透速度（mm/min）（n=4）	0～10	0.380 1±0.127 67[a]	0.003 6±0.000 96[b]
土壤毛细管持水量（%）（n=6）	0～10	26.24±1.6[a]	22.4±1.2[a]

扦插秸秆处理 3 年后，7 月 0～5 cm、5～10 cm、10～20 cm 土壤含水量分别达到了 15.2%、18.9%和 18.1%，显著高于对照样地的 10.3%、15.3%和 15.7%。9 月扦插秸秆处理土壤含水量也高于对照样地，尤其是 5～10 cm 土壤（图 5-39）。

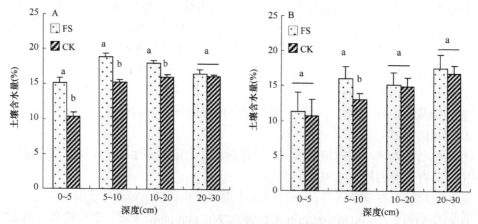

图 5-39 扦插玉米秸秆后土壤含水量的变化

A. 7 月一次降水 2 天后土壤含水量；B. 9 月中旬土壤含水量

与对照及围栏封育相比，扦插秸秆处理 3 年后 0～5 cm 和 5～10 cm 土壤电导率显著降低（图 5-40A），0～5 cm 和 5～10 cm 土壤 pH 明显降低，扦插秸秆改良对 10 cm 以下土壤盐碱性的作用较弱（图 5-40B）。

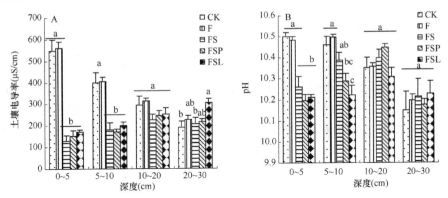

图 5-40　扦插处理后不同土壤剖面盐碱特征的变化

扦插秸秆处理 3 年后，0～10 cm 土壤可溶性钠含量显著降低，表层 0～5 cm 土壤可溶性钠含量为 0.52 mg/g 土，而对照地高达 2.0 mg/g 土（图 5-41）。

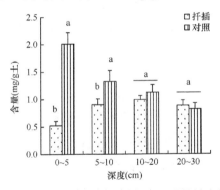

图 5-41　扦插秸秆处理后表层土壤剖面可溶性钠含量的变化

扦插秸秆处理 3 年后，土壤各剖面有机质含量较对照有所提高，但差异不显著，总氮含量无明显变化（图 5-42）。

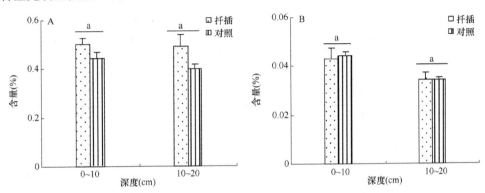

图 5-42　扦插秸秆 3 年后土壤有机质及总氮变化

A. 土壤有机质；B. 土壤总氮

综上，采用秸秆扦插技术能够快速、有效恢复盐碱裸地的植被，扦插玉米秸秆可降低土壤容重，增加土壤渗透速度、毛细管持水量和表层土壤含水量，降低表土盐分尤其钠离子含量。秸秆扦插对土壤地力的改善在 3 年内没有效果，需要更长时间实现。

四、筑台恢复盐碱裸地植被

在松嫩平原盐碱裸地上，利用 0～10 cm 表层土做台，通过控制沟的宽度控制挖土量和筑台高度，实现筑台高度分别为 10 cm（H10）、20 cm（H20）、30 cm（H30），台顶宽 1 m，台底宽 2 m（图 5-43）。探究"沟台"系统恢复植被、发展作物种植的可行性，3 年的研究结果表明，筑台有助于植被恢复；高筑台有利于台面盐分降低（关胜超，2017）。

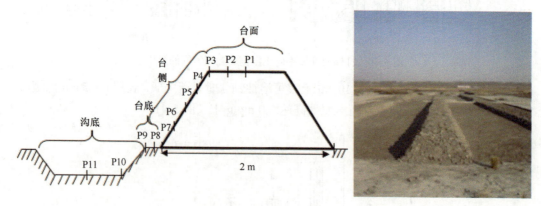

图 5-43　沟台系统的示意图
P1～P11 代表沟台系统从台顶到沟底的 11 个位置

筑台第 2 年，沟台系统各层和整个 0～50 cm 深度的平均土壤含水量随筑台高度的增加呈降低趋势，在 11%～20% 波动（表 5-39）。

表 5-39　不同土层、不同处理和不同季节的沟台系统土壤含水量（%）

土层（cm）	处理	季节与年际		
		第 2 年春季	第 2 年夏季	第 2 年秋季
0～10	H10	16.89±1.80	18.45±1.30[a]	17.77±1.50
	H20	16.02±1.18	16.90±1.26[a]	17.33±2.19
	H30	14.27±1.31	11.87±3.10[b]	14.04±2.56
10～20	H10	18.15±0.66	18.45±1.35	18.17±0.31
	H20	18.29±0.52	17.96±1.45	18.07±1.51
	H30	17.29±1.18	16.42±2.73	16.35±2.29
20～30	H10	17.79±0.55	18.42±0.58	18.75±0.76
	H20	17.95±0.80	18.01±0.81	18.42±0.80
	H30	17.90±1.21	17.59±1.41	18.06±1.60
30～40	H10	17.49±0.58[B]	18.56±0.60[AB]	19.13±0.54[A]
	H20	17.62±0.94	18.30±0.78	18.76±0.71
	H30	17.82±1.17	17.89±1.83	18.15±1.54

续表

土层（cm）	处理	季节与年际		
		第 2 年春季	第 2 年夏季	第 2 年秋季
40～50	H10	17.00±0.77	18.26±0.82	18.61±1.18
	H20	17.52±1.05	18.47±0.99	18.58±1.19
	H30	17.52±1.22	18.19±1.84	18.58±2.14
系统整体	H10	17.46±0.85	18.43±0.81	18.49±0.75
	H20	17.48±0.89	17.93±1.04	18.23±1.26
	H30	16.96±1.15	16.39±2.17	17.04±1.59

注：同一行大写字母表明季节间有显著差异，同一列小写字母表明处理间具有显著差异，下同

筑台第 2 年秋季，除 40～50 cm 层，H20 各层土壤的 pH 均显著低于对照。在 0～20 cm 土壤深度内，H20 的土壤 pH 显著低于 H10。筑台第 3 年秋季，3 个筑台处理各层土壤 pH 均明显低于对照（表 5-40）。

表 5-40　不同土层、不同处理和不同季节的沟台系统土壤 pH

土层（cm）	处理	季节与年际			
		第 2 年春季	第 2 年夏季	第 2 年秋季	第 3 年秋季
0～10	CK	—	—	10.75±0.12^a	10.82±0.09^a
	H10	10.62±0.03	10.79±0.15	10.72±0.17^a	10.63±0.13^{ab}
	H20	10.59±0.10^{AB}	10.79±0.12^A	10.51±0.18^{Bb}	10.62±0.04^b
	H30	10.60±0.09^B	10.81±0.06^A	10.59±0.03^{Bab}	10.62±0.14^b
10～20	CK	—	—	10.78±0.01^a	10.83±0.06
	H10	10.69±0.02	10.79±0.14	10.76±0.13^a	10.67±0.11
	H20	10.62±0.10	10.81±0.14	10.50±0.21^b	10.66±0.06
	H30	10.65±0.10^{AB}	10.81±0.05^A	10.64±0.10^{Bab}	10.65±0.16
20～30	CK	—	—	10.78±0.03^a	10.85±0.04^a
	H10	10.70±0.03	10.81±0.12	10.76±0.12^{ab}	10.65±0.09^b
	H20	10.63±0.11	10.80±0.11	10.54±0.20^b	10.68±0.04^b
	H30	10.66±0.10	10.82±0.06	10.64±0.14^{ab}	10.66±0.11^b
30～40	CK	—	—	10.76±0.03^a	10.83±0.04^a
	H10	10.69±0.05	10.81±0.13	10.76±0.13^{ab}	10.64±0.07^b
	H20	10.64±0.11	10.81±0.14	10.46±0.29^b	10.66±0.02^b
	H30	10.67±0.12	10.83±0.08	10.65±0.11^{ab}	10.67±0.11^b
40～50	CK	—	—	10.76±0.04	10.84±0.05^a
	H10	10.66±0.07	10.81±0.12	10.76±0.12	10.63±0.10^b
	H20	10.62±0.11	10.80±0.18	10.52±0.25	10.66±0.04^b
	H30	10.66±0.13	10.83±0.08	10.67±0.12	10.66±0.10^b
系统整体	CK	—	—	10.77±0.02^a	10.83±0.04^a
	H10	10.67±0.04	10.80±0.13	10.75±0.07^a	10.65±0.10^b
	H20	10.62±0.10	10.80±0.14	10.51±0.22^b	10.65±0.03^b
	H30	10.65±0.11	10.82±0.07	10.64±0.10^{ab}	10.65±0.12^b

筑台第 2 年秋季和第 3 年秋季，各高度土台 0～10 cm 土层电导率最高，并明显高于对照，表明沟台系统 0～10 cm 层发生了积盐现象（表 5-41）。

表 5-41　不同土层、不同处理和不同季节的沟台土壤电导率（μS/cm）

土层（cm）	处理	季节与年际			
		第 2 年春季	第 2 年夏季	第 2 年秋季	第 3 年秋季
0～10	CK	—	—	1096±300[c]	971±79[c]
	H10	925±123[B]	1113±334[Bab]	1986±349[Aab]	2208±637[b]
	H20	1018±125[B]	1520±365[Ba]	2682±587[Aa]	3747±426[a]
	H30	832±167[B]	888±190[Bb]	1788±430[Abc]	2231±547[b]
10～20	CK	—	—	1308±237	1366±296
	H10	934±58[B]	1159±62[ABa]	1392±13[A]	1500±240
	H20	927±130[B]	1070±235[Ba]	1817±569[A]	1466±322
	H30	749±87[B]	756±97[Bb]	1212±131[A]	1107±272
20～30	CK	—	—	1527±95	1272±214
	H10	1014±32[Ba]	1201±100[ABa]	1290±149[A]	1360±305
	H20	908±105[Ba]	1004±116[ABab]	1728±693[A]	1283±293
	H30	746±37[Bb]	818±117[Bb]	1208±175[A]	958±52
30～40	CK	—	—	1627±175	1275±184
	H10	1104±29[a]	1208±124[a]	1370±116	1257±241
	H20	1091±111[a]	1100±196[ab]	1798±706	1197±220
	H30	874±56[Bb]	872±75[Bb]	1242±238[A]	1094±156
40～50	CK	—	—	1373±121	1246±258
	H10	1121±65	1193±109[a]	1344±209	1304±334
	H20	1128±111	1095±210[ab]	1749±692	1294±291
	H30	981±89[B]	886±92[Bb]	1187±104[A]	1048±143
系统整体	CK	—	—	1386±66	1226±200[b]
	H10	1019±12[Ba]	1175±15[ABa]	1476±284[A]	1526±136[ab]
	H20	1014±100[Ba]	1158±217[Ba]	1955±647[A]	1797±239[a]
	H30	836±77[Bb]	844±110[Bb]	1327±168[A]	1288±207[b]

筑台后，恢复的草地群落主要由盐生植物组成（盐地碱蓬、星星草等），另有一些湿生植物（稗、扁秆藨草等）（表 5-42）。

表 5-42　垄台系统恢复植被的物种及群落组成

年份	出现的所有物种	各位置优势种			每个样方内平均物种数
		台面	台侧	台底	
第 1 年	盐地碱蓬，虎尾草，稗，星星草，隐花草，芦苇（共 6 种）	盐地碱蓬	盐地碱蓬	盐地碱蓬	2.92 种
第 2 年	盐地碱蓬，虎尾草，稗，星星草，芦苇，隐花草，扁秆藨草，萹蓄，羊草，碱地肤（共 10 种）	盐地碱蓬	盐地碱蓬	H10：虎尾草，盐地碱蓬，稗 H20 和 H30：盐地碱蓬	2.20 种
第 3 年	盐地碱蓬，虎尾草，稗，星星草，隐花草，扁秆藨草，芦苇（共 7 种）	H10：盐地碱蓬 H20：无植被 H30：芦苇	H10：虎尾草，星星草 H20：稗，盐地碱蓬，虎尾草 H30：星星草，虎尾草，盐地碱蓬	芦苇，星星草	1.69 种

筑台当年，各处理台侧的植被稀少，10 cm 高土台台侧没有植被；土台高度由 10 cm 增加到 30 cm，台面地上生物量由 400 g/m² 下降到 100 g/m²，台底地上生物量相似为 400 g/m² 左右（图 5-44）。

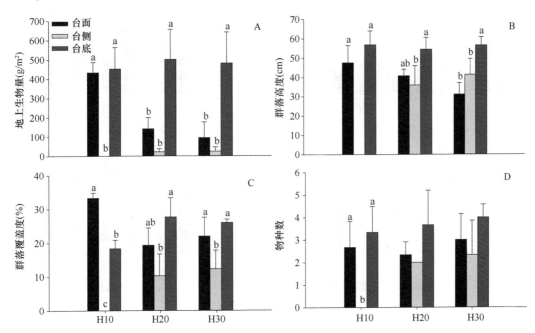

图 5-44　筑台当年各处理及位置间恢复植被的地上生物量（A）、群落高度（B）、群落覆盖度（C）和物种数（D）

误差棒上不同小写字母代表同一处理不同位置存在显著差异，下同

筑台次年，各处理台面各项植被指标总体最低。随筑台高度由 10 cm 增加至 30 cm，台面、台侧、台底地上生物量分别由 75 g/m²、115 g/m²、100 g/m² 增加到 80 g/m²、280 g/m²、225 g/m²（图 5-45）。

筑台第 3 年，H20 的台面上没有植被分布，H10 和 H30 的台面植被各项指标均低于台侧与台底，台侧和台底的地上生物量在各高度土台间无显著差异，为 100～270 g/m²（图 5-46）。

五、筑垄恢复盐碱裸地植被

在松嫩平原重度退化的盐碱裸地，采取如下 3 种方式筑垄及翻耙：①5 月初进行传统耕作打垄，垄间距 65 cm，垄沟与垄台相对高度 20～22 cm；②7 月初进行传统耕作打垄，垄间距 65 cm，垄沟与垄台相对高度 20～22 cm（记作小垄 R7）；③做 "V" 形大垄，垄宽 100 cm，高差为 10～12 cm，翻耙控制深度为 10～12 cm。为有效截留种子流，筑垄方向为南北走向，基本垂直于风向。

部分筑小垄和大垄的盐碱裸地，抛撒打完草捆的垛底（分别记作 R65+L、R100+L），垛底抛撒量约为 150 g/m²（姜世成，2010）。作业 5 年后，植被土壤调查结果如下。

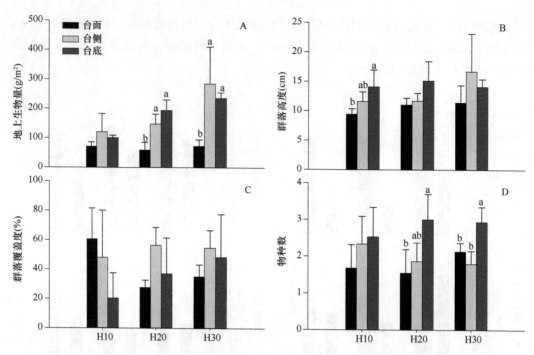

图 5-45　筑台第 2 年各处理及位置间恢复植被的地上生物量（A）、群落高度（B）、
群落覆盖度（C）和物种数（D）

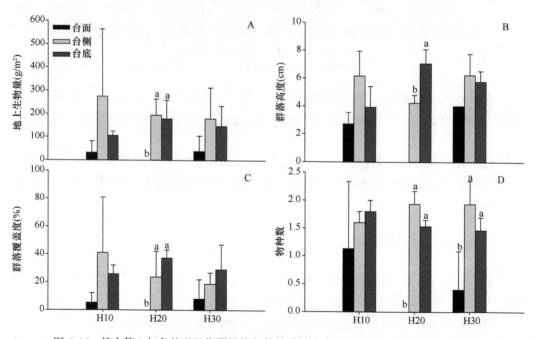

图 5-46　筑台第 3 年各处理及位置间恢复植被的地上生物量（A）、群落高度（B）、
群落覆盖度（C）和物种数（D）

作业当年，5 月筑垄作业后当年植被覆盖度达到 40%以上，7 月筑小垄、翻耙后当年植被覆盖度达到 10%左右，而封育和对照地无植被覆盖（图 5-47）。

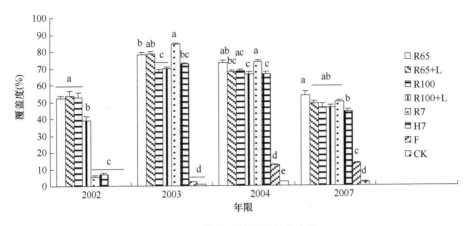

图 5-47　作业后植被覆盖度变化

R65. 小垄，R65+L. 小垄+垛底，R100. 大垄，R100+L. 大垄+垛底，R7. 7 月小垄，H7. 7 月翻耙，
F. 围封，CK. 对照；不同字母代表不同处理间差异显著；下同

作业翌年，筑垄后的盐碱裸地植被覆盖度达到或超过 70%。筑小垄的植被覆盖度高于筑大垄，尤其 7 月筑小垄后植被覆盖度达到了 84%，封育与对照地植被覆盖度低于 5%。

作业后第 3 年，筑垄、翻耙各样地植被覆盖度均在 70% 左右，筑小垄植被覆盖度相对更高，各种筑垄、翻耙处理植被覆盖度均显著高于封育与对照地。

作业后第 6 年，筑垄、翻耙各处理植被覆盖度在 50% 以上。筑小垄植被覆盖度相对更高，封育和对照地植被覆盖度无明显变化。

作业当年，5 月筑小垄并抛撒垛底样地的虎尾草密度较高，达到 2173 株/m^2，5 月筑大垄并抛撒垛底的虎尾草密度达到 1470 株/m^2。5 月单独筑小垄和大垄样地中虎尾草密度分别为 180 株/m^2 与 28 株/m^2。7 月筑小垄和翻耙样地虎尾草密度较低（图 5-48）。

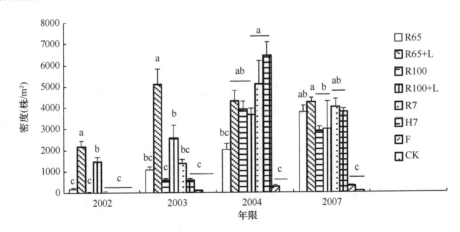

图 5-48　作业后虎尾草密度变化

作业次年，各处理虎尾草密度均有上升，处理间变化规律与上一年一致。

作业后第 3 年，各处理虎尾草密度继续上升。7 月翻耙样地的虎尾草密度最高，达到 6426 株/m^2。除 5 月筑小垄样地（2009 株/m^2）外，其他筑垄措施样地的虎尾草密度相差不大，在 4000～5000 株/m^2。封育与对照地虎尾草密度略有增加，但低于 300 株/m^2。

作业后第 6 年，所有筑小垄措施样地的虎尾草密度超过 4000 株/m²，略高于翻耙样地，但明显高于 2 个筑大垄处理（约 3000 株/m²），封育与对照地虎尾草密度无明显变化。

作业当年，5 月筑小垄并抛撒垛底样地的地上生物量达到了 336 g/m²，其次是 5 月筑大垄并抛撒垛底样地，地上生物量达到了 269 g/m²，其他恢复措施样地的地上生物量低于 70 g/m²（图 5-49）。

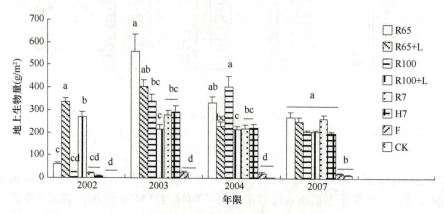

图 5-49　作业后地上生物量变化

作业次年，5 月筑小垄样地的地上生物量达到 578 g/m²，其次为 5 月筑小垄并抛撒垛底（约 400 g/m²）样地，其他筑垄和翻耙措施样地的地上生物量在 230～340 g/m²，差异不显著，封育与对照地地上生物量低于 30 g/m²。

作业后第 3 年，5 月筑大垄和小垄措施样地的地上生物量较高，达到 350～450 g/m²，其他筑垄和翻耙措施样地的地上生物量相差无几，约 250 g/m²，封育与对照样地地上生物量无明显变化。

作业后第 6 年，所有筑小垄措施样地的地上生物量高于筑大垄和翻耙措施样地，封育与对照地地上生物量依旧很低。

上述数据表明：筑垄和翻耙等地表扰动措施能显著、快速促进盐碱裸地植被修复（图 5-50）；筑小垄相比筑大垄和翻耙，长期、稳定恢复植被的效果更好；地表扰动初期，添加种子能促进植物恢复，但长期无效果。

图 5-50　筑垄前后盐碱地植被覆盖度对比

筑垄作业第 2 年 8 月，各处理 0～5 cm、5～10 cm、10～20 cm 和整个 0～30 cm 平均土壤含水量均显著高于对照（表 5-43）。筑垄作业能显著地降低表层 0～5 cm 和 5～10 cm 土壤电导率，筑小垄效果比筑大垄效果更好（表 5-44）。筑垄作业后，0～5 cm 土壤 pH 降低幅度较大，其他层 pH 无明显变化，尽管筑垄有利于表土脱碱，但土壤碱化程度依然较重（表 5-45）。

表 5-43　盐碱裸地筑垄作业后第 2 年 8 月土壤含水量（%）

处理	0～5 cm	5～10 cm	10～20 cm	20～30 cm	平均
对照	10.4±2.4ᵃ	13.1±0.9ᵃ	14.9±1.2ᵃ	16.8±1.1ᵃᵇ	14.5±0.9ᵃ
R100	14.2±1.4ᵇ	17.9±1.7ᵇᶜ	17.7±1.8ᵇᶜ	18.5±1.8ᵇ	17.4±1.4ᵇ
R100+L	14.0±2.0ᵇ	16.4±1.8ᵇᶜ	15.2±0.9ᵃ	15.4±0.8ᵃ	15.3±1.0ᵃ
R65	13.4±2.1ᵃᵇ	19.2±1.6ᶜ	18.3±1.0ᶜ	18.3±1.5ᵇ	17.6±1.1ᵇ
R65+L	14.0±2.1ᵇ	16.4±2.1ᵇ	16.0±1.2ᵃᵇ	17.8±1.8ᵃᵇ	16.3±1.6ᵃᵇ

注：表中数据为平均值±标准误差；不同小写字母代表不同处理间差异显著；R65. 小垄，R65+L. 小垄+垫底，R100. 大垄，R100+L. 大垄+垫底；下同

表 5-44　筑垄作业后第 2 年 8 月土壤电导率变化（S/m）

处理	0～5 cm	5～10 cm	10～20 cm	20～30 cm	平均
筑小垄	1.4±0.2ᵃ	1.8±0.6ᵃ	1.9±0.6ᵃ	2.1±0.7ᵃᵇ	1.8±0.5ᵃ
筑大垄	3.4±1.0ᵇ	3.5±0.9ᵇ	3.4±0.8ᵇ	3.1±0.7ᵇ	3.3±0.8ᵇ
对照	5.5±1.2ᶜ	4.0±1.2ᶜ	3.0±1.0ᵇ	1.9±0.7ᵃ	3.2±0.9ᵇ

表 5-45　筑垄作业后第 2 年 8 月土壤 pH 变化

处理	0～5 cm	5～10 cm	10～20 cm	20～30 cm	平均
筑小垄	10.28±0.04ᵃ	10.35±0.10ᵃ	10.38±0.08ᵃ	10.33±0.10ᵃ	10.34±0.06ᵃ
筑大垄	10.27±0.14ᵃ	10.38±0.06ᵃ	10.36±0.06ᵃ	10.19±0.12ᵃ	10.29±0.06ᵃ
对照	10.50±0.05ᵇ	10.46±0.09ᵃ	10.35±0.12ᵃ	10.15±0.21ᵃ	10.33±0.12ᵃ

六、浅耙种植野大麦恢复碱裸地植被

在松嫩草地选取盐碱裸地进行浅耙作业，作业深度 6～10 cm。浅耙后人工撒播野大麦（*Hordeum brevisubulatum*）种子，撒播量为 20 kg/hm²，作业后盐碱裸地禁止进行放牧、刈割和采收种子等生产活动。浅耙、撒播作业后监测土壤和植被恢复状况如下。

浅耙、撒播作业后第 1 年，盐碱裸地主要生长野大麦与角碱蓬，角碱蓬占优势，野大麦密度较低，仅为（44.7±4.9）株/m²，高度为（10.5±0.6）cm，地上生物量为（1.8±0.2）g/m²（表 5-46）。作业后第 2 年，植物种类主要为野大麦、朝鲜碱茅和虎尾草，优势种为虎尾草，角碱蓬消失，野大麦密度增加到（517.8±41.4）株/m²，高度与地上生物量较第 1 年显著增加。作业后第 3 年，野大麦成为群落中的优势种，密度达到（1450.7±225.0）株/m²，高度为（54.3±4.0）cm，地上生物量达到（536.1±106.8）g/m²，朝鲜碱茅成为次优势种，虎尾草优势地位急剧下降（图 5-51）。经过 3 年的植被恢复，优势种由一年生植物演变成多年生植物，地上生物量达到 800 g/m² 以上，而未处理的盐碱裸地仍旧没有植物生长，表明此方法可快速恢复重度显性盐碱地的植被。

表5-46　盐碱裸地浅耙、种植野大麦后植物恢复情况

时间	野大麦			朝鲜碱茅			虎尾草			角碱蓬		
	密度（株/m²)	高度（cm)	地上生物量（g/m²)	密度（株/m²)	高度（cm)	地上生物量（g/m²)	密度（株/m²)	高度（cm)	地上生物量（g/m²)	密度（株/m²)	高度（cm)	地上生物量（g/m²)
第1年	44.7±4.9ᵃ	10.5±0.6ᵃ	1.8±0.2ᵃ							16.3±1.7	20.7±0.6	26.9±1.8
第2年	517.8±41.4ᵇ	16.8±1.3ᵇ	56.1±10.1ᵇ	124.5±47.5ᵃ	14.5±2.1ᵃ	0.8±0.2ᵃ	732.1±6.5ᵃ	78.0±1.3ᵇ	288.0±25.6ᵇ			
第3年	1450.7±225.0ᶜ	54.3±4.0ᶜ	536.1±106.8ᶜ	1751.0±610.1ᵇ	49.9±3.9ᵇ	272.1±96.4ᵇ	99.8±42.9ᵇ	23.6±0.8ᵃ	5.7±2.0ᵃ			

浅耙扬播野大麦第1年　　　　　浅耙扬播野大麦第2年　　　　　浅耙扬播野大麦第3年

图5-51　翻耕补播野大麦效果

野大麦分蘖能力很强，在盐碱裸地上主要以丛状生长。浅耙、撒播作业后第1年，野大麦生长缓慢，分蘖较少。作业后第2年，野大麦开始大量分蘖，营养枝数量占有较大的比例，生殖枝数量较少或没有（表5-47）。作业后第3年和第4年，营养枝维持相对稳定的数量，冠幅大小也相对稳定，但生殖枝数量显著增加。营养枝高度逐年升高，在作业后第3年处于最高水平。其他的指标如营养枝与生殖枝单丛干重、生长半径逐年增高，且年际间差异显著。

表5-47　野大麦单丛生长特征

年份	营养枝			生殖枝			冠幅（cm)	生长半径（cm)
	株数（株/丛)	高度（cm)	干重（g/丛)	株数（株/丛)	高度（cm)	干重（g/丛)		
2003	104.2±10.5ᵃ	13.5±0.8ᵃ	8.0±1.3ᵃ	1.1±0.5ᵃ	42.1±2.6ᵃ	0.2±0.1ᵃ	34.4±1.4ᵃ	8.0±0.4ᵃ
2004	509.4±156.8ᵇ	39.4±8.3ᵇ	97.5±49.4ᵇ	93.1±66.5ᵇ	71.2±9.8ᵇ	41.3±40.0ᵇ	73.1±2.8ᵇ	12.7±0.8ᵇ
2005	521.1±33.1ᵇ	44.3±1.5ᶜ	180.1±14.0ᶜ	175.7±18.8ᶜ	56.1±1.1ᵇ	78.0±9.3ᶜ	71.5±2.2ᵇ	24.8±0.6ᶜ

浅耙、撒播野大麦第2年8月，5～10 cm土壤含水量显著提高，0～10 cm土壤电导率、pH、容重显著降低。浅耙、撒播野大麦有效改善了盐碱地表土的水盐条件（表5-48）。

表5-48　作业第2年8月土壤水盐变化

处理	含水量（%)		电导率（S/m)		pH		容重（g/cm³)
	0～5 cm	5～10 cm	0～5 cm	5～10 cm	0～5 cm	5～10 cm	0～5 cm
野大麦	12.5±0.5	15.0±0.4ᵇ	1.6±0.02ᵃ	2.1±0.01ᵃ	10.2±0.02ᵃ	10.2±0.03ᵃ	135.8±1.5ᵃ
对照	10.4±1.0	13.1±0.3ᵃ	5.5±0.05ᵇ	4.0±0.05ᵇ	10.5±0.02ᵇ	10.5±0.04ᵇ	154.9±4.8ᵇ

第四节　盐碱地改良利用

盐碱地改良，即消除盐分、改良性状、培肥土壤，而后进行作物生产。松嫩平原土壤盐碱化发生前，地表层湖相沉积疏松、渗透性好、无盐碱积累，植被发育良好，有深厚的黑色腐殖质层。原生羊草草地调查表明：这层腐殖质的厚度一般在25~30 cm。这一层有盐碱，但是含量低于下层，这一层在近千年的历史过程中广泛存在，其盐碱化是后续发生过程。在地表未受干扰的地区，这一层持续存在。

除流水冲积区外，没有腐殖质层的地区，是地表层受到干扰而消失、地下层裸露为新地面的结果，即次生显性盐碱地。地下层裸露为新地面的地区，即次生显性盐碱地地区，土壤可溶盐多、强碱性、交换性钠含量高、物理性差，成为限制盐碱地恢复和利用的根本原因。"淡化"表层盐碱是实现这一类盐碱地改良的关键。

通过覆盖风沙土、淡化盐碱地表层，进行"覆沙造旱田"具有充分的理论基础；开发地下潜水，通过反复喷淋洗盐淡化表土，同时补充降水，可实现盐碱地作物正常种植。

一、移沙覆沙改良盐碱地

1. 覆沙改良盐碱地造旱田的理论基础

科尔沁沙地面积450万 hm^2，松嫩平原面积1500万 hm^2，二者在松辽分水岭北侧、松嫩平原南部有很大一部分交错重叠分布，形成沙丘-草甸交错相间的分布格局（周道玮等，2011b）。这为将沙丘上的风沙土搬运到盐碱地上，在此区进行"覆沙造旱田"奠定了物质基础和条件，此区具有创造现实或后备农田的广阔空间。

沙地土壤具有含盐量低、结构疏松的性状，沙地土壤与盐碱土壤混合，能有效降低盐碱土的盐碱含量（周道玮等，2011a），沙地土壤毛细管孔隙大，不能形成毛细管吸力发挥作用，在盐碱土上覆盖一定厚度的沙地土，可限制下层盐碱土的盐分上移，使之分布于立地土壤的某一深层下面；同时由于覆盖的风沙土与下面的盐碱土发生一定程度的混合，形成盐碱含量低的耕作层。

科尔沁沙地东部与松嫩平原南部、辽河平原北部交错重叠分布（图5-52），重叠面积353.5×10^4 hm^2，东西长度约300 km，南北长度约200 km。交错区内沙地面积81.6×10^4 hm^2，盐碱地面积112.8×10^4 hm^2（表5-49）。另外，此区林地面积14.6×10^4 hm^2，基本全部为沙地；旱田面积117.0×10^4 hm^2，部分为盐碱化低产田。此区具有可改造为农田的盐碱地100×10^4 hm^2。

交错重叠区内，沙地呈带状，略呈西北至东南走向，中部北折，总体呈弧形分布，沙带比盐碱化草甸平均高出3~5 m，沙带宽度3~5 km。盐碱化土地分布于相邻两沙带之间，呈不规则条带状，宽度3~10 km。

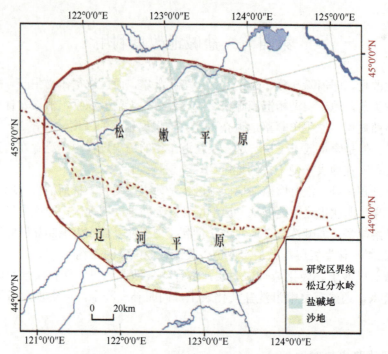

图 5-52　科尔沁沙地与松嫩平原盐碱地和辽河平原盐碱地交错重叠区沙地

表 5-49　科尔沁沙地与松嫩平原盐碱地和辽河平原盐碱地交错重叠区的数字信息（×10^4 hm^2）

区域范围	沙地面积	盐碱地面积
科尔沁沙地与松嫩平原的交错重叠区	45.4	76.1
科尔沁沙地与辽河平原的交错重叠区	36.2	36.7
合计	81.6	112.8

2. 沙丘风沙土、盐碱地盐碱土的化学性质

科尔沁沙地土壤为风沙土，局部有黑钙土，一些地段为风沙土与黑钙土的混合体（姚丽和刘廷玺，2005）。沙丘土壤呈淡黑色，为风沙土状，沙丘上、中、下各部分土壤的pH，尤其是电导率指示的含盐量显著低于盐碱土（表 5-50）。

表 5-50　沙丘上、中、下各部位的 pH 和电导率

沙丘部位	pH	EC（μS/cm）
上部	8.67±0.06[a]	61.13±1.3[a]
中部	8.92±0.03[b]	78.33±0.2[b]
下部	9.01±0.01[b]	73.13±1.0[c]

注：不同小写字母表示处理间差异显著，下同

沙地土壤和盐碱土壤的pH都很高，但风沙土电导率仅为盐碱土的1/20，沙丘风沙土CO_3^{2-}含量仅为盐碱土的1/20，HCO_3^-为盐碱土的1/10，Na^+仅为盐碱土的1/300，Mg^{2+}、K^+、Ca^{2+}、Cl^-、SO_4^{2-}的含量也都非常低；风沙土碱化度为0.3%，远低于盐碱土的43.5%。因此沙丘风沙土具有中和改造盐碱土的潜力（表 5-51）。

表 5-51　风沙土和盐碱土的化学成分

	pH	EC (μS/cm)	CO$_3^{2-}$ (mg/kg)	HCO$_3^-$ (mg/kg)	Cl$^-$ (mg/kg)	SO$_4^{2-}$ (mg/kg)	Na$^+$ (mg/kg)	Mg^{2+} (mg/kg)	K$^+$ (mg/kg)	Ca^{2+} (mg/kg)	有机质(%)	交换性钠离子 (cmol/kg)	阳离子交换量 (cmol/kg)	碱化度(%)
风沙土	8.92	78.33	18.0	329.4	35.5	4.1	7.7	13.2	1.1	95.4	0.73	0.05	14.39	0.3
盐碱土	10.31	1479.83	396.0	3660.0	674.5	351.2	2107.2	197.6	48.4	300.1	0.88	7.63	17.53	43.5

注：盐碱土 0~30 cm 层；风沙土为上、中、下各部分混合样

3. 风沙土与盐碱土混合后"沙碱土"的盐碱性

随风沙土混入比例增加，盐碱土 pH 缓慢下降，电导率快速下降，指示含盐量快速下降（图 5-53）。当风沙土混入比例达 60%时，沙碱混合土电导率仅为盐碱土的 44%。

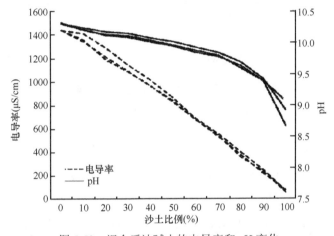

图 5-53　混合后沙碱土的电导率和 pH 变化

三条线分别指示沙丘上、中、下部分风沙土与盐碱土混合样品的结果，三者近于重合表明上、中、下部分风沙土的差异对混合后沙碱土的性质影响较小，对应的 3 点间统计差异不显著

随风沙土混入比例增加，沙碱土中各种盐离了含量快速减少（表 5-52），当风沙土比例达到 40%~60%时，各种盐离子含量仅为盐碱土的 1/3~1/2，有机质含量变化不明显，碱化度下降速度较快。

表 5-52　不同混合比例沙碱土的化学成分

沙土(%)	CO$_3^{2-}$ (mg/kg)	HCO$_3^-$ (mg/kg)	Cl$^-$ (mg/kg)	SO$_4^{2-}$ (mg/kg)	Na$^+$ (mg/kg)	Mg^{2+} (mg/kg)	K$^+$ (mg/kg)	Ca^{2+} (mg/kg)	有机质(%)	Ena (cmol/kg)	CEC (cmol/kg)	碱化度(%)
0	396.0	3660.0	674.5	351.2	2107.2	197.6	48.4	300.1	0.88	7.63	17.53	43.5
20	288.0	2854.8	550.3	147.1	1726.7	151.7	38.0	242.1	0.81	5.52	17.18	32.1
40	216.0	2264.6	452.6	97.9	1380.8	131.9	28.2	180.0	0.80	4.14	16.92	24.5
60	126.0	1500.6	292.8	82.3	868.1	63.0	13.8	142.0	0.77	2.62	16.21	16.2
80	72.0	841.8	159.5	80.4	455.1	19.6	2.6	110.1	0.77	1.20	15.31	7.8
100	18.0	329.4	35.5	4.1	7.67	13.2	1.1	95.4	0.73	0.05	14.39	0.3

分别对表 5-52 中的数据进行线性回归拟合，建立直线方程，可以根据混入的风沙土比例直接预测混合后沙碱土中的盐离子含量（表 5-53），预测方程具有高度的相关性。

表 5-53　沙碱土盐离子含量的预测方程

变量	预测方程	R^2
CO_3^{2-}	$Y = 373.7 - 375.4X$	0.99
HCO_3^-	$Y = 3584.0 - 3350.9X$	1.00
Cl^-	$Y = 684.2 - 646.7X$	1.00
Na^+	$Y = 2149.9 - 2117.9X$	1.00
Mg^{2+}	$Y = 195.3 - 198.2X$	0.98
Ca^{2+}	$Y = 282.4 - 208.2X$	0.98
有机质	$Y = 0.858 - 0.129X$	0.95
交换性钠离子	$Y = 7.268 - 7.483X$	1.00
阳离子交换量	$Y = 17.83 - 3.146X$	0.97
碱化度	$Y = 373.7 - 375.4X$	0.99

注：各预测方程相关显著（$n=6$，$P<0.05$）；SO_4^{2-} 测定误差较大，未进行回归预测

4. 作物定居对"沙碱土"的反应

青贮玉米、大麦在盐碱土中的出苗率仅为 3%；当盐碱土中混入 20% 风沙土时，青贮玉米、大麦、玉米出苗率能达到 50% 以上，但出苗不均，植株低矮（表 5-54）。当盐碱土中加入 40% 风沙土时，青贮玉米、大麦、玉米、蚕豆出苗率可达到 60% 以上，玉米植株高度为加入 100% 风沙土中的 1/2；当盐碱土中加入 60% 风沙土时，除高丹草外，所有测试作物的出苗率都达到 50% 以上，各作物幼苗的生长高度也表现正常；当盐碱土中加入 80% 风沙土时，包括苜蓿在内的所有作物出苗率和生长高度近于大田种植的正常水平。

表 5-54　盐碱地中加入不同比例风沙土进行种植后的幼苗表现

作物	100%盐碱土 出苗率(%)	高度(cm)	加入20%风沙土 出苗率(%)	高度(cm)	加入40%风沙土 出苗率(%)	高度(cm)	加入60%风沙土 出苗率(%)	高度(cm)	加入80%风沙土 出苗率(%)	高度(cm)	加入100%风沙土 出苗率(%)	高度(cm)
青贮玉米	3±3	0.2±0.2	53±9	3.5±0.4	77±7	7.5±0.6	77±9	12.1±0.7	80±6	13.7±0.7	80±6	16.2±0.5
大麦	3±3	1.2±1.2	50±21	1.4±0.5	67±15	5.9±0.1	77±12	11.6±1.1	83±7	18.7±0.7	97±3	21.9±2.0
玉米			70±15	3.7±0.6	87±3	9.3±0.5	87±3	14.6±0.7	90±6	15.4±0.8	97±3	17.9±0.4
蚕豆			40±12	2.9±0.3	97±3	5.4±0.5	97±3	10.1±1.2	100±0	19.3±2.2	100±0	18.9±1.6
高粱			17±9	0.2±0.1	13±3	3.7±0.2	67±13	5.9±0.7	60±17	7.8±0.4	73±12	11.6±0.3
高丹草			3±3	0.2±0.2	20±12	0.8±0.4	27±13	5.2±2.6	27±13	7.8±0.5	63±9	9.3±0.7
大豆					30±15	1.4±0.8	63±12	3.9±0.5	67±10	12.6±2.7	73±3	19.6±2.5
向日葵					23±3	4.5±4.5	57±3	7.6±0.8	77±9	13.8±1.5	87±7	18.5±0.6
苜蓿							57±7	2.4±0.3	83±3	2.7±0.4

注：当风沙土为 100% 时，青贮玉米、高粱、高丹草、大豆、向日葵、苜蓿的出苗率也不是很高，表明种子发芽率低，用前面各处理的发芽率分别除以对应的 100% 风沙土发芽率可准确评估各处理条件下的真实发芽率

当风沙土比例达到 60% 以后（相当于覆沙厚度 20 cm、维持 33～34 cm 的耕作层），盐碱土的 Na^+ 含量降为 868 mg/g，相当于 37.7 mmol/L，这一数值远低于表 5-55 中这些作物能耐受的盐碱阈值，理论上可以用于发展适合本地的各种作物。

表 5-55 田间作物的耐盐碱程度范围

作物	NaCl 单盐胁迫（mmol/L）	盐碱混合胁迫	
		Na^+（mmol/L）	pH
向日葵	200（Shi and Sheng，2005）	250	10.5（Shi and Sheng，2005）
高粱	200（Netondo et al.，2004）	300	10.7（李玉明等，2002）
紫花苜蓿	150（Teakle et al.，2010）	72	9.8（Peng et al.，2008）
小麦	120（Colmer et al.，2005）	75	9.8（Guo et al.，2009）
大豆	120（Ruben et al.，2008）	400	11.0（郭彦等，2008）
玉米	100（Hichem et al.，2009）	400	10.9（时丽冉，2007）

综上，科尔沁沙地与松辽盐碱地在松辽分水岭两侧交错分布，加之林地中的沙地，沙地和盐碱地的面积在 100×10^4 hm² 左右，这为"覆沙改造盐碱地"和盐碱地"覆沙造旱田"提供了物质基础与空间可能，保守估计，具有创造 100×10^4 hm² 旱作农田的潜力。

盐碱土中混入 60% 以上风沙土，即可大幅降低土壤含盐量和碱化度，并保证主要作物出苗率达 50% 以上，且幼苗生长正常。随着农业机械的发展，大型装载车的出现和普及使广泛搬运风沙土成为可能，指示覆沙造旱田具理论可行性。

一般中大型拉土车每车可以装载土量 15 m³，若每公顷覆沙 20 cm 厚，需要土方量为 2000 m³，即每公顷需要 133 车风沙土，每车风沙土现在的市场价格为 90 元，改造每公顷盐碱地的成本为 12 000 元；农田每年基本收益为 4000～6000 元/hm²，2～3 年可收回成本，覆沙造旱田具有经济效益。

覆沙后沙地投影面积不变，并可继续用于发展林业或旱作农田作物，形成此区"覆沙改造盐碱地"和盐碱地"覆沙造旱田"的盐碱地改造模式。

5. 移沙覆沙造旱田实践

在重度盐碱化土地进行 10 cm、20 cm、30 cm 和 40 cm 厚度的覆沙造旱田实践，覆沙当季种植玉米、向日葵、大麦和紫花苜蓿。覆沙厚度增加促进了降水下渗，但增加耕层水分蒸散，导致耕层土壤含水量下降。覆沙主要通过添加低盐"淡化土"来降低耕层土壤盐碱含量，但并未明显改变下层盐碱土盐碱特性。覆沙厚度的增加可促进玉米、向日葵、大麦的生长和提高其产量，30 cm 覆沙厚度对紫花苜蓿生长最为有利（关胜超，2017）。

覆沙可显著影响土壤含水量，旱季时覆沙对土壤含水量的降低作用较为明显（图 5-54）。

覆沙后，风沙土层土壤含水量随深度增加而增加，盐碱土层土壤含水量随深度的增加有降低趋势，说明风沙土结构更利于降水渗透至下层土壤，而当水分下渗至盐碱土层，其渗透性较差，集中滞留在盐碱土上层，导致该层土壤含水量较高。覆沙后，原盐碱土表层土壤含水量随覆沙厚度增加而降低。覆沙地土壤表层（0～10 cm）和耕作层（0～30 cm）土壤含水量同样随覆沙厚度增加而降低，耕层以下土壤含水量不同覆沙厚度间无明显差异，表明风沙土厚度的增加导致耕层水分蒸散的加剧（表 5-56）。

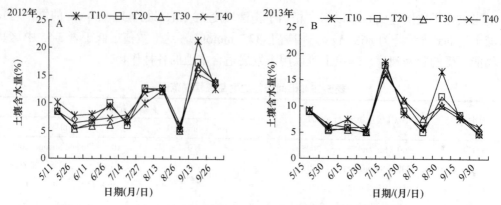

图 5-54　2012 年和 2013 年不同覆沙厚度土壤含水量在生长季内的动态变化

土壤含水量数据为 0～60 cm 土层土壤平均值；T10. 覆沙 10 cm，T20. 覆沙 20 cm，T30. 覆沙 30 cm，T40. 覆沙 40 cm，下同

表 5-56　2012 年和 2013 年不同覆沙厚度下不同土层土壤含水量（%）

年份	土层深度（cm）	处理			
		T10	T20	T30	T40
2012	0～10	10.17±2.13	8.10±1.71	7.75±1.28	7.76±1.08
	10～20	13.54±1.42	12.01±3.63	8.95±1.58	9.09±1.37
	20～30	12.59±1.07	12.42±2.69	12.10±1.57	10.93±2.02
	30～40	11.23±1.12	11.49±1.57	12.03±1.35	11.82±1.59
	40～60	10.03±2.14	10.13±1.49	10.81±1.77	11.23±1.12
2013	0～10	8.98±1.64	7.12±0.96	7.01±0.78	7.00±1.19
	10～20	12.26±1.85	9.19±1.28	8.16±0.78	7.02±1.18
	20～30	12.72±2.75	11.27±2.41	10.11±2.02	8.75±1.13
	30～40	12.20±1.56	11.58±2.71	11.01±2.13	10.77±2.18
	40～60	10.80±1.78	10.56±2.41	10.89±2.20	11.09±2.94

注：表中数据为生长季内同一土层土壤含水量平均值；T10. 覆沙 10 cm，T20. 覆沙 20 cm，T30. 覆沙 30 cm，T40. 覆沙 40 cm，下同

覆沙后，风沙土层 pH、电导率随深度增加而增加，盐碱土层 pH、电导率随深度增加无明显变化，风沙土层 pH、电导率显著低于盐碱土层。覆沙后，原盐碱土表层 pH、电导率在不同覆沙厚度间无显著差异。覆沙地表层、耕作层土壤平均 pH、电导率随覆沙厚度增加而降低，表明覆沙主要通过添加低盐"淡化土"来降低土壤 pH、电导率（图 5-55）。

增加覆沙厚度可提高所种植玉米的基茎粗与株高，促进行粒数和籽粒干重的增加，并减少秃尖长。覆沙 10 cm、20 cm、30 cm、40 cm 后，每公顷玉米籽粒产量分别达到 1717.09 kg、4298.00 kg、4368.90 kg、5621.55 kg，覆沙 40 cm 较覆沙 10 cm 籽粒产量显著提高 2.3 倍（表 5-57）。

增加覆沙厚度可显著提高所种植向日葵的基茎粗与株高，促进花盘、籽粒的发育。覆沙 10 cm、20 cm、30 cm、40 cm 后，每公顷向日葵籽粒产量分别达到 1198.00 kg、1572.00 kg、1598.00 kg、1796.59 kg，覆沙 40 cm 较覆沙 10 cm 籽粒产量显著提高 50%（表 5-58）。

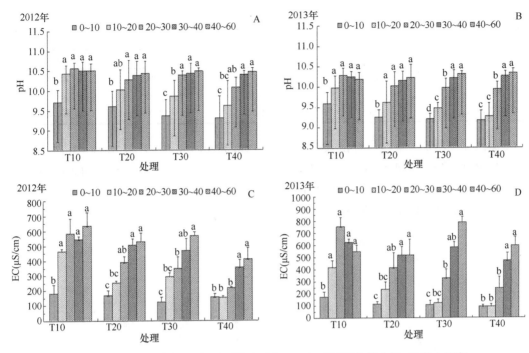

图 5-55　2012 年和 2013 年不同覆沙厚度（cm）下不同土层土壤 pH 和电导率

表 5-57　不同覆沙厚度的玉米形态特征与产量指标

测定指标	覆沙厚度（cm）			
	10	20	30	40
基茎粗（mm）	19.38±1.87[a]	23.08±2.75[b]	23.67±1.79[b]	25.12±1.32[b]
株高（cm）	185.92±12.50[a]	207.58±12.12[b]	207.52±12.78[b]	213.95±6.31[b]
棒长（cm）	13.59±1.77[a]	16.95±2.63[ab]	17.68±1.56[b]	18.95±0.69[b]
棒粗（cm）	30.23±15.40[a]	32.83±18.18[a]	35.90±17.33[a]	39.46±19.36[a]
籽粒行数（行/株）	13.30±0.85[a]	14.65±0.83[b]	14.96±0.61[b]	15.24±0.68[b]
籽粒数（粒/株）	302.60±94.97[a]	505.58±165.17[ab]	535.18±72.74[b]	615.72±38.04[b]
秃尖长（cm）	2.12±0.77[b]	0.98±1.27[a]	1.15±0.95[a]	0.38±0.47[a]
籽粒干重（g/株）	40.88±21.27[a]	102.33±52.81[ab]	104.02±36.88[ab]	133.85±20.13[b]
中轴重（g/株）	10.21±3.28[a]	18.92±7.33[ab]	20.78±4.82[b]	24.79±2.00[b]
千粒重（g/千粒）	130.13±22.59[a]	189.76±49.76[b]	191.22±47.73[b]	216.88±23.64[b]
籽粒产量（kg/hm²）	1717.09±893.29[a]	4298.00±2217.89[ab]	4368.90±1548.86[ab]	5621.55±845.35[b]

表 5-58　不同覆沙厚度的向日葵形态特征与产量

测定指标	覆沙厚度（cm）			
	10	20	30	40
基径粗（cm）	29.5±4.98[a]	29.98±2.34[ab]	32.77±3.65[ab]	35.20±4.50[b]
株高（cm）	222.43±17.24[a]	226.67±14.09[a]	231.22±7.47[a]	235.80±13.37[a]
花盘直径（cm）	18.66±1.83[a]	21.09±0.65[ab]	21.97±2.13[b]	23.90±3.17[b]
籽粒数（粒/株）	850.34±108.16[a]	944.52±114.00[a]	977.18±158.80[a]	1032.24±275.40[a]
籽粒干重（g/株）	103.53±21.65[a]	135.84±10.19[ab]	138.11±33.10[ab]	155.26±55.32[b]

续表

测定指标	覆沙厚度（cm）			
	10	20	30	40
籽粒饱满度	0.72 ± 0.01^a	0.73 ± 0.02^a	0.71 ± 0.04^a	0.73 ± 0.03^a
千粒重（g/千粒）	120.79 ± 10.63^a	144.43 ± 6.56^{ab}	139.79 ± 14.39^b	147.73 ± 24.62^b
籽粒产量（kg/hm²）	1198.00 ± 250.50^a	1572.00 ± 117.90^{ab}	1598.00 ± 383.00^{ab}	1796.59 ± 640.17^b

覆沙厚度增加可促进所种植大麦分蘖，30 cm 和 40 cm 覆沙厚度比 10 cm 覆沙厚度分蘖数分别提高 44% 和 66%。覆沙 20 cm 以上，繁殖体产量较覆沙 10 cm 每公顷显著增加 1000 kg 以上。覆沙 30 cm 和覆沙 40 cm 的营养体产量每公顷比覆沙 10 cm 分别显著提高 1600 kg 和 2900 kg（图 5-56）。

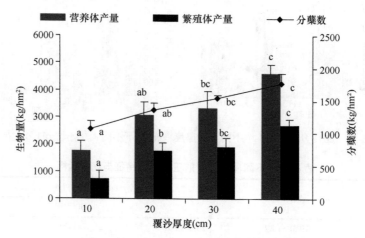

图 5-56　不同覆沙厚度下不同作物产量的分析

不同小写字母表示处理间差异显著，下同

覆沙 20 cm 以上可显著提高所种植苜蓿株高。相比覆沙 10 cm，覆沙 30 cm 可显著提高苜蓿干草产量，为 8.6 t/hm²，是覆沙 10 cm 的 3.3 倍，覆沙 30 cm 最有利于苜蓿生长（图 5-57）。

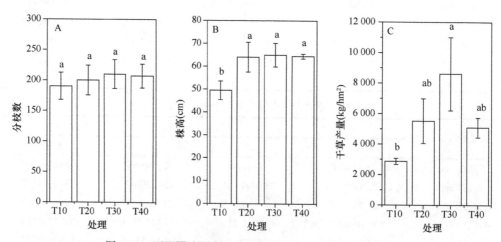

图 5-57　不同覆沙厚度对苜蓿生长指标及干草产量的影响

覆沙 20 cm、30 cm、40 cm 后，0～60 cm 深，苜蓿总根生物量分别较覆沙 10 cm 提高 20.5%、28.8%、21.3%，覆沙厚度的增加促进了苜蓿根系的发育，覆沙 30 cm 促进苜蓿根系发育的作用最明显（图 5-58）。

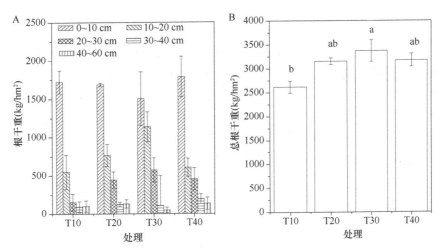

图 5-58　不同覆沙厚度对苜蓿根干重的影响

二、喷淋洗盐改良盐碱地

松嫩平原为一个巨大的汇水盆地，地下水层次多，水量丰富，合理进行分层开采利用，将产生类似湿润区的气候效果。

地下 3～10 m 的潜水含盐量高，不能作为生活用水，也不能作为生产用水。

地下 15～25 m 的承压水水质差，既不能作为生活用水，也不适宜于农业灌溉。

地下 60～80 m 的承压水水质较差，并与上层承压水局部连通，其上层承压水又与上层潜水连通，因此，此层水受上面两层水影响，也受大气降水影响，供应不稳定，但水质适宜作为工农业生产用水。

地下 130～170 m 的承压水水质略差，水量供应不受立地地表及降水影响，适宜作为工农业生产用水。

地下 220～260 m 的承压水为一级饮用水，水量供应不受地表降水影响，适宜于村屯集中生活供水。

当 60～80 m 层的承压水水位下降时，表层承压水和潜水水位下降。潜水水位下降，有利于地表岩土层含盐量下降，有利于土壤表层脱盐，因此，应该加大此层水的开采力度。但是，此层水水量不足，需充分开采 130～170 m 层的承压水，有利于保障农业灌溉用水。

3～10 m、15～25 m、60～80 m 的 3 层水进行混合灌溉利用，水质矿物质含量不超标，适宜于农业灌溉。这将极大促进潜水层的水位下降，加速土壤表层脱盐，并且由于灌溉洗盐，可将土壤表层盐分下渗到更深层次。

根据上述地下水的分层特点，设计如下打井及喷淋洗盐工程方案。

第一，深 180 m，对 20 m、70 m 及 170 m 三层水利用，出水量>150 t/h，喷淋 200mm 水，水质可溶盐含量<0.1%。

第二，土壤中掺混粉碎的玉米秸秆 20 t/hm^2。

第三，土壤 0~20 cm 的理论洗盐量降低 70%，含盐量由 0.8%降低到 0.2%，达到各种甜土植物可以生长的水平。

第四，喷淋洗盐系统建设成本 8000~9000 元/hm^2，可运行 20 年，每年成本 400~450 元/hm^2，每年运行成本 200 元/hm^2，合计 600~650 元/(hm^2·a)。

第五，未改良盐碱地收益 1000~1200 元/(hm^2·a)，改良后收益 5000~6000 元/(hm^2·a)。

喷淋 5 次 200mm 水洗盐后，0~10 cm、10~20 cm 和 20~30 cm 土层的 pH 分别降低 5.1%、3.6%和 1.6%；电导率分别降低 68.2%、47.2%和 22.1%。喷淋处理达到了降低盐碱土表层含盐量的目的（图 5-59 和图 5-60）。

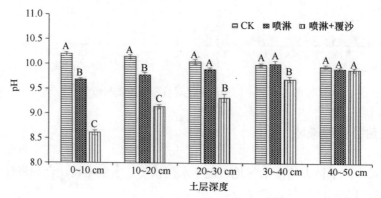

图 5-59　喷淋处理下各土层的 pH
不同大写字母表示处理间差异显著，下同

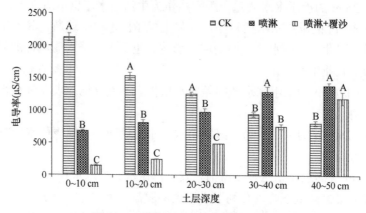

图 5-60　喷淋处理下各土层的电导率

喷淋、喷淋+覆沙可明显降低 0~50 cm 土层中的 Na$^+$、Ca^{2+}、K$^+$和 Mg^{2+}等阳离子含量，同时降低 0~40 cm 土层的 SO$_4^{2-}$、Cl$^-$的含量。喷淋洗盐降低 0~20 cm 土层的 CO$_3^{2-}$含量，但增加 20~50 cm 土层的 CO$_3^{2-}$含量。上述数据充分表明，喷淋洗盐能够实现良好的表土盐碱"淡化"效果（表 5-59）。

表 5-59　喷淋洗盐对土壤主要可溶盐离子含量的影响（g/kg）

离子	土层（cm）	CK	喷淋	喷淋+覆沙
Na^+	0~10	2.46	0.81	0.40
	10~20	2.01	1.25	0.78
	20~30	1.82	1.57	1.08
	30~40	1.55	1.70	1.21
	40~50	1.40	1.76	1.57
K^+	0~10	0.02	0.01	0.01
	10~20	0.03	0.03	0.01
	20~30	0.02	0.04	0.03
	30~40	0.02	0.04	0.03
	40~50	0.01	0.04	0.02
Ca^{2+}	0~10	0.51	0.21	0.10
	10~20	0.63	0.59	0.29
	20~30	0.51	0.73	0.51
	30~40	0.70	0.91	0.48
	40~50	0.69	1.09	0.47
Mg^{2+}	0~10	0.10	0.03	0.01
	10~20	0.23	0.17	0.05
	20~30	0.17	0.15	0.09
	30~40	0.14	0.24	0.11
	40~50	0.09	0.28	0.09
Cl^-	0~10	1.42	0.50	0.32
	10~20	1.14	0.84	0.39
	20~30	1.00	0.67	0.52
	30~40	0.92	0.91	0.49
	40~50	0.89	1.14	0.76
HCO_3^-	0~10	2.71	1.30	0.59
	10~20	2.52	2.27	1.53
	20~30	2.36	3.51	2.78
	30~40	2.16	4.44	2.68
	40~50	1.96	5.62	2.73
CO_3^{2-}	0~10	0.27	0.06	0.00
	10~20	0.29	0.20	0.10
	20~30	0.26	0.36	0.20
	30~40	0.25	0.39	0.26
	40~50	0.22	0.32	0.28
SO_4^{2-}	0~10	1.77	0.29	0.13
	10~20	1.21	0.34	0.18
	20~30	0.94	0.44	0.33
	30~40	1.03	0.89	0.52
	40~50	0.83	0.81	0.67

三、添加、旋耕、翻埋秸秆改良盐碱地

盐碱地改良，包括消减盐分、改良性状和培肥土壤等系列农艺措施，最终实现可种植并增产。添加、旋耕、翻埋秸秆在实现消盐改性的基础上，具有直接的培肥作用，理论上是最为有效的盐碱地改良技术。

覆盖秸秆可以恢复及改良盐碱地（池宝亮等，1993），改良目标决定着对效果的评估（吴泠等，2001；韩贵清和周连仁，2011），添加措施及添加量决定改良效果（朱晶等，2021）。本节介绍了盐碱地添加秸秆后，旋耕翻耙、混埋秸秆改良重度盐碱地造旱田种植玉米的效果。

1. 秸秆不同添加量对土壤盐碱性的影响

重度盐碱地上（表 5-60），翻耙埋入一定量粉碎的玉米秸秆分布于 0～30 cm 土层，可以疏松土壤、抑盐、"吃盐"，构建适宜于作物生长的耕层环境，种植玉米当年即可收获理想的产量。翻埋秸秆 10 t/hm²、20 t/hm²、40 t/hm²、80 t/hm² 均明显降低了土壤 pH 和 EC（图 5-61）。玉米苗期，0～10 cm 土层 pH 由 9.53 下降到 8.62，成熟期下降到 8.95，10～20 cm 和 20～30 cm 土层土壤 pH 有相似的下降规律。玉米苗期，0～10 cm 土层，EC 由 2320 μS/cm 下降到 356 μS/cm，成熟期下降到 124 μS/cm，10～20 cm 和 20～30 cm 土层 EC 有相似的下降规律。

表 5-60　重度盐碱地土壤 pH 和 EC

土层（cm）	pH	EC（μS/cm）
0～10	9.53	2320
10～20	9.64	1657
20～30	9.86	1366

2. 秸秆不同添加量对土壤培肥的效果

重度盐碱地上，翻耙埋入一定量粉碎的玉米秸秆分布在 0～30 cm 土层能提升土壤有机质，具有显著培肥效果。翻埋粉碎秸秆 10～80 t/hm²，与对照相比，0～10 cm 土层土壤有机质含量从 6.3 g/kg 增加至 7.0～24.2 g/kg；10～20 cm 土层土壤有机质含量从 2.8 g/kg 增加至 1.3～22.3 g/kg；20～30 cm 土层土壤有机质含量从 1.7 g/kg 增加至 7.7～20.7 g/kg。

3. 秸秆不同添加量对玉米生产的效果

翻耙埋入一定量粉碎的玉米秸秆改良重度盐碱地，可以实现造旱田种植玉米，改良第 1 年即可实现盐碱荒地变农田（表 5-61）。翻埋粉碎秸秆 20～80 t/hm² 可显著影响玉米生长和产量形成，与 10 t/hm² 相比，玉米株高从 188.3 cm 增加至 225.1 cm、茎粗从 16.7 cm 增加至 20.0 cm、根干重从 6.2 g/株增加至 11.2 g/株、茎鞘干重从 69.6 g/株增加至 118.2 g/株、叶干重从 12.1 g/株增加至 33.8 g/株、穗干重从 93.2 g/株增加至 224.4 g/株。

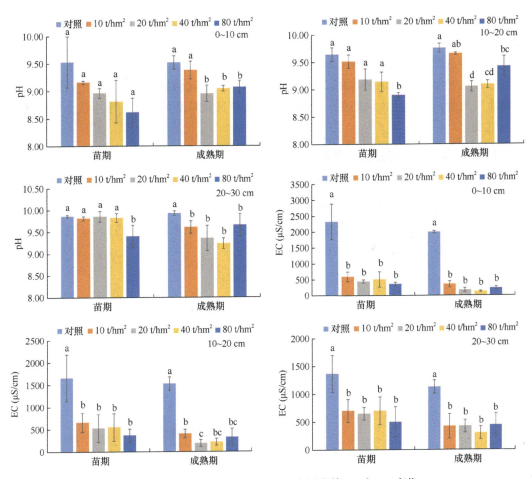

图 5-61　翻埋不同量粉碎秸秆不同土层土壤 pH 和 EC 变化

不同小写字母表示处理间在 0.05 水平上差异显著

表 5-61　翻埋粉碎秸秆改良重度盐碱地造旱田种植玉米的生长及产量

处理	株高 （cm）	茎粗 （cm）	叶干重 （g/株）	茎鞘干重 （g/株）	穗干重 （g/穗）	根干重 （g/株）	干物质量 （g/株）	总生物量 （t/hm²）	籽粒产量 （t/hm²）
10 t/hm²	188.3±3.1bc	16.7±0.6bc	12.1±2.8a	69.6±4.1ab	93.2±25.5bc	6.2±1.0bc	181.1±28.4b	9.5±1.5b	0.8±0.2b
20 t/hm²	225.1±2.6a	19.9±1.2a	24.2±7.3a	117.3±4.7a	205.5±24.9b	8.0±0.7b	355.0±27.1a	18.6±14.2a	2.6±0.4ab
40 t/hm²	208.9±7.7ab	18.6±1.0ab	33.8±21.3a	115.5±37.8ab	224.4±32.8bc	5.8±0.7bc	379.4±90.7a	19.9±4.8a	4.3±0.5a
80 t/hm²	188.4±13.0bc	20.0±1.1a	22.9±0.5a	118.2±8.3a	186.7±20.3a	11.2±1.3a	339.0±25.1a	17.8±1.3a	4.1±0.5a

　　重度盐碱地不改良不能用于种植玉米等作物，围封并浅旋耙可以维持饲草生产 0.5～1.0 t/hm²，添加秸秆改良当年玉米生物量达到 9.5～19.9 t/hm²。

　　添加秸秆 40 t/hm²，当年玉米籽粒产量达到 4.3 t/hm²。

四、盐碱土水洗及添加化学试剂水洗后的盐碱性变化

　　水洗可以改良松嫩平原盐碱地，陈恩凤等（1957，1962）系统总结了盐碱地灌溉种水稻前后土壤盐分含量变化、灌溉用水量及水稻产量，包括水稻耐盐碱程度。灌溉水洗

改良盐碱地种水稻缺少水洗次数、历次用水量及其效果研究。添加石膏、硫酸铝改良盐碱地需要结合水洗（赵兰坡等，2013），但缺少化学试剂与水洗二者之间的互作关系研究。

灌溉淋洗改良黄淮海平原盐碱地有成功的经验（陈恩凤等，1979）。为了用水灌溉淋洗改良松嫩平原盐碱地种水稻，理解淋洗过程中土壤盐碱特性变化，我们研究了水洗盐碱土的效果，包括加入硫酸铝、磷酸钙、硫酸亚铁及草酸后加纯净水水洗土壤悬液的盐碱性变化。

1. 加水混合的沉淀过程、悬液 pH 和 EC

盐碱土加水混合后成浑浊混沌状，土壤黏粒及胶体悬浮不易沉淀。加入不同水量混合，静置 15 天后，上层有 0.5～2.5 cm 高的暗褐色水样悬液，下层为灰白色土样沉淀层（图 5-62），加水越多下层混沌状层越高，且沉淀越慢。土水比（1～3）：1 时，静置沉淀 15 天后，上层透明悬液相对明显。

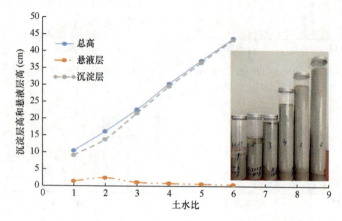

图 5-62 盐碱土加不同水量混合 15 天后沉淀澄清状态

200 g 风干土装入直径 6.0 cm 直筒瓶中，土高 4.5～4.6 cm，加 100～600 g 水后的高度称为总高，
混沌状沉淀层高指示其沉淀状态

静置沉淀 30 天后，各加水量处理的沉淀层相对稳定，高度为 9～17 cm，透明状悬液层高度分别为 2 cm、4 cm、9 cm、14 cm、22 cm 和 25 cm。不同加水量的悬液 pH、EC 呈递减变化（图 5-62）。相同加水量比例，分别加入土壤质量的 0.15% 草酸后，2～3 天内沉淀层稳定，高度亦为 9～17 cm，上层悬液呈透明状，其 pH、EC 亦呈递减变化（图 5-62）。加入草酸后，与纯水相比，二者的 pH、EC 差异不显著。

若悬液层 EC、pH 代表土壤盐碱性，加水量为土壤质量的 6 倍时，土壤盐分可以充分洗出到悬浊液，土壤 pH 由 8.7（土：水=1：1）降为 8.3（土：水=1：6）、EC 由 3.4 dS/m 降为 0.9 dS/m。

2. 化学试剂处理的沉淀过程、悬液 pH 和 EC

盐碱土加水（土：水=1：2）并加入不同比例石膏、硫酸铝、草酸及硫酸亚铁后，混合液快速澄清，3～4 h 后产生明显透明状悬液层。3 天后沉淀层相对稳定，不同浓度处理的上层悬液净高 7～10 cm（图 5-63），沉淀层高 6～9 cm。低浓度时（0.05%～0.15%，*m/V*），草酸处理组透明状悬液层更高。

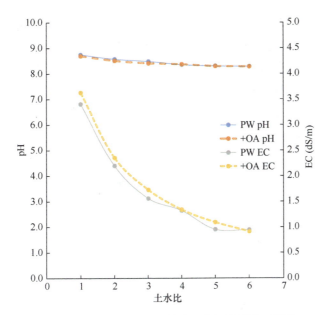

图 5-62　不同土水比及加入 0.15%草酸混合沉淀澄清后悬液 pH、EC
+OA 表示添加草酸，PW 表示纯净水

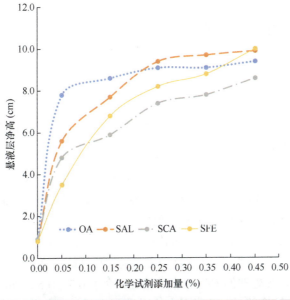

图 5-63　盐碱土加不同浓度硫酸铝（SAL）、硫酸钙（SCA）、草酸（OA）及
硫酸亚铁（SFE）3 天后沉淀澄清状态
200 g 风干土装入直径 6.0 cm 直筒瓶中高度为 4.5～4.6 cm，加 400 g 水摇匀后混合液高度为 16.3～16.5 cm

不同种类、不同浓度化学试剂加入盐碱土并加水混合后，悬液 pH 都有一定程度的降低，从 8.7 降至 7.6～8.2；指示土壤盐含量的悬液 EC 升高，由 2.2 dS/m 升高到 2.7～3.3 dS/m（图 5-64）。无疑，添加化学试剂处理本身增加盐碱土盐分含量，并且效果明显，添加化学试剂改良盐碱地需要水洗，没有水洗反而增加土壤的盐碱性。

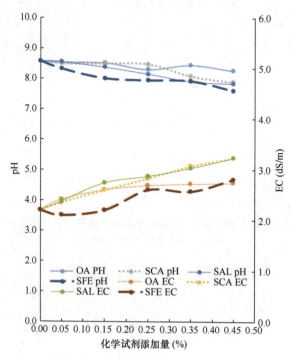

图 5-64　化学试剂处理及加水（土∶水=1∶2）混合悬液 pH、EC 变化

3. 水洗及添加化学试剂水洗悬液的 EC、pH

随水洗次数增加，悬液 EC 快速下降，第 3 次水洗后悬液 $EC_{1:2}$ 由 2.2 dS/m 降低到 1.0 dS/m，至第 5 次后，EC 降为 0.5 dS/m，减少 77%（图 5-65）。悬液 pH 在第 2 次水洗时即快速降低至 7.6，后续有微弱上升趋势。

盐碱土加入化学试剂并用水洗 1～5 次（土∶水=1∶2），pH 变化相对稳定，介于 7.8～8.6。盐碱土加入化学试剂并水洗 1～5 次，$EC_{1:2}$ 快速降低，第 3 次时，$EC_{1:2}$ 降低至 0.9～1.1 dS/m，第 5 次时，各处理的 $EC_{1:2}$ 非常相近，介于 0.3～0.5 dS/m（图 5-65），近于风沙土的盐含量水平。这意味着，水洗及加入化学试剂水洗，起作用的基本是水洗及水洗次数，加入化学试剂仅仅起到了澄清水土混合液的作用。

4. 水洗及添加化学试剂水洗的幼苗生长

盐碱土及添加化学试剂水洗后，栽植催芽稻苗，20 天时，水洗 0～2 次的水洗土栽植稻苗所剩无几，水洗第 3 次的水洗土稻苗存活较好（表 5-62）。草酸处理组平均苗高 20.1 cm，硫酸钙组和硫酸铝组平均苗高 20～21 cm，水洗土组平均苗高 16.2 cm。

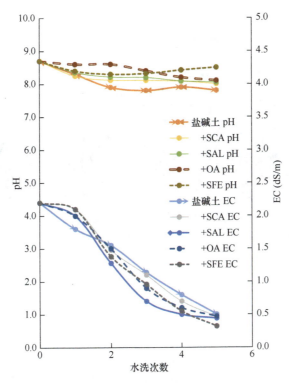

图 5-65 化学试剂处理及水洗后悬液 pH、EC 变化

注：化学试剂添加量为土壤质量的 0.15%，化学试剂分别为硫酸钙（SCA）、硫酸铝（SAL）、草酸（OA）和硫酸亚铁（SFE）

表 5-62　盐碱土不同水洗次数后水洗土栽植稻苗 25 天时稻苗存活率和苗高

处理	存活率（%）				水洗 3 次苗高（cm）
	未水洗	水洗 1 次	水洗 2 次	水洗 3 次	
盐碱土	15	5	70	80	16.2
加硫酸钙 0.15%	5	10	75	85	20.5
加硫酸铝 0.15%	5	10	80	90	21.3
加草酸 0.15%	5	10	80	90	20.1
加硫酸亚铁 0.15%	5	60	70	75	18.5

5. 生产应用

盐碱土加为其质量 2～3 倍的水混合后，沉淀效果较好，超过其质量 3 倍后沉淀缓慢。这或许是加水量多，有更多的黏粒进入溶液所致，所以，利用水洗改良盐碱地一次不能灌溉较多水。除非时间充裕，加水较多情况下（5～6 倍土壤质量），沉淀 30 天后也基本稳定，上层呈透明状。加入土壤质量的 0.15% 草酸等化学试剂后，无论水量多少，2～3 天后沉淀基本稳定。

盐碱土由于胶体或黏粒含量多，加水混合后浑浊混沌不沉淀，加一定化学试剂处理使之沉淀澄清很有必要，有利于防止土壤随水排走损失。硫酸铝、硫酸钙、草酸及硫酸亚铁等多种化学试剂有澄清沉淀的作用（图 5-66），并且有降低盐碱土 pH 的作用（图 5-67），以风干土计的 0.15%浓度在 2～3 天内即可实现沉淀澄清。生产中的应用取决于化学试剂价格，草酸为天然产物，植物中普遍存在，且不含盐离子，可以考虑优先选择。

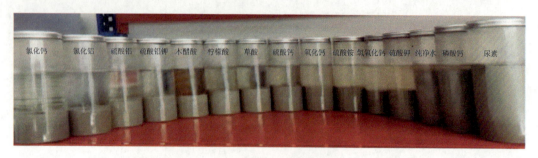

图 5-66　化学试剂处理的沉淀效果（除木醋酸为 1.5%浓度外，余为 0.15%浓度，静置 3 天后）
从左到右依次为氯化钙、氯化铝、硫酸铝、硫酸铝钾、木醋酸、柠檬酸、草酸、硫酸钙、氧化钙、硫酸铵、
氢氧化钙、硫酸钾、纯净水、磷酸钙、尿素

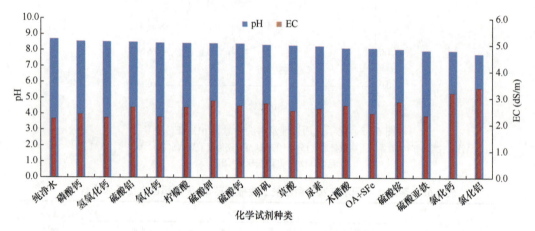

图 5-67　加入化学试剂（0.15%）并加水（土∶水=1∶2）混合沉淀 3 天后悬液的 pH、EC
OA+SFe 为草酸及硫酸亚铁各 0.075%；木醋酸为液体，浓度为 1.5%

　　水洗可以清除盐碱土中的盐分离子，降低盐碱土盐分含量，水洗第 3 次土壤悬液 EC 降为 1.0 dS/m，栽植催芽稻苗可以保证有 80%的成活率。加入化学试剂后水洗第 3 次土壤悬液 EC 降为 1.1 dS/m，栽植催芽稻苗可以保证有 85%以上的成活率。水洗或加入化学试剂水洗至第 5 次，土壤 EC 降至 0.3～0.5 dS/m，近于风沙土的水平，可以良好种植。

　　改良盐碱土物理性状，特别是表层结壳问题，对于盐碱地改良作旱田需要充分考虑。盐碱土黏粒或胶体含量丰富，加水后为浑浊混沌状，但也产生沉淀分层，分别分层取出浑浊悬液风干后，上层内的土壤呈坚硬块状，中下层呈疏松颗粒状（图 5-68）。进一步表明，盐碱土表层结壳由富含的黏粒所致，并与盐分含量有关系。生产实践中，若采取喷淋浇灌方式，理论上可以将黏粒淋洗到下部，并冲淡其盐含量，防止表层结壳，有利于出苗。

　　在计划改良深度内，按土壤质量的 2 倍或 3 倍灌水，混合液的沉淀效果较好，水洗 3 次基本可以达到种植标准。第 1 次灌水 5000 t/hm² (改良深度 20 cm，土壤质量 2500 t/hm²)，

图 5-68 盐碱土加水混合沉淀 2 天后产生分层，分层取样风干后样品状态
上 1/3 层：$EC_{1:2}$=2.5，pH=8.4；中 1/3 层：$EC_{1:2}$=1.4，pH=8.3；下 1/3 层：$EC_{1:2}$=1.2，pH=8.1

扣除饱和含水、下渗及蒸发，可排走 3000 t/hm^2（排走 60%），第 2 次、第 3 次灌水 3000 t/hm^2，均排走 2000~3000 t/hm^2，3 次合计排水 7000~9000 t/hm^2。灌水时，加入一种化学试剂，可以使水土混合液快速沉淀澄清，有利于防止土壤损失，并减少淤积排水渠道/水池的风险。考虑到效果和成本，本文推荐使用草酸，用量 2~3 t/hm^2。生产实践中，由于旋耕混合不均匀等因素，可以考虑水洗 4~5 次，这样可以充分保证后续稻苗存活率及生长状态良好。

五、盐碱地改良的地面水管理：田地-沟壕-鱼蟹系统

盐碱地，特别是显性盐碱地，渗透力弱，渗水性能差，超过 10 mm 的降水都能导致地面积水，积水一方面产生内涝，另一方面导致表聚"勾盐"，致使表层土壤盐碱化加剧。所以，对地面水进行管理并适当利用，为松嫩平原盐碱地改良的首要前提。区块化、网格化地面为基本可行措施，即在需要改造的区域周边开挖沟壕，形成储存地面水的区域，根据潜在地面水量及区域面积设计沟壕宽度及深度。同时，根据所能收集的水量，决定是否进行鱼蟹养殖利用。

地面水丰富的地区，改良盐碱地为水田，采用专门的供水系统进行灌溉，需要阻止含盐的地表汇水进入水田，所开挖的沟壕应该位于所改水田的外圈，一方面阻止外部地面水进入水田，另一方面作为水田排水通道或储水区域。

改良盐碱地为旱田，所开挖的沟壕应该位于所改造旱田的内圈，以收集储存旱田内部的潜在积水，防止内涝及表聚"勾盐"。

无论是旱田内圈的沟壕或是水田外圈的沟壕，根据水量大小可以适当进行鱼类、蟹类养殖，增加盐碱地改良效益，本书称为田地-沟壕-鱼蟹系统（图 5-69）。在进行鱼蟹养殖情况下，根据需要，在沟壕某处可以适当深挖超过 2 m 深的越冬池，以确保鱼苗、蟹苗越冬继续生长。

六、盐碱地改良利用的三个工程措施

松嫩平原总体上地广人稀，人均占有土地面积多，但由于土壤盐碱化，人均可利用的有效土地面积并不多。由于有效土地面积少，加之低产，松嫩平原乡村长期处于经济落后状态，乡村居民年人均可支配收入仅 1.1 万元，各县一度都是省级或国家级贫困县。

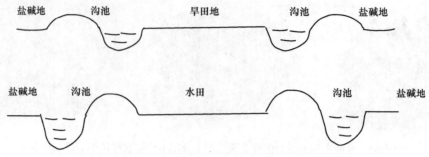

图 5-69　盐碱地改良的地面水管理：田地-沟壕-鱼蟹系统

围封、添加秸秆、秸秆扦插均可以有效地恢复盐碱地植被，覆沙造旱田可以对盐碱地进行改良利用，但也面临干旱等问题。在进行技术可行且有后续经济效益的盐碱地改良时，非大面积规模化工程不能产生广泛的效应。在大面积规模化盐碱地改良工程的基础上，配套适宜的农牧业发展方式，松嫩平原乡村发展振兴可期可待。

首先，需要确定各个独立盐碱地区片，在 5 个大的盐碱区片基础上，进一步分出小的独立区片，每个区片一致行动，围绕嫩江等河流及其两岸集水区，实行区域化系统性改造，而不是实施局域的、现地的、短期有效而中长期无效的改造措施。

松嫩平原的盐碱地是地表水及地下水共同作用的结果，对其中的河流集水区及"无尾河"进行区域化改造为治本之功。

1. 实施无尾河疏浚工程

采取工程措施，疏浚松嫩平原"无尾河"进入固定区域形成水库、湿地或流入嫩江-松花江，变"无尾河"为"有尾河"，使降落到地面且溶解了盐分的雨水集中汇存到固定区域或进入嫩江-松花江向东流入大海（图 5-70）。这是针对此区盐碱地形成原因提出的解决其低洼易涝问题的一个基础办法。

松嫩平原四周高、中间低，嫩江自平原中心地带穿过，其两侧的低平原集水区向嫩江方向有连续的自然坡降，有缓慢的坡降比，可以发生降水的自流过程。

松嫩平原地形地貌相对平坦，有连续的坡降，中间丘陵起伏小，为疏浚工程具备可操作性奠定了基础。该工程是长期有效防止土地继续盐碱化的办法，也是改良途径。

2. 大量开采地下水，降低潜水水位

松嫩平原地下水丰富，现仅利用了其大安组、泰康组年可开采量的 60%。地下水虽然丰富，但利用少，导致其埋藏浅。地表潜水与下面各组承压水、地下水有连通，大量开采松嫩平原地下水，降低潜水水位至 2 m 以下，可以有效地阻止含盐的地下水蒸发至地表，这也是中长期解决松嫩平原土地盐碱化的办法（图 5-71）。

开采出的地下水用于节水喷淋灌溉，可以起到喷淋洗盐的作用，淡化土壤表层盐分，同步一体化解决此区干旱问题，这是短期改良盐碱地的有效措施。此项措施需要以集水区为单位整体区域推进，全面降低地下潜水水位。

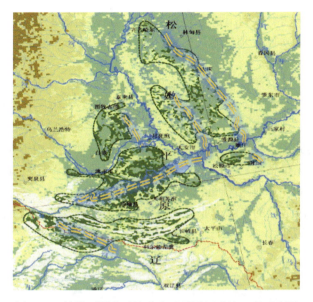

图 5-70 松嫩平原盐碱地分布及无尾河疏浚工程示意图

红色虚线为示意的疏浚通道，此项疏浚河道工程类似黄淮海改造的开挖河道工程；地表水文系统决定松嫩平原有 5 区片盐碱地（绿线标注范围），每一区片都有独立的地表水文系统，疏浚各水文系统的"无尾河"，即建设主渠道，并整理两侧集水区，将"无尾河"与主渠道连接，形成定点水库、湿地或引入松花江；此潜在工程同时具有防止类似 1998 年那种 50 年一遇洪水的作用

图 5-71 松嫩平原地下水开采的喷淋洗盐节水灌溉系统

3. 大量添加秸秆，疏松盐碱化土壤表层

松嫩平原在轻度盐碱化地区开垦了部分农田，有丰富的农田秸秆，将秸秆粉碎运输添加到盐碱地中，可疏松表层土壤，增加土壤渗透性，为防治雨水泛滥汇集在地表而加剧盐碱化的可行措施，并可促进雨水渗透淋溶盐分，起到洗盐作用，该措施是短期排出现存表层土壤盐分的有效办法。同时，一定程度上解决了秸秆处理的环境保护问题、秸秆资源化利用问题，并培肥了盐碱化土地。本着就地就近利用原则，松嫩平原盐碱地可以消化掉附近绝大部分农田的剩余秸秆，成本低廉。

上述 3 项措施结合，进行区域化统筹改造，将释放出 400 万～500 万 hm^2 优良田地，使此区平均每人增加 1 hm^2 多的可耕作土地，用于种植饲料作物、油料向日葵或粮食作物及进行粮草轮作，对于乡村振兴发展有现实意义。

　　广袤的盐碱地未能有效利用是松嫩平原农村经济落后的主要原因之一，需要进行区域性统筹规划，联动实施各项措施。另外，农业产业模式未能有效适应此区土壤-气候统一体也是一个重要原因。

　　松嫩平原为半干旱、半湿润地区，年际间气候波动大，种植粮食作物有"10 年 7 收 2 平 1 歉"特征，好年景收入可观，差年景多边际效应，农民有希望但渺茫，虽辛苦耕耘，但难以致富，这近乎是"气候魔咒"，并加重了对环境的破坏。

　　近年，国家实施了"粮改饲"政策及行动，但无论如何，由于人口对粮食的需要，种植农田后产生了大量秸秆，这是松嫩平原的优势资源，粮改饲后有了更多饲草，发展草食动物饲养，推动"草地-秸秆畜牧业"生产模式（图 5-72），夏季适度放牧，秋冬春季秸秆饲喂，为本区适宜的农业产业范式，需要大力推进发展。现阶段，基本的数量型草食牲畜饲养非常需要。

图 5-72　秸秆饲料开发及草地-秸秆畜牧业模式

　　草地-秸秆畜牧业模式存在两种空间形式：草地-农田局域镶嵌分布式的草地-秸秆畜牧业发展模式和草原-农业区域相邻分布式的草地-秸秆畜牧业发展模式，后者对于内蒙古草原保护及畜牧业发展、东北粮食生产利用具有重要意义。

　　综上，东北松嫩平原面积大、人口多，农村经济发展落后；经济滞后的原因是土地盐碱化、农业产业范式不适宜土壤-气候统一体。改良盐碱地将从根本上改变此区经济落后现象，而改良盐碱地需要实施区域化系统性工程。疏浚"无尾河"为"有尾河"，开发地下水喷淋洗盐并降低潜水水位，结合添加秸秆疏松土壤并培肥地力，为针对盐碱地形成原因提出的基础改良体系，可操作且有效益。秸秆资源为松嫩平原农区的唯一优势资源，具有优良的饲料价值，在粮改饲的基础上，开发秸秆饲料，发展"草地-秸秆畜牧业"，为此区适宜的生产范式，最基础的数量型草食牲畜畜牧业发展也需要一套针对性政策及行动。

（本章作者：李强，胡娟，周道玮）

参 考 文 献

陈恩凤, 王汝楠, 胡思敏, 等. 1962. 吉林省郭前旗灌区苏打盐渍土的改良[J]. 土壤学报, (2): 201-215.

陈恩凤, 王汝楠, 张同亮, 等. 1957. 吉林省郭前旗灌区的碱化草甸盐土[J]. 土壤学报, (1): 61-77.

陈恩凤, 王汝镛, 王春裕. 1979. 我国盐碱土改良研究的进展与展望[J]. 土壤通报, (1): 1-4.

程伯容, 王汝楠, 马庆骧, 等. 1963. 东北松嫩平原盐渍土的盐分累积[J]. 土壤学报, (1): 9-24.

池宝亮, 焦晓燕, 李冬旺, 等. 1993. 秸秆覆盖对盐碱地水、温、盐、肥及玉米生长发育的影响[J]. 土壤通报, (S1): 62-64.

关胜超. 2017. 松嫩平原盐碱地改良利用研究[D]. 长春: 中国科学院东北地理与农业生态研究所博士学位论文.

郭彦, 杨洪双, 赵家斌. 2008. 混合盐碱对大豆种子萌发的影响[J]. 种子, 27(12): 92-93.

韩贵清, 周连仁. 2011. 黑龙江盐渍土改良与利用[M]. 北京: 中国农业出版社.

何念鹏, 吴泠, 姜世成, 等. 2004. 扦插玉米秸秆改良松嫩平原次生光碱斑的研究[J]. 应用生态学报, (6): 969-972.

姜世成. 2010. 松嫩盐碱化草地水盐分布格局及盐碱裸地植被快速恢复技术研究[D]. 长春: 东北师范大学博士学位论文.

蒋海云, 许模, 魏云杰. 2006. 新疆某竖井排灌工程经济效益分析[J]. 水土保持研究, (2): 36-37, 114.

李昌华, 何万云. 1963. 松嫩平原盐渍土主要类型、性质及其形成过程[J]. 土壤学报, (2): 88-101.

李强. 2014. 松嫩平原弃耕地演替过程中枯落物效应研究[D]. 长春: 中国科学院东北地理与农业生态研究所博士学位论文.

李强, 刘延春, 周道玮, 等. 2009. 松嫩退化草地三种优势植物群落对封育的响应[J]. 东北师大学报(自然科学版), 41(2): 139-144.

李强, 宋彦涛, 周道玮. 2014. 围封和放牧对退化盐碱草地土壤碳、氮、磷储量的影响[J]. 草业科学, 31(10): 1811-1819.

李取生. 1990. 松嫩沙地历史演变的初步研究[J]. 科学通报, (11): 854-856.

李取生. 1991. 松嫩沙地的形成与环境变迁[J]. 中国沙漠, (3): 39-46.

李秀军. 2000. 松嫩平原西部土地盐碱化与农业可持续发展[J]. 地理科学, (1): 51-55.

李玉明, 石德成, 李毅丹. 2002. 混合盐碱胁迫对高粱幼苗的影响[J]. 杂粮作物, 22(1): 41-45.

李志民, 吕金福. 2001. 大布苏湖地貌-沉积类型与湖泊演化[J]. 湖泊科学, 13(2): 103-110.

李志民, 吕金福, 冷雪天, 等. 2000. 大布苏湖全新世沉积岩芯的粒度特征与湖面波动[J]. 东北师大学报(自然科学版), (2): 117-122.

林学钰. 2000. 松嫩盆地地下水资源与可持续发展研究[M]. 北京: 地震出版社.

裘善文, 李取生, 夏玉梅. 1992. 东北平原西部沙地古土壤与全新世环境变迁[J]. 第四纪研究, (3): 224-232.

裘善文, 夏玉梅, 李凤华, 等. 1984. 松辽平原第四纪中期古地理研究[J]. 科学通报, (3): 172-174.

尚宗波, 高琼, 王仁忠. 2002. 松嫩草地土壤水分及盐渍化动态的模拟研究[J]. 土壤学报, (3): 375-383.

沈吉, 吴瑞金, 安芷生. 1998. 大布苏湖沉积剖面有机碳同位素特征与古环境[J]. 湖泊科学, (3): 8-12.

时丽冉. 2007. 混合盐碱胁迫对玉米种子萌发的影响[J]. 衡水学院学报, 9(1): 13-15.

宋长春, 邓伟. 2000. 吉林西部地下水特征及其与土壤盐渍化的关系[J]. 地理科学, (3): 246-250.

宋长春, 何岩, 邓伟. 2003. 松嫩平原盐渍土壤生态地球化学[M]. 北京: 科学出版社.

孙广友, 王海霞. 2016. 松嫩平原盐碱地大规模开发的前期研究、灌区格局与风险控制[J]. 资源科学, 38(3): 407-413.

孙毅, 高玉山, 闫孝贡. 2001. 石膏改良苏打盐碱土研究[J]. 土壤通报, 32: 97-101.

陶冬雪, 胡娟, 高英志, 等. 2021. 吉林西部一年两茬种植模式的作物产量及经济效益研究[J]. 土壤与作物, 10(2): 221-229.

汪佩芳, 夏玉梅. 1988. 松嫩平原晚更新世以来古植被演替的初步研究[J]. 植物研究, (1): 87-96.

王春裕, 王汝镛. 1996. 中国东北西部地区土壤盐渍化演变及其防治的若干对策[J]. 生态学杂志, 15(2): 44-48.

王春裕, 王汝镛, 张素君, 等. 1987. 东北苏打盐渍土的性质与改良[J]. 土壤通报, (2): 57-60.

王凤生, 田兆成. 2002. 吉林省松嫩平原土壤盐渍化过程中的地下水作用[J]. 吉林地质, (Z1): 79-88.

王萍, 殷立娟, 李建东, 等. 1994. 松嫩平原盐碱化草地羊草的生长适应性及耐盐生理特性的研究[J]. 生态学报, (3): 306-311.

王汝楣, 王春裕, 陈恩凤. 1962. 吉林省郭前旗灌区苏打盐土的盐分动态[J]. 土壤通报, (2): 5-23.

王学志, 张正祥, 盛连喜, 等. 2010. 基于地貌特征的东北土地利用格局[J]. 生态学杂志, 29(12): 2444-2451.

王遵亲. 1993. 中国盐渍土[M]. 北京: 科学出版社.

吴泠, 何念鹏, 周道玮. 2001. 玉米秸秆改良松嫩盐碱地的初步研究[J]. 中国草地, (6): 35-39.

夏玉梅, 汪佩芳. 1987. 松嫩平原晚第三纪—更新世孢粉组合及古植被与古气候的研究[J]. 地理学报, (2): 165-178.

熊绍澧. 1962. 松嫩平原盐碱土的形成与地质、地貌及水文地质的关系[J]. 土壤, (2): 36-41.

熊毅. 1963. 巴基斯坦防治土壤沼泽化和盐碱化的情况及管井抽水经验[M]. 北京: 中华人民共和国国家科学技术委员会情报局.

杨国荣, 孟庆秋, 王海岩. 1986. 松嫩平原苏打盐渍土数值分类的初步研究[J]. 土壤学报, (4): 291-298.

姚丽, 刘廷玺. 2005. 科尔沁沙地土壤化学特性研究[J]. 内蒙古农业大学学报(自然科学版), (2): 35-38.

殷志强, 秦小光. 2010. 末次冰期以来松嫩盆地东部榆树黄土堆积及其环境意义[J]. 中国地质, 37(1): 212-222.

詹涛, 曾方明, 谢远云, 等. 2019. 东北平原钻孔的磁性地层定年及松嫩古湖演化[J]. 科学通报, 64(11): 1179-1190.

张为政. 1993. 草地土壤次生盐渍化——松嫩平原次生盐碱斑成因的研究[J]. 土壤学报, (2): 182-190.

张正祥, 靳英华, 周道玮. 2012. 松嫩、辽河平原地貌特征及其生态土地类别的划分与管理对策[J]. 土壤与作物, 1(1): 34-40.

赵兰坡. 2013. 松嫩平原盐碱地改良利用[M]. 北京: 科学出版社.

赵兰坡, 王宇, 冯君. 2013. 松嫩平原盐碱地改良利用: 理论与技术[M]. 北京: 科学出版社.

赵兰坡, 王宇, 马晶. 2001. 吉林省西部苏打盐碱土改良研究[J]. 土壤通报, 32: 91-95.

郑慧莹, 李建东. 1995. 松嫩平原盐碱植物群落形成过程的探讨[J]. 植物生态学报, (1): 1-12.

中国土壤学会盐渍土委员会. 1989. 中国盐渍土分类分级文集[M]. 南京: 江苏科学技术出版社.

周道玮, 李强, 宋彦涛, 等. 2011b. 松嫩平原羊草草地盐碱化过程[J]. 应用生态学报, 22(6): 1423-1430.

周道玮, 田雨, 王敏玲, 等. 2011a. 覆沙改良科尔沁沙地-松辽平原交错区盐碱地与造田技术研究[J]. 自然资源学报, 26(6): 910-918.

周道玮, 张正祥, 靳英华, 等. 2010. 东北植被区划及其分布格局[J]. 植物生态学报, 34(12): 1359-1368.

朱晶, 张巳奇, 冉成, 等. 2021. 秸秆还田对松嫩平原西部苏打盐碱地稻田土壤养分及产量的影响[J]. 东北农业科学, 46(1): 42-46, 51.

Abrol I P, Yadav J, Massoud F I. 1988. Salt-affected soils and their management[J]. International Journal of Bio-resource and Stress Management, 1(1): 5-12.

Ahmad M. 1998. Horizontal flushing: a promising ameliorative technology for hard saline-sodic and sodic soils[J]. Soil and Tillage Research, 45(11): 119-131.

Brinkman R. 1980. Saline and sodic soils. In: Land Reclamation and Water Management. Wageningen: International Institute for Land Reclamation and Improvement (ILRI): 62-68.

Colmer T D, Munns R, Flowers T J. 2005. Improving salt tolerance of wheat and barley: future prospects[J]. Australian Journal of Experimental Agriculture, 45: 1425-1443.

Guo R, Shi L X, Yang Y F. 2009. Germination, growth, osmotic adjustment and ionic balance of wheat in response to saline and alkaline stresses[J]. Soil Science and Plant Nutrition, 55: 667-679.

Hichem H, Denden M, El Ayeb N. 2009. Differential responses of two maize (Zea mays L.) varieties to salt stress: changes on polyphenols composition of foliage and oxidative damages[J]. Industrial Crops and Products, 30: 144-151.

Li Q, Zhou D, Jin Y, et al. 2014. Effects of fencing on vegetation and soil restoration in a degraded alkaline grassland in northeast China[J]. Journal of Arid Land, 6(4): 478-487.

Nayak D K, Sharma V K. 2008. Reclamation of saline-sodic soil under a rice-wheat system by horizontal surface flushing[J]. Soil Use and Management, 24(4): 337-343.

Netondo G W, Onyango J C, Beck E. 2004. Sorghum and salinity: I. Response of growth, water relations, and ion accumulation to NaCl salinity[J]. Crop Science, 44(3): 797-805.

Peng Y L, Gao Z W, Gao Y. 2008. Eco-physiological characteristics of alfalfa seedlings in response to various mixed salt-alkaline stresses[J]. Journal of Integrative Plant Biology, 50(1): 29-39.

Reeve R C, Pillsbury A F, Wilcox L V. 1955. Reclamation of a saline and high boron soil in the Coachella Valley of California[J]. Hilgardia, 24(4): 69-91.

Richards L A. 1954. Diagnosis and improvement of saline and alkali soils[J]. Agronomy Journal, 46(6): 290.

Ruben V, Chen P, Tetsuaki I, et al. 2008. A rapid and effective method for screening salt tolerance in soybean[J]. Crop Science, 48(5): 1773-1779.

Shi D C, Sheng Y M. 2005. Effect of various salt-alkaline mixed stress conditions on sunflower seedlings and analysis of their stress factors[J]. Environmental and Experimental Botany, 54: 8-21.

Teakle N L, Snell A, Real D. 2010. Variation in salinity tolerance, early shoot mass and shoot ion concentrations within *Lotus tenuis*: towards a perennial pasture legume for saline land[J]. Crop and Pasture Science, 61: 379-388.

Wentz D. 2001. Salt tolerance of plants[J]. Agri-Facts, Ag-dex 518-17.

第六章 松嫩平原的饲草生产

松嫩平原饲草生产有三条基本途径：天然草地饲草生产、农田"粮改饲"生产及作物秸秆作饲草料生产。其他饲草料来源还有防护林落叶、籽粒加工后剩余的统糠稻壳等。人工草地生产在松嫩平原，甚至全国其他一些地区，需要再做评估。

羊草为松嫩平原的优势植物，耐轻度盐碱，顺应自然管理羊草草地或发展羊草饲草场为适宜选择。碱茅蛋白含量高，草质柔软，适口性好，在低湿地有发展潜力。野大麦耐旱、耐盐碱，饲草质量优良，适宜地区可以种植。

苜蓿蒸腾系数高，达到潜在遗传产量需要 800 mm 的降水量或灌溉量，且仅耐轻度盐碱，在松嫩平原发展有很高的风险。豆科和禾本科植物混播培肥对于改良草地，以及提高饲草质量具有重要价值。

农田生产青贮玉米可以减少 1 个月的土地利用时间，且可减少施肥，对于土地保护具有重要意义。同时，农田生产饲料结合养殖还有很好的经济效益。种植青贮玉米为首选，燕麦可以一年种植两茬，或与小麦、白菜、油菜等轮作，实现一年两茬轮作。未来，苏丹草和高丹草因其耐盐碱性在松嫩平原有适宜的发展潜力。

农田"粮改饲"生产除生产高大饲料作物外，还包括多年生人工草地生产。多年生人工草地生产往往产量低，但对土壤质量要求也相对低。同时，多年生人工草地生产涉及地块选择、物种及品种选择、播种建植及种子生产和杂草控制等一系列农艺措施，成本相对高。在松嫩平原，甚至中国大多数地区，基本没有种植多年生人工草地的基础，其主要原因是经济效益不高。

农田籽粒收获后剩余的秸秆可作为松嫩平原的优势饲草料资源，具有巨大的开发利用潜力。

第一节 松嫩平原的饲草资源

土地资源决定其能生产的饲草种类和数量，影响牲畜生产种类及方式。为了理解松嫩平原、辽河平原及其所在各省区的资源总量，基于地貌类型对土地资源进行了信息数字化（张正祥等，2012），并依据适应的优势植物功能群，对土地类别进行了划分，归纳总结了各自的生态问题和基本管理对策，以探究适宜的饲草生产途径和牲畜生产模式。

一、土地资源

松嫩平原、辽河平原的地势地貌根据起伏度分为平原（起伏度 < 30 m）、台地（起伏度 30～50 m）等类型；根据海拔，分为极低平原（海拔 < 50 m）、低平原（海拔 50～100 m）、中平原（海拔 100～150 m）、高平原（海拔 150～200 m）和极高平原（海拔 >

200 m）。低台地环外围分布，向内渐次为极高平原、高平原、中平原和低平原，辽河平原存在极低平原（图 6-1）。

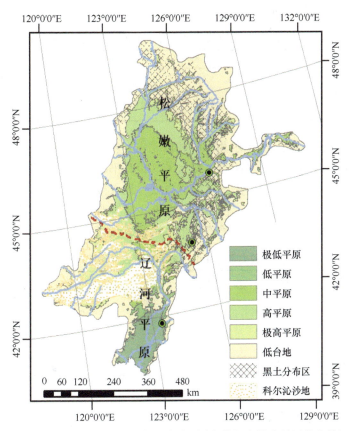

图 6-1　松嫩、辽河平原地势地貌图（图中的红虚线为松辽分水岭）

按所划定范围统计的松嫩平原面积为 25.7 万 km²，辽河平原面积为 12.2 万 km²，松嫩平原主导地势地貌为低台地、高平原和中平原（各类平原部分的面积为 14.4 万 km²，第一章中依据地貌统计的松嫩平原各平原面积为 14.8 万 km²）。辽河平原主导地势地貌为低台地、极高平原、高平原（各类平原部分的面积为 8.6 万 km²，第一章中依据地貌统计的辽河平原各平原面积为 9.0 万 km²）（表 6-1）。

表 6-1　松嫩平原和辽河平原地势地貌类型及其面积（万 hm²）

地势地貌类型	辽河平原	松嫩平原	合计
低台地	355.8	1122.3	1478.1
极高平原	313.9	176.6	490.5
高平原	202.0	612.4	814.4
中平原	109.5	647.5	757.0
低平原	55.8	6.9	62.6
极低平原	187.0	0.0	187.0
合计	1223.9	2565.6	3789.6

注：按范围及高程统计的平原面积包括了部分山地、丘陵，其数值与前面仅按高程统计的面积有差异

作为东北象征之一的黑土地面积为 486.1 万 hm²，主体分布在松嫩平原。科尔沁沙地面积为 421.3 万 hm²，主体分布在辽河平原（表 6-2）。二者分别构成了两个平原的主体资源类型及相应的生态问题。

表 6-2 松嫩平原、辽河平原中分布的沙地、黑土地（万 hm²）

平原区	科尔沁沙地	黑土地
松嫩平原	50.1	464.1
辽河平原	371.2	22.0
合计	421.3	486.1

松嫩平原和辽河平原坐落在东北三省和内蒙古自治区的部分地区，各省区分布的主要地势地貌类型比例不同。黑龙江省以低台地、极高平原、高平原和中平原为主；吉林省以低台地、高平原和中平原为主；辽宁省以低台地、极低平原为主；内蒙古自治区以低台地、极高平原、高平原为主（表 6-3）。由于各地势地貌类型所存在的生态问题各不相同，各省区在松嫩平原、松辽平原存在的主体生态问题也各不相同。

表 6-3 各种地势地貌类型在东北三省和内蒙古自治区的分布（万 hm²）

省区	低台地	极高平原	高平原	中平原	低平原	极低平原	合计
黑龙江	762.7	103.6	330.3	392.4	6.9	0.0	1595.9
内蒙古	340.5	318.3	189.4	63.4	1.6	0.0	913.2
吉林	234.0	64.5	291.7	277.9	0.0	0.0	868.1
辽宁	140.9	4.0	2.9	23.3	54.1	187.0	412.2
合计	1478.1	490.4	814.3	757.0	62.6	187.0	3789.4

二、土地利用类型及其管理对策

松嫩平原、辽河平原土地利用类型分为林地、草地、旱田、水田等（图 6-2）。不同的地势地貌类型区，土地利用的主体方式不同。林地主要分布在低台地，高平原以上主要为旱田，水田分布在中平原、低平原及极低平原。

在松嫩平原，旱田为主要的土地利用方式，其次为林地和草地，水田比例占近 7%（表 6-4）。松嫩平原没有极低平原，低平原比例也非常低，且低平原上主要为水域、湿地滩涂或水田。林地主要分布在低台地。草地主要分布在高平原和中平原。此外，低台地中也有很大部分的草地。水域、湿地滩涂分布在中平原。盐碱荒地主要分布在中平原，部分在高平原。其他土地利用类型的分布主导性不明显（表 6-4）。

在辽河平原，旱田也是主要的土地利用方式，其次为草地、水田、沙地（表 6-5）。在辽河平原，林地主要分布在低台地。草地、沙地、水域和湿地滩涂主要分布在极高平原。盐碱荒地主要分布在高平原。低台地上分布的旱田最多，其他各种地势地貌上也分布着大面积的旱田。水田主要分布在极低平原（表 6-5）。

东北三省和内蒙古自治区在松嫩平原、辽河平原的土地利用类型也都以旱田为主。其次的土地利用类型各省区各不相同。黑龙江省为林地、湿地滩涂；吉林省为盐碱荒地、水田；辽宁省为水田、湿地滩涂；内蒙古自治区为草地、沙地（表 6-6）。

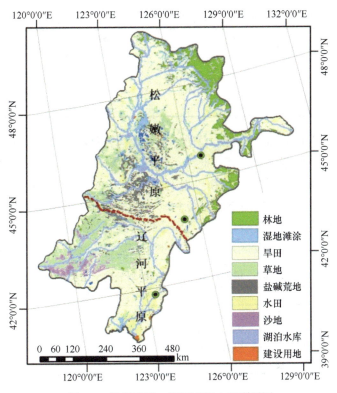

图 6-2 松嫩平原、辽河平原土地利用图

表 6-4 松嫩平原的土地利用数字化信息（万 hm²）

地势地貌类型	林地	草地	水域	湿地滩涂	建设用地	沙地	盐碱荒地	旱田	水田	合计
低台地	295.3	53.4	6.3	39.1	7.8	0.6	2.5	683.4	33.8	1122.3
极高平原	3.2	9.8	0.6	16.8	0.9	0.0	1.1	132.6	11.4	176.6
高平原	5.9	58.7	5.1	35.4	2.8	2.2	27.3	415.1	59.7	612.4
中平原	5.8	77.1	30.2	103.2	4.9	0.3	92.7	271.0	62.3	647.5
低平原	0.0	0.0	1.3	2.8	0.0	0.0	0.0	0.5	2.2	6.8
极低平原	0.0	0.0	0.0	0.0	0.0	0.0	0.0	0.0	0.0	0.0
合计	310.2	199.0	43.5	197.3	16.4	3.1	123.6	1502.6	169.4	2565.1
比例（%）	12.1	7.8	1.7	7.7	0.6	0.1	4.8	58.6	6.6	100

表 6-5 辽河平原的土地利用数字化信息（万 hm²）

地势地貌类型	林地	草地	水域	湿地滩涂	建设用地	沙地	盐碱荒地	旱田	水田	合计
低台地	17.8	69.2	2.8	2.7	4.2	22.7	0.9	231.8	3.8	355.9
极高平原	1.9	154.7	2.6	13.1	0.3	51.7	5.3	82.6	1.7	313.9
高平原	2.0	57.4	1.4	6.0	0.8	4.6	15.4	110.9	3.4	201.9
中平原	0.7	10.6	0.7	2.1	0.4	1.0	5.7	79.4	8.9	109.5
低平原	1.4	0.1	0.7	0.5	1.2	0.0	0.0	43.6	8.1	55.6
极低平原	0.8	0.2	0.7	17.0	6.6	0.0	0.0	89.0	72.7	187.0
合计	24.6	292.2	8.9	41.4	13.5	80.0	27.3	637.3	98.6	1223.8
比例（%）	2.0	23.9	0.7	3.4	1.1	6.5	2.2	52.1	8.1	100

表 6-6 各省区的土地利用类型及科尔沁沙地、黑土地分布信息（万 hm²）

省区	林地	草地	水域	湿地滩涂	建设用地	沙地	盐碱荒地	旱田	水田	科尔沁沙地	黑土地
黑龙江	255.2	93.2	25.4	154.9	9.4	0.0	30.2	929.1	98.4	0.0	347.0
吉林	40.5	40.7	18.2	36.0	7.9	2.8	94.1	549.6	78.2	52.6	103.3
辽宁	13.8	4.4	2.1	17.6	11.2	0.0	0.0	279.3	83.9	15.4	0.8
内蒙古	25.3	353.0	6.9	30.3	1.6	80.2	26.6	381.9	7.6	353.3	34.9

科尔沁沙地的主体分布于内蒙古自治区，其次为吉林省。黑土地主体分布于黑龙江省，其次为吉林省、内蒙古自治区。此外，黑龙江省没有科尔沁沙地的分布（表6-6）。

根据如上的基本地势地貌信息和土地利用类型分布状况，而且分别有松花江（嫩江）和辽河从中间穿越，考虑地下水水位和季节性积水，依据优势植物功能群，以盐碱离子的限制为主导因子，将松嫩、辽河平原土地资源划分为四大类。在此基础上，归纳总结了4类土地资源的适宜发展方向、主要生态问题及基本管理对策（表6-7）。

表 6-7 根据优势植物功能群划分的土地类别

土地类别	适合发展方向	主要生态问题	基本管理对策
甜土地类	经济林地、草地、旱田	水土流失、风蚀	退耕造林种草
盐碱地类	草地、旱田、水田	地表盐碱化	减少放牧
水湿地类	湿地、水域、水田	缺水干涸	管理水流域
沙土地类	经济林地、草地、旱田	风蚀	退耕（牧）造林种草

甜土地类：包括典型黑土、黑钙土和草甸土等。为土壤中盐碱离子含量不制约甜土植物生长的地段，相反，盐生植物不能在此地类上生长存活，土壤pH为6.5~8.5，电导率<1.0 dS/m，碱化度<5%。指示甜土植物为马齿苋（*Portulaca* sp.）、柴胡（*Bupleurum* sp.）及隐子草（*Cleistogenes* sp.）等。此地类主要分布在松嫩平原的周边台地、极高平原、部分高平原及辽河平原的绝大部分地区，适宜发展林业、旱作农田、人工草地，特别适宜种植苜蓿、青贮玉米（灌溉条件下）等高产优质饲草饲料。此地类存在的主要生态问题是水土流失，部分地区存在风蚀问题，土壤有机质低。基本管理对策是退耕还林还草，积极发展集约化大机械农业，推广保护性耕作（免耕、秸秆还田），增加并保护土壤有机质。

盐碱地类：土壤中过量盐碱离子制约甜土植物生长的地段，甜土植物在此地类上不能生长或偶有生长，盐生植物在此地类上生长表现良好，土壤pH>8.5，电导率>1.0 dS/m，碱化度>5%。指示盐生植物为马蔺（*Iris lactea*）、碱蓬（*Suaeda* sp.）和碱地肤（*Kochia sieversiana*）。此地类主要分布在松嫩平原的中平原部分和辽河平原的高平原部分，适宜发展草地、旱田。此地类存在的主要生态问题是地表盐碱化。基本管理对策是减少放牧，调整放牧方式，包括增加饲草料资源，发展高效畜牧业，减少对地表的干扰。松嫩平原的盐碱化草甸中泡沼星罗棋布，是大型鸟类迁徙的停歇地和繁殖生活的天堂，因此，改放牧牛羊为放牧鸡鸭鹅具有广阔的发展前景。

盐碱地主要分布在中平原（图6-3），进一步证明了松嫩平原盐碱地形成是由周边高地盐碱离子积累于平原土壤中导致的理论，即靠近山地的高处的盐离子被水流携带进入平原，高处盐碱地面积少，盐离子进入平原并积累，靠近河流水域的低平原的盐碱离子排入河流而排出，此区域盐碱地面积也少，导致平原中间部位盐碱地面积多。

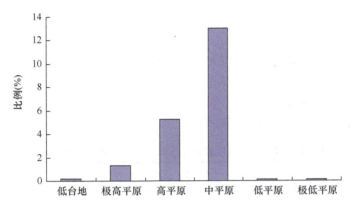

图 6-3　盐碱地在各地势地貌类型中的分布比例

低台地至极低平原海拔依各类型渐次降低 50 m，统计信息未显示出低平原和极低平原有盐碱地，
但实际有一点，作图时加注了 0.1%

水湿地类：土壤地下水水位较高、地表有季节性积水的地段，广泛分布着湿生植物，土壤 pH、电导率和碱化度接近于甜土地类，个别地区接近于盐碱地类。指示湿生植物为针蔺（*Scabrousscale spikesedge*）、苔草（*Carex* sp.）和浮萍（*Lemna* sp.）。此地类主要分布于松嫩平原的中平原和辽河平原的极低平原，适宜发展湿地、维持自然水域发挥生态系统服务或发展水产业或水田。此地类存在的基本生态问题是蓄水量少，甚至断流干涸。基本管理对策是系统管理水流域，统一调配水资源，权衡生产用水和生态用水，包括对河道和季节性洪水进行截流蓄洪，留存水资源。

沙土地类：土壤黏粒少、沙质、有机质颜色呈黑褐色或没有而呈黄白色的地段，广泛生长着沙生植物或木本植物，土壤 pH 为 8.0～9.0、电导率＜200 μS/cm、碱化度＜10%。指示沙生植物为沙蓬（*Agriophyllum* sp.）、虫实（*Corispermum* sp.）、猪毛菜（*Salsola* sp.）和榆树（*Ulmus pumila*）。此地类主要分布于松嫩平原、辽河平原中高平原的科尔沁沙地部分，适宜发展林业、果蔬业、草地畜牧业或旱作农田，以沙作为原料发展沙产业具有丰富的资源基础，杂粮杂豆等经济作物在此区具有广阔的发展空间。此地类存在的主要生态问题是风蚀，基本管理对策是少耕低牧，植树造林种草，增加植被覆盖度，充分规划精准、适地适用发展草牧业。另外，研究区沙地原始植被是榆树疏林，由于追求木材生产，并增加防风效果，此区原始植被几乎被砍伐殆尽，从而导致野生动物栖息地丧失，野兔、山鸡等野生动物数量锐减。因此，在大部分地区恢复自然榆树植被是一项重要的政策选择。

三、松嫩平原及东北饲草资源

东北草地野生植物有 820 种（李建东和杨允菲，2005），加之引进种，松嫩平原有各种饲草植物 800 多种，包括树木及各种作物。生产中，主要的野生及栽培饲草作物有羊草和紫花苜蓿，其栽培效益需要深入研究。自然饲草资源为松嫩平原草食家畜饲养及草地畜牧业发展的基础，特别是作物秸秆资源具有深度开发潜力。

1. 东北土地资源

东北三面环山，一面靠海，中部为广大的松辽平原。松辽平原北部的松嫩平原向东连接三江平原和兴凯湖平原，构成中国最大的平原——东北平原。科尔沁沙地位于松辽平原西南部。东北地区黑、吉、辽三省全部及内蒙古大兴安岭以东部分的土地利用类型及其面积如表6-8所示，可反映各省区林地资源、草地资源、农田秸秆资源。

表6-8 东北土地利用类型及其在各省区的分布（万 km²）

省区	林地	草地	耕地	沼泽湿地	水域	盐碱荒地	沙地	建设用地	合计
黑龙江	20.58	3.19	16.01	3.24	0.71	0.39	0.00	0.88	45.00
吉林	8.46	0.78	7.43	0.45	0.34	0.81	0.02	0.66	18.95
辽宁	5.69	0.93	6.43	0.30	0.24	0.00	0.00	0.98	14.57
内蒙古	9.19	10.15	6.43	0.98	0.17	0.38	0.94	0.44	28.68
总计	43.92	15.05	36.30	4.97	1.46	1.58	0.96	2.96	107.2

东北地区总面积107.2万 km²，山地面积22.7万 km²，丘陵面积38.2万 km²，台地面积17.3万 km²，平原面积29.0万 km²（包括三江平原）。总体是山地面积占20%，丘陵、台地、平原面积占80%。

东北地区林地面积43.92万 km²，草地面积15.05万 km²，耕地面积36.30万 km²，三项合计占东北总面积的约90%。

东北地区土地面积的95%以上分布在低海拔地区，坡度15°以下的面积占90%以上。从总体看，东北具有发展草食牲畜的良好土地条件。

东北地区黑、吉、辽三省土地面积78.52万 km²，人口1.1亿，建设用地面积占3.2%，也就是说，0.5亿的乡村人口占有的土地资源有76万 km²以上，平均每百乡村人口占有土地1.5 km²（河北省为0.5 km²，山东省为0.3 km²）。野地资源广阔，劳动力资源也丰富（劳动力资源为乡村人口的56%～57%），内蒙古自治区部分的土地资源更为充裕。

2. 东北饲草料资源

根据东北地区各省区各类土地利用类型面积，乘以其饲草产量，可知东北合计可生产饲草2.4亿 t（表6-9）。

表6-9 东北各地区饲草料生产潜力（万 t）

省区	林地	草地	耕地	荒地	合计
黑龙江	4 116	319	6 404	71	10 910
吉林	1 692	78	2 972	34	4 776
辽宁	854	93	2 572	24	3 543
内蒙古	1 178	1 015	2 572	17	4 782
合计	7 840	1 505	14 520	146	24 011

注：林地产草及落叶以 2.0 t/hm² 计；草地、荒地产草以 1.0 t/hm² 计；耕地产秸秆以可收获 4 t/hm² 计

从林地、草地、耕地及荒地面积和产草量可以看出，草地产草量非常有限，耕地秸秆等副产品有巨大的利用潜力，利用数量每提高 1%就相当于整个草地的产草量。林地潜力也巨大，每开放 2%就相当于整个草地的产草量。因此说，东北草食牲畜的发展潜力在农区、林区。

此区，内蒙古部分有林地 9.19 万 km²、草地 10.14 万 km²、耕地 6.43 万 km²，尽管草地面积比林地和农田的都大，但耕地产秸秆量可达 2572 万 t，林地产饲草量可达 1178 万 t，而草地产草量仅 1015 万 t。即饲草产量同样是耕地和林地的潜力大于草地，牲畜发展的潜力在农区和林区（表 6-9）。黑龙江省的潜在饲养能力高于内蒙古自治区东部地区，吉林省的草食牲畜发展潜力高于辽宁省。

以饲草利用率为 50%、每个羊单位每年需要饲草 0.5 t 计，东北地区自然生产的粗饲料可支撑 2.5 亿个羊单位，但草地仅可支撑 0.2 亿个羊单位，耕地和林地均可支撑多于 2.0 亿个羊单位，耕地和林地有巨大的资源挖掘潜力。

东北地区黑、吉、辽三省的数据分析表明，存栏牛数量与省属面积和作物面积显著正相关，与粮食产量极显著正相关；存栏羊数量与林地和草地面积显著正相关。出栏牛数量和省属面积、林地面积、草地面积、作物面积极显著负相关；出栏羊数量与林地、草地面积显著正相关。

总之，饲养牛数量与粮食产量显著正相关，饲养羊数量与林地、草地、作物面积显著正相关；年生产牛肉量与省属面积、林地面积、草地面积、作物面积极显著负相关，与粮食产量不相关；年生产羊肉量与省属面积、林地面积、草地面积、作物面积极显著正相关，与粮食产量也显著正相关（表 6-10）。

表 6-10　东北三省饲料资源与牲畜生产的关联分析

指标	存栏牛数量	存栏羊数量	出栏牛数量	出栏羊数量	饲养牛数量	饲养羊数量	年生产牛肉量	年生产羊肉量
省属面积	0.55*	0.45	−0.67**	0.44	0.13	0.49	−0.69**	0.75**
林地面积	0.39	0.58*	−0.78**	0.55*	−0.04	0.63*	−0.78**	0.82**
草地面积	0.39	0.58*	−0.78**	0.56*	−0.04	0.63*	−0.78**	0.82**
作物面积	0.52*	0.47	−0.69**	0.46	0.10	0.52*	−0.70**	0.76**
粮食产量	0.84**	−0.03	−0.20	0.22	0.57*	0.07	−0.22	0.54*

注：表中的数值为 Pearson 相关分析的相关系数，*指示显著相关（$P<0.05$），**指示极显著相关（$P<0.01$）

分析表明，省属面积小、林地少、草地少、作物少的省份反而出栏了更多的牛，每年生产了更多的牛肉，表明这些资源丰富的省份有挖掘潜力。尽管羊生产需要的空间面积大，所饲养的羊数与各项资源的面积微弱相关，但研究也表明资源大省有挖掘潜力。总之，林地、作物面积（指示秸秆饲料产量）都与牛羊生产紧密相关。

第二节　根茎型羊草草地生产

羊草（*Leymus chinensis*）耐轻度盐碱，在松嫩平原自然植被中占据绝对优势（祝廷成等，1964）。羊草草地为优良的放牧场和割草场，是松嫩平原草地畜牧业发展的基础。

在松嫩平原，羊草一般在 4 月下旬返青，生长至 9 月中下旬枯黄。传统上，羊草草地割草场在 8 月中旬刈割一次收获干草，二次刈割对产量影响较小（丁艳玲，2006）。刈割后施肥增加产量 50%。

一、羊草草地产量

松嫩平原羊草草地生物量峰值出现于 8 月中旬，一般产量为 1.0～3.0 t/hm^2（图 6-4），年度间波动变化比较大。各地区土壤条件不同，其生物量存在差异。

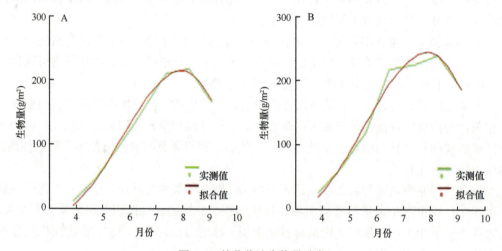

图 6-4 羊草草地生物量动态

A. 2004 年，B. 2005 年；地点：吉林长岭松嫩草地国家站；

2004 年的拟合方程为：$y=-18.345x+26.2723x^2-2.8861x^3$；2005 年的拟合方程为：$y=-3.5783x+24.7943x^2-2.9264x^3$

相比传统 8 月中旬一年一次刈割，不同时间首次刈割后，在生长季末进行第 2 次刈割，累计收获干草产量并未增加（图 6-5）。

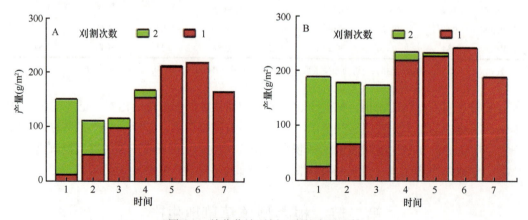

图 6-5 羊草草地刈割二次的产量比较

A. 2004 年不同初始时间+生长季末 2 次刈割的饲草产量累加，B. 2005 年不同初始时间+生长季末 2 次刈割的饲草产量累加；横轴 1 表示 5 月 15 日第 1 次刈割，以后间隔为 20 天

二、刈割频次对羊草草地产量的影响

自5月15日至9月15日，按不同时间间隔对羊草草地进行不同频次（2～7次）刈割，与8月25日生物量高峰期的一次刈割对比，发现增加刈割频次显著降低羊草草地饲草产量（图6-6）。

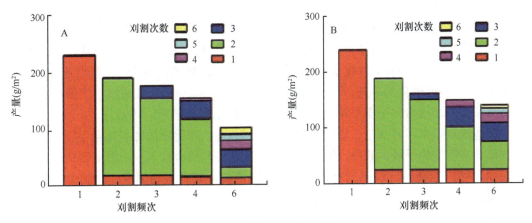

图6-6　不同刈割频次的产量比较

A. 2004年，B. 2005年；刈割频次1为8月15日刈割（对照），刈割频次2为5月15日、9月15日刈割，刈割频次3为5月15日、7月15日和9月15日刈割，刈割频次4为5月15日、6月25日、8月5日和9月15日刈割，刈割频次6为5月15日、6月5日、6月25日、7月15日、8月5日、8月25日刈割，下同

三、刈割并施肥对羊草草地产量的影响

施肥可显著增加高频次刈割下羊草草地的饲草产量。每年刈割3～4次并施肥的草地饲草产量已经超过每年刈割1次但不施肥的草地（220 g/m²），达到300～330 g/m²（图6-7），增加50%以上。

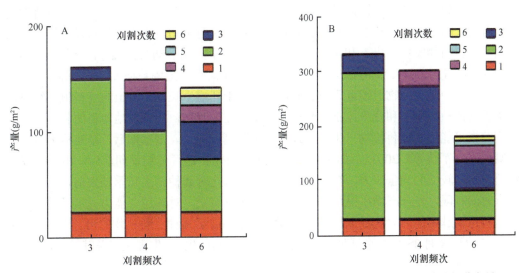

图6-7　未施肥处理下单位面积羊草草地饲草产量（A）和施肥处理下单位面积羊草草地饲草产量（B）

羊草作为根茎禾草，其地下芽位于地表下 15～20 cm 处，割草去除顶芽和上面的幼嫩光合叶以后，因为下面的老叶光合能力弱，地下芽出土前会消耗根茎储存的营养，并延迟光合作用开始时间，总体降低产量，所以，根茎禾草不适宜多次刈割。施肥可为根茎补充营养，有利于长出地面的新叶片进行光合作用，增加产量。

四、禾豆混播草地的建植和饲草生产

松嫩平原羊草草甸为中国北方优质草产品和畜牧业生产基地。据文献资料记载，20 世纪 60 年代该地区草甸饲草产量可达 3～4 t/hm² （祝廷成等，1964）。然而，经过半个多世纪的放牧、割草利用，放牧草地已经严重退化，割草场的饲草产量已经普遍降为 1～2 t/hm²，即使轻度退化的草地，草地群落结构也相对单一，豆科等优质牧草比例不足 2%，饲草质量较差，松嫩平原羊草草甸急需改良（李建东和郑慧莹，1995）。

草地改良技术涉及深松、切根等物理手段，改良剂和化肥施加等化学手段，以及优质牧草补播等生物手段。其中，生物手段因机械设备和资金投入少，更遵循草地自然生态规律，被广为推荐。豆科饲草营养及饲喂价值高，兼具生物固氮、培肥土壤的功能（Ledgard and Steele，1992；Herridge et al.，2008），是优良的草地改良植物。草地补播、混播豆科饲草已成为国际通用的湿润区草地改良、提质增效技术（Mortenson et al.，2004）。松嫩平原年均降水量超过 400 mm，为近半湿润气候，且地下水资源丰富（章光新等，2006），饲草生长条件优于北方典型温带草原和干旱区草原，具备补播豆科饲草改良草地的潜力。

1. 松嫩平原豆科饲草补播的最晚播期

南方草地的气候和土壤相对温润，适宜牧草生长的时间长，豆科牧草较少遭受冬季冻害，补播的时间选择上弹性较大（阎子盟等，2014）。而在北方草原区，尤其是东北地区，生长季短，冬季寒冷，能否安全越冬是决定补播的豆科植物能否在草丛中建植的关键因子。如仅从越冬前植物发育时间方面考量，在北方草地，春季补播对豆科植物越冬最有利。然而，北方草原区的雨季为 6 月中旬至 8 月下旬，春季干旱频发，如在春季补播，豆科植物发芽、出土和早期生长极易受到干旱限制，幼苗很难存活（原崇德等，2003；云岚等，2004）。部分研究建议北方草地应在雨季前抢墒补播（阎子盟等，2014），但此时草地中其他植物已经返青较长时间，并处于旺盛生长期，出土的豆科植物幼苗极易遭受其他植物遮阴和竞争排挤。此外，传统上在 8 月初，北方草地即将面临割草，此时割草很可能抑制豆科植物再生，导致其再生限制或死亡。割草期后，草地植物再生发育减弱（刘军萍等，2003），如果豆科植物播种期能够延后至割草期前后，出土的豆科幼苗将承受较低的竞争压力，有利于幼苗存活。但此时播种至生长季结束前，豆科植物发育时间有限，光合产物在根系等越冬组织的积累有限，对其越冬能力提出了挑战。不同豆科植物越冬能力对晚播期的反应决定了割草期前后播种豆科植物的可行性。研究了 7 月 15 日至 8 月 25 日 5 个播期下 9 种豆科饲草的幼苗生长、生理状况及其越冬能力（李强等，2018）。

受播期影响，豆科饲草出苗天数在 4～9 天（表 6-11）。所有豆科饲草越冬前苗数在 7 月 25 日播种时最高，其次是 8 月 5 日，7 月 15 日播种时最少；同一播期下，'龙牧 801' 苜蓿的越冬前苗数高于其他豆科饲草，而'公农 1 号'、'草原 3 号'和沙打旺的越冬前苗数低于其他豆科植物（表 6-12）。

表 6-11　不同播期的气候条件及豆科植物出土天数

播期（月-日）	土壤湿度	播后 5 日内平均气温（℃）		播期前后近 10 日内降水量（mm）		平均出苗天数
		2016	2010～2016	2016	2010～2016	
07-15	7.3±0.4^c	23.6	24.2	3.3	25.3	9.3±0.1^a
07-25	16.3±0.5^b	23.1	24.3	45.1	26.0	4.4±0.1^d
08-05	19.2±0.3^a	25.3	24.3	27.0	32.0	4.3±0.1^d
08-15	9.1±0.5^c	22.6	22.7	17.3	22.3	6.5±0.2^b
08-25	14.4±0.4^b	19.6	21.0	12.4	24.3	6.1±0.1^c

注：不同小写字母表示不同处理间差异显著（$P<0.05$）

表 6-12　播期对 9 种豆科植物越冬前苗数的影响

豆科种类	不同播期越冬前苗数（株/m²）				
	7 月 15 日	7 月 25 日	8 月 5 日	8 月 15 日	8 月 25 日
敖汉 *Medicago sativa*	254±5^{ABc}	301±3^{ABa}	287±5^{ABb}	266±4^{Bc}	263±4^{Bc}
甘农 3 号 *M. sativa* Gannong No.3	238±2^{CDd}	292±4^{BCa}	270±2^{BCb}	259±2^{Bc}	259±4^{Bc}
公农 1 号 *M. sativa* Gongnong No.1	229±5^{DEb}	259±12^{DEFa}	245±6^{DEab}	234±7^{BCa}	233±5^{Cb}
龙牧 801 *M. sativa* Longmu No.801	266±2^{Ac}	317±6^{Aa}	298±3^{Ab}	288±4^{Ab}	284±6^{Ab}
草原 3 号 *M. varia* Caoyuan No.3	221±3^{Eb}	246±7^{Fa}	237±6^{Eab}	232±5^{Cab}	225±2^{Cb}
黄花苜蓿 *M. falcate*	246±6^{BCb}	276±5^{CDa}	263±4^{CDab}	254±3^{Bb}	253±7^{Ba}
沙打旺 *Astragalus adsurgens*	226±3^{DEb}	251±7^{EFa}	238±7^{Eab}	230±6^{Cab}	229±8^{Cab}
兴安胡枝子 *Lespedeza davurica*	249±5^{BCa}	271±7^{CDEa}	260±10^{CDa}	256±6^{Ba}	252±8^{Ba}
扁蓿豆 *M. ruthenica*	254±3^{ABc}	288±4^{BCa}	275±5^{BCab}	267±6^{Bbc}	257±7^{Bc}

注：大写字母表示不同豆科种类间差异显著（$P<0.05$），小写字母表示不同播期间差异显著（$P<0.05$）

从 7 月 15 日到 8 月 5 日，不同豆科植物的株高、叶片数、根颈直径和主根长度平均分别降低 66%、67%、49% 和 26%。同一播期下，兴安胡枝子和沙打旺的株高与叶片数明显低于其他豆科植物（图 6-8A 和 B），且兴安胡枝子的根颈直径显著小于其他植物（图 6-8C）。

从 7 月 15 日到 8 月 5 日，豆科植物平均地上和根系生物量分别降低 76% 和 82%，8 月 5 日以后各播期，各豆科植物地上和根系生物量变化相对较小（图 6-9A 和 B）。随播期延后，豆科植物地上生物量与根系生物量的比值显著增加，相同播期下，沙打旺、兴安胡枝子和扁蓿豆的地上生物量与根系生物量的比值低于其他豆科植物（图 6-9C）。

从 7 月 15 日到 8 月 25 日，豆科植物根系可溶性糖和氮含量平均分别降低 24% 和 13%。相同播期下，'龙牧 801'、沙打旺、兴安胡枝子和扁蓿豆的根系可溶性糖与氮含量高于其他豆科植物（图 6-10）。

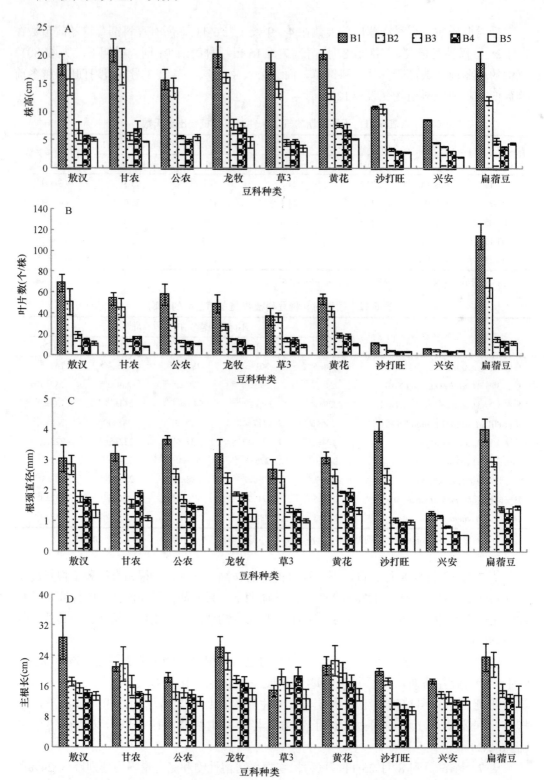

图 6-8　播期对 9 种豆科植物株高、叶片数、根颈直径和主根长度的影响

B1~B5 分别代表 7 月 15 日、7 月 25 日、8 月 5 日、8 月 15 日和 8 月 25 日 5 个播期，下同

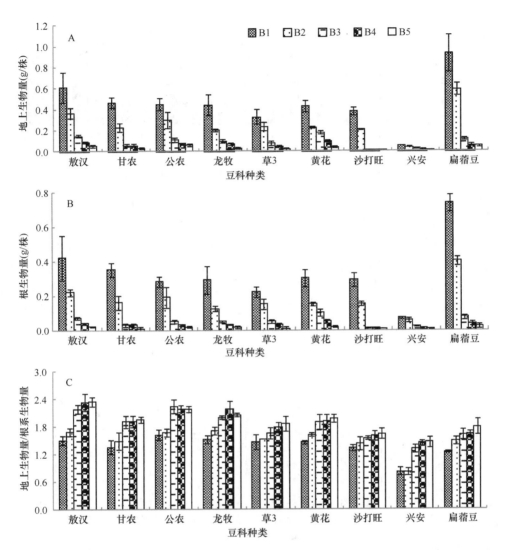

图 6-9 播期对 9 种豆科植物地上生物量、根系生物量及二者比值的影响

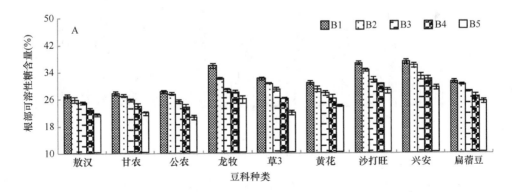

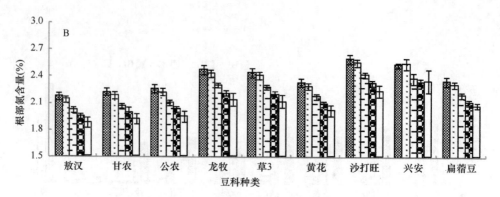

图 6-10　播期对 9 种豆科植物根系可溶性糖和氮含量的影响

　　相对于 7 月 15 日播期，7 月 25 日至 8 月 25 日播期豆科饲草的越冬后苗数平均从 195 株/m² 分别下降到 143 株/m²、91 株/m²、17 株/m² 和 6 株/m²（图 6-11A）。7 月 15 日至 8 月 5 日播期，'龙牧 801'、兴安胡枝子和扁蓿豆的越冬后苗数明显高于其他豆科饲草；8 月 15 日和 8 月 25 日播期，兴安胡枝子和沙打旺的越冬后苗数显著高于其他豆科饲草（图 6-11A）。相对于 7 月 15 日播期，7 月 25 日至 8 月 25 日播期豆科植物越冬率平均从 80% 分别下降到 52%、35%、7% 和 3%（图 6-11B）。相同播期下，'龙牧 801'、沙打旺、兴安胡枝子和扁蓿豆的越冬率明显高于其他豆科植物，5 个播期下，这 4 种豆科植物的平均越冬率较其他豆科植物增加 16%～35%（图 6-11B）。

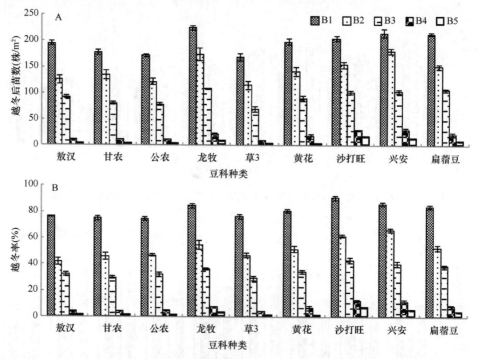

图 6-11　播期对 9 种豆科植物越冬后苗数及越冬率的影响

　　综合 5 个播期分析发现：豆科饲草越冬能力与其株高及地上生物量和根系生物量的比值呈显著的负相关关系，与根系可溶性糖和氮含量呈极显著的正相关关系（图 6-12）。

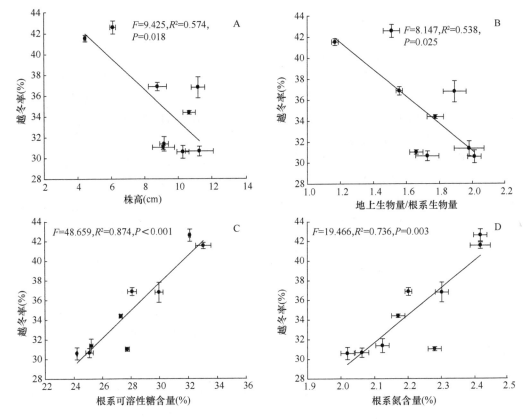

图 6-12 豆科植物形态和生理特征与越冬率的关系

推迟播期缩短了豆科植物在越冬前的发育时间，限制了枝条和叶片的发育，进而降低了地上部的光合作用及光合产物在根部的积累，导致根系发育受限，随之造成植物越冬率的下降。8 月 5 日以后播种，豆科饲草越冬率普遍低于 50%。然而需要指出的是，即使在此时播种，成功返青的豆科植物密度平均仍可达到 90 株/m² 以上。事实上，在松嫩草地，这个密度已经远远超过天然草地中豆科植物的平均密度，近似于羊草+杂类草群落中豆科植物的密度。因此，本研究认为在 8 月 5 日进行豆科植物补播，成功越冬的豆科植物其数量仍可实现改良草地的效果。实际上，受到土壤盐碱化和干旱影响，上述研究中，各豆科植物越冬前苗数远远低于按理论发芽率计算的苗数，一定程度上限制了返青后的豆科植物密度。如果适当提高播种量，可能会进一步提高豆科植物越冬后苗数。当播期延后至 8 月 15 日以后，各豆科植物平均越冬率和越冬后苗数分别降至 7% 和 17 株/m² 以下，在草地中进行实地补播时，这一数值将更低。因此，若要通过补播豆科植物改良草地，8 月 15 日以后的播期显然是不适宜的。

因此，8 月 5 日应为松嫩草地豆科饲草补播的最晚播期。包括 8 月 5 日在内的 5 个播期，兴安胡枝子、沙打旺、扁蓿豆、'龙牧 801'的越冬率和越冬后苗数均高于其他豆科植物。因此，仅从豆科植物建植成功率考量，这 4 种豆科植物是松嫩草地豆科植物补播的优选植物。

2. 羊草草甸中补播紫花苜蓿

生产实践中，在天然草地补播豆科饲草极具挑战。草地中补播豆科饲草能否成功建植及稳定维持受气候、物种、土壤、草地管理等系列因素制约（阎子盟等，2014；李强等，2018），这些因素决定了豆科饲草补播的时间、物种、播种技术和播后管理选择。不同的草地区域面临的环境限制条件及其耦合作用不同，具体的草地补播需要依据共性的基础研究，制定个性化的技术方案。

在中国北方草原区，补播时间、播种当时草地植被状态是决定豆科饲草建植成功率的两个关键要素（阎子盟等，2014；Zhou et al.，2017）。播种时间决定播后种子发芽和幼苗生长阶段的降水条件与幼苗生长时间，直接影响豆科饲草补播后种子发芽率、幼苗发育和越冬情况。播种时植被高度影响豆科饲草种子的着床率和幼苗阶段的竞争，同样影响幼苗的出土和发育。

在松嫩平原轻度退化的羊草草甸（生物量 186 g/m^2±19 g/m^2，植物密度 673 株/m^2±37 株/m^2，羊草生物量占比 95%±2%），研究了不同播期（5 月 1 日、6 月 1 日、7 月 1 日、8 月 1 日）和补播前不同草丛管理（割草/不割草）下紫花苜蓿的建植生长状况。

补播一个月内为紫花苜蓿出苗期，补播一个月后紫花苜蓿全面进入幼苗发育期。选择不同日期进行补播，出苗期土壤含水量差异显著（图 6-13A）。其中，7 月 1 日补播出苗期土壤含水量最高，其次是 8 月 1 日和 6 月 1 日补播，5 月 1 日补播出苗期土壤含水量最低。补播前进行割草，降低了各播期出苗期和幼苗发育期的土壤含水量（图 6-13A 和 B）。如果不割草，苜蓿补播一个月内羊草植被高度随播期延后显著升高，割草导致出苗期及幼苗发育期的羊草高度显著降低，尤其在较晚播期（图 6-14）。

在播前不割草的情况下，5 月 1 日补播出苗率达到 9%，略高于其他播期。补播前割草显著提高苜蓿出苗率，7 月 1 日补播的苜蓿出苗率达到 20%，显著高于其他播期（图 6-15A 和 B）。

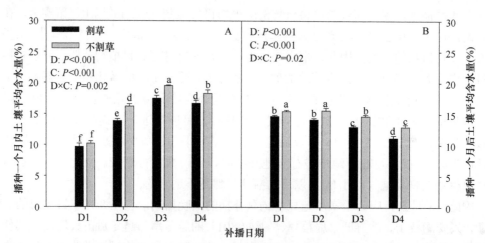

图 6-13　不同播期和割草管理下补播一个月内（出苗期）和一个月后（幼苗发育期）的土壤平均含水量

D 代表播期，D1. 5 月 1 日，D2. 6 月 1 日，D3. 7 月 1 日，D4. 8 月 1 日；C 代表割草；不同小写字母表示不同处理间差异显著（$P<0.05$）；下同

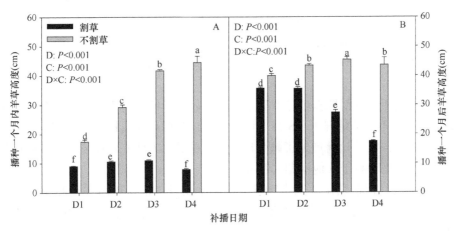

图 6-14　不同播期和割草管理下补播一个月内（出苗期）和一个月后（幼苗发育期）的羊草平均高度

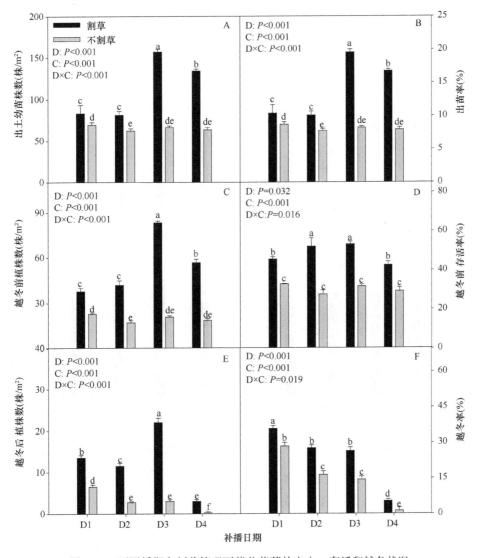

图 6-15　不同播期和割草管理下紫花苜蓿的出土、存活和越冬状况

在播前不割草的情况下，各播期越冬前苜蓿植株数和存活率相差不大，6 月 1 日补播略低；补播前割草显著提高越冬前苜蓿植株数和存活率，7 月 1 日补播的越冬前苜蓿植株数及存活率分别为 83 株/m² 和 53%，均显著高于 5 月 1 日和 8 月 1 日补播（图 6-15C 和 D）。

无论割草与否，苜蓿植株越冬率随播期延后显著降低，割草显著提高苜蓿植株越冬率（图 6-15F）。不割草情况下，5 月 1 日补播的越冬后苜蓿植株数显著高于其他播期，但数量仍然较少；割草显著增加了越冬后苜蓿植株数，7 月 1 日补播的越冬后苜蓿植株数达 22 株/m²，显著高于其他播期（图 6-15E）。

随播期延后，苜蓿幼苗地上生物量、根系生物量、根系可溶性糖和氮含量显著降低，割草显著提高苜蓿幼苗的地上生物量、根系生物量、根系可溶性糖含量和氮含量（图 6-16）。

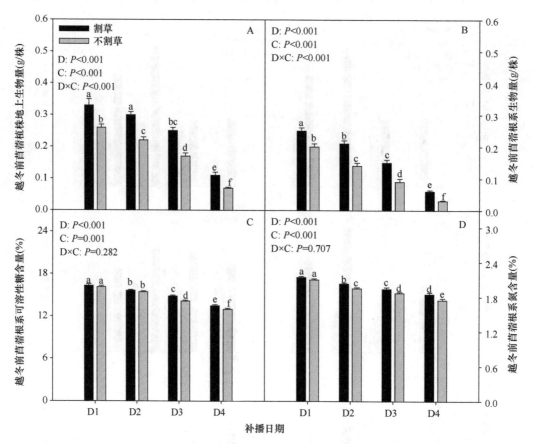

图 6-16　不同播期和割草管理下紫花苜蓿幼苗的地上生物量、根系生物量、根系可溶性糖含量及氮含量

补播前割草小区内，苜蓿出苗率与出苗期的土壤含水量呈正相关，然而在未割草小区及全部小区内，并不存在这种相关关系（图 6-17A）。割草小区或未割草小区内，苜蓿出苗率与出苗期的羊草平均高度均无显著相关关系，然而当割草及未割草小区数据联合分析时，苜蓿出苗率与出苗期的羊草平均高度呈显著负相关（图 6-17B）。

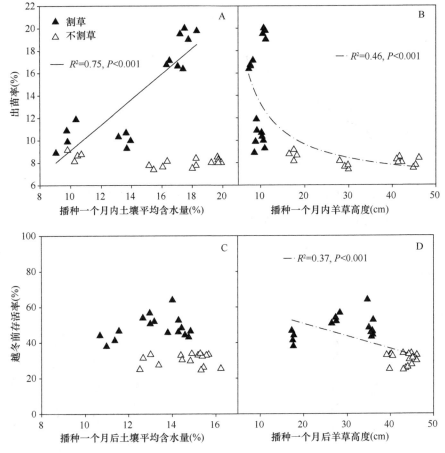

图 6-17　苜蓿出苗率、存活率与土壤含水量、羊草高度的关系
——表示割草处理数据的回归线；–·–表示全部数据的回归线；下同

补播前割草、未割草及全部小区内，苜蓿幼苗存活率均与幼苗发育期的土壤含水量无显著相关关系（图 6-17C）。当割草及未割草小区数据联合分析时，苜蓿幼苗存活率与幼苗发育期的羊草平均高度呈显著负相关，但在割草或未割草处理小区内部未发现这种相关关系（图 6-17D）。

补播前割草、未割草及全部小区内，苜蓿幼苗越冬率与越冬前幼苗根系生物量及根系可溶性糖含量均呈显著正相关关系（图 6-18）。

2019 年 8 月，补播前未割草的草地群落内紫花苜蓿地上生物量随播期的延后而下降；割草显著提高群落内紫花苜蓿地上生物量，7 月 1 日补播处理的紫花苜蓿地上生物量显著高于其他播期（图 6-19A）。2019 年 8 月，不同补播处理的群落总地上生物量无显著差异（图 6-19B）。总体上，补播前割草能在次年显著提升补播草地的饲草粗蛋白含量（图 6-19C）。

播期改变了种子发芽与土壤水分条件的时间匹配关系，对补播紫花苜蓿的出苗率有重要调控作用，但这种调控作用仅体现在割草后相对低矮的植被上。播期不会通过影响出苗后土壤水分和光竞争来改变苜蓿幼苗的生存状况，然而播期的延后直接缩短了苜蓿

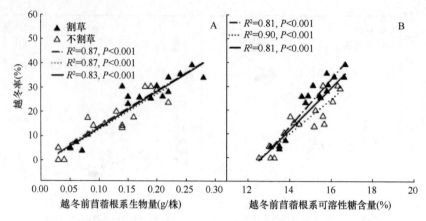

图 6-18　苜蓿越冬率与越冬前苜蓿根系生物量及根系可溶性糖含量的关系
……表示未割草处理数据的回归线

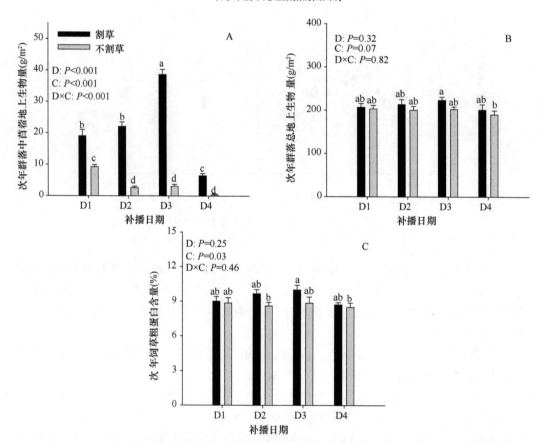

图 6-19　次年不同播期和割草管理下草地的紫花苜蓿地上生物量、总地上生物量及饲草粗蛋白含量

幼苗在越冬前的生长发育时间，导致晚补播苜蓿幼苗的根系生长和根系碳水化合物积累受到限制，根系发育受到限制显著降低了苜蓿幼苗的越冬率。

补播前割草主要通过降低羊草植被高度来促进紫花苜蓿的建植，这一作用在幼苗出土、当年生长和越冬返青三个阶段均有体现。

基于补播紫花苜蓿的建植数据和草地群落的监测数据，建议松嫩平原羊草草地补播豆科饲草应在植被刈割后进行，在刈割基础上，补播时间选择 7 月 1 日前后对豆科饲草成功建植最为有利。生产实践中，选择 7 月 1 日割草后进行豆科饲草补播，刈割收获的饲草产量虽未达到 8 月初的刈割，但因为 7 月 1 日割草时饲草保留了较高的粗蛋白含量，收获的饲草拥有最高的粗蛋白含量，所以从饲草质量方面考量，在 7 月 1 日前后刈割更为合理。近年来，饲草生产和销售过程中，饲草质量越发受到重视，高质量饲草的价格优势明显。加之新型饲草制捆机械的普及应用，大大缩减了饲草刈割—晾晒—制捆—销售的时间，避免了在 7 月雨季打捆完成前饲草长期摞地储存的防腐、防霉和营养损失问题。因此，在 7 月 1 日左右进行草地刈割，无论从经营效益还是管理操作上都具备可行性。

3. 播种方式对豆科饲草建植的影响

在吉林松嫩草地生态系统国家野外科学观测研究站草场，以呼伦贝尔野生黄花苜蓿为补播试验材料，播前打磨处理破除种子硬实，种子发芽率达 92%。播前采取 3 种地面处理方式：划沟（5 cm）、免耕、翻耙（15 cm）。所有小区均在实施处理前割去原有植被，留茬高度为 4～6 cm。播种采取条播（行距 65 cm、沟深 6～8 cm）和撒播 2 种方式，播种量为 5 kg/hm²。共有 4 种地面处理和播种方式的建植组合：划沟条播（HT）、免耕撒播（MS）、翻耙条播（FT）和翻耙撒播（FS）。每种处理组合小区面积为 1000 m²。2005 年 6 月 10～14 日进行地面处理作业，6 月 18～19 日播种，播后未覆土。

不同建植方式下，苜蓿的出苗率、定居率和返青率及返青植株密度均存在显著差异（图 6-20）。翻耙条播建植的出苗率最高（65.3%），而免耕撒播的出苗率最低（32.7%）。免耕撒播建植后，出土的幼苗仅有 30.1% 能够定居成功，显著低于其他 3 种建植方式的幼苗定居率（46.3%～49.8%）。条播（HT 和 FT）的返青率和返青后植株密度均显著高于撒播（MS 和 FS），免耕撒播的返青植株密度最低，平均为 12 株/m²。

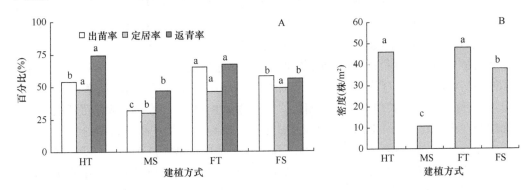

图 6-20　不同建植方式下黄花苜蓿的出苗率、定居率、返青率和返青后植株密度

不同建植方式下，苜蓿幼苗生长存在显著差异（图 6-21）。免耕撒播下，株高、根长、地上生物量和地下生物量均显著低于其他处理。条播的植株根颈入土深度显著高于撒播，在植株越冬中起到重要作用的根颈受到更深土层的保护。

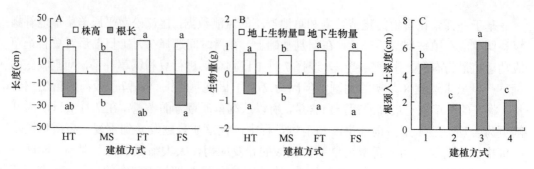

图 6-21　不同建植方式下黄花苜蓿株高、根长、地上和地下生物量、根颈入土深度

4. 混播草地的生产和生态效应

豆科饲草通过共生根瘤固定大气氮（Herridge et al.，2008），其固定的氮除支持自身生长外，可直接或间接地转移到土壤和相邻植物中（Carlsson and Huss-Danell，2014），可培肥草地土壤。豆科饲草混播能在一定程度上替代化肥施加，提高饲草产量和质量。对比氮肥施加，豆科植物的氮素固定和转移不仅降低了自身与土壤对氮素的竞争，还提供了缓释的氮源，降低高氮素获取能力物种的竞争优势，有益于物种共存。

豆科植物的生长特征和固氮能力存在种间差异，不同种类、不同比例的豆科饲草与禾草混播后，由于混播组合和混播比例的变化，种间关系和群落功能将随之发生变化（Suter et al.，2015）。确定适宜的物种组合及混播比例是建立高产优质混播草地的重要技术环节。而在不同草原区的特定气候、土壤条件下，特异性的植物-土壤互作机制导致混播模式（物种组合、混播比例）与混合群落结构、功能的关系再次发生变化，针对不同的草原区，阐明混播组合、比例与混播草地群落结构、功能的对应关系对于实际的混播草地管理意义重大。

在松嫩草地，以适应当地生长环境的 4 种优良豆科牧草为混播物种，与羊草建立禾豆比例不同的混播草地，对不同模式混播草地的生物固氮和氮素转移、生产力、多样性与土壤肥力开展了长期监测研究（Li et al.，2015，2016，2019）。

在松嫩草地，当豆科饲草以 25% 的比例和羊草建植混播草地时，豆科饲草的固氮率为 46%～57%，以紫花苜蓿表现最好。增加豆科饲草比例显著降低其固氮率，综合比较，羊草-紫花苜蓿组合与其他混播组合相比，草地固氮量更高；除羊草-黄花苜蓿组合外，混播组合在禾豆比例为 1∶1 时草地固氮量更高，草地固氮量更高（表 6-13）。

豆科饲草比例增加导致生物固氮率下降，这一现象已被广泛关注。一些解释认为高豆科饲草比例压缩了群落中禾草植物的数量，限制了禾草氮素利用对豆科植物生物固氮的刺激作用，进而抑制了豆科植物的固氮作用。然而，这一结论无法解释低豆科饲草比例下固氮率同样随豆科饲草数量的增加而下降。通过对羊草-紫花苜蓿混播组合更深入地研究发现，苜蓿比例的变化驱动了土壤含水量的显著改变（图 6-22），并且土壤含水量的变化与苜蓿固氮率的变化密切相关（图 6-23）。苜蓿为耗水型植物，增加苜蓿比例后，大量的土壤水分经植物蒸腾散失，降低了土壤含水量。

表 6-13　不同混播组合和禾豆比例下豆科植物固氮率与固氮量

混播组合	豆科饲草比例（%）	豆科 δ^{15}N	羊草 δ^{15}N	固氮	
				固氮率（%）	固氮量（kg/hm²）
羊草-花苜蓿	0	—	3.94±0.03[Aa]	—	—
	25	1.47±0.12[d]	3.27±0.08[Bb]	55±2[ABa]	18.79±0.34[Ac]
	50	2.30±0.11[c]	3.01±0.09[Bc]	37±2[Ab]	23.55±0.71[Ba]
	75	2.87±0.04[a]	3.22±0.06[Bb]	24±1[Ac]	21.91±0.69[Bab]
	100	3.07±0.04[a]	—	20±1[Ac]	21.30±0.76[ABb]
羊草-胡枝子	0	—	3.97±0.06[ABa]	—	—
	25	1.71±0.24[c]	3.44±0.05[Abc]	51±5[BCa]	18.66±0.59[Ab]
	50	2.45±0.15[b]	3.27±0.09[Ac]	34±3[Ab]	22.86±0.66[Ba]
	75	2.88±0.10[a]	3.49±0.04[Ab]	24±1[Ac]	21.79±0.58[Ba]
	100	3.09±0.04[a]	—	20±1[Ac]	21.03±0.54[ABa]
羊草-黄花苜蓿	0	—	3.98±0.10[Aa]	—	—
	25	1.87±0.11[c]	3.49±0.07[Ab]	46±1[Ca]	14.81±0.80[Bb]
	50	2.37±0.16[b]	3.31±0.03[Ac]	35±1[Ab]	19.98±0.68[Ca]
	75	2.80±0.15[a]	3.54±0.05[Ab]	26±1[Ac]	20.58±0.97[Ba]
	100	3.01±0.15[a]	—	21±1[Ac]	19.28±0.99[Ba]
羊草-紫花苜蓿	0	—	3.97±0.09[Aa]	—	—
	25	1.26±0.21[c]	3.20±0.04[Bb]	57±2[Aa]	20.72±0.48[Ac]
	50	2.10±0.22[b]	2.95±0.06[Bc]	40±1[Ab]	26.91±0.33[Aa]
	75	2.79±0.19[a]	3.17±0.09[Bb]	25±1[Ac]	24.15±0.34[Ab]
	100	3.08±0.22[a]	—	19±1[Ac]	21.81±0.50[Ac]

注：混播初始时，群落总植物密度为 600 株/m²；不同小写字母表示不同禾豆比例间差异显著（$P<0.05$），不同大写字母表示不同混播组合间差异显著（$P<0.05$）

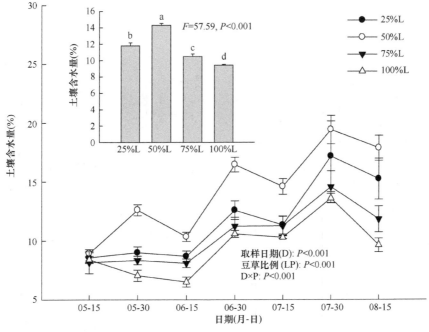

图 6-22　初始豆科饲草种植比例对土壤含水量的影响

%L 代表豆科饲草比例，下同

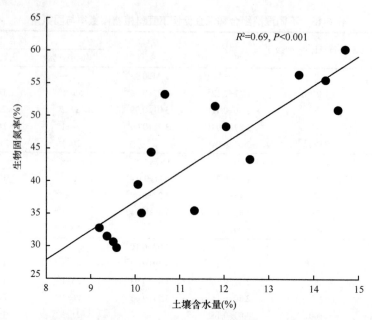

图 6-23　紫花苜蓿固氮率对豆科饲草种植比例的响应及其与土壤含水量的关系

　　土壤水分的降低可能直接限制叶片的发育和植物的光合能力（图 6-24 和图 6-25），导致碳水化合物的积累和地上、地下生物量的下降。豆科根瘤的发育和功能依赖于寄主的碳水化合物供应，土壤水分下降可能通过降低根系碳水化合物含量来影响根瘤中碳水化合物的输入，最终抑制根瘤发育和固氮。

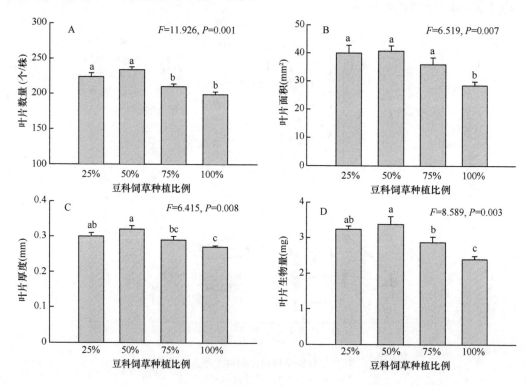

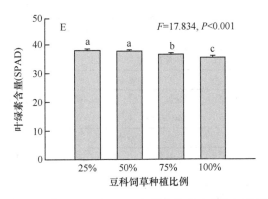

图 6-24　初始豆科饲草种植比例对紫花苜蓿叶片特征的影响

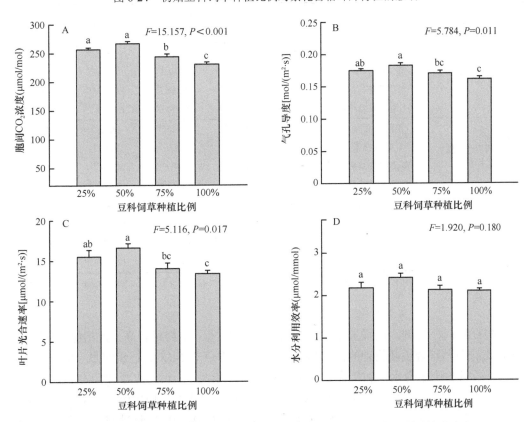

图 6-25　初始豆科饲草种植比例对紫花苜蓿叶片光合作用和水分利用的影响

　　禾豆混播组合和豆科饲草比例变化显著影响豆科饲草中氮素向共生植物转移，研究发现采用花苜蓿作为混播物种，豆科饲草向群落共生植物的氮素转移效率及氮素转移量均显著高于羊草-黄花苜蓿混播组合。50%豆科饲草比例与其他豆科饲草比例相比，氮素转移效率和氮素转移量增加（表 6-14）。

　　混播组合和豆科饲草比例显著影响混播群落的物种更新。羊草-紫花苜蓿混播组合对群落物种多样性的增加更为有利，在所有混播组合中，更新进入群落的物种数目随豆科饲草比例增加呈现单峰变化，以 50%豆科饲草比例最高（表 6-15）。总体上，在 25%

表 6-14　混播组合及豆科饲草比例对豆科植物氮素转移的影响

指标	混播组合		豆科饲草比例（%）			
	羊草-花苜蓿	羊草-黄花苜蓿	25	50	75	100
羊草						
氮素转移效率（%）	21.4 ± 1.36^a	16.7 ± 1.38^b	16.0 ± 1.14^b	23.7 ± 1.94^a	17.5 ± 1.52^b	—
氮素转移量（g N/m²）	0.58 ± 0.065^a	0.40 ± 0.054^b	0.62 ± 0.061^a	0.64 ± 0.074^a	0.20 ± 0.026^b	—
其他植物						
氮素转移效率（%）	18.4 ± 0.85^a	16.9 ± 1.08^b	16.6 ± 1.24^b	21.7 ± 1.24^a	17.7 ± 1.27^b	14.6 ± 1.19^b
氮素转移量（g N/m²）	0.05 ± 0.005^a	0.04 ± 0.005^b	0.04 ± 0.004^b	0.08 ± 0.009^a	0.04 ± 0.006^b	0.02 ± 0.004^c

表 6-15　不同处理群落更新物种数目、密度和地上生物量

指标	混播组合	豆科饲草比例（%）				
		0	25	50	75	100
更新物种数目	羊草-花苜蓿	5.0 ± 0.4^{Ab}	6.0 ± 0.7^{Bab}	7.3 ± 1.0^{ABa}	5.3 ± 0.3^{Ab}	5.0 ± 0.4^{Ab}
	羊草-胡枝子	4.5 ± 0.3^{Ac}	5.5 ± 0.3^{Bbc}	7.3 ± 0.3^{ABa}	5.8 ± 0.3^{Ab}	4.8 ± 0.5^{Abc}
	羊草-黄花苜蓿	4.5 ± 0.3^{Ac}	6.0 ± 0.3^{Bab}	6.3 ± 0.3^{Ba}	5.5 ± 0.3^{Aab}	4.8 ± 0.3^{Abc}
	羊草-紫花苜蓿	5.0 ± 0.4^{Ab}	8.8 ± 0.5^{Aa}	8.5 ± 0.3^{Aa}	6.0 ± 0.4^{Ab}	5.5 ± 0.3^{Ab}
更新物种密度（株/m²）	羊草-花苜蓿	26 ± 2^{Ab}	48 ± 5^{Aa}	44 ± 5^{ABa}	30 ± 3^{Ab}	24 ± 6^{Ab}
	羊草-胡枝子	26 ± 1^{Ab}	57 ± 5^{Aa}	53 ± 6^{Aa}	30 ± 3^{Ab}	23 ± 2^{Ab}
	羊草-黄花苜蓿	22 ± 1^{Abc}	31 ± 5^{Bab}	37 ± 6^{Ba}	19 ± 3^{Bbc}	15 ± 3^{Ac}
	羊草-紫花苜蓿	27 ± 3^{Ac}	57 ± 5^{Aa}	46 ± 1^{ABb}	26 ± 4^{ABc}	21 ± 2^{Ac}
更新物种生物量（g/m²）	羊草-花苜蓿	11.9 ± 1.0^{Ab}	21.4 ± 2.0^{Ba}	21.3 ± 1.8^{Aa}	14.5 ± 1.5^{Ab}	11.2 ± 2.6^{Ab}
	羊草-胡枝子	12.9 ± 0.6^{Ab}	26.5 ± 2.3^{ABa}	25.1 ± 2.4^{Aa}	14.7 ± 1.2^{Ab}	10.6 ± 0.5^{ABb}
	羊草-黄花苜蓿	10.9 ± 2.0^{Aab}	12.1 ± 2.2^{Cab}	13.9 ± 2.6^{Ba}	7.3 ± 1.3^{Bb}	5.8 ± 1.1^{Bb}
	羊草-紫花苜蓿	12.4 ± 1.1^{Ac}	30.4 ± 3.2^{Aa}	24.3 ± 1.5^{Ab}	12.6 ± 2.1^{Ac}	9.3 ± 0.8^{ABc}

注：不同大写字母表示不同混播组合间在 0.05 水平上差异显著，不同小写字母表示不同混播比例间在 0.05 水平上差异显著，下同

和 50%豆科饲草比例，混播群落更新物种的密度和地上生物量较高，混播组合间比较，羊草-黄花苜蓿组合更新物种的密度和地上生物量较低（表 6-15）。逐步回归分析表明，更新物种数目与土壤含水量和硝态氮含量呈极显著正相关，土壤含水量和硝态氮含量变化可解释 44.5%的入侵物种数目变化。更新物种的密度和地上生物量仅与土壤含水量呈极显著正相关，土壤含水量变化分别解释了 35.8%和 39.5%的更新物种密度和生物量变化（表 6-16）。

表 6-16　混播群落物种更新特征的驱动因素分析

因变量	自变量回归参数					
	截距	土壤含水量	土壤硝态氮含量	土壤铵态氮含量	R^2	F 值
更新物种数目	-18.424^{***}	1.827^{***}	0.442^{**}	-0.073^{NS}	0.445	30.910^{***}
更新物种密度	-180.707^{***}	24.760^{***}	-0.067^{NS}	-0.090^{NS}	0.358	43.563^{***}
更新物种生物量	-101.244^{***}	13.516^{***}	-0.057^{NS}	-0.088^{NS}	0.395	50.838^{***}

表示在 0.01 水平相关，*表示在 0.001 水平相关，NS 表示不相关

所有混播组合中，群落地上生物量随豆科饲草比例升高而增加。但 50%豆科饲草比例以上，地上生物量增加并不显著（图 6-26）。包含混播和豆科饲草单播在内，群落地上生物量在各混播组合中按羊草-紫花苜蓿>羊草-胡枝子>羊草-花苜蓿>羊草-黄花苜蓿的顺序降低。

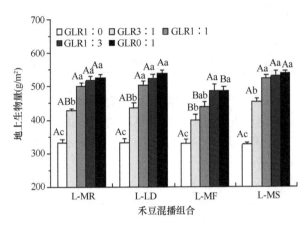

图 6-26 不同禾豆混播组合和比例下群落地上生物量

GLR1：0 代表羊草单播，GLR3：1 代表羊草和豆科饲草按 3：1 混播，GLR1：1 代表羊草和豆科饲草按 1：1 混播，GLR1：3 代表羊草和豆科饲草按 1：3 混播，GLR0：1 代表豆科饲草单播；L-MR 代表羊草-花苜蓿组合，L-LD 代表羊草-胡枝子组合，L-MF 代表羊草-黄花苜蓿组合，L-MS 代表羊草-紫花苜蓿组合；不同大写字母表示不同混播组合间在 0.05 水平上差异显著，不同小写字母表示不同混播比例间在 0.05 水平上差异显

混播群落的主要地上生物量组成中，随豆科饲草比例增加，羊草的地上生物量显著下降，而豆科饲草的地上生物量显著增加。各混播处理中，羊草-紫花苜蓿和羊草-花苜蓿混播组合相比其他组合，羊草的地上生物量更高（表 6-17）。

表 6-17 不同混播组合和混播比例下羊草与豆科饲草的地上生物量

指标	混播组合	豆科饲草比例（%）				
		0	25	50	75	100
羊草地上生物量（g/m²）	羊草-花苜蓿	320±9[Aa]	243±13[Ab]	169±8[Ac]	70±9[Ad]	—
	羊草-胡枝子	319±11[Aa]	226±11[Ab]	145±5[Bc]	63±6[Ad]	—
	羊草-黄花苜蓿	318±11[Aa]	226±8[Ah]	129±7[Bc]	60±7[Ad]	—
	羊草-紫花苜蓿	314±4[Aa]	251±6[Ab]	179±7[Ac]	77±6[Ad]	—
豆科饲草地上生物量（g/m²）	羊草-花苜蓿	—	166±7[Ad]	311±13[Ac]	433±10[Ab]	515±13[Aa]
	羊草-胡枝子	—	184±11[Ad]	334±13[Ac]	445±18[Ab]	528±10[Aa]
	羊草-黄花苜蓿	—	160±12[Ad]	296±15[Ac]	418±14[Ab]	480±14[Ba]
	羊草-紫花苜蓿	—	173±9[Ad]	320± 8[Ac]	441±12[Ab]	530±7[Aa]

注："—"表示无数据，本章后同

基于对羊草-花苜蓿、羊草-黄花苜蓿混播组合草地氮产量及其构成分析可知，羊草-花苜蓿混播组合的草地氮产量显著高于羊草-黄花苜蓿组合，随豆科饲草比例增加，草地氮产量显著增加；羊草-花苜蓿混播组合中，豆科饲草固氮对草地氮产量的贡献率显著高于羊草-黄花苜蓿，当豆科饲草比例为 25%～50%时，豆科饲草固氮对草地氮产量的贡献率更大（表 6-18）。

表6-18　不同混播组合和混播比例下草地氮产量及其构成

指标	混播组合		豆科饲草比例（%）				
	羊草-花苜蓿	羊草-黄花苜蓿	0	25	50	75	100
氮产量（g N/m²）	10.3±0.31ᵃ	9.1±0.28ᵇ	4.8±0.13ᵈ	7.7±0.24ᶜ	9.6±0.32ᵇ	10.6±0.32ᵃ	10.9±0.35ᵃ
豆科饲草固氮量（g N/m²）	2.1±0.24ᵃ	1.7±0.20ᵇ	0±0ᵈ	1.9±0.10ᶜ	2.6±0.15ᵃ	2.5±0.13ᵃᵇ	2.3±0.10ᵇ
豆科饲草氮转移量（g N/m²）	0.49±0.07ᵃ	0.34±0.06ᵇ	0±0ᶜ	0.66±0.06ᵃ	0.72±0.08ᵃ	0.24±0.03ᵇ	0.02±0ᶜ
土壤氮吸收量（g N/m²）	7.2±0.30ᵃ	6.6±0.25ᵇ	4.8±0.13ᵈ	5.0±0.14ᵈ	6.3±0.14ᶜ	7.8±0.21ᵇ	8.5±0.28ᵃ
豆科饲草固氮贡献率（%）	30.2±1.34ᵃ	27.5±1.03ᵇ	0±0ᵈ	33.7±1.23ᵃ	34.3±1.28ᵃ	25.9±0.90ᵇ	21.3±0.60ᶜ

　　由于紫花苜蓿、花苜蓿与羊草的混播组合具有更高的固氮效率，羊草-紫花苜蓿、羊草-花苜蓿各比例混播较其他混播组合具有更高的土壤总氮和速效氮含量；豆科饲草混播显著提升草地土壤氮素肥力，尤其以混播50%的豆科饲草时，土壤总氮和速效氮含量增幅最大（表6-19）。

表6-19　不同混播组合和混播比例下土壤氮素特征

指标	混播组合	豆科饲草比例（%）				
		0	25	50	75	100
总氮 （g/kg）	羊草-花苜蓿	1.14±0.04ᴬᵃ	1.23±0.06ᴬᵃ	1.38±0.10ᴬᵃ	1.32±0.05ᴬᵃ	1.26±0.10ᴬᵃ
	羊草-胡枝子	1.19±0.04ᴬᵃ	1.20±0.04ᴬᵃ	1.31±0.05ᴬᵃ	1.26±0.07ᴬᵃ	1.22±0.07ᴬᵃ
	羊草-黄花苜蓿	1.15±0.04ᴬᵃ	1.17±0.06ᴬᵃ	1.28±0.05ᴬᵃ	1.24±0.09ᴬᵃ	1.20±0.08ᴬᵃ
	羊草-紫花苜蓿	1.18±0.03ᴬᵇ	1.23±0.05ᴬᵃᵇ	1.41±0.07ᴬᵃ	1.35±0.08ᴬᵃᵇ	1.29±0.09ᴬᵃᵇ
速效氮 （mg/kg）	羊草-花苜蓿	21.41±0.17ᴬᵈ	22.69±0.14ᴬᶜ	24.65±0.15ᴬᴮᵃ	23.75±0.24ᴬᴮᵇ	22.84±0.31ᴬᶜ
	羊草-胡枝子	21.40±0.17ᴬᶜ	22.48±0.18ᴬᵇ	23.91±0.50ᴬᴮᵃ	23.17±0.17ᴮᶜᵃᵇ	22.60±0.23ᴬᴮᵇ
	羊草-黄花苜蓿	21.32±0.44ᴬᵇ	21.93±0.20ᴮᵇ	23.63±0.43ᴮᵃ	22.98±0.25ᶜᵃ	22.00±0.20ᴮᵇ
	羊草-紫花苜蓿	21.33±0.30ᴬᵈ	22.74±0.16ᴬᶜ	25.04±0.23ᴬᵃ	24.29±0.25ᴬᵇ	23.06±0.24ᴬᶜ
铵态氮 （mg/kg）	羊草-花苜蓿	3.43±0.08ᴬᶜ	3.56±0.07ᴬᶜ	4.13±0.08ᴬᵃ	3.87±0.07ᴬᵇ	3.56±0.08ᴬᶜ
	羊草-胡枝子	3.42±0.06ᴬᵇ	3.52±0.08ᴬᵇ	3.90±0.07ᴬᴮᵃ	3.79±0.07ᴬᵃ	3.53±0.06ᴬᵇ
	羊草-黄花苜蓿	3.42±0.06ᴬᵇ	3.50±0.05ᴬᵇ	3.86±0.09ᴮᵃ	3.76±0.07ᴬᵃ	3.50±0.07ᴬᵇ
	羊草-紫花苜蓿	3.46±0.08ᴬᵇ	3.52±0.06ᴬᵇ	4.07±0.07ᴬᴮᵃ	3.95±0.09ᴬᵃ	3.62±0.06ᴬᵇ
硝态氮 （mg/kg）	羊草-花苜蓿	17.98±0.09ᴬᵈ	19.12±0.07ᴬᶜ	20.52±0.10ᴬᴮᵃ	19.89±0.18ᴬᵇ	19.28±0.24ᴬᶜ
	羊草-胡枝子	17.98±0.11ᴬᶜ	18.96±0.16ᴬᵇ	20.01±0.43ᴮᵃ	19.38±0.10ᴮᵃᵇ	19.07±0.17ᴬᴮᵇ
	羊草-黄花苜蓿	17.90±0.39ᴬᶜ	18.43±0.17ᴮᵇᶜ	19.77±0.35ᴮᵃ	19.22±0.18ᴮᵃᵇ	18.50±0.14ᴮᵇᶜ
	羊草-紫花苜蓿	17.87±0.23ᴬᵈ	19.22±0.10ᴬᶜ	20.97±0.16ᴬᵃ	20.34±0.18ᴬᵇ	19.44±0.19ᴬᶜ

　　豆科饲草混播在通过固氮增加土壤氮素肥力的同时，也增加了土壤有机碳（SOC）储量，以羊草-紫花苜蓿混播为例，由禾草单播逐渐增加豆科饲草比例至豆科饲草单播，150 cm土层内土壤总有机碳含量增加了7%，增加的碳主要储存在0~40 cm土层（图6-27）。

　　松嫩平原羊草草甸混播豆科饲草，通过固氮作用提高草地土壤氮素肥力和有机质含量。混播草地生产力随豆科饲草混播数量的增加不断提升，但草地的氮产量及豆科饲草对饲草生产的贡献随豆科饲草比例增加呈单峰变化趋势。综合分析，紫花苜蓿是在松嫩平原综合表现较好的混播物种，开展混播时豆科饲草比例以50%为最优。

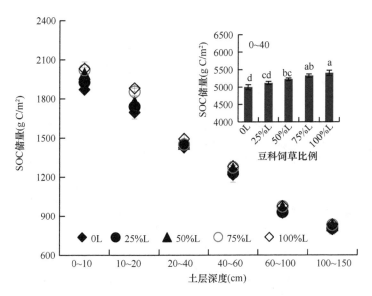

图 6-27 不同豆科饲草比例对草地土壤碳储量的影响

第三节 丛生型野大麦草地生产

野大麦（*Hordeum brevisubulatum*）是强分蘖型丛生下繁禾草，既可以放牧，也可刈割制作干草利用，为我国北方地区建立人工草场的优良牧草，也是改良低湿盐碱化草场的首选良种。野大麦在我国自然分布于东北、华北、新疆等地，西伯利亚和蒙古国也有野生分布。近年来，我国北方各地将野生野大麦引种驯化，开展了系列相关研究（王平，2003）。

一、物候期及分蘖动态

地区间水热等气象条件不同，野大麦物候期也相应存在差异（表 6-20）。总体而言，野大麦返青早、成熟早、枯黄晚、生育期长。对呼和浩特地区生长第 2 年草群所需>10℃的有效积温统计，至开花期需 302℃，至种子成熟需要 638℃，比其他多年生禾草均少（王比德，1987）。

表 6-20 不同地区野大麦的物候期比较

地点	返青期	抽穗期	盛花期	种熟期	枯黄期	文献
内蒙古呼和浩特	4 月初	5-21	5-30	6-30	10 月中旬	王比德，1987
河北张家口	4-11	6-8	6-17	7-14	—	刘树强，1987
吉林白城	4-12	6-5	6-12	6-28	9-16	景鼎五和王占山，1981
吉林长岭	4-7	5-26	6-3	6-18	9-30	王平，2003

5 月末是野大麦初花期，气候干旱，植株表现为叶卷曲、色黄绿、叶量少，许多营养枝死亡。大部分密度区的单丛蘖数下降，而且基本规律是密度越小，单丛蘖数下降幅度越大。行距 30 cm × 30 cm 密度区保持平衡；行距 20 cm × 30 cm 区则缓慢上升，并未因干旱而阻碍单丛蘖数的增加（图 6-28）。

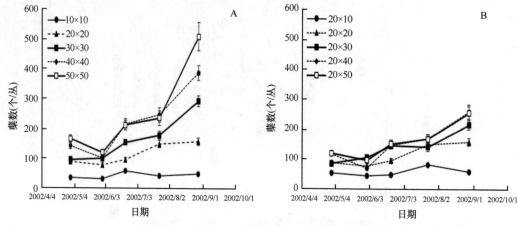

图 6-28　不同种植密度区野大麦单丛蘖数的季节变化

行距 10 cm × 10 cm 密度区的单丛蘖数自 6 月 21 日结实期达到顶峰后持续下降（图 6-28），出现了密度制约现象。行距 20 cm ×10 cm 和行距 20 cm × 20 cm 密度区则在7 月末出现密度制约效应。而其他密度区的单丛蘖数持续增加，尤其是 50 cm×50 cm 最低密度区在水分充足的 7 月、8 月快速进行营养繁殖，仅一个月时间单丛蘖数增长近一倍。

生长 2 年的野大麦在生长季末期，其叶层高达 42 cm，抽穗率为 45%。生长 3 年后，野大麦的抽穗率达 80%，平均干重为 113 g/丛（表 6-21）。第 2 年蘖数持续上升，第 3 年蘖数有明显的季节波动（图 6-29）。

表 6-21　野大麦各项生长指标的比较

年限	叶层高 （cm）	丛茎高 （cm）	最大蘖数 （个/丛）	最终蘖数 （个/丛）	抽穗数 （个/丛）	抽穗率 （%）	干重 （g/丛）
生长 2 年	42	—	261	261	10	45	—
生长 3 年	42	58	429	389	165	80	113

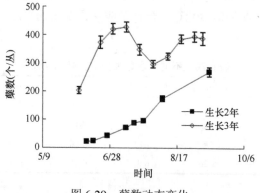

图 6-29　蘖数动态变化

野大麦生长第 2 年的分蘖更新率一直为正值，但在生长季前期分蘖更新缓慢，7 月下旬的生殖蘖枯死增多，分蘖更新率最低，其后分蘖更新率增加，最大值出现在 7 月下旬至 8 月中旬（图 6-30）。

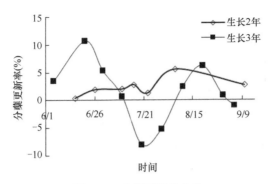

图 6-30　分蘖更新率曲线

生长第 3 年，野大麦在盛花期（6 月 5 日）前分蘖更新率最高（图 6-30），每天约产生 10 个新蘖，此后分蘖更新率迅速降低直至种子成熟脱落，8 月上旬分蘖更新率恢复正值，单丛蘖数又开始增加（图 6-30）。

二、植物高生长和生物量

在生长末期，野大麦绝对株高可达 80 cm。株型随密度增加由膨松侧散型向直立紧密型转变（表 6-22）。

表 6-22　不同密度区的生长高度

行距（cm）	6 月末			7 月末	
	自然高度（cm）	绝对高度（cm）	叶层自然高（cm）	绝对高度（cm）	叶层自然高（cm）
10×10	60.6±1.1	60.5±1.2	31.9±0.4	44.7±1.1	42.9±0.6
20×20	57.5±0.8	60.4±1.0	30.4±0.3	62.0±2.8	46.4±0.7
30×30	63.8±1.2	69.4±1.4	27.9±0.6	65.2±3.1	44.3±1.0
40×40	68.4±1.3	75.1±1.5	33.7±0.8	73.8±2.9	48.7±0.7
50×50	70.4±1.1	75.2±1.6	30.8±0.7	80.0±3.0	49.5±0.7
20×10	59.7±0.9	60.2±1.3	32.4±0.6	53.4±1.4	42.4±0.6
20×30	64.2±1.1	70.7±1.2	30.7±0.8	72.4±2.5	48.9±0.8
20×40	65.6±1.0	69.5±1.9	30.7±0.4	69.8±2.7	44.9±0.9
20×50	62.6±0.8	67.1±1.0	30.0±0.4	69.7±2.5	48.3±0.6

6 月末低密度区植株的绝对高度明显高于高密度区，但叶层自然高差别不大，说明生长空间的扩大仅促进了生殖蘖高而不是营养蘖高的发展。至 7 月末，野大麦植株绝对高度和叶层自然高随密度降低而升高，各密度区野大麦株型及生长高度差异随生长期的延长而逐渐加大。

野大麦各密度区单丛生物量（地上+地下）随生长期的延长变化不一（图 6-31）。高密度抑制个体的生长发育，单丛生物量维持在 6 g 左右。10 cm×10 cm 密度区单丛生物量增加缓慢，6～8 月保持不变，20 cm×10 cm、20 cm×20 cm、20 cm×40 cm 密度区单丛生物量在 7 月末达到最大值，8 月末下降，表现出密度制约效应。其余密度区的单生物量持续增加，尤其是 50 cm×50 cm 低密区在生长末期单丛生物量增长迅速。

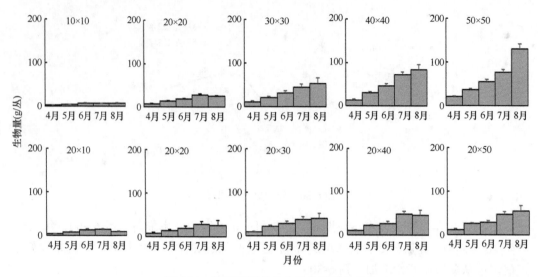

图 6-31　各密度区单丛生物量的季节变化

　　各密度区野大麦单位面积生物量（地上+地下）随生长期的延长逐渐增加，在生长后期趋于一致。8 月末各密度区的单位面积生物量差异不显著，达到 600 g/m^2 左右（图 6-32）。

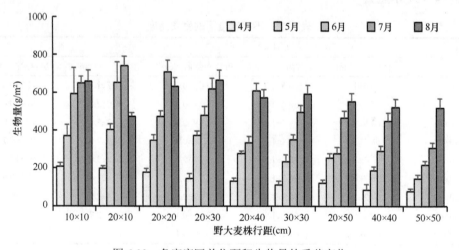

图 6-32　各密度区单位面积生物量的季节变化

　　除 10 cm×10 cm 和 20 cm×10 cm 高密度区外，其余各密度区野大麦地上净初级生产量基本随密度降低而下降，20 cm×20 cm 密度区的地上净初级生产量最大（表 6-23）。在植物组成与外界环境完全一致的试验条件下，各密度区地上净初级生产量存在差异的主要原因是种植密度不同，种植密度不同引起光能主要利用器官——叶的面积及冠层结构出现差异。一般密度越大，叶面积指数（leaf area index，LAI）越高，可固定光能的光合面积越大，但同时增加了呼吸面积；密度过大时，冠层郁闭度高，叶片相互遮挡，导致对光的竞争，因此并不是叶面积指数越大，产量就会越高。野大麦生殖蘖在种子脱落后即 6 月下旬开始陆续死亡，死亡的叶片并不脱落，而是继续保留在株丛中。因这部分叶片无光合能力，其面积属于无效叶面积，并且它们在冠层中占据一定空间，影响了光线射入株丛中，所以，随时间逐渐积累的立枯物在 7 月、8 月的适宜生长期对野大麦群体的生产能力产生一定的影响。

表 6-23　各密度区的地上净初级生产量（第 2 年）

行距（cm）	地上净初级生产量[g/(m²·a)]	密度（丛数/m²）
20×20	862.40±77.85	25
20×10	787.15±67.66	50
20×30	780.57±61.91	16.7
10×10	737.95±75.16	100
30×30	702.29±48.57	11.1
20×40	679.89±52.03	12.5
20×50	579.26±47.53	10
40×40	560.48±44.26	6.2
50×50	532.29±50.94	4

10 cm×10 cm 高密度区在各生长期均保持较高的 LAI、叶生物量和立枯物重量百分比，而冠层中可视天空比例则一直处于低水平（图 6-33）。在生长前期，10 cm×10 cm 高密度区野大麦草层具有较适宜的冠层结构，但因当时总叶量少，对年生物量并没有起到至关重要的作用。虽然在生长后期叶生物量增加，但冠层郁闭度也在增加，导致无效叶面积加大，降低了群体的同化能力，同时增加的叶片量加大了呼吸消耗量，所以高密

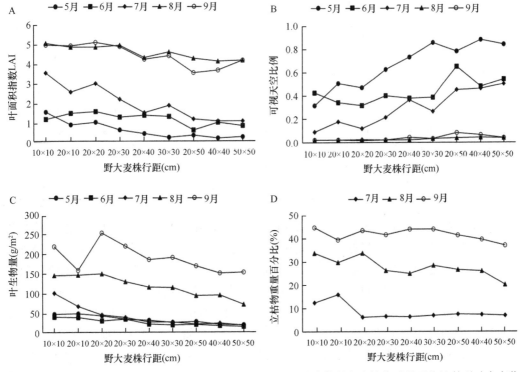

图 6-33　不同密度区野大麦叶面积指数、可视天空比例、叶生物量和立枯物重量百分比的月动态变化

度并没有带来高产量。与 10 cm×10 cm 密度区相比，20 cm×30 cm 密度区在各个生长期的立枯物重量百分比低，冠层中可视天空比例高，冠层结构利于光线的射入。两个密度区野大麦的叶量在后期几近相等，这样 20 cm×30 cm 密度区充足的叶面积和高光线入射率带来了高于 10 cm×10 cm 密度区的产量。其余各密度区因冠层中可视天空比例相对较大，因此产量直接与单位面积活叶量呈正相关，即随 LAI 的增加，年生物量相应增加。

因此，在一定密度范围内，草地净初级生产力随密度增加而增加，即产量与 LAI 呈正相关。当密度过大时，草丛中的立枯物重量百分比随生长进程逐渐增多，无效叶面积加大，同时它们的存在加剧了冠层下叶片的光竞争，引起产量下降。因此立枯物对野大麦的后期生长产生负面影响。

三、种子产量及其质量

在松嫩草地，野大麦穗在 6 月 6 日未发育完全，9 日穗发育最为完整，野大麦完整穗含有 39 个三联小穗，有 30 粒种子（表 6-24）。6 月 12 日小穗数和种子数同时下降，表明此时开始轻微落粒，至 6 月 15 日，每穗残留的三联小穗数为 22 个，约是原穗数的一半，而种子数为 18 粒，约是原种子数的 2/3。由此可知，2/3 的种子生长在穗的下半部。6 月 12~15 日种子的落粒幅度最大，这期间种子损失最多。6 月 15 日种子重量百分比最高，此时收获，相同容积下种子数量最多，但种子绝对数量不如 12 日多。6 月 15 日后种子脱落速度逐渐减缓。

表 6-24 不同采收时期的种子数量及重量指标

日期	三联小穗数（个/穗）	种子数（个/穗）	种子数量百分比（%）	30 穗总重（g）	30 穗种子重（g）	种子重量百分比（%）
6-6	31±0.4	18±0.4	62±1.5	1.12±0.1	0.70±0.1	61.63±3.2
6-9	39±0.6	30±0.7	78±1.3	1.37±0.1	0.89±0.1	63.24±3.3
6-12	38±0.6	28±0.6	75±1.1	1.69±0.1	1.05±0.1	62.38±3.9
6-15	22±0.5	18±0.5	81±0.9	0.94±0.1	0.69±0.1	72.30±2.2
6-18	18±0.3	12±0.3	68±1.2	0.75±0.1	0.52±0.1	69.12±2.2
6-21	16±0.3	10±0.2	64±1.3	0.57±0.1	0.36±0.04	64.41±2.5
6-24	14±0.3	8±0.2	59±0.3	0.56±0.1	0.36±0.04	64.01±2.4
6-27	13±0.3	7±0.2	60±1.4	0.46±0.1	0.28±0.03	60.72±2.9
6-30	10±0.2	6±0.2	65±1.3	0.43±0.1	0.27±0.03	65.03±3.4

穗重和种子重在 6 月 6~12 日同时持续增加（表 6-24）。虽然 6 月 9 日的小穗数和种子数高于 12 日，但其重量低，说明此时间段正是种子快速积累干物质的阶段，也是种子成熟的阶段。此后随种子的成熟，落粒现象加剧，穗重和种子重都在下降。6 月 12 日收获的种子绝对重量最高，但净度不高，6 月 15 日种子重量百分比最高，种子的净度好。

除 6 月 6 日的种子千粒重明显低外，其余时间采收的种子千粒重的变化几乎没有什么规律。说明留在穗上的种子饱满度很不均一。另外，野大麦群体的抽穗时间有先后，成熟有早有晚，这些都影响种子重量。但总体来看，野大麦种子的千粒重在 0.9~1.4 g 波动（表 6-25）。

表 6-25 各时期的种子千粒重

采收日期（月-日）	千粒重（g）	变异系数 CV
6-6	0.92	3.9
6-9	1.04	2.3
6-12	1.32	3.0
6-15	1.11	3.8
6-18	1.23	2.3
6-21	1.19	2.5
6-24	1.39	2.6
6-27	1.06	3.4
6-30	1.17	3.6

种子浸出液电导率随采收时间的推移表现为持续下降的趋势，自 6 月 20 日后基本保持稳定，表明在初花期后 20 天收获种子其成熟度基本维持稳定（图 6-34）。6 月 6 日与 6 月 9 日采收的种子发芽率明显低于其他时间采收的种子，发芽率<75%，其他时间采收种子的发芽率为 85%～94%（图 6-34）。

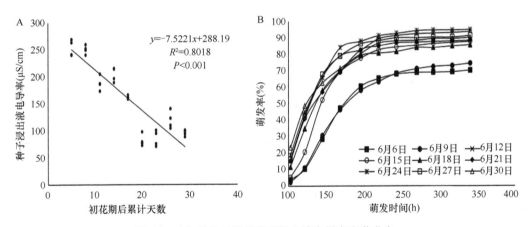

图 6-34 各采收时期的种子浸出液电导率和萌发率

发芽势高表明种子萌发快，而发芽指数高表明种子萌发齐。种子发芽势和发芽指数均随采收时间推后而逐渐增大。这两项指标在 6 月 15 日前增加快，15 日后上升速度逐渐降低（图 6-35）。

6 月 15 日后各采收期的种子发芽势没有区别，18～30 日采收种子的发芽指数也没有显著差异（表 6-26）。这与回归曲线得到的结论一致。据此可以认为，6 月 15 日前采收的种子发芽势和发芽指数与 15 日后采收的种子存在极显著差异（12 日数据除外）。

根据以上对不同采收期收获种子数量和质量的分析，认为野大麦种子收获的最佳时期是在 6 月 12 日至 7 月 15 日，即初花期后的 11～14 天，在此时间段种子开始大量落粒。初花期后 11 天收获的种子数量及重量最高，与初花期后 14 天存在极显著差异，质量上没有显著区别，但种子净度较差，随收获日期的推迟，净度逐渐提高。实践生产中以野大麦穗顶部种子刚刚开始脱落作为开始收获的标志，收获期可持续 3 天。

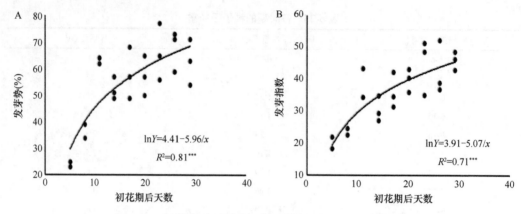

图 6-35　初花期后不同时间种子的发芽势和发芽指数曲线

***表示在 0.01 水平相关

表 6-26　各时期种子发芽势与发芽指数比较

日期	发芽势 GE（%）	日期	发芽指数 GI
6-27	67.67±4.37^A	6-30	46.04±1.60^A
6-24	66.00±6.08^A	6-24	45.05±5.06^A
6-12	63.00±1.00^A	6-27	42.76±4.83^{AB}
6-30	62.67±4.91^A	6-21	39.97±2.11^{AB}
6-18	58.00±5.51^A	6-12	39.06±4.48^{AC}
6-21	57.33±4.33^A	6-18	36.23±3.21^{AC}
6-15	52.33±2.40^{AB}	6-15	30.55±2.26^{BCD}
6-9	36.50±2.5^{BC}	6-9	23.75±0.92^{CD}
6-6	24.00±1.00^C	6-6	20.15±1.82^D

注：不同大写字母表示不同处理间差异显著（$P<0.05$）

第四节　一年生燕麦生产

燕麦（*Avena sativa*）是一种重要的饲草作物，具有较发达的根系，有抗旱、抗寒、耐贫瘠、耐盐碱、营养价值丰富的特点。燕麦在我国华北、西南、西北及东北等高寒牧区均有大量种植，发挥着其他饲草作物不可替代的作用（杨海鹏和孙泽民，1989）。松嫩平原各地区气候干旱，利用燕麦生长期相对较短的特点，在雨季种植可以获得较好的产量，不同品种产量有极大的不同，干旱是关键制约因素。适宜品种非干旱年份的产量为 7～9 t/hm^2。

裸燕麦在我国有广泛的种植基础，具有发展为饲草作物的空间，需要加强品种培育研究。

一、燕麦适应性评价

长春栽培试验表明，燕麦生育期为 77～86 天，不同燕麦品种（系）进入各物候期的时间不尽相同（表 6-27）。'林纳'、'牧马人'和'边锋'最早完成整个生育期，属早熟品种。'武川莜'、'内蒙皮'和'坝莜 1 号'生育期分别为 86 天、85 天和 83 天，相比其他燕麦品种属于晚熟品种。

表 6-27 长春地区燕麦品种（系）生育期

编号	品种（系）	播种日	出苗期	分蘖期	拔节期	孕穗期	抽穗期	乳熟期	完熟期	生育期（天）
A01	青引 1 号	5-1	5-10	6-5	6-11	6-28	7-5	7-14	7-19	80
A02	青引 2 号	5-1	5-10	6-5	6-12	6-28	7-5	7-14	7-20	81
A03	青引 3 号	5-1	5-10	6-5	6-11	6-28	7-5	7-14	7-19	80
A04	青海 444	5-1	5-10	6-5	6-11	6-28	7-5	7-13	7-18	79
A05	甜燕麦	5-1	5-10	6-4	6-9	6-27	7-5	7-13	7-18	79
A06	白燕 7 号	5-1	5-9	6-5	6-11	6-28	7-5	7-14	7-19	80
A07	林纳	5-1	5-10	6-5	6-11	6-23	7-2	7-12	7-16	77
A08	加燕 2 号	5-1	5-10	6-4	6-10	6-24	7-6	7-13	7-18	79
A09	贝勒 1 代	5-1	5-10	6-5	6-11	6-29	7-6	7-13	7-20	81
A10	贝勒 2 代	5-1	5-10	6-5	6-12	6-29	7-8	7-14	7-20	81
A11	牧王	5-1	5-10	6-5	6-11	6-29	7-8	7-14	7-21	82
A12	太阳神	5-1	5-10	6-5	6-11	6-26	7-6	7-14	7-21	82
A13	边锋	5-1	5-10	6-5	6-11	6-26	7-1	7-12	7-16	77
A14	美达	5-1	5-10	6-5	6-11	6-24	6-28	7-13	7-17	78
A15	武川莜	5-1	5-9	6-4	6-10	7-1	7-8	7-15	7-25	86
A16	集宁莜	5-1	5-10	6-4	6-10	6-24	7-2	7-14	7-21	82
A17	山西莜	5-1	5-10	6-5	6-11	6-25	7-3	7-14	7-20	81
A18	内蒙皮	5-1	5-9	6-4	6-10	6-25	7-3	7-15	7-24	85
A19	加燕 44 号	5-1	5-9	6-4	6-9	6-25	7-3	7-13	7-19	80
A20	牧马人	5-1	5-10	6-5	6-11	6-23	6-28	7-12	7-16	77
A21	枪手	5-1	5-9	6-4	6-9	6-24	6-28	7-14	7-20	81
A22	塔娜	5-1	5-10	6-4	6-9	6-23	6-28	7-14	7-20	81
A23	沃垦	5-1	5-10	6-5	6-11	6-23	6-28	7-14	7-20	81
A24	贝勒	5-1	5-10	6-5	6-11	6-23	6-28	7-13	7-18	79
A25	梦龙	5-1	5-10	6-5	6-10	6-23	6-28	7-13	7-20	81
A26	坝莜 1 号	5-1	5-10	6-5	6-11	6-29	7-6	7-14	7-22	83
A27	宁夏黑	5-1	5-10	6-5	6-10	6-22	6-26	7-13	7-20	81

　　长岭地区干旱，燕麦从出土至乳熟的生育期为 59～62 天，其中'林纳'最早进入乳熟期，与在长春种植一致，表现为早熟。'甜燕麦'和'武川莜'都于播种后 62 天进入乳熟期，属于相对晚熟的燕麦品种。长岭县种植的各燕麦品种（系）进入各物候期的日期无明显差别（表 6-28）。

表 6-28 长岭地区燕麦品种（系）生育期

编号	品种（系）	播种日	出苗期	分蘖期	拔节期	孕穗期	抽穗期	乳熟期	生育期（天）
B01	青引 1 号	5-9	5-16	6-10	6-16	6-22	6-29	7-8	60
B02	青引 2 号	5-9	5-16	6-10	6-17	6-22	6-29	7-9	61
B03	青引 3 号	5-9	5-16	6-10	6-16	6-22	6-29	7-9	61
B04	青海 444	5-9	5-16	6-10	6-16	6-22	6-29	7-8	60
B05	甜燕麦	5-9	5-16	6-9	6-15	6-21	6-30	7-10	62

续表

编号	品种（系）	播种日	出苗期	分蘖期	拔节期	孕穗期	抽穗期	乳熟期	生育期（天）
B06	白燕7号	5-9	5-15	6-10	6-16	6-22	6-28	7-8	60
B07	林纳	5-9	5-16	6-10	6-16	6-22	6-26	7-7	59
B08	加燕2号	5-9	5-16	6-10	6-16	6-22	6-27	7-8	60
B09	贝勒1代	5-9	5-16	6-10	6-16	6-22	6-29	7-8	60
B10	贝勒2代	5-9	5-16	6-10	6-15	6-23	6-29	7-9	61
B11	牧王	5-9	5-16	6-10	6-16	6-22	6-29	7-9	61
B12	太阳神	5-9	5-16	6-10	6-16	6-23	6-28	7-9	61
B13	边锋	5-9	5-16	6-10	6-16	6-22	6-29	7-8	60
B14	美达	5-9	5-16	6-10	6-16	6-22	6-28	7-8	60
B15	武川莜	5-9	5-16	6-9	6-17	6-24	7-1	7-10	62
B16	集宁莜	5-9	5-16	6-9	6-15	6-22	6-29	7-9	61
B17	山西莜	5-9	5-16	6-10	6-16	6-22	6-29	7-8	60
B18	内蒙皮	5-9	5-15	6-9	6-16	6-22	6-25	7-9	61
B19	加燕44号	5-9	5-15	6-9	6-16	6-22	6-29	7-8	60
B20	牧马人	5-9	5-16	6-10	6-16	6-23	6-28	7-8	60
B21	枪手	5-9	5-15	6-9	6-15	6-21	6-29	7-9	61
B22	塔娜	5-9	5-16	6-9	6-15	6-21	6-29	7-9	61
B23	沃垦	5-9	5-16	6-10	6-16	6-22	6-29	7-9	61
B24	白燕2号	5-9	5-16	6-10	6-17	6-24	6-29	7-8	60
B25	贝勒	5-9	5-16	6-10	6-16	6-22	6-29	7-9	61
B26	梦龙	5-9	5-16	6-10	6-16	6-22	6-28	7-9	61
B27	坝莜1号	5-9	5-16	6-10	6-15	6-22	6-28	7-9	61
B28	宁夏黑	5-9	5-16	6-10	6-16	6-22	6-30	7-9	61
B29	黑燕麦	5-9	5-16	6-10	6-16	6-22	6-29	7-9	61

　　洮南地区燕麦生育期为74～80天，其中'林纳'与'林纳黑'最早出苗，且最早完成整个生育期，属于早熟品种。'武川莜'、'牧马人'、'内蒙皮'和'边锋'生育期较长，分别为80天、79天、79天和78天，在当地属于晚熟品种（表6-29）。

表6-29　洮南地区燕麦品种（系）生育表现

编号	品种（系）	播种日	出苗期	分蘖期	拔节期	孕穗期	抽穗期	乳熟期	完熟期	生育期（天）
T01	坝莜1号	6-20	6-29	7-27	8-1	8-17	8-26	9-1	9-8	78
T02	武川莜	6-20	6-30	7-29	8-3	8-19	8-28	9-3	9-10	80
T03	塔娜	6-20	6-28	7-23	7-28	8-13	8-22	8-30	9-4	74
T04	加燕44号	6-20	6-28	7-23	7-28	8-13	8-22	8-29	9-4	74
T05	枪手	6-20	6-28	7-23	7-28	8-13	8-22	8-29	9-4	74
T06	贝勒	6-20	6-28	7-23	7-28	8-13	8-22	8-29	9-4	74
T07	牧马人	6-20	6-30	7-28	8-2	8-18	8-27	9-2	9-9	79
T08	梦龙	6-20	6-28	7-23	7-28	8-13	8-22	8-29	9-4	74
T09	内蒙皮	6-20	6-30	7-28	8-2	8-18	8-27	9-2	9-9	79

编号	品种（系）	播种日	出苗期	分蘖期	拔节期	孕穗期	抽穗期	乳熟期	完熟期	生育期（天）
T10	林纳黑	6-20	6-27	7-22	7-27	8-12	8-21	8-28	9-3	73
T11	宁夏黑	6-20	6-28	7-23	7-26	8-13	8-22	8-29	9-4	74
T12	集宁莜	6-20	6-28	7-23	7-28	8-13	8-22	8-29	9-4	74
T13	青引1号	6-20	6-28	7-23	7-28	8-13	8-22	8-30	9-4	74
T14	青引2号	6-20	6-30	7-25	7-30	8-15	8-24	8-31	9-6	76
T15	青引3号	6-20	6-29	7-24	7-29	8-14	8-23	8-30	9-5	75
T16	青海444	6-20	6-28	7-23	7-28	8-13	8-22	8-29	9-4	74
T17	甜燕麦	6-20	6-28	7-23	7-28	8-13	8-22	8-29	9-4	74
T18	白燕7号	6-20	6-28	7-23	7-28	8-13	8-22	8-29	9-4	74
T19	林纳	6-20	6-27	7-22	7-27	8-12	8-21	8-28	9-3	73
T20	加燕2号	6-20	6-28	7-23	7-28	8-13	8-22	8-29	9-4	74
T21	贝勒1代	6-20	6-28	7-23	7-28	8-13	8-22	8-29	9-4	74
T22	贝勒2代	6-20	6-29	7-24	7-29	8-14	8-23	8-30	9-5	75
T23	牧王	6-20	6-28	7-23	7-28	8-13	8-22	8-29	9-4	74
T24	太阳神	6-20	6-30	7-25	7-30	8-15	8-24	8-30	9-6	76
T25	边锋	6-20	7-1	7-29	8-1	8-17	8-26	9-2	9-8	78
T26	美达	6-20	6-30	7-25	7-30	8-15	8-24	8-31	9-6	76

二、燕麦草产量

A25 '梦龙' 在长春地区的干草产量最高，可达 10081 kg/hm^2；A24 '贝勒' 和 A12 '太阳神' 产量分别为 9371 kg/hm^2、9362 kg/hm^2；A14 '美达' 干草产量最低，为 2802 kg/hm^2，A07 '林纳' 和 A01 '青引1号' 产量也偏低，分别为 3448 kg/hm^2、3771 kg/hm^2。产量偏低的 3 个品种均为偏早熟品种（图 6-36）。

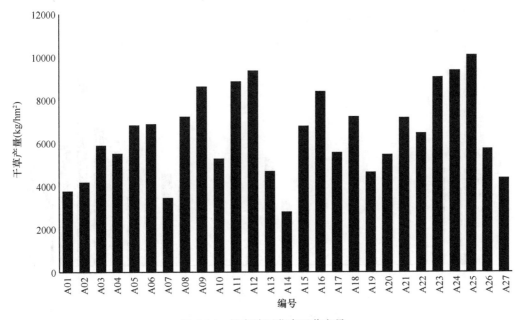

图 6-36　长春地区燕麦干草产量

不同燕麦品种在长岭地区的干草产量差异较大，特别是干旱无灌溉年份，其中 B01 '青引 1 号' 干草产量最高，达 3853 kg/hm²；B05 '甜燕麦'、B12 '太阳神' 和 B29 '黑燕麦' 干草产量表现较好，分别为 2552 kg/hm²、1808 kg/hm² 和 1809 kg/hm²；其他品种产量偏低（图 6-37）。各品种的生长表现在各地区并不相同，还需要进一步试验，加强引种驯化研究。

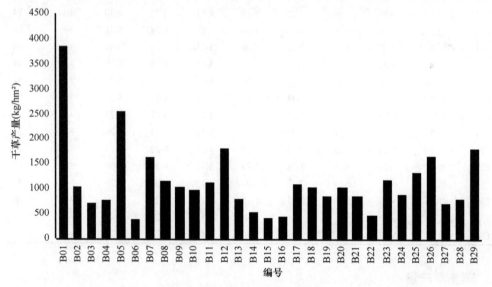

图 6-37　长岭地区燕麦干草产量

T23 '牧王' 在洮南地区干草产量最高，达 6734 kg/hm²；T14 '青引 2 号'（5807 kg/hm²）、T21 '贝勒 1 代'（4095 kg/hm²）、T22 '贝勒 2 代'（4943 kg/hm²）和 T24 '太阳神'（4346 kg/hm²）的干草产量表现较好；T15 '青引 3 号' 干草产量最低，为 781 kg/hm²，T03 '塔娜'（1065 kg/hm²）和 T06 '贝勒'（1365 kg/hm²）的干草产量也偏低（图 6-38）。没有灌溉情况下，很难获得相对的高产量。

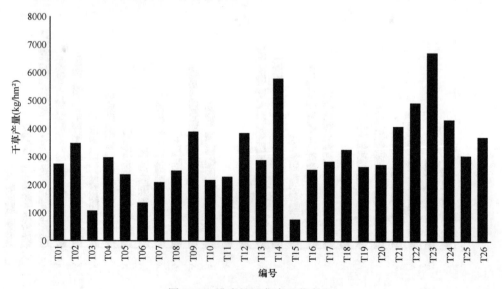

图 6-38　洮南地区燕麦干草产量

在洮南地区，'牧王'籽粒产量最高，为 80.4 g/m²，'美达'、'贝勒 1 代'和'贝勒 2 代'籽粒产量表现较好，'枪手'、'武川莜'、'加燕 44 号'和'青引 3 号'籽粒产量表现较差，'贝勒'籽粒产量最低，仅为 10.64 g/m²（图 6-39）。

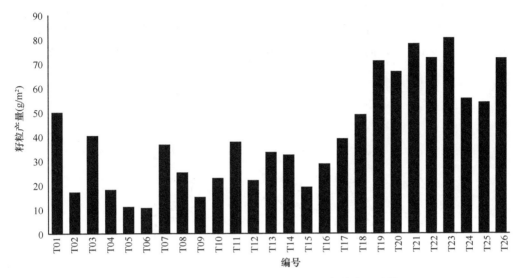

图 6-39 不同燕麦品种（系）在洮南的籽粒产量比较

综合分析，'太阳神'在长春地区干草产量和茎叶比表现优秀，为适合长春地区种植的品种。'甜燕麦'在长岭部分地区干草产量表现优秀，'青引 1 号'产量相对最高，为适合在长岭地区种植的品种。'甜燕麦'干草产量和茎叶比表现较好，'牧王'表现出良好的适应性，其干草产量高，茎叶比最低，品质优良，二者均为适合洮南地区种植的品种。总体上，燕麦品种'太阳神'、'甜燕麦'、'青引 1 号'和'内蒙皮'是广泛适应吉林西部地区种植的品种。

第五节 多年生苜蓿饲草生产

苜蓿产量高，粗蛋白及矿物质含量丰富，为优质饲草。但是松嫩平原降水量为 350～500 mm，发展苜蓿受限制。同时，松嫩平原多数地区土壤有盐碱障碍，不适宜大面积种植苜蓿。但在优质农田及降水丰富的地区种植苜蓿，可以起到增加饲料种类的作用，但需要比较相对经济效益。在草地中补播苜蓿，利用微生境实现苜蓿存活及生长，可以达到改良土壤、提高饲草质量的作用。

紫花苜蓿（*Medicago sativa*）、杂花苜蓿（*Medicago varia*）和黄花苜蓿（*Medicago falcata*）在土质良好的地区可以种植（黄迎新等，2007）。松嫩平原草地中自然生长的扁蓿豆（*Medicago ruthenica*）具有极好的培育开发潜力（黄迎新等，2007；武祎等，2015）。

一、不同品种苜蓿的地上生物量

长春地区栽培试验表明，从俄罗斯引进的黄花苜蓿品种'达菲'（*M. falcata* cv.

Darviluya)、'秋柳'（*M. falcata* cv. Syulinskaya），杂花苜蓿'草原 3 号'和紫花苜蓿'公农 1 号'4 个品种自 4 月中旬地上生物量开始形成，80～100 天后地上生物量达到高峰（图 6-40）。'达菲'和'秋柳'生长速度比'草原 3 号'与'公农 1 号'低；'草原 3 号'和'公农 1 号'在返青 80 天左右达到最大地上生物量，而'达菲'和'秋柳'在返青 100 天左右达到最大地上生物量。生长后期，'草原 3 号'和'公农 1 号'根部生长出较多新生枝条，导致其地上生物量少量上升，而'达菲'和'秋柳'新生枝条较少，对地上生物量无显著影响。

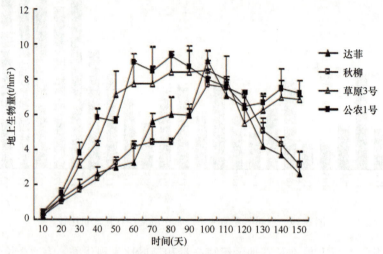

图 6-40　不同苜蓿品种的地上生物量（长春）

不刈割情形下，'公农 1 号'紫花苜蓿地上生物量在 7 月上旬达到 9.3 t/hm²，而后下降。

二、刈割频次对苜蓿地上生物量的影响

刈割收获 2 次的累计地上生物量最高，其中'达菲'、'秋柳'、'草原 3 号'和'公农 1 号'刈割 2 次的地上生物量分别较其他刈割次数平均值高 58.1%、38.6%、50.7%和 30.1%。所有刈割处理中，'公农 1 号'紫花苜蓿地上生物量表现最好，刈割 2 次的'公农 1 号'地上生物量是其他苜蓿品种的 1.2～1.6 倍（表 6-30）。

表 6-30　不同刈割频次下不同品种的地上生物量（t/hm²）

品种	刈割 1 次	刈割 2 次	刈割 3 次	刈割 4 次
达菲	6.44Ba	10.18Ab	6.09Bc	5.56Bc
秋柳	7.10Aa	9.85Ab	6.70Ac	6.09Ac
草原 3 号	5.53Ca	13.84Aab	9.05Bb	9.19Bb
公农 1 号	6.48Ca	16.14Aa	12.41Ba	10.94Ba

注：刈割时间分别为春季返青后 30 天（刈割 4 次）、40 天（刈割 3 次）、60 天（刈割 2 次）和 120 天（刈割 1 次）；不同小写字母表示同列数据间差异显著（$P<0.05$）；不同大写字母表示同行数据间差异显著（$P<0.05$）

若刈割收获 2 次'公农 1 号'紫花苜蓿，第 1 次刈割在返青后 60 天，可收获地上生物量 8.98 t/hm²，经 60 天的快速再生恢复，至第 2 次刈割时，再生地上生物量达到 7.16 t/hm²，两次刈割可收获生物量 16.1 t/hm²。

若刈割收获 3 次，返青后 40 天初次刈割，可收获首蓿再生生物量 5.85 t/hm²，后经 40 天快速再生恢复，至第 2 次刈割时，再生地上生物量达到 5.21 t/hm²，2 次刈割后，首蓿再生缓慢，40 天后第 3 次刈割时，再生地上生物量仅为 1.35 t/hm²。

若刈割收获 4 次，分别在返青后 30 天、60 天、90 天、120 天进行，前 2 次刈割可分别获得地上生物量 3.82 t/hm² 和 4.53 t/hm²，然而 2 次刈割后，首蓿再生速度明显下降，第 3 次和第 4 次刈割时，再生地上生物量分别仅为 1.64 t/hm² 和 0.95 t/hm²（表 6-31）。

表 6-31　不同刈割频次下 '公农 1 号' 地上生物量的动态变化（t/hm²）

日期	时间（天）	不刈割（对照）	刈割 1 次	刈割 2 次	刈割 3 次	刈割 4 次
4-25	10	0.47±0.16	—	—	—	—
5-5	20	1.51±0.26	—	—	—	—
5-15	30	3.82±0.59	—	—	—	第 1 次刈割
5-25	40	5.85±0.48	—	—	第 1 次刈割	0.23±0.02
6-4	50	5.62±0.28	—	—	0.33±0.08	1.86±0.37
6-14	60	8.98±0.48	—	第 1 次刈割	1.73±0.12	4.53±0.31
6-24	70	8.48±1.38	—	0.34±0.04	3.41±0.36	0.15±0.02
7-4	80	9.34±0.28	—	2.56±0.38	5.21±0.45	1.71±0.19
7-14	90	8.75±0.89	—	3.19±0.72	0.25±0.03	1.64±0.31
7-24	100	8.02±0.10	—	4.22±0.56	0.72±0.18	0.14±0.05
8-3	110	7.61±2.54	—	5.77±0.58	0.93±0.09	0.78±0.13
8-13	120	6.48±0.71	第 1 次刈割	7.16±0.87	1.35±0.15	0.95±0.07
8-23	130	6.69±0.35	0.37±0.04	0.19±0.08	0.16±0.02	0.12±0.06
9-2	140	7.48±0.47	1.55±0.14	1.01±0.13	0.67±0.14	0.32±0.11
9-12	150	7.26±0.71	2.99±0.61	2.93±0.37	2.22±0.18	0.81±0.05

第 1 次刈割后，4 个品种再生生长差别微弱；最后一次刈割后，'达菲' 和 '秋柳' 的再生速度较慢，其次为 '草原 3 号'，'公农 1 号' 再生速度最快（图 6-41）。

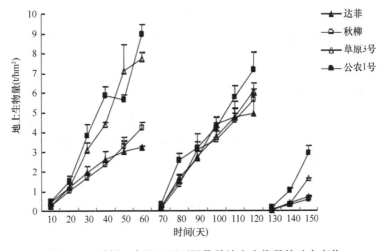

图 6-41　刈割 2 次处理下不同品种地上生物量的动态变化

刈割收获 4 次情况下，4 个品种均是第 1 次刈割后再生速度快。第 2 次刈割、第 3 次刈割后，再生速度迅速降低。第 4 次刈割后，只有'公农 1 号'还在生长，'达菲'和'秋柳'生长基本停止。在整个生长阶段，'公农 1 号'与'草原 3 号'地上生物量均高于'达菲'和'秋柳'（图 6-42）。

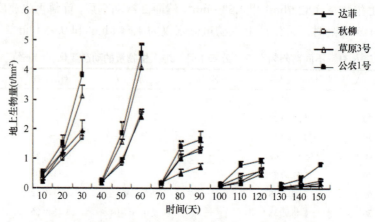

图 6-42 刈割 4 次处理下不同品种地上生物量的动态变化

第六节 全株玉米饲料生产

种植籽粒玉米或专用青贮玉米生产草食动物饲料，逐渐成为松嫩平原地区的土地利用方式和生产模式，极大地推动了草食牲畜生产。全株玉米作饲料的生产农艺相似于籽粒玉米，但其春季有相对长的播种时间"窗口"，其收获时间也不同于籽粒玉米，获得完整的信息有助于充分理解并管理青贮玉米饲料生产。

一、全株玉米生物量时空动态

利用玉米秸秆作饲料，无论是青贮还是黄秸秆利用，产量是首先需要考虑的因素。选择常规籽粒品种'四密 21'、'农大 3138'和'登海一号'进行种植，研究了玉米各生长发育期茎、叶、籽粒生物量的时间动态和空间动态，并研究了生物量在茎、叶和籽粒中的分配比例。

1. 营养生长期生物量动态及其分配

玉米营养生长期叶生物量逐渐积累。6 月下旬'四密 21'、'农大 3138'和'登海一号'的叶生物量分别是 4.44 g/株、6.83 g/株和 6.01 g/株；8 月初叶生物量增加至 32.87 g/株、45.45 g/株和 45.53 g/株。'四密 21'的叶生物量最小，'农大 3138'与'登海一号'相近（图 6-43A）。

茎生物量 6 月下旬'四密 21'、'农大 3138'和'登海一号'分别为 3.91 g/株、6.05 g/株和 5.55 g/株。8 月初分别增加至 73.78 g/株、98.17 g/株和 87.55 g/株。所测试的 3 个玉米品种生长初期茎生物量相差较小，随着生长发育，'农大 3138'和'登海一号'的茎生物量增长较快，'四密 21'的茎生物量开始明显低于'农大 3138'和'登海一号'（图 6-43B）。

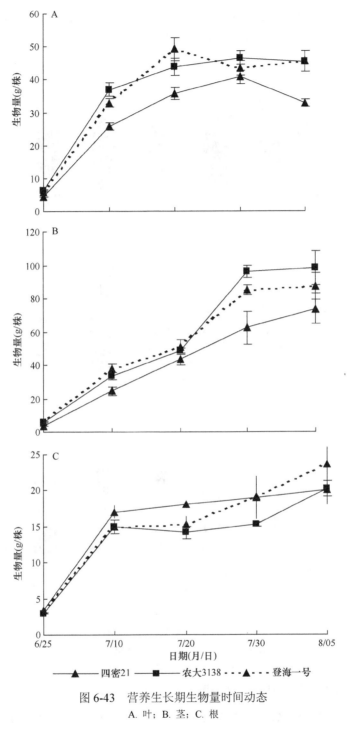

图 6-43 营养生长期生物量时间动态
A. 叶；B. 茎；C. 根

　　根生物量 6 月下旬品种间相差无几，'四密 21'、'农大 3138'和'登海一号'分别为
3.32 g/株、2.96 g/株和 3.46 g/株。8 月初'四密 21'、'农大 3138'和'登海一号'根的生
物量分别为 20.05 g/株、20.25 g/株和 23.58 g/株，'登海一号'的根生物量最大，而'四
密 21'与'农大 3138'的根生物量几乎一致。

玉米营养生长初期生物量分配比例顺序为：叶>茎>根。8月初分配比例顺序为：茎>叶>根。随着玉米生长发育，生物量向茎分配的比例逐渐增大，向叶和根分配的比例逐渐变小（图6-44）。

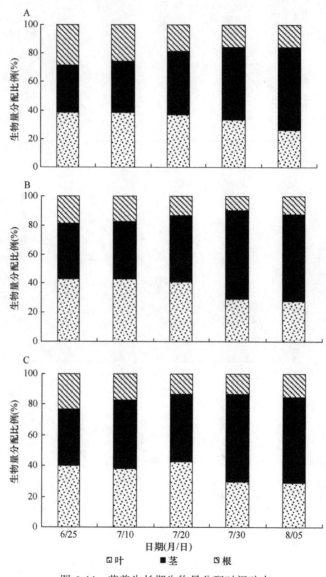

图 6-44　营养生长期生物量分配时间动态

A. 四密 21；B. 农大 3138；C. 登海一号

2. 生殖生长期生物量动态及其分配

玉米生殖生长期叶生物量增长至最大，然后下降。8月上旬‘四密 21’的叶生物量为 38.09 g/株，8月下旬叶生物量达最大，为 50.25 g/株，然后开始下降，9月下旬叶生物量为 25.70 g/株。‘农大 3138’和‘登海一号’的叶生物量变化规律与‘四密 21’类似，只是生物量达到高峰的时间有所不同，‘农大 3138’和‘登海一号’的叶生物量高峰均出现在 8月中旬，比‘四密 21’有所提前（图6-45A）。

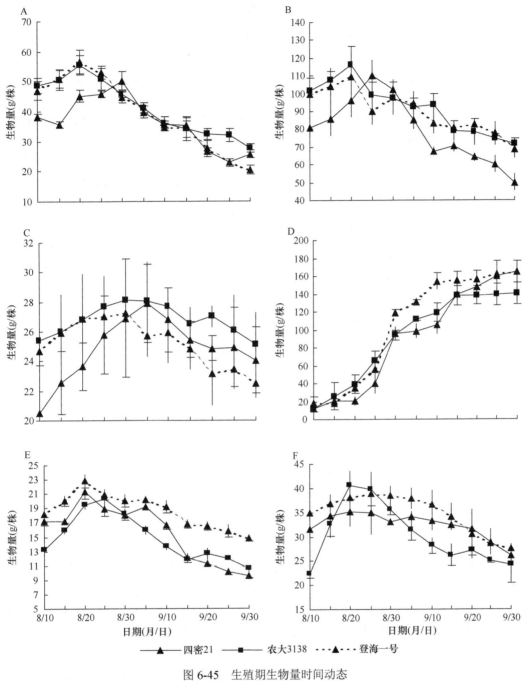

图 6-45 生殖期生物量时间动态

A. 叶；B. 茎；C. 根；D. 籽粒；E. 苞叶；F. 穗轴

'四密 21' 的茎生物量 8 月上旬为 80.81 g/株，8 月下旬为 107.07 g/株，达高峰，然后开始下降，9 月下旬茎生物量下降至 49.98 g/株。'农大 3138' 和 '登海一号' 的茎生物量变化趋势与 '四密 21' 相同，达生物量高峰后开始下降（图 6-45B）。

‘四密21’的根生物量8月上旬为20.49 g/株，9月初为27.89 g/株，达高峰，9月下旬降至24.06 g/株。‘农大3138’和‘登海一号’的根生物量也是达到高峰后开始逐渐下降，二者的根生物量峰值均出现在8月下旬。

叶、茎、根生物量达到峰值后均开始下降，叶和茎生物量下降的幅度要比根生物量下降的幅度大。

‘四密21’的籽粒生物量8月上旬为12.65 g/株，9月上旬达105.57 g/株，然后籽粒生物量增长速度开始变缓，9月下旬籽粒生物量为165.33 g/株。‘农大3138’和‘登海一号’的籽粒生物量变化趋势与‘四密21’相同（图6-45D）。各品种的苞叶生物量变化趋势相同，均为开始逐渐增大，达最大值后开始下降（图6-45E）。各品种的穗轴生物量变化趋势与苞叶生物量变化趋势相似（图6-45F）。

籽粒生物量在整个生长期呈持续上升趋势，在生殖生长初期，籽粒生物量迅速增加，到一定程度时，生物量增长速度开始减慢。籽粒及秸秆总生物量达到最大值后开始下降，如‘登海一号’总生物量达最大在9月10日，以后籽粒生物量虽然仍在增加，但秸秆生物量快速下降，导致总生物量呈下降趋势（图6-46）。

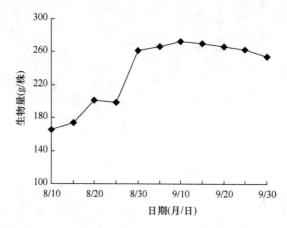

图6-46　玉米籽粒和秸秆总生物量时间动态（登海一号）

生殖生长初期茎生物量所占比例最大，与营养生长期生物量分配相似，生殖生长末期，分配到籽粒的生物量比例最大。9月下旬‘四密21’、‘农大3138’和‘登海一号’的茎生物量所占比例比8月初分别下降23.63%、21.64%和19.56%；叶生物量所占比例分别下降10.42%、12.61%和12.93%；籽粒生物量所占比例分别增加48.69%、41.64%和44.25%。

玉米生殖生长初期（8月上旬），生物量分配比例顺序为：茎>叶>穗轴>根>苞叶>籽粒。在生殖生长末期（9月下旬），‘四密21’生物量分配比例顺序为：籽粒>茎>穗轴>叶>根>苞叶；‘农大3138’生物量分配比例顺序为：籽粒>茎>叶>根>穗轴>苞叶；‘登海一号’生物量分配比例顺序为：籽粒>茎>穗轴>根>叶>苞叶；3个玉米品种，生物量均向籽粒分配最多（图6-47）。

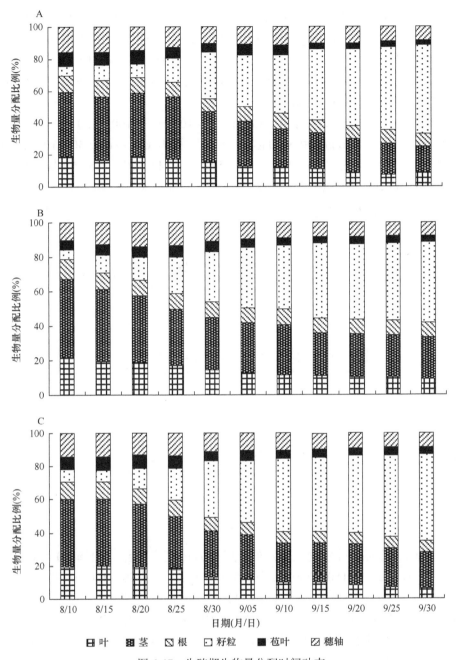

图 6-47　生殖期生物量分配时间动态

A. 四密 21；B. 农大 3138；C. 登海一号

二、叶生物量空间动态

7 月上旬，'四密 21' 分布于 0～50 cm、50～100 cm 和 100～150 cm 高度的叶生物量分别是 5.14 g/株、19.06 g/株和 1.56 g/株，150～200 cm 高度无叶片分布。至 7 月下旬，0～50 cm、50～100 cm、100～150 cm 和 150～200 cm 高度均有叶片分布，各层生物量分别是 6.75 g/株、16.63 g/株、13.23 g/株和 4.07 g/株。

7月上旬,'农大 3138'叶生物量分布于 0~50 cm、50~100 cm 和 100~150 cm 的生物量分别是 5.00 g/株、25.40 g/株和 6.48 g/株。至 7 月下旬,150~200 cm 高度的空间也有叶片分布,各层生物量分别是 4.53 g/株、17.47 g/株、17.53 g/株和 6.90 g/株。至 8 月初,200~250 cm 高度的空间也有叶片分布,各层生物量分别是 5.06 g/株、16.08 g/株、17.01 g/株、7.20 g/株和 0.10 g/株。

7月上旬,'登海一号'分布于 0~50 cm、50~100 cm 和 100~150 cm 高度的叶生物量分别是 4.38 g/株、18.76 g/株和 9.70 g/株。至 7 月中旬,0~50 cm、50~100 cm、100~150 cm 和 150~200 cm 高度的生物量分别是 5.58 g/株、14.52 g/株、28.34 g/株和 0.76 g/株。至 7 月末,0~50 cm、50~100 cm、100~150 cm、150~200 cm 和 200~250 cm 高度的生物量分别是 4.23 g/株、14.03 g/株、16.17 g/株、8.27 g/株和 0.73 g/株（图 6-48）。

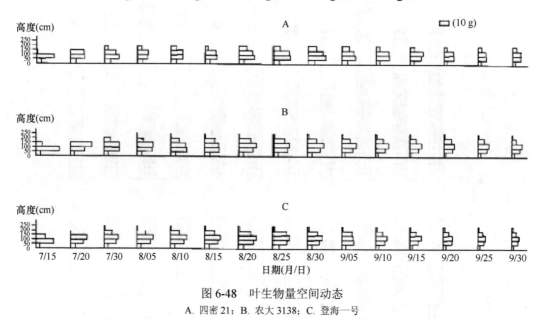

图 6-48　叶生物量空间动态
A. 四密 21；B. 农大 3138；C. 登海一号

6月下旬,三个品种叶生物量只分布于 0~50 cm 高度,至 7 月下旬,0~50 cm、50~100 cm、100~150 cm 和 150~200 cm 高度均有叶片分布,以 50~100 cm 和 100~150 cm 高度叶生物量所占比例较大,0~50 cm 和 150~200 cm 高度叶生物量所占比例较小。随玉米生长发育,150~200 cm 高度叶生物量所占比例稍有增大,从此以后,各高度叶生物量所占比例基本不变,直至生育期结束,都以 50~100 cm 和 100~150 cm 高度叶生物量所占比例较大（图 6-49）。

三、茎生物量空间动态

7月上旬 '四密 21' 茎生物量只分布于 0~50 cm 高度,为 24.37 g/株。7 月中旬,茎生物量分布于 0~50 cm 和 50~100 cm 高度的空间,分别为 27.26 g/株和 16.24 g/株,0~50 cm 高度的茎生物量也有所增长。7 月下旬,茎生物量已分布于 0~200 cm 高度的空间,各层茎生物量与 7 月中旬比较,均呈增长趋势。直至整个生育期结束,茎生物量都

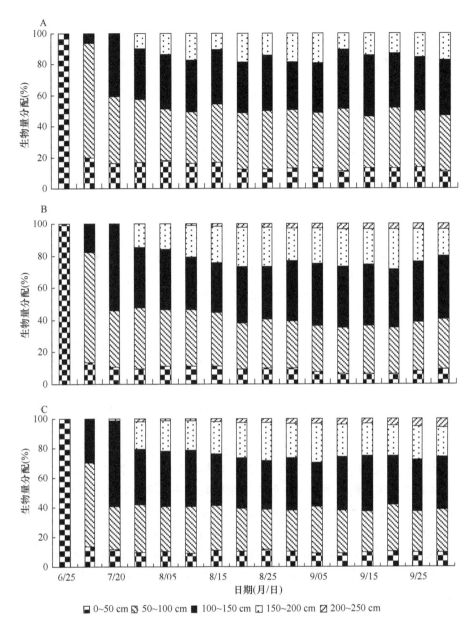

图 6-49 叶生物量空间分配

A. 四密 21；B. 农大 3138；C. 登海一号

分布在 0～200 cm 高度的空间，各层生物量达最大值后开始逐渐下降，如 8 月下旬 0～50 cm、50～100 cm、100～150 cm 和 150～200 cm 高度的茎生物量分别为 46.60 g/株、34.67 g/株、15.27 g/株和 10.53 g/株；至 9 月下旬，各层茎生物量分别为 26.03 g/株、14.03 g/株、7.85 g/株和 2.07 g/株（图 6-50A）。

7 月上旬 '农大 3138' 茎生物量分布于 0～50 cm 和 50～100 cm 高度的空间，分别为 28.84 g/株和 4.50 g/株。7 月中旬茎生物量仍然分布于 0～100 cm 高度的空间。7 月下旬茎生物量已分布于 0～250 cm 高度的空间，0～50 cm、50～100 cm、100～150 cm、

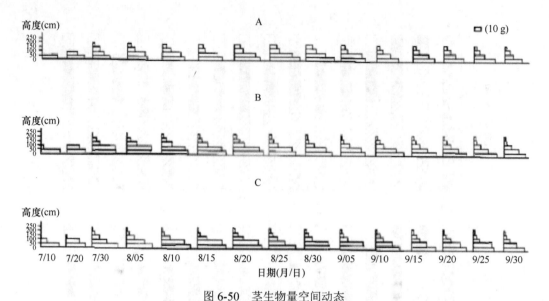

图 6-50 茎生物量空间动态
A. 四密 21；B. 农大 3138；C. 登海一号

150~200 cm 和 200~250 cm 高度的茎生物量分别为 38.37 g/株、37.13 g/株、12.17 g/株、7.27 g/株和 1.17 g/株，各层茎生物量均有所增加。至 9 月下旬，茎生物量均分布于 0~250 cm 高度的空间，各层生物量达到最大值后开始下降（图 6-50B）。

7 月上旬'登海一号'茎生物量分布于 0~50 cm 和 50~100 cm 高度的空间，分别为 28.46 g/株和 9.64 g/株。7 月中旬茎生物量分布于 0~50 cm、50~100 cm 和 100~150 cm 高度，各层生物量分别是 30.30 g/株、20.24 g/株和 0.72 g/株。7 月下旬茎生物量已分布于 0~250 cm 高度的空间，各层生物量分别是 41.73 g/株、25.10 g/株、12.78 g/株、4.27 g/株和 1.23 g/株。此后茎生物量分布的空间高度不再变化，而是各层分布的生物量有所变化，各层茎生物量逐渐增大，达到最大值后开始下降。

6 月下旬'四密 21'茎生物量只限于 0~50 cm 高度的空间。7 月下旬 0~50 cm、50~100 cm、100~150 cm 和 150~200 cm 高度均有生物量分布，各层生物量所占比例分别为 45.75%、29.96%、18.74%和 8.13%。茎生物量达最大值后开始下降，茎生物量所占比例始终以 0~50 cm 高度最大。'农大 3138'和'登海一号'茎生物量空间分配比例与'四密 21'相似，茎生物量所占比例均以 0~50 cm 高度最大，其次是 50~100 cm、100~150 cm 和 150~200 cm 高度，其茎生物量所占比例相近，200~250 cm 高度最小（图 6-51）。

综上，玉米生长初期生物量增长较慢，然后迅速增长，达到最大值后开始下降，而籽粒生物量一直呈上升趋势，至生长末期，籽粒生物量所占比例最大。推迟玉米的收获期，玉米籽粒产量增加，但是秸秆产量在后期迅速下降。

综合考虑玉米籽粒及茎、叶，收获期对籽粒、秸秆产量及营养成分含量等都有显著影响（陈刚，1989）。当玉米籽粒基本成熟后，越晚收获，茎和叶的干重越小，也就是秸秆的产量越低。作为粮饲兼用型玉米，秸秆作为反刍家畜的重要饲料来源（周道玮和盛连喜，2001），质量对家畜饲养至关重要，所以应该掌握一个适宜的收获期，在尽量减小其对籽粒产量和营养成分产生影响的同时，又能保证秸秆质量。

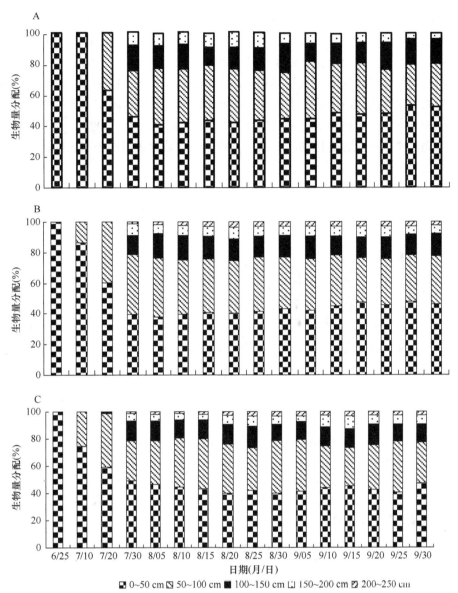

图 6-51　茎生物量空间分配

A. 四密 21；B. 农大 3138；C. 登海一号

　　在松嫩平原，通过玉米品种'登海一号'的试验可知，玉米籽粒与秸秆总产量在 9月 10 日左右最大。为适当增加籽粒的产量，将收获期定在 9 月 20 日，籽粒产量的下降可由秸秆质量的提高来弥补。

第七节　苏丹草、水稻秸秆生产

一、高温分蘖型苏丹草

　　苏丹草、高丹草耐盐碱、耐干旱，具有在干旱盐碱区发展的潜力。苏丹草、高丹草具有再生能力，但是需要足够的后续生长日数。在生长期不够长的地区，抽穗期割草收获的产量加上后续再生产量不如后期一次收获产量高。两次收获尽管产量不如一次收获高，但质量有保证，所收获植株处于抽穗前期，质量优良。

不同品种在长春地区的产量各不相同，以本地老品种'长红'的产量最高（图6-52），但是包括甜高粱在内，由于茎秆皮厚，各品种作饲料有适口性限制。苏丹草、高丹草在长春地区的基本生长表现为6月末植株高于70 cm（周道玮等，2021），可以采收利用。早于此时期，由于植株含氰化物，有微毒，牲畜采食后存在潜在中毒风险。

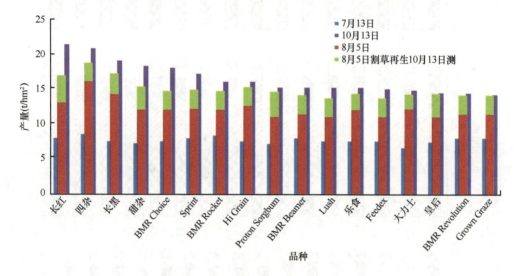

图6-52 不同品种在长春地区的生长情况

苏丹草（*Sorghum sudanense*），暖季饲草，早春生长慢，后续生长快，生育期110天，饲草生物量18～22 t/hm^2。1年可收获2次，再生快，收获2次生物量23～25 t/hm^2（表6-32）（周道玮等，2021）。

表6-32 苏丹草生长状况

指标	日期（月-日）								备注
	5-25	6-13	6-21	7-6	7-21	8-3	8-20	9-28	
生育期	2叶期	2分枝	营养期	营养期	营养期	抽穗期	扬花期	果熟期	耐干旱 耐盐碱
株高（cm）	5～7	30～40	50～55	90～110	140	180	230	270	

BMR Rocket高丹草，消化率高，生育期120天，籽粒完全成熟，生物量20～25 t/hm^2。可1年收获2次，再生速度中等，收获2次生物量26～28 t/hm^2（表6-33）（周道玮等，2021）。

表6-33 BMR Rocket高丹草生长状况

指标	日期（月-日）								备注
	5-25	6-13	6-21	7-6	7-21	8-3	8-20	9-28	
生育期	2叶期	2分枝	营养期	营养期	营养期	抽穗期	扬花期	果熟期	喜水肥 喜高温
株高（cm）	5～7	35～40	45～50	80～85	140	190	230	260	

二、粮食作物水稻秸秆

松嫩平原很多地区利用地表水或地下水灌溉种植水稻，在收获籽粒的同时，剩余秸秆经加工处理或不处理用作饲料饲养反刍动物。轻度盐碱地不经处理，抽提地下水灌溉种植水稻，当年籽粒产量 $4\sim5$ t/hm^2，秸秆干物质产量 $5\sim6$ t/hm^2，种植第 2 年籽粒产量翻倍，秸秆干物质产量 $6\sim7$ t/hm^2。

水稻生长后期，籽粒产量逐渐升高，秸秆产量略微下降（图 6-53）。收获时，茎、叶和籽粒产量分别占 43%、10% 和 47%（图 6-54）。

图 6-53　轻度盐碱地改造第 1 年水稻生长后期的生物量（21 万丛/hm^2）

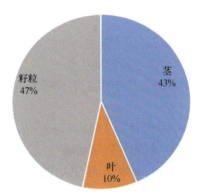

图 6-54　轻度盐碱地改造第 1 年，水稻茎、叶和籽粒产量比例

第八节　潜在饲草作物

除上述饲草或饲料作物外，松嫩平原地区可选择的饲草作物还有如下 $40\sim50$ 种。这些种类及其品种可小面积种植于一些地区，或与其他饲草作物轮作或混作，用于充分培肥地力或提高饲草质量（周道玮等，2021）。

一、一年生禾草

粟草（*Setaria italica*），耐旱，生育期 110 天，$70\sim75$ 天收获饲草，生物量 $6\sim7$ t/hm^2。紫穗稗（*Echinochloa utilis*），生育期 110 天，75 天收获饲草，生物量 $7\sim8$ t/hm^2。

大麦草（*Hordeum vulgare*），叶片稀疏，生育期 90 天，65~70 天收获饲草，生物量 3~4 t/hm²。

一年生黑麦草（*Lolium perenne*），生长旺盛，生育期长，耐寒，饲草生物量 4~5 t/hm²。

二、多年生禾草

多年生多花黑麦草（*Lolium multiflorum*），生育期长，当年种子少部分成熟，饲草生物量 2~3 t/hm²。次年返青早，叶片生长茂密，饲草生物量 4~5 t/hm²。

猫尾草（*Uraria crinita*），生长柔弱，当年少开花结实，饲草生物量 1~2 t/hm²。次年返青弱，后期生长旺盛，饲草生物量 3~4 t/hm²。

无芒雀麦（*Bromus inermis*），生长旺盛，生育期长，当年开花结实，饲草生物量 4~5 t/hm²。次年返青晚，生长旺盛，饲草生物量 4~5 t/hm²。

苇状羊茅（*Festuca arundinacea*），生长旺盛，当年少开花结实，饲草生物量 2~3 t/hm²。次年返青早，生长旺盛，饲草生物量 3~4 t/hm²。

紫羊茅（*Festuca rubra*），生长旺盛，当年未开花结实，饲草生物量 1~2 t/hm²。次年返青早，生长旺盛，饲草生物量 2~3 t/hm²。

大针茅（*Stipa grandis*），生长柔弱，当年饲草生物量 0.5~1.0 t/hm²。次年返青早，饲草生物量 2~3 t/hm²。

三、一年生豆科饲草

蒺藜苜蓿（*Medicago truncatula*），一年生，生长弱，生育期 90 天，种子产量低，饲草生物量 1~2 t/hm²。长势弱，多分枝匍匐生长。

滨海苜蓿（*Medicago littoralis*），一年生，生长旺盛，生育期 70 天，种子产量高，饲草生物量 3~4 t/hm²。

螺状苜蓿（*Medicago murex*）、南苜蓿（*Medicago polymorpha*），一年生，生长旺盛，生育期 90 天，种子产量高，饲草生物量 3~4 t/hm²。

地三叶草（*Trifolium subterraneum*），一年生，生长旺盛，生育期 90 天，耐寒，种子产量低，饲草生物量 3~4 t/hm²。

埃及三叶草（*Trifolium alexandrinum*），一年生，生长旺盛，生育期 120 天，耐寒，种子部分成熟，饲草生物量 3~4 t/hm²。颜色淡黄，花白色。

箭叶三叶草（*Trifolium vesiculosum*）、紫三叶（*Trifolium purpureum*），一年生，生长旺盛，生育期 120 天，耐寒，种子部分成熟，饲草生物量 4~5 t/hm²。

双齿豆（*Biserrula pelecinus*），一年生，生长旺盛，生育期 90 天，种子产量低，饲草生物量 3~4 t/hm²。

饲用大豆（*Glycine max*），优良的饲料作物，茎缠绕品种具备与玉米混作的潜力，茎直立品种具备单作价值。

黑龙江秣食豆，茎缠绕，长 3~4 m，生育期 120 天，种子部分成熟，饲草生物量 5~6 t/hm²。

菜豆（*Phaseolus vulgaris*），各品种种子大小不一，长势不一，产量差异大。与玉米生长发育相匹配的品种可用于混作，形成玉米+菜豆混作模式、菜豆-燕麦轮作模式。

菜地豆，茎直立，不缠绕，生育期 60～70 天，种子产量高。适应性好，可一年种植两茬，形成菜地豆-燕麦种植模式。

豇豆（*Vigna unguiculata*），生长慢，叶片绿期长，各品种荚果长度差异大。茎缠绕品种都可与玉米混作，形成玉米+豇豆混作模式。一些茎直立类型生育期短，可与燕麦轮作，形成豇豆-燕麦轮作模式。

短豇豆（*Vigna unguiculata* subsp. *cylindrica*），茎直立，部分蔓生，生育期 70～75 天，饲草生物量 2～3 t/hm²。可与燕麦轮作，形成短豇豆-燕麦轮作模式。

红小豆（*Vigna angularis*），植株低矮，高 50～60 cm，收获后可充分利用剩余的生长季种植越冬性小黑麦。

葫芦巴（*Trigonella foenum-graecum*），生长旺盛，叶片浓密，种子有香味，生育期 70～75 天，种子产量高，饲草生物量 4～5 t/hm²。可与燕麦形成轮作种植模式。

扁豆（*Lablab purpureus*），又名猪耳豆，茎粗壮缠绕，叶片大。可与玉米混作，形成玉米+扁豆混作模式。

蚕豆（*Vicia faba*），长势弱，生育期 80 天，产量低。可与燕麦轮作、混作，形成蚕豆+燕麦混作模式、蚕豆-燕麦轮作模式。

白羽扇豆（*Lupinus albus*），生长旺盛，生育期 75～80 天，饲草生物量 4～5 t/hm²。可单作作为饲草饲料作物，也可与燕麦轮作，形成燕麦-白羽扇豆轮作模式。

狭叶羽扇豆（*Lupinus angustifolius*），生长旺盛，生育期 70～75 天，饲草生物量 5～6 t/hm²。可单作作为饲草饲料作物，也可与燕麦轮作，形成燕麦-狭叶羽扇豆轮作模式。

兵豆（*Lens culinaris*），生长良好，生育期 70 天，籽粒产量高，饲草生物量 1～2 t/hm²。具有用作覆盖作物的价值，并可与燕麦轮作，形成兵豆-燕麦轮作模式。

钝叶决明（*Senna tora* var. *obtusifolia*），生育期 140 天，少部分种子成熟，饲草生物量 6～7 t/hm²。可进一步培育用作饲草、饲料。

豌豆（*Pisum sativum*），植株低矮，高 55～65 cm，生育期 70～75 天，饲草生物量 2～3 t/hm²。可一年种植两茬，并与燕麦轮作或混作，形成燕麦-豌豆轮作模式、燕麦+豌豆混作模式。

荷兰豆（*Pisum sativum* var. *saccharatum*），生长迅速，高 80～140 cm，生育期 70～75 天，饲草生物量 3～4 t/hm²。可一年两季，并与燕麦轮作或混作，形成燕麦-荷兰豆轮作模式、燕麦+荷兰豆混作模式。

长柔毛野豌豆（*Vicia villosa*），生长旺盛，生育期短（70 天），种皮褐色，种子产量高，饲草生物量 2～3 t/hm²。可与燕麦混作或轮作，形成长柔毛野豌豆+燕麦混作模式、长柔毛野豌豆-燕麦轮作模式。

箭筈豌豆（*Vicia sativa*），生长旺盛，生育期短，种皮浅黄色，种子产量高，饲草生物量 1.5～2.5 t/hm²。可与燕麦混作或轮作，形成箭筈豌豆+燕麦混作模式、箭筈豌豆-燕麦轮作模式。

四、多年生豆科饲草

绣球小冠花（*Coronilla varia*），生长旺盛，生育期长，秋季耐寒而绿期长，当年饲草生物量 3～4 t/hm²。次年返青稀疏，早夏生长快，后期灌丛茂密，饲草生物量 5～6 t/hm²。

百脉根（*Lotus corniculatus*），生长旺盛，耐寒，匍匐，当年结实，饲草生物量 4～5 t/hm²。次年返青早，生长快，灌丛茂密，饲草生物量 5～6 t/hm²。

沙打旺（*Astragalus adsurgens*），生长旺盛，高 80～90 cm，有病害，生育期长，当年多开花，饲草生物量 3～4 t/hm²。次年返青良好，饲草生物量 4～5 t/hm²。1 年可收割 2 次，产量 6～7 t/hm²。

鹰嘴紫云英（*Astragalus cicer*），生长旺盛，高 70～80 cm，无病害，生育期长，当年部分开花，饲草生物量 3～4 t/hm²。次年返青早，生长茂盛，饲草生物量 4～5 t/hm²。1 年可收割 2 次，产量 5～6 t/hm²。

山竹岩黄耆（*Hedysarum fruticosum*），生长旺盛，当年少部分开花结实，饲草生物量 1～2 t/hm²。次年返青晚，后期生长旺盛，饲草生物量 5～6 t/hm²。

红三叶草（*Trifolium repens*）、绛三叶（*Trifolium hybiad*），生长茂密，当年饲草生物量 3～4 t/hm²，次年饲草生物量 4～5 t/hm²。

白三叶草（*Trifolium album*），当年开花，饲草生物量 1～2 t/hm²。次年返青弱，饲草生物量 2～3 t/hm²。

截叶铁扫帚（*Lespedeza cuneata*），生长旺盛，早枯黄，病害严重，当年结实，饲草生物量 1～2 t/hm²。次年返青晚，夏季生长旺盛，饲草生物量 2～3 t/hm²。

五、一年生阔叶草

芜菁（*Brassica rapa*），甘蓝型冬性油菜，生长旺盛，生育期长，叶量大，基茎粗 5～6 cm，饲草生物量 4～5 t/hm²。

六、多年生阔叶草

串叶松香草（*Silphium perfoliatum*），生长旺盛，当年不开花，饲草生物量 2～3 t/hm²。次年返青好，生长旺盛，饲草生物量 7～9 t/hm²。

第九节　一年二季生产模式

在全球气候变暖的背景下，增温能延长作物生育期，为发展一年两茬种植模式提供了温度基础。吉林省西部半干旱地区是增温最显著的地区之一（任国玉等，2005；刘志娟等，2009）。受干旱和土壤贫瘠的限制，该地区农田作物生产力较低，且春季风沙大，土壤沙化严重。在该地区发展一年两茬种植模式不仅能充分利用气候资源，提高生产力，还能减弱土壤侵蚀，有利于经济发展和生态环境保护（张树林等，1996；李凤智等，1999）。种植试验表明，增温延长了生长期，增加了积温，在吉林省西部可以实现一年两茬种植（陶冬雪等，2021）。

一、气候决定的生育期

一年一茬种植玉米生育期需要 120 天，前青小麦-白菜总生育期为 160 天，小冰麦、澳麦、'加燕 2 号'与黑芥末一年两茬种植总生育期为 168～178 天（图 6-55）。但是饲用燕麦可以在开花初期收获，生育期缩短，前后两茬合计为 160～170 天。

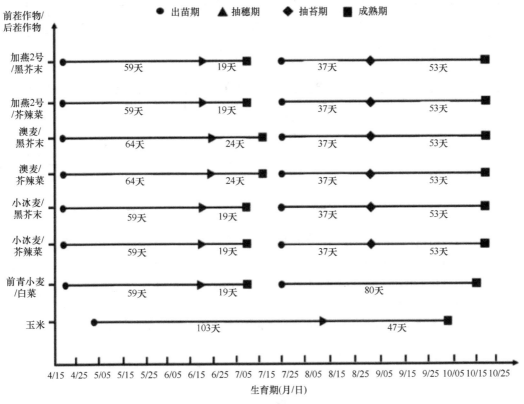

图 6-55 不同种植模式作物的生育期变化

图中数字表示该生育时期的天数

第一茬作物前青小麦、小冰麦和'加燕 2 号'的生育期为 78 天，于 4 月 5 日播种，4 月 19 日出土，4 月 29 日进入三叶期，5 月 4 日进入分蘖期，5 月 21 日进入拔节期，6 月 7 日进入孕穗期，6 月 17 日进入抽穗期，6 月 26 日进入乳熟期，7 月 6 日成熟并收获。澳麦的生育期较前青小麦、小冰麦和'加燕 2 号'长 5 天，主要是成熟期天数延长。

第二茬作物芥辣菜和黑芥末生育期为 97 天，于 7 月 22 日播种，8 月 1 日出土，8 月 10 日进入五叶期，8 月 20 日进入现蕾期，8 月 28 日进入抽薹期，9 月 17 日进入开花期，10 月 8 日进入绿熟期，10 月 27 日成熟并收获。

二、作物产量和产值

小冰麦茎叶产量显著高于当地春小麦、'加燕 2 号'和澳麦。'加燕 2 号'的茎叶产值高于其他 3 种小麦，提升幅度为 13.4～18.0 倍。前青小麦、小冰麦、澳麦的籽粒产量显著高于'加燕 2 号'。小冰麦和'加燕 2 号'的籽粒产值较当地小麦与澳麦分别提高 19.2%、29.0%和 9.3%、18.4%。第二茬白菜总产量显著高于两种芥菜型油菜，总产值较芥辣菜和黑芥末分别显著提高 19.7%和 26.2%（表 6-34）。

表 6-34　不同种植作物产量和总产值对比

类型	作物	茎叶产量 (10^3 kg/hm²)	籽粒产量 (10^3 kg/hm²)	总产量 (10^3 kg/hm²)	茎叶产值 （元/hm²）	籽粒产值 （元/hm²）	总产值 （元/hm²）
常规种植	玉米	13.9±0.32	12.7±0.38	26.6±0.69	1112	25 225	26 337
第一茬	前青小麦	7.2±0.38[b]	6.6±0.36[b]	13.8±0.74[b]	579	18 893	19 472
	小冰麦	8.5±0.28[a]	7.8±0.20[a]	16.4±0.48[a]	682	22 521	23 204
	澳麦	6.5±0.21[c]	6.1±0.32[b]	12.6±0.54[c]	519	17 453	17 972
	加燕 2 号	7.7±0.10[b]	3.1±0.16[c]	10.8±0.26[d]	9 843	20 658	30 501
第二茬	白菜	82.2±5.48[a]	—	82.2±5.48[a]	24 652	—	24 652
	芥辣菜	4.5±0.29[b]	3.8±0.19[a]	8.3±0.48[b]	362	20 229	20 590
	黑芥末	4.2±0.19[b]	3.6±0.06[a]	7.8±0.25[b]	334	19 207	19 541
	甜燕麦	8.2±0.10[b]	—	8.2±0.14[b]	10 509	—	10 509

注：玉米、小麦和芥菜型油菜茎叶价格 80 元/t，燕麦茎叶价格 1.28 元/kg，小麦价格 2.88 元/kg，燕麦价格 6.6 元/kg，芥辣菜、黑芥末 5.38 元/kg，玉米籽粒 1.98 元/kg（来源于中华人民共和国农业农村部 2019 年数据）；白菜按当时当地收购平均价格 0.3 元/kg 计算；不同小写字母代表不同处理间差异显著（$P<0.05$），下同

第二茬种植白菜有较高的产值，但同时投入成本非常高，仅农药成本约达 8000 元/hm²。此外，白菜市场价格受控于各种因素，大面积种植的情况下经常发生滞销现象，造成腐烂损失。而种植芥菜型油菜投入成本低、田间管理简单，也可获得较高的效益。玉米一年一茬产值为 26 337 元，而'加燕 2 号'/芥辣菜和'加燕 2 号'/黑芥末一年两茬种植模式总产值分别达 51091 元/hm² 和 50042 元/hm²，是玉米的 1.9 倍（图 6-56）。

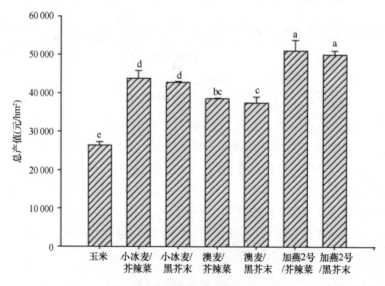

图 6-56　不同种植模式总产值比较
不同小写字母代表不同处理间差异显著（$P<0.05$）

（本章作者：周道玮，孙海霞，王敏玲）

参 考 文 献

陈刚. 1989. 品种、密度、收割期对玉米青贮品质的影响[J]. 北京农业科学, (1): 20-23.

丁艳玲. 2006. 人工羊草草地产量和质量对刈割的反映[D]. 长春: 东北师范大学硕士学位论文.

黄迎新. 2006. 黄花苜蓿品种形态分异与再生特性的研究[D]. 长春: 东北师范大学硕士学位论文.

黄迎新, 周道玮, 岳秀泉, 等. 2007. 不同苜蓿品种再生特性的研究[J]. 草业学报, 16(6): 14-22.

景鼎五, 王占山. 1981. 吉林省的野生优良禾草——野大麦[J]. 吉林农业科学, (2): 73-76.

李凤智, 张丽华, 高淑坤, 等. 1999. 上茬菜下茬稻栽培新技术[J]. 新农业, (4): 16-17.

李建东, 杨允菲. 2005. 东北草原野生植物资源[M]. 长春: 吉林科学技术出版社.

李建东, 郑慧莹. 1995. 松嫩平原盐碱化草地改良治理的研究[J]. 东北师大学报(自然科学版), (1): 110-115.

李强, 周道玮, 张慧. 2018. 9种豆科饲草越冬性能对晚播期的响应[J]. 草业科学, 35(8): 1899-1909.

刘军萍, 王德利, 巴雷. 2003. 不同刈割条件下的人工草地羊草叶片的再生动态研究[J]. 东北师大学报 (自然科学版), (1): 117-124.

刘树强. 1987. 优质耐盐牧草——野大麦[J]. 中国草业科学, (6): 53.

刘志娟, 杨晓光, 王文峰, 等. 2009. 气候变化背景下我国东北三省农业气候资源变化特征[J]. 应用生态学报, 20(9): 2199-2206.

任国玉, 初子莹, 周雅清, 等. 2005. 中国气温变化研究最新进展[J]. 气候与环境研究, (4): 701-716.

陶冬雪, 胡娟, 高英志, 等. 2021. 吉林西部一年两茬种植模式的作物产量及经济效益研究[J]. 土壤与作物, 10(2): 221-229.

王比德. 1987. 优良禾草——短芒大麦草[J]. 中国草业科学, (1): 55-57.

王平. 2003. 人工草地野大麦生态研究[D]. 长春: 东北师范大学硕士学位论文.

武祎, 田雨, 张红香, 等. 2015. 盐、碱胁迫与温度对黄花苜蓿种子发芽的影响[J]. 草业科学, 32(11): 1847-1853.

阎子盟, 张玉娟, 潘利, 等. 2014. 天然草地补播豆科牧草的研究进展[J]. 中国农学通报, 30(29): 1-7.

杨海鹏, 孙泽民. 1989. 中国燕麦[M]. 北京: 中国农业出版社.

原崇德, 王树兵, 王进萍. 2003. 晋东南地区苜蓿适宜播种期的选择[J]. 草原与草坪, (4): 53-54.

云岚, 米福贵, 云锦凤, 等. 2004. 六个苜蓿品种幼苗对水分胁迫的响应及其抗旱性[J]. 中国草地, (2): 16-21.

张树林, 张锦芬, 王秀儒, 等. 1996. 冀东北两茬积温不足地区粮田种植模式研究[J]. 河北农业技术师范学院学报, (4): 12-16.

张正祥, 靳英华, 周道玮. 2012. 松嫩、辽河平原地貌特征及其生态土地类别的划分与管理对[J]. 土壤与作物, 1(1): 7.

章光新, 邓伟, 何岩, 等. 2006. 中国东北松嫩平原地下水水化学特征与演变规律[J]. 水科学进展, (1): 20-28.

周道玮, 田雨, 胡娟. 2021. 草地农业基础[M]. 北京: 科学出版社.

周道玮, 张正祥, 靳英华, 等. 2010. 东北植被区划及其分布格局[J]. 植物生态学报, 34(12): 1359-1368.

祝廷成, 杨殿臣, 景鼎五, 等. 1964. 东北羊草草原产草量动态的观测[J]. 中国农业科学, (3): 49-50.

Carlsson G, Huss-Danell K. 2014. Does nitrogen transfer between plants confound ^{15}N-based quantifications of N_2 fixation[J]? Plant and Soil, 374(1-2): 345-358.

Herridge D F, Peoples M B, Boddey R M. 2008. Global inputs of biological nitrogen fixation in agricultural systems[J]. Plant and Soil, 311(1-2): 1-8.

Ledgard S F, Steele K W. 1992. Biological nitrogen fixation in mixed legume/grass pastures[J]. Plant and Soil, 141(1-2): 137-153.

Li Q, Song Y T, Li G D, et al. 2015. Grass-legume mixtures impact soil N, species recruitment, and productivity in temperate steppe grassland[J]. Plant and Soil, 349(1): 271-285.

Li Q, Yu P, Li G, et al. 2016. Grass-legume ratio can change soil carbon and nitrogen storage in a temperate steppe grassland[J]. Soil and Tillage Research, 157: 23-31.

Li Q, Zhou D, Denton M D, et al. 2019. Alfalfa monocultures promote soil organic carbon accumulation to a greater extent than perennial grass monocultures or grass-alfalfa mixtures[J]. Ecological Engineering, 131: 53-62.

Mortenson M C, Schuman G E, Ingram L J. 2004. Carbon sequestration in rangelands interseeded with yellow-flowering *Alfalfa* (*Medicago sativa* ssp. *falcata*)[J]. Environmental Management, 33(1 Supplement): S475-S481.

Suter M, Connolly J, Finn J A, et al. 2015. Nitrogen yield advantage from grass-legume mixtures is robust over a wide range of legume proportions and environmental conditions[J]. Global Change Biology, 21(6): 2424-2438.

Zhou J, Zhang Y, Wilson G W T, et al. 2017. Small vegetation gaps increase reseed yellow-flowered alfalfa performance and production in native grasslands[J]. Basic and Applied Ecology, 24: 41-52.

第七章　松嫩平原的饲草利用

松嫩平原为半农半牧区，是自然资源空间配置发展的结果，即部分土地用于发展农业种植，部分土地用于发展牲畜放牧养殖。用于发展牲畜放牧养殖的土地多存在土壤障碍，不能用于农业种植，或种植产量低、效益差，并且以土壤发生盐碱化的土地为主。

有盐碱障碍土地上的植被主要为羊草，多用于放牧饲养，部分用于收获干草。农田除生产籽粒粮外，还产生大量秸秆，这部分秸秆是松嫩平原的优势饲料资源，可用于饲喂牲畜。

松嫩平原放牧养殖的牲畜主要有草原红牛、改良西门塔尔牛、荷斯坦奶牛（俗称黑白花奶牛）、东北细毛羊及小尾寒羊等。松嫩平原泡沼水面多，为多种水禽的栖息地，灰鹅、白鹅以食草为主，且饲养较多，老乡称为"大牲畜"；一些地区还饲养喜食饲草的火鸡。

放牧饲养牲畜或收获给喂舍饲饲养牲畜为松嫩草地饲草的主要利用途径，玉米秸秆在松嫩平原区域广泛用作饲料。草地放牧结合秸秆补饲成为半农半牧区特定的饲草利用及牲畜饲养模式，即"草地-秸秆畜牧业"模式。放牧时采取划区轮牧方式能有效保护草地、提高牲畜放牧饲养效率，需要推广普及。将草地分成 2 片、3 片轮牧比不分片连续放牧的效果好。

根据牲畜种类、生理阶段和草地草营养及产量，包括秸秆作饲料利用，设定牲畜生长目标，进行设计饲养，综合补饲粮食等能量饲料、蛋白饲料和常量及微量元素，提高饲养效益，为草地放牧饲养基础上的集约发展目标。

第一节　饲草、饲料营养

松嫩平原草地的代表性饲草为羊草，可以青草放牧饲养或收获干草给喂饲养。无论是青草或干草，其质量是保障饲喂牲畜效率的基础。

松嫩平原的农田多用于种植水稻和玉米，在生产籽粒的同时生产大量秸秆。秸秆为松嫩平原的优势饲料资源，秸秆营养同样影响牲畜的饲喂效果。另外，部分农田生产的优良青贮玉米也可作为优质饲料。在松嫩平原及东北地区，生产青贮面临的一个实际问题就是在冬季利用时青贮包被冻实，很难融化。小规模利用时可以放到室内慢慢融化；中规模利用时需要有保温或融化空间；大规模利用时青贮窖能缓解冰冻问题。

特别需要说明的是，饲草利用涉及饲草饲喂价值、饲草干草或青贮收获及保存、饲养或牧食行为及草地管理和牲畜生长反应等一系列问题。本章介绍了饲草与秸秆的基本营养，论述了动物生长需要与饲草营养的关系，提供了基本的放牧饲养或收获给喂饲喂原则。

一、羊草和野大麦营养

松嫩平原羊草草地的羊草种群生物量占总生物量的90%以上，群落组成非常单一。生物量自4月开始形成，8月中旬达到最大值，此后开始下降。

5~7月的春夏季，羊草青鲜草的干物质消化率为73%~77%，羊草青鲜草每千克代谢体重干物质采食量为91.4~119.2 g/d；8月羊草青鲜草的干物质消化率近于65%；9月的秋季，羊草青鲜草的干物质消化率降为54%；10月后的冬季，羊草枯黄草的干物质消化率降为50%（孙海霞，2007）（表7-1）。

表7-1 不同时期羊草青鲜草的消化率及其营养成分

指标	春季	夏季	秋季	冬季	SEM
消化率（%）					
干物质（DM）	73[a]	77[a]	54[b]	50[b]	2.4
能量	74[a]	78[a]	54[b]	59[b]	2.5
有机物（OM）	74[a]	80[a]	54[b]	54[b]	2.2
粗蛋白（CP）	78[a]	82[a]	33[b]	−32[c]	5.1
中性洗涤纤维（NDF）	76[a]	77[a]	63[b]	54[b]	3.4
酸性洗涤纤维（ADF）	69[a]	72[a]	53[b]	47[b]	2.7
采食量					
干物质（DM）（g/d）	1267[b]	1868[a]	1051[b]	911[b]	129.9
有机物（OM）（g/d）	1203[b]	1773[a]	998[b]	865[b]	123.3
中性洗涤纤维（NDF）（g/d）	910[b]	1340[a]	820[b]	643[b]	93.9
酸性洗涤纤维（ADF）（g/d）	417[b]	614[a]	405[b]	396[b]	136.1
可消化蛋白（g/d）	95.8[b]	170.9[a]	17.4[c]	−6.2[c]	35.2
代谢能（ME）（MJ/d）	15.3[b]	22.7[a]	9.3[c]	9.6[c]	1.8
每千克代谢体重（$LW^{0.75}$）采食量					
干物质（DM）（g/d）	91.4[a]	119.2[a]	59.0[b]	57.7[b]	9.44
有机物（OM）（g/d）	86.7[a]	113.2[a]	56.0[b]	54.8[b]	8.96
中性洗涤纤维（NDF）（g/d）	65.6[b]	85.6[a]	46.0[bc]	40.7[c]	6.81
酸性洗涤纤维（ADF）（g/d）	30.1[ab]	39.2[a]	22.7[b]	25.1[b]	3.22
可消化蛋白（g/d）	6.91[b]	10.93[a]	0.97[c]	−0.40[c]	2.66
代谢能（ME）（MJ/d）	1.10[a]	1.45[a]	0.52[b]	0.61[b]	0.13

注：SEM为标准误，下同；春季为2004年5月20日至6月7日，夏季为2004年7月20日至8月7日，秋季为2004年9月30日至10月14日，冬季为2005年4月5日至4月19日；采用链烷法测定；不同小写字母表示不同季节各项指标在0.05水平差异显著，本章后同

6~8月收获羊草晒干后饲喂，羊草干草的干物质消化率平均为50.94%；秋冬季羊草干草的干物质消化率为36.91%~46.74%（孙海霞等，2016）。羊草青鲜草饲喂的干物质消化率与同期干草饲喂的干物质消化率最高相差26个百分点（表7-2）。

表 7-2 不同时期羊草干草的采食量和消化率

指标	春季	夏季	秋季	冬季
干物质采食量（g）	924.45[a]	940.20[a]	782.70[a]	355.50[b]
每千克代谢体重采食量（g）	68.29[a]	69.86[a]	57.09[a]	32.53[b]
排粪量（g）	454.25[a]	460.63[a]	420.02[a]	213.63[b]
干物质消化率（%）	50.75[a]	50.94[a]	46.74[a]	36.91[b]
有机物质消化率（%）	54.24[a]	54.44[a]	48.53[a]	38.55[b]
中性洗涤纤维消化率（%）	50.60[a]	47.81[a]	41.52[ab]	35.64[b]
酸性洗涤纤维消化率（%）	45.54	41.76	40.89	41.16

注：收割时间分别为 2014 年 3 月 15 日（冬季末）、6 月 15 日（春季）、8 月 15 日（夏季）和 10 月 15 日（秋季），采用全收粪法测定

自然放牧条件下，羊草青鲜草的干物质消化率从 77% 逐渐降低至 50%。羊草草地单位面积青鲜草的可消化干物质量在 7 月末至 8 月初达最大（图 7-1）。基于能量标准，最佳收获羊草的时期为 7 月末至 8 月初，但即使在此时收获羊草晒干，其干物质消化率也很低。

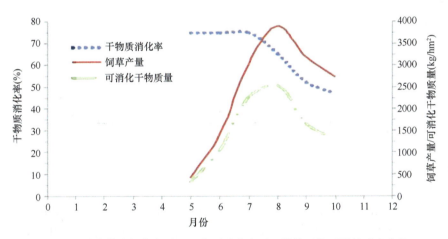

图 7-1 羊草草地饲草产量、干物质消化率及可消化干物质量的动态变化

若 7～8 月收获羊草，产量最大值为 3890 kg/hm²，即使良好储存，其干物质消化率仅为 51%，获得的可消化干物质量为 1984 kg/hm²。

羊草草地利用涉及种植、草丛管理、施肥、病虫害防治、割草及储存等内容，还涉及放牧开始时间、载畜率及放牧强度、采食量、饲草营养变化等一系列关联牲畜生长及饲养的要素，需要进一步深入研究。

野大麦草质柔软，适口性及采食率较好，羊、马、牛均喜食，并且耐盐碱，具有用于改良盐碱化草地的前景。

野大麦化学成分随生长阶段不同有所差异，生育期是影响牧草营养的主要因素。生长初期，牧草含水分较多，干物质较少；而随饲草不断生长，水分减少，干物质含量逐渐增多，干物质的各种成分也随生育期发生显著变化。饲草不同部位，营养物质含量也不同，常以不同生育阶段的茎叶比间接说明牧草的质量。

野大麦各营养器官（茎、叶、鞘）的粗蛋白含量变化趋势相同，分蘖期最高，初花期降低，种熟期略微回升，种后营养期含量最低（表7-3）。叶、鞘、茎的粗蛋白含量顺序降低，整个生长季中叶的粗蛋白含量始终保持在较高水平。茎的中性洗涤纤维和酸性洗涤纤维含量均高于叶，茎在生长后期的中性洗涤纤维和酸性洗涤纤维含量略低于初花期，这与具营养蘖和生殖蘖的茎存在差异有关。叶与鞘的中性洗涤纤维和酸性洗涤纤维含量随时间基本增加，降低了牲畜对牧草的采食率和消化率。

表 7-3　野大麦不同器官的营养成分随生育期的动态变化

器官	日期	粗蛋白（%）	中性洗涤纤维（%）	酸性洗涤纤维（%）	半纤维素（%）	粗脂肪（%）	粗灰分（%）
茎	5月3日	19.78	54.47	28.70	25.78	0.50	—
	6月3日	6.49	66.36	40.24	26.12	0.32	—
	6月21日	7.40	60.43	37.45	22.99	1.94	3.33
	8月29日	5.63	56.90	33.52	23.37	0.68	3.84
叶	5月3日	33.56	37.69	17.68	20.01	2.79	—
	6月3日	21.84	42.77	21.61	21.15	4.19	—
	6月21日	25.21	44.48	23.09	21.39	5.84	8.58
	8月29日	21.48	51.32	28.13	23.19	3.25	9.36
鞘	5月3日	24.05	48.53	22.86	25.68	1.48	—
	6月3日	11.13	59.48	36.94	22.54	1.72	—
	6月21日	12.33	62.40	35.65	26.75	2.30	5.47
	8月29日	9.98	62.30	32.07	30.23	1.59	6.17
穗枯	6月3日	14.85	56.95	32.09	24.86	2.01	—
	6月21日	11.85	53.10	25.07	28.04	2.15	6.01
	8月29日	6.33	67.86	39.41	28.45	3.31	13.56

注："—"表示无数据，本章后同

生长前期叶重量在株丛中占据绝对优势，几乎没有茎，在此期间叶重量的多少决定了牧草的质量。随着牧草拔节、抽穗，茎重量所占比例迅速上升，至种熟期达到最大值，因此抽穗至种熟期的牧草质量取决于茎重量。随后立枯物重量所占比例逐渐加大，虽然叶重量所占比例也在上升，但最终未超过立枯物重量，因此种后营养期的立枯物重量显著影响牧草的质量（图7-2）。

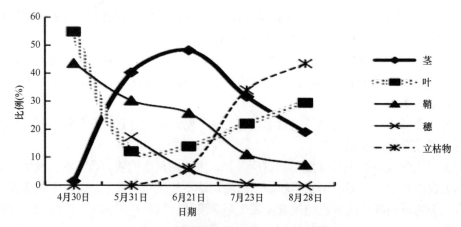

图 7-2　不同器官重量所占比例的季节变化

分蘖期野大麦粗蛋白含量最高，中性洗涤纤维和酸性洗涤纤维含量最低，此时营养价值最高，并且牲畜对其采食率及消化率也很高。初花至种熟期因营养价值较低的茎重量所占比例增加，所以牧草质量下降，而种后营养期大量立枯物的存在也降低了牧草的整体质量（表 7-4）。

表 7-4　野大麦营养成分的动态变化

日期	物候期	粗蛋白（%）	粗脂肪（%）	中性洗涤纤维（%）	酸性洗涤纤维（%）	酸性洗涤纤维溶解物（%）	粗灰分（%）
5 月 3 日	分蘖期	30.80	2.30	45.03	21.22	23.81	—
6 月 3 日	初花期	11.76	1.58	62.78	37.35	25.43	—
6 月 21 日	种熟期	12.20	2.88	62.31	36.45	25.86	5.51
8 月 29 日	种后营养期	11.44	2.78	63.97	36.40	27.57	10.39

二、整株收获玉米后各器官营养

松嫩平原广泛种植玉米，用于收获籽粒或青贮。玉米其植株上、中、下各部分产量所占比例和营养各不相同（图 7-3），利用时需要充分考虑（王敏玲等，2011）。现阶段，在玉米基本可以种植生长的地方，种植玉米青贮或收获籽粒及秸秆作为饲料为基本选择，无论是产量还是可收获的营养都不弱于其他作物物种。

　　　　　　　　　上部茎叶，下文记为4茎、4叶

　　　　　　　　　上中部茎叶，下文记为3茎、3叶

　　　　　　　　　下中部茎叶，下文记为2茎、2叶

　　　　　　　　　下部茎叶，下文记为1茎、1叶

图 7-3　玉米茎叶分层结构

随着玉米生长，其地上生物量增加，9 月下旬达到最大值后达到稳定状态。但秸秆生物量逐渐下降，籽粒产量呈上升趋势，在 9 月下旬达到最大值，产量为 175 g/株（图 7-4）。收获时，籽粒产量 6～7 t/hm²，干秸秆生物量 7～8 t/hm²。早期收获青贮产量（干物质）14～16 t/hm²。

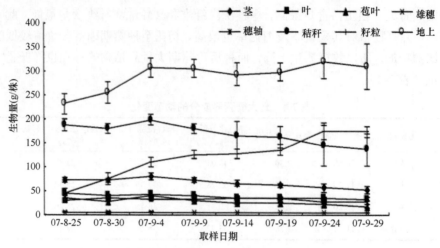

图 7-4　生殖生长期玉米各器官生物量/产量的时空动态

品种为'郑单 958'，密度为 3.85 万株/hm², 07-8-25 表示 2007 年 8 月 25 日，类似表示后同

1. 粗蛋白含量

随着玉米生长，后期其茎、叶粗蛋白含量逐渐降低至趋于平稳。茎粗蛋白含量低于4%，上下各段之间无明显规律。叶粗蛋白含量高于 4%，最小值为 5.9%，最大值为 15.0%。叶从下至上粗蛋白含量逐渐增多，下部叶粗蛋白含量明显低于上部叶（图 7-5）。

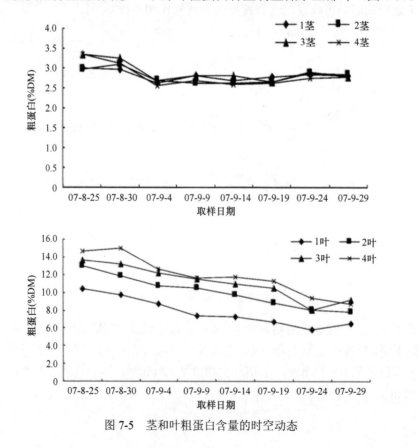

图 7-5　茎和叶粗蛋白含量的时空动态

随玉米生长，后期各器官粗蛋白含量逐渐降低。在 8 月下旬至 9 月下旬，秸秆粗蛋白含量由 6.3%降低至 4.0%，籽粒粗蛋白含量由 10.8%降至 7.2%。在玉米各器官中，叶粗蛋白含量最高，达到 13.2%，即使在籽粒完全成熟时，叶粗蛋白含量依然很高，为 8%左右。整个生长期，玉米秸秆各器官同期粗蛋白含量表现为：叶＞雄穗＞苞叶＞茎，穗轴在前期大于茎，中期与茎相同（图 7-6）。

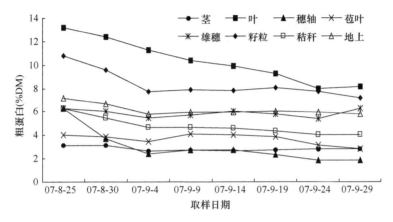

图 7-6 玉米各器官粗蛋白含量的时空动态

2. 体外干物质消化率

采用纤维素酶-胃蛋白酶法（Boever et al.，1986）测定体外干物质消化率，中部茎的干物质消化率高于上部茎和下部茎（图 7-7）。

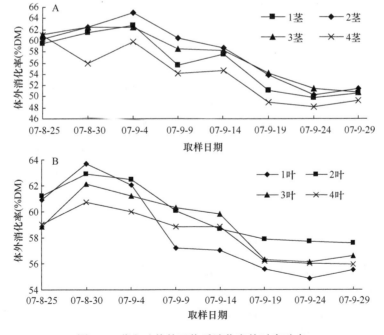

图 7-7 茎和叶体外干物质消化率的时空动态

随玉米生长，各器官的干物质消化率逐渐降低至趋于稳定。玉米各器官中干物质消化率最高的为苞叶，其次是籽粒，雄穗的干物质消化率最低。前期秸秆的干物质消化率为 63%，后期降低明显，9 月下旬为 53%（图 7-8）。

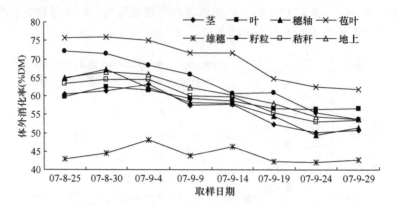

图 7-8　玉米各器官体外干物质消化率的时空动态
纤维素酶-胃蛋白酶法测定的籽粒干物质消化率偏低

整个生长期，籽粒的干物质消化率始终高于秸秆，各器官干物质消化率表现为：苞叶＞叶＞茎＞雄穗，前期穗轴的干物质消化率大于茎，后期与茎基本相同。籽粒的干物质消化率随生长期一直降低，并且最终低于叶。

3. 代谢能

代谢能计算方法：ME= GE×IVDMD×0.815（ME 为代谢能，GE 为总能，IVDMD 为体外干物质消化率），随生长期的延长，茎的代谢能逐渐降低，最后趋于平稳，与干物质消化率具有相同的变化趋势（图 7-9）。

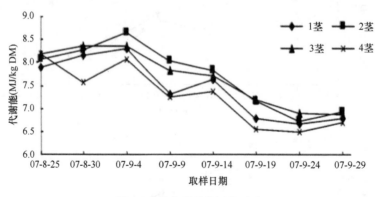

图 7-9　茎代谢能的时空动态

随生育期延长，秸秆的代谢能由 8.6 MJ/kg 降至 7.2 MJ/kg，9 月下旬秸秆的代谢能为 7.1 MJ/kg。由于所测定的籽粒干物质消化率偏低，计算的籽粒代谢能也偏低（图 7-10）。

随玉米生长，后期其粗蛋白总量先逐渐升高，后略下降。粗蛋白总量最高值出现在 9 月上旬，此时玉米处于蜡熟期，乳线在 1/4 左右。若此时收获全株玉米，可获 704 kg/hm^2 粗蛋白（图 7-11）。

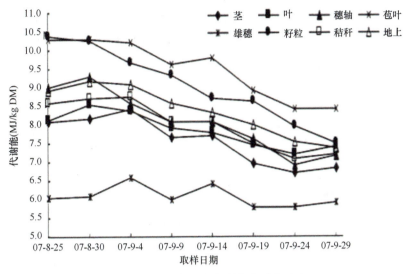

图 7-10　玉米各器官代谢能的时空动态

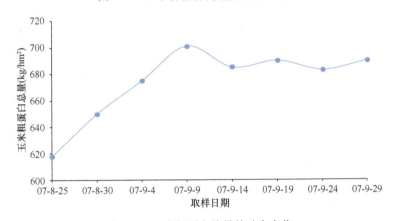

图 7-11　玉米粗蛋白总量的动态变化

　　随着玉米生长，后期其可消化干物质量先逐渐升高，后呈下降趋势。可消化干物质量最高值出现在 9 月 4 日。此时玉米处在蜡熟期，乳线刚刚出现。若此时收获全株玉米，可获得的可消化干物质量为 7802 kg/hm²（图 7-12）。

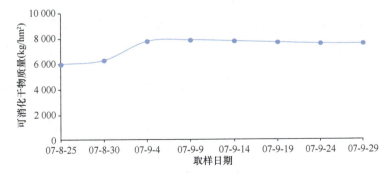

图 7-12　玉米可消化干物质量的动态变化
玉米可消化干物质量=地上生物量（kg/hm²）×干物质消化率（%）

随玉米生长,后期其代谢总能先逐渐升高,后呈下降趋势。代谢总能在9月上旬达到最高值,此时收获全株玉米,可获得的代谢总能为107 374 MJ/hm²(图7-13)。

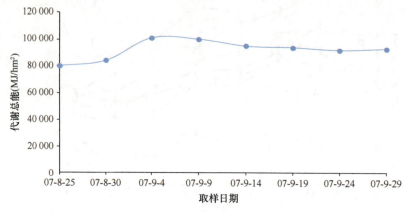

图7-13 玉米代谢总能的动态变化

玉米代谢总能=地上生物量(kg/hm²)×代谢能(kJ/kg)

单位面积玉米籽粒和秸秆粗蛋白的最大含量是确定玉米最适宜收获时期的关键因素(周青平和王宏生,1997),但每公顷玉米地上部分的可消化干物质量与代谢总能同样可影响收获决策。综合考虑上述三种因素,从以整株玉米作为饲料方面考虑,最佳收获期应在9月上旬,即玉米播种后117~121天收获。

籽粒收获后,秸秆的粗蛋白含量、干物质消化率、代谢能均呈下降趋势。将秸秆全部作为饲料,后期营养低,可考虑将秸秆分段利用。

4. 玉米整株分层的营养价值

组合各分层数据表明,下部茎叶产量低,粗蛋白含量也低,9月粗蛋白含量低于4.06%。其余部位粗蛋白含量较高,越是往上,粗蛋白含量越高,但获得的秸秆产量变低,粗蛋白总量也低(表7-5)。

表7-5 玉米秸秆分层产量、粗蛋白含量及粗蛋白总量

组合	指标	8-25	8-30	9-4	9-9	9-14	9-19	9-24	9-29
A	产量(kg/hm²)	893	1085	1198	1116	1175	1077	826	911
	粗蛋白(%DM)	5.07	4.79	3.90	4.06	3.81	3.72	3.63	3.80
	粗蛋白总量(kg/hm²)	45	52	47	45	45	40	30	35
B	产量(kg/hm²)	3583	3229	3451	3177	2724	2668	2692	2437
	粗蛋白(%DM)	7.39	7.00	6.20	5.88	5.85	5.70	5.18	5.26
	粗蛋白总量(kg/hm²)	265	226	214	187	159	152	139	128
C	产量(kg/hm²)	2118	1794	1797	1783	1382	1375	1588	1284
	粗蛋白(%DM)	8.21	7.69	6.92	6.28	6.49	6.29	5.47	5.78
	粗蛋白总量(kg/hm²)	174	138	124	112	90	87	87	74
D	产量(kg/hm²)	765	565	529	687	389	370	523	393
	粗蛋白(%DM)	8.74	7.90	6.81	5.44	6.40	6.34	5.81	5.48
	粗蛋白总量(kg/hm²)	67	45	36	37	25	23	30	22

注:A. 下部1茎叶;B. 中上顶部茎叶(2茎叶+3茎叶+4茎叶);C. 中上部茎叶(3茎叶+4茎叶);D. 顶部茎叶(4茎叶),下同

4 种分层组合的数据表明，体外干物质消化率和代谢能变化都很小，且即使在大田收获时期，无论哪种分层组合方式，干物质消化率均为 50% 以上。因此，除下部茎叶粗蛋白含量低不适宜作为家畜的粗饲料外，其余 3 种分层组合都可作为家畜的优质粗饲料（表 7-6 和表 7-7）。

表 7-6　玉米秸秆分层产量、干物质体外消化率及可消化干物质量

组合	指标	8-25	8-30	9-4	9-9	9-14	9-19	9-24	9-29
A	产量（kg/hm²）	893	1085	1198	1116	1175	1077	826	911
	体外消化率（%DM）	59.87	62.07	62.58	56.00	57.39	52.14	51.09	51.89
	可消化干物质量（kg/hm²）	534	673	750	625	674	562	422	473
B	产量（kg/hm²）	3583	3229	3451	3177	2724	2668	2692	2437
	体外消化率（%DM）	60.30	61.63	62.65	58.96	58.45	54.81	52.95	53.42
	可消化干物质量（kg/hm²）	2161	1990	2162	1873	1592	1462	1426	1302
C	产量（kg/hm²）	2118	1794	1797	1783	1382	1375	1588	1284
	体外消化率（%DM）	60.12	60.88	61.30	57.86	58.22	54.29	52.97	53.22
	可消化干物质量（kg/hm²）	1273	1092	1102	1031	805	747	841	683
D	产量（kg/hm²）	765	565	529	687	389	370	523	393
	体外消化率（%DM）	60.06	57.87	59.91	55.55	56.41	52.07	51.70	52.32
	可消化干物质量（kg/hm²）	459	327	317	382	220	193	271	205

表 7-7　玉米秸秆分层产量、代谢能及代谢总能

组合	指标	8-25	8-30	9-4	9-9	9-14	9-19	9-24	9-29
A	产量（kg/hm²）	893	1 085	1 198	1 116	1 175	1 077	826	911
	代谢能（MJ/kg DM）	7.86	8.18	8.23	7.26	7.52	6.80	6.60	6.81
	代谢总能（MJ/hm²）	7 019	8 873	9 858	8 095	8 829	7 327	5 449	6 208
B	产量（kg/hm²）	3 583	3 229	3 451	3 177	2 724	2 668	2 692	2 437
	代谢能（MJ/kg DM）	8.15	8.34	8.46	7.92	7.83	7.30	7.00	7.15
	代谢能总量（MJ/hm²）	29 192	26 929	29 185	25 155	21 314	19 487	18 853	17 438
C	产量（kg/hm²）	2 118	1 794	1 797	1 783	1 382	1 375	1 588	1 284
	代谢能（MJ/kg DM）	8.16	8.32	8.32	7.81	7.79	7.25	7.00	7.11
	代谢能总量（MJ/hm²）	17 272	14 926	14 946	13 915	10 763	9 976	11 119	9 132
D	产量（kg/hm²）	765	565	529	687	389	370	523	393
	代谢能（MJ/kg DM）	8.17	7.92	8.11	7.45	7.53	6.89	6.81	6.95
	代谢能总量（MJ/hm²）	6 245	4 475	4 292	5 121	2 931	2 550	3 566	2 729

三、各收获时间的各器官营养

在松嫩平原，玉米籽粒一般在 9 月末至 10 月初收获。不同时间收获籽粒，所获得的籽粒、茎叶产量不同。提前收获，秸秆产量增多，籽粒产量下降。9 月上旬（9 月 5 日）收获，籽粒产量下降 21.0%，秸秆产量提高 51.2%；9 月中旬（9 月 20 日）收获，籽粒产量下降 4.0%，秸秆产量提高 22.6%；9 月下旬（9 月 25 日）收获，籽粒产量下降 3.1%，秸秆产量增加 12.4%。9 月下旬收获，籽粒产量降幅很小，而秸秆产量增幅较大（表 7-8）。

表 7-8 全株收获玉米产量（平均值）

日期（月-日）	籽粒		秸秆	
	产量（kg/hm²）	降幅（%）	产量（kg/hm²）	增幅（%）
9-5	6120.2**	21.0	6326.8	51.2
9-10	6374.6**	17.7	5630.5	34.6
9-15	6824.5	11.9	5394.8	28.9
9-20	7436.1	4.0	5131.4	22.6
9-25	7505.9	3.1	4702.6	12.4
9-30	7745.4		4184.3	

**表示与对照在 0.01 水平差异显著，下同；9 月 30 日收获为对照

提前收获玉米籽粒，籽粒的总淀粉、粗蛋白和粗脂肪含量下降（表 7-9）。9 月下旬收获，总淀粉含量下降幅度变小，粗蛋白含量下降的幅度也变小。

表 7-9 全株收获玉米籽粒营养成分（%）（平均值±SD）

日期（月-日）	总淀粉	粗蛋白	粗脂肪
9-5	69.8±3.3*	10.3±1.0*	2.2±0.1*
9-10	70.8±4.0*	10.4±1.3*	2.8±0.1*
9-15	71.7±3.2	10.9±1.3*	2.9±0.1*
9-20	72.3±3.7	11.1±1.1	3.2±0.2
9-25	72.8±4.1	11.4±0.9	3.5±0.1
9-30	72.9±5.2	11.6±1.0	3.5±0.1

*表示与对照在 0.05 水平差异显著，下同；9 月 30 日收获为对照

9 月上旬收获的玉米全株，自上至下 0～50 cm、50～100 cm、100～150 cm 和 150～200 cm 层叶粗蛋白含量分别为 9.8%、9.8%、10.1% 和 11.3%。9 月末（9 月 30 日）收获的玉米全株，自上至下 0～50 cm、50～100 cm、100～150 cm 和 150～200 cm 层叶粗蛋白含量分别为 5.3%、6.0%、6.9% 和 7.4%。9 月 10 日、9 月 15 日、9 月 20 日和 9 月 25 日收获的玉米全株，各层叶粗蛋白含量也均高于 9 月 30 日收获的玉米全株（图 7-14A）。

9 月上旬收获的玉米全株，0～50 cm、50～100 cm、100～150 cm 和 150～200 cm 层叶粗脂肪含量分别为 2.4%、2.6%、3.0% 和 3.1%。9 月末收获的玉米全株，0～50 cm、50～100 cm、100～150 cm 和 150～200 cm 层叶粗脂均为 1.3%。9 月 10 日、9 月 15 日、9 月 20 日和 9 月 25 日收获的玉米全株，各层叶粗脂肪含量（除 9 月 20 日，0～50 cm 层）高于 9 月 30 日收获的玉米全株（图 7-14B）。

9 月上旬收获的玉米全株，0～50 cm、50～100 cm、100～150 cm 和 150～200 cm 层叶粗纤维含量分别为 26.7%、24.4%、22.1% 和 20.1%。9 月末收获的玉米全株，0～50 cm、50～100 cm、100～150 cm 和 150～200 cm 层叶粗纤维含量分别为 34.5%、31.6%、27.5% 和 27.1%。9 月 10 日、9 月 15 日、9 月 20 日和 9 月 25 日收获的玉米全株，各层叶粗纤维含量也均低于 9 月 30 日收获的玉米全株（图 7-14C）。

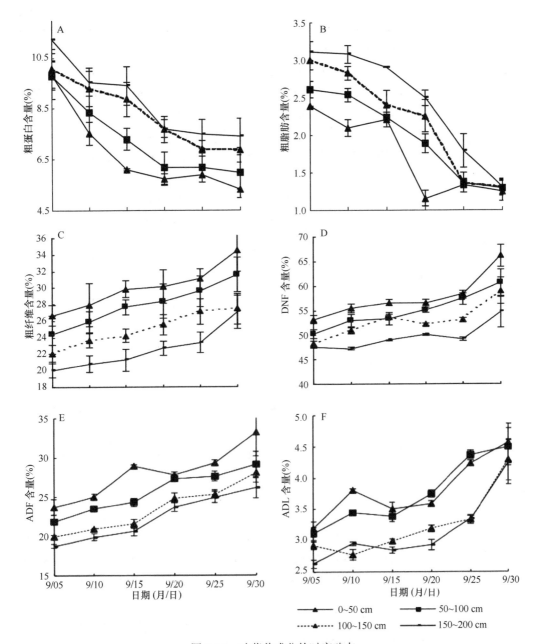

图 7-14　叶营养成分的时空动态

9 月上旬收获的玉米全株，0～50 cm、50～100 cm、100～150 cm 和 150～200 cm 层叶中性洗涤纤维（NDF）含量分别为 53.2%、50.2%、48.2% 和 47.5%。9 月末收获的玉米全株，0～50 cm、50～100 cm、100～150 cm 和 150～200 cm 层叶 NDF 含量分别为 66.1%、60.6%、59.1% 和 54.7%。9 月 10 日、9 月 15 日、9 月 20 日和 9 月 25 日收获的玉米全株，各层叶 NDF 含量也都低于 9 月 30 日收获玉米全株（图 7-14D）。

9 月上旬收获的玉米全株，0～50 cm、50～100 cm、100～150 cm 和 150～200 cm 层叶酸性洗涤纤维（ADF）含量分别为 23.7%、21.9%、20.0% 和 18.8%。9 月末收获的

玉米全株，0～50 cm、50～100 cm、100～150 cm 和 150～200 cm 层叶 ADF 含量分别为33.2%、29.1%、28.1%和26.2%。9 月 10 日、9 月 15 日、9 月 20 日和 9 月 25 日收获的玉米全株，各层叶 ADF 含量也均低于 9 月 30 日收获的玉米全株（图 7-14E）。

9 月上旬收获的玉米全株，0～50 cm、50～100 cm、100～150 cm 和 150～200 cm 层叶酸性洗涤木质素（ADL）含量分别是 3.2%、3.1%、2.9%和 2.7%。9 月末收获的玉米全株，0～50 cm、50～100 cm、100～150 cm 和 150～200 cm 层叶 ADL 的含量分别是 4.6%、4.5%、4.3%和 4.3%。9 月 10 日、9 月 15 日、9 月 20 日和 9 月 25 日收获的玉米全株，各层叶 ADL 含量也都低于 9 月 30 日收获的玉米全株（图 7-14F）。

9 月上旬收获的玉米全株，0～50 cm、50～100 cm、100～150 cm 和 150～200 cm 层茎粗蛋白含量分别为 4.6%、4.9%、4.8%和 5.9%。9 月末收获的玉米全株，0～50 cm、50～100 cm、100～150 cm 和 150～200 cm 层茎粗蛋白含量分别为 3.2%、3.7%、3.8%和 4.3%。9 月 10 日、9 月 15 日、9 月 20 日和 9 月 25 日收获的玉米全株，各层茎粗蛋白含量也都比 9 月 30 日收获的玉米全株高（图 7-15A）。

9 月上旬收获的玉米全株，0～50 cm、50～100 cm、100～150 cm 和 150～200 cm 层茎粗脂肪含量分别是 0.8%、0.9%、0.9%和 1.1%。9 月末收获的玉米全株，0～50 cm、50～100 cm、100～150 cm 和 150～200 cm 层茎粗脂肪含量分别是 0.4%、0.6%、0.6%和 0.6%。其他日期收获的玉米全株，各层茎粗脂肪含量也均高于 9 月 30 日收获的玉米全株（图 7-15B）。

9 月上旬收获的玉米全株，0～50 cm、50～100 cm、100～150 cm 和 150～200 cm 层茎粗纤维含量分别是 28.8%、26.1%、24.3%和 22.9%。9 月末收获的玉米全株，0～50 cm、50～100 cm、100～150 cm 和 150～200 cm 层茎粗纤维含量分别是 36.1%、32.4%、31.8%和 30.4%。其他日期收获的玉米全株，各层茎粗纤维含量也均低于 9 月 30 日收获的玉米全株（图 7-15C）。

9 月上旬收获的玉米全株，0～50 cm、50～100 cm、100～150 cm 和 150～200 cm 层茎 NDF 含量分别是 56.3%、55.0%、54.4%和 54.3%。9 月末收获的玉米全株，0～50 cm、50～100 cm、100～150 cm 和 150～200 cm 层茎 NDF 含量分别是 69.5%、65.3%、63.2%和 58.9%。其他日期收获的玉米全株，各层茎 NDF 含量也均低于 9 月 30 日收获的玉米全株（图 7-15D）。

9 月上旬收获的玉米全株，0～50 cm、50～100 cm、100～150 cm 和 150～200 cm 层茎 ADF 含量分别是 26.9%、25.3%、24.3%和 18.4%。9 月末收获玉米，0～50 cm、50～100 cm、100～150 cm 和 150～200 cm 层茎 ADF 含量分别是 34.4%、31.3%、30.5%和 28.8%。9 月末收获的玉米全株，各层茎 ADF 含量也均高于 9 月 10 日、9 月 15 日、9 月 20 日和 9 月 25 日收获的玉米全株（图 7-15E）。

9 月初收获的玉米全株，0～50 cm、50～100 cm、100～150 cm 和 150～200 cm 层茎 ADL 含量分别是 3.3%、3.1%、3.0%和 2.6%。9 月末收获的玉米全株，0～50 cm、50～100 cm、100～150 cm 和 150～200 cm 层茎 ADL 含量分别是 5.1%、4.2%、3.9%和 3.7%。其他日期收获的玉米全株，各层茎 ADL 含量也均低于 9 月 30 日收获的玉米全株（图 7-15F）。

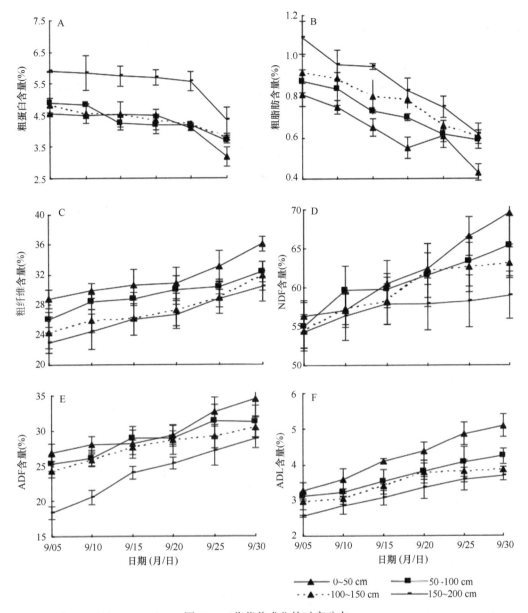

图 7-15　茎营养成分的时空动态

由于收获日期比常规提前，秸秆保持鲜绿，饲用品质上升，表现为粗蛋白含量上升，NDF、ADF 含量下降。9 月 20 日收获的玉米全株，与常规大田收获日期（9 月 30 日）的比较，籽粒产量下降 4.0%，秸秆产量提高 22.6%。籽粒粗蛋白含量下降 4.3%，茎粗蛋白含量提高 1.0%，叶粗蛋白含量提高 0.4%，茎 NDF 含量下降 3.3%，叶 NDF 含量下降 6.7%，茎 ADF 含量下降 3.2%，叶 ADF 含量下降 3.2%。从能量与蛋白角度考虑，在 9 月 20 日左右采用全株收获玉米的方式是可行的。如果再延迟收获，秸秆品质则大大降低。

四、收获玉米果穗后各器官营养

在松嫩平原，鲜食型黏玉米多在蜡熟初期收获，籽粒收获后再收获秸秆用于青贮，秸秆青贮质量优良，为优质的牛羊饲料。同时，为了生产籽粒，并获得优良的秸秆资源，可以提前收获籽粒，在确保籽粒不减产或少减产的情况下，使秸秆产量及营养最大化。

提前收获果穗，玉米籽粒产量与对照相比有所下降，从 9 月 20 日起，籽粒产量与对照差异不显著（表 7-10），且秸秆产量有所提高。

表 7-10　提前收获果穗玉米产量

日期（月-日）	籽粒		秸秆	
	产量（kg/hm^2）	降幅（%）	产量（kg/hm^2）	增幅（%）
9-5	6132.8*	20.8	5439.7	30.0
9-10	6366.2*	17.8	5339.9	27.6
9-15	6802.0*	12.2	5135.6	22.7
9-20	7318.4	5.5	4707.7	12.5
9-25	7576.7	2.2	4224.6	1.0
9-30	7745.4	—	4184.3	—

注：玉米品种为'登海一号'，提前收获果穗，秸秆于 5 日后收获；9 月 30 日收获果穗为对照

提前收获果穗，玉米籽粒营养成分与对照相比，总淀粉、粗蛋白和粗脂肪含量都有所下降（表 7-11）。9 月 20 日收获，总淀粉含量下降 1.5%，粗蛋白含量下降 3.5%；9 月 25 日收获，总淀粉含量下降 0.9%，粗蛋白含量下降 3.1%。从 9 月 20 日开始，总淀粉和粗蛋白含量下降幅度变小。

表 7-11　提前收获果穗玉米籽粒营养成分（%）（平均值±SD）

日期（月-日）	总淀粉	粗蛋白	粗脂肪
9-5	69.42±4.09*	9.60±0.99*	2.15±0.34
9-10	70.63±5.11*	10.15±1.02*	2.17±0.51
9-15	71.78±4.03	10.90±1.12	2.86±0.06
9-20	71.89±5.01	11.15±1.30	2.93±0.41
9-25	72.31±4.78	11.20±1.02	3.08±0.21
9-30	72.95±5.15	11.56±1.00	3.52±0.09

注：9 月 30 日收获果穗为对照

提前收获果穗后，叶粗蛋白含量比对照高（图 7-16A）。9 月上旬收获果穗，0～50 cm、50～100 cm、100～150 cm 和 150～200 cm 层叶粗蛋白含量分别为 9.1%、9.3%、10.4% 和 10.9%，对照（9 月 30 日收获）各层叶粗蛋白含量分别是 5.3%、6.0%、6.9% 和 7.4%。其他日期收获果穗，各层叶粗蛋白含量也均高于对照。

提前收获果穗后，叶粗脂肪含量高于对照（图 7-16B）。9 月上旬收获果穗，0～50 cm、50～100 cm、100～150 cm 和 150～200 cm 层叶粗脂肪含量分别是 2.8%、2.8%、3.7% 和 3.9%，对照各层叶粗脂肪含量均是 1.3%。其他日期收获果穗，各层叶粗脂肪含量也均高于对照。

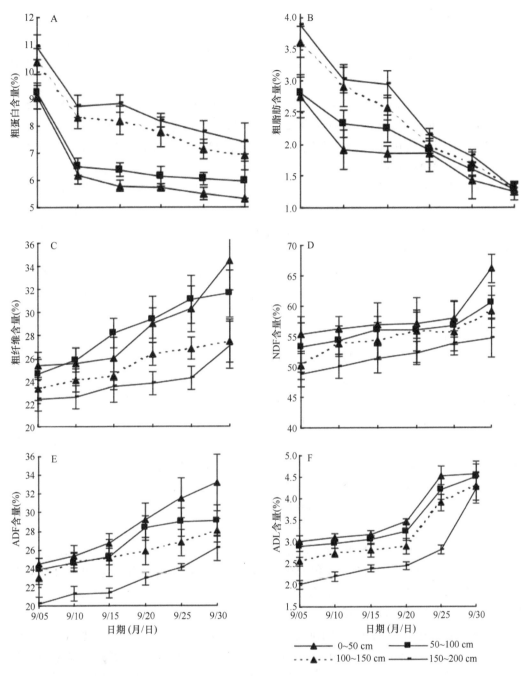

图 7-16　叶营养成分的时空动态

9 月 30 日收获果穗为对照

　　提前收获果穗后，叶粗纤维含量低于对照（图 7-16C）。9 月上旬收获果穗，0～50 cm、50～100 cm、100～150 cm 和 150～200 cm 层叶粗纤维含量分别是 25.3%、24.6%、23.3% 和 22.4%，对照各层叶粗纤维含量分别是 34.5%、31.6%、27.5% 和 27.1%。其他日期收获果穗，各层叶粗纤维含量也均低于对照。

提前收获果穗后，叶 NDF 含量低于对照（图 7-16D）。9 月上旬收获果穗，0～50 cm、50～100 cm、100～150 cm 和 150～200 cm 层叶 NDF 含量分别是 55.3%、53.2%、50.2% 和 48.7%，对照各层叶 NDF 含量分别为 66.1%、60.6%、59.1% 和 54.7%。其他日期收获果穗，各层叶 NDF 含量也都低于对照。

提前收获果穗后，叶 ADF 含量低于对照（图 7-16E）。9 月上旬收获果穗，0～50 cm、50～100 cm、100～150 cm 和 150～200 cm 层叶 ADF 含量分别是 24.5%、23.9%、23.0% 和 20.2%，对照各层叶 ADF 含量分别为 33.2%、29.1%、28.1% 和 26.2%。其他日期收获果穗，各层叶 ADF 含量也都低于对照。

提前收获果穗后，叶 ADL 含量低于对照（图 7-16F）。9 月上旬收获果穗，0～50 cm、50～100 cm、100～150 cm 和 150～200 cm 层叶 ADL 含量分别是 3.0%、2.9%、2.6% 和 2.0%，对照各层叶 ADL 含量分别是 4.6%、4.5%、4.3% 和 4.3%。其他日期收获果穗，各层叶 ADL 含量均也均低于对照。

提前收获果穗后，茎粗蛋白含量高于对照（图 7-17A）。9 月上旬收获果穗，0～50 cm、50～100 cm、100～150 cm 和 150～200 cm 层茎粗蛋白含量分别是 4.4%、4.5%、4.9% 和 5.8%，对照各层茎粗蛋白含量分别是 3.2%、3.7%、3.8% 和 4.3%。其他日期收获果穗，各层茎粗蛋白含量也都高于对照。

提前收获果穗后，茎粗脂肪含量高于对照（图 7-17B）。9 月上旬收获果穗，0～50 cm、50～100 cm、100～150 cm 和 150～200 cm 层茎粗脂肪含量分别为 1.1%、1.2%、1.2% 和 1.4%，对照各层茎粗脂肪含量分别为 0.4%、0.6%、0.6% 和 0.6%。其他日期收获果穗，各层茎粗脂肪含量也均高于对照。

提前收获果穗后，茎粗纤维含量低于对照（图 7-17C）。9 月上旬收获果穗，0～50 cm、50～100 cm、100～150 cm 和 150～200 cm 层茎粗纤维含量分别为 32.3%、28.7%、27.7% 和 26.4%，对照各层茎粗纤维含量分别为 36.1%、32.4%、31.8% 和 30.4%。9 月 10 日、9 月 15 日、9 月 20 日和 9 月 25 日收获果穗，各层茎粗纤维含量也均低于对照。

提前收获果穗后，茎 NDF 含量均低于对照（图 7-17D）。9 月上旬收获果穗，0～50 cm、50～100 cm、100～150 cm 和 150～200 cm 层茎 NDF 含量分别为 60.3%、59.4%、58.2% 和 54.1%，对照各层茎 NDF 含量分别为 69.5%、65.3%、63.2% 和 58.9%。其他日期收获果穗，各层茎 NDF 含量也都低于对照。

提前收获果穗后，茎 ADF 含量低于对照（图 7-17E）。9 月上旬收获果穗，0～50 cm、50～100 cm、100～150 cm 和 150～200 cm 层茎 ADF 含量分别为 30.2%、27.4%、25.8% 和 19.3%，对照各层茎 ADF 含量分别为 34.4%、31.3%、30.5% 和 28.8%。9 月 10 日、9 月 15 日、9 月 20 日和 9 月 25 日收获果穗，茎 ADF 含量也都低于对照。

提前收获果穗后，茎 ADL 含量低于对照（图 7-17F）。9 月上旬收获果穗，0～50 cm、50～100 cm、100～150 cm 和 150～200 cm 层茎 ADL 含量分别为 4.0%、3.8%、3.3% 和 2.9%，对照各层茎 ADL 含量分别为 5.1%、4.2%、3.9% 和 3.7%。9 月 10 日、9 月 15 日、9 月 20 日和 9 月 25 日收获果穗，茎 ADL 含量也都低于对照。

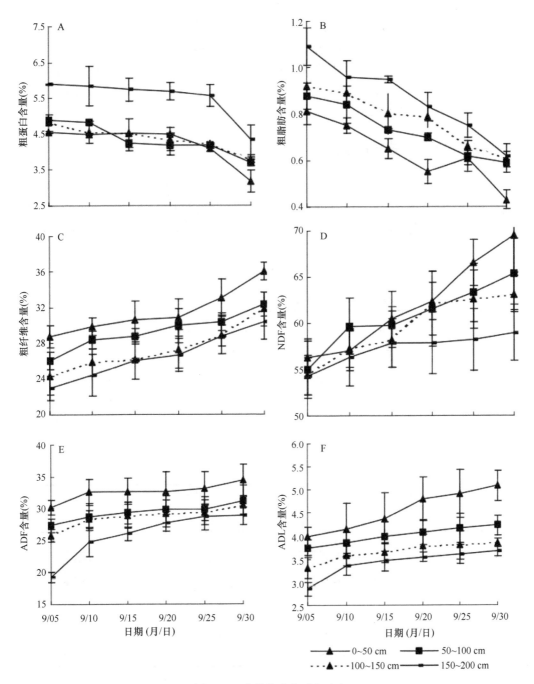

图 7-17　茎营养成分时空动态

9 月 30 日收获果穗为对照

　　9 月 20 日摘除玉米果穗，籽粒产量下降 5.5%，秸秆产量提高 12.5%，籽粒粗蛋白含量下降 0.4%，茎粗蛋白含量增加 0.3%，叶粗蛋白含量增加 0.6%，茎 NDF 含量下降 1.8%，叶 NDF 含量下降 4.8%，茎 ADF 含量下降 1.4%，叶 ADF 含量下降 2.6%。与对照（9 月 30 日收获玉米果穗）比较，9 月 20 日收获籽粒产量及品质下降幅度较小，秸秆产量及品质增加幅度较大。因此可以采取先摘除果穗的办法收获玉米,阻止茎、叶中非结构性物质向籽粒转移,以提高秸秆产量与质量。

在农牧交错地区,采用提前摘除果穗的办法收获玉米,对粮食产量影响较小,还可以提高玉米秸秆品质,具有可行性。掌握适合的果穗采摘期非常重要,在吉林西部地区,适合的采摘期在 9 月 20~25 日。

五、收获玉米顶端后各器官营养

为了有效提高玉米单产,可以考虑提前收获玉米穗位叶以上部分作为优良饲料。收获穗位叶以上部分后,其下部分可以充分接受光照,有利于再生长或加速玉米籽粒干燥。

收获玉米植株穗位叶以上的顶端后,籽粒的产量及千粒重下降。收获玉米植株顶端越早,籽粒产量及千粒重下降幅度越大,9 月 20 日剪去植株顶端,籽粒产量及千粒重降幅较小(表 7-12)。越早收获顶端,所得到的顶端产量越大(表 7-13)。

表 7-12　玉米植株剪去顶端籽粒产量及千粒重

日期(月-日)	产量(kg/hm²)			千粒重(g)		
	I	II	III	I	II	III
8-30	6714.39**	6803.43	6971.19	307.40*	300.40	300.80
9-5	6968.38**	6914.02	6980.09	300.54*	311.06	301.50
9-10	7036.80**	6940.26	7092.56	307.80	305.41	306.00
9-15	7178.79*	7172.23	7301.10	305.00	306.11	311.40
9-20	7461.84	7444.50	7458.56	322.41	312.80	318.40
9-25	7623.51	7526.51	7571.02	325.40	326.30	325.60
9-30	—	7745.35	—	—	329.20	—

注:留茬高度分别为 100 cm(第 I 组)、110 cm(第 II 组)和 120 cm(第 III 组);9 月 30 日剪去顶端为对照

表 7-13　玉米顶端产量(kg/hm²)

日期(月-日)	I	II	III
8-30	2089.58	1881.51	1785.44
9-5	1872.14	1771.38	1663.60
9-10	1821.53	1680.00	1536.14
9-15	1808.87	1655.17	1431.63
9-20	1546.45	1413.83	1272.30
9-25	1323.85	1185.61	1130.78

9 月 20 日及以后剪去植株顶端,与对照相比,籽粒产量差异不显著(表 7-12)。9 月 20 日收获的顶端植株鲜绿,其粗蛋白含量为 6.7%,粗纤维含量为 27.2%,对照相应部位的粗蛋白含量为 5.4%,粗纤维含量为 29.5%。可见所收获的顶端,饲用价值有明显提高。

收获玉米植株顶端后,籽粒营养成分含量下降(表 7-14)。越早收获玉米植株顶端,籽粒总淀粉、粗蛋白和粗脂肪含量下降幅度越大。

表 7-14 剪去玉米植株顶端籽粒营养成分（%）

日期（月-日）	总淀粉	粗蛋白	粗脂肪
8-30	69.56±3.05	9.65±0.86	2.07±0.04
9-5	69.81±2.54	9.81±1.02	2.19±0.03
9-10	70.92±2.70	10.44±0.88	2.25±0.04
9-15	71.80±3.01	10.95±0.33	2.90±0.12
9-20	71.95±2.31	11.23±0.70	2.95±0.08
9-25	72.38±2.06	11.31±0.77	3.12±0.13
9-30	72.95±5.15	11.56±1.00	3.52±0.09

8 月末剪掉顶端，顶端粗蛋白含量为 10.5%，对照粗蛋白含量为 5.4%。其他日期剪掉顶端，顶端粗蛋白含量也比对照高（图 7-18A）。不同日期剪掉顶端，顶端粗脂肪含

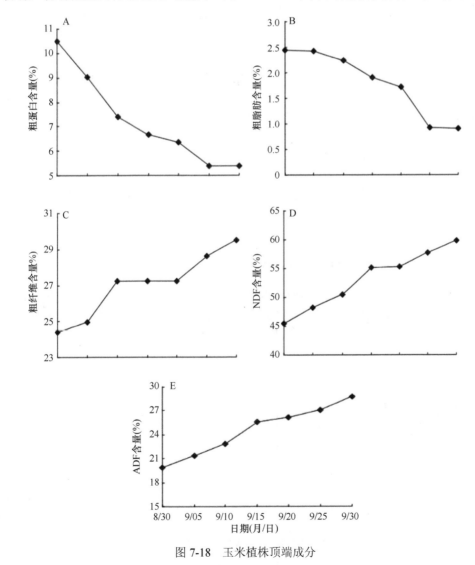

图 7-18 玉米植株顶端成分

量均高于对照（图 7-18B）。8 月 30 日剪掉顶端，顶端粗纤维含量为 24.4%，对照粗纤维含量为 29.5%，其他日期剪掉顶端，顶端粗纤维含量也低于对照（图 7-18C）。不同日期剪掉顶端，顶端 NDF 含量均低于对照（图 7-18D）。8 月 30 日剪掉顶端，顶端 ADF 含量为 19.9%，对照 ADF 含量为 28.8%，其他日期剪掉顶端，顶端 ADF 含量也都低于对照（图 7-18E）。

不论是从能量还是从蛋白角度考虑，该收获方式均可行。在农牧交错地区，对于主要的农作物玉米，在适当的时间剪去植株顶端（穗位叶以上部分），不仅仅对粮食产量影响不大，更重要的是可以收获优质的秸秆顶端作为饲料。

Singh 和 Nair（1975）研究发现，玉米去叶处理后，植株蔗糖和还原糖含量下降，碳氮比降低。禾本科作物碳氮比高一直是限制其分解的因素（凯泽，2008；Jackson，1978）。剪掉顶端后残留的玉米秸秆，如果碳氮比下降，还田分解速度就会加快，对培肥地力非常有利。农牧交错地区土壤贫瘠，这一收获方法对于该区具有特殊意义。

我国缺少种植一年生或多年生人工草地的条件，没有大量土地可用于生产产量不高的多年生饲草，所以种植产量高的玉米作物几乎是唯一选择。即使种植高大饲草作物玉米作为青贮收获，其效益与收获籽粒也需要进行比较研究，玉米青贮结合饲养，经济效益显著。早收获，可以获得理想的籽粒产量，同时获得良好的秸秆产量和质量，并可以减少化肥使用，减少土地压力，有利于保护土地。

六、收获籽粒后玉米秸秆营养

籽粒收获后，剩余大量玉米秸秆，可作为松嫩平原牛羊养殖的基础粗饲料。小规模范围内，玉米秸秆收获后堆垛，用于冬季取暖或作为饲料。堆垛过程中，外层遭受日照雨淋，质量下降（王敏玲等，2011）。

1. 秸秆粗蛋白含量及其与羊草干草的比较

堆垛次年春取样分析的结果表明（图 7-19），玉米秸秆垛 2/3 处的秸秆粗蛋白含量均高于 1/3 处的秸秆粗蛋白含量。玉米垛内粗蛋白含量高于垛外。除立枯羊草外，7～8

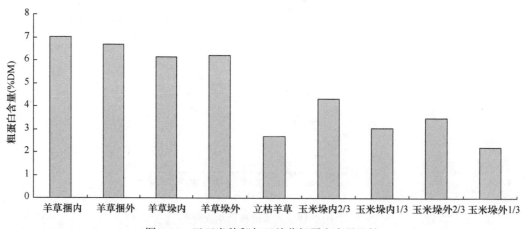

图 7-19　干玉米秸秆与干羊草粗蛋白含量比较

月收获的羊草粗蛋白含量高于玉米秸秆粗蛋白含量。打捆羊草比散垛羊草的粗蛋白含量高，内外相比，差异也小。随着现代机械发展，堆垛式利用被逐渐替代为窖储。本节内容重点在于表述羊草捆包储存的营养质量状况。

2. 玉米秸秆 NDF、ADF 含量及其与羊草干草的比较

玉米秸秆 NDF 含量，垛内高于垛外。立枯羊草 NDF 含量与 ADF 含量均高于玉米秸秆，8 月收获的羊草干草的 NDF 含量亦高于玉米秸秆 NDF 含量（图 7-20）。

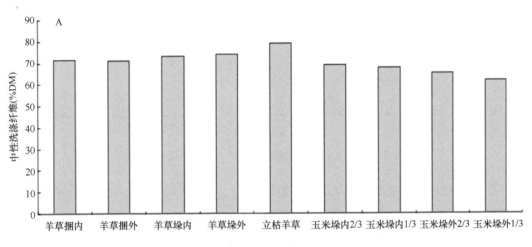

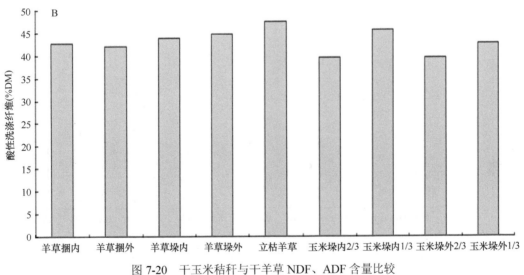

图 7-20　干玉米秸秆与干羊草 NDF、ADF 含量比较

3. 玉米秸秆体外干物质消化率及其与羊草干草的比较

玉米秸秆的干物质消化率高于羊草干草的干物质消化率，立枯羊草的干物质消化率最低。玉米秸秆垛中，玉米秸秆垛 2/3 部分的干物质消化率要比 1/3 部分高 5 个百分点左右。打捆羊草干草比散垛垛内羊草干草的干物质消化率高 1 个百分点左右，比垛外羊草干草高 4 个百分点左右。玉米秸秆垛 2/3 部分的干物质消化率为 50% 左右，1/3 部分的干物质消化率为 45% 左右（图 7-21）。

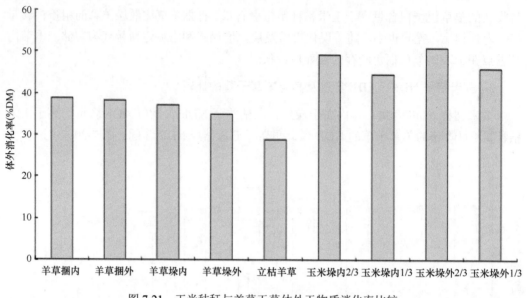

图 7-21　玉米秸秆与羊草干草体外干物质消化率比较

4. 玉米秸秆代谢能及其与羊草干草的比较

玉米秸秆代谢能为 6.2～7.0 MJ/kg，而羊草干草（除立枯羊草外）代谢能为 5.1～5.7 MJ/kg。立枯羊草代谢能最低，为 4.4 MJ/kg（图 7-22）。

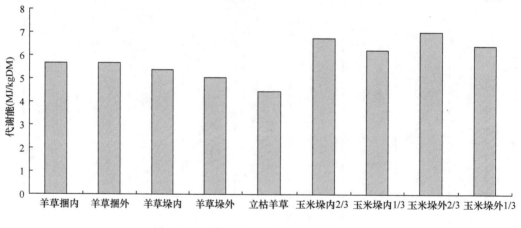

图 7-22　玉米秸秆与羊草干草代谢能比较

七、木腐菌发酵秸秆营养

秸秆细胞壁中含有木质素，木质素与纤维素结合，导致秸秆不容易被反刍动物消化。利用木腐菌发酵处理农业废弃物为长期以来探索的研究内容，实验室内效果显著（王雨琼和周道玮，2017）。木腐食用菌没有潜在毒性，为优良的发酵菌种。

1. 木腐食用菌发酵秸秆的生物质组分

木腐食用菌固态发酵秸秆 20 天后，可有效降解秸秆的生物质成分，红侧耳组的总有机物损失率显著高于金顶侧耳组和刺芹侧耳组。漏斗状侧耳组的酸性木质素损失率显著高于其他各组。金顶侧耳组的纤维素和半纤维素损失最多（表 7-15）。

表 7-15　食用菌发酵秸秆生物质损失率的变化（%）

项目	总有机物损失率	酸性木质素损失率	纤维素损失率	半纤维素损失率
金顶侧耳 *Pleurotus citrinopileatus*	6.82±0.36[b]	16.01±0.82[c]	9.26±1.42[a]	16.14±1.63[a]
刺芹侧耳 *Pleurotus eryngii*	6.73±0.30[b]	17.47±0.84[bc]	2.23±0.12[c]	8.99±1.93[c]
漏斗状侧耳 *Pleurotus sajor-caju*	7.17±0.31[ab]	28.59±1.93[a]	5.04±0.57[b]	11.92±0.41[b]
红侧耳 *Pleurotus diamor*	7.61±0.24[a]	19.20±1.81[b]	8.20±0.55[a]	8.66±0.61[c]

注：不同字母表示不同处理间差异显著（$P<0.05$），下同

2. 木腐食用菌发酵秸秆的营养及体外干物质消化率

木腐食用菌组的粗蛋白、粗脂肪、总氨基酸含量和体外干物质消化率高于未处理的对照组。金顶侧耳组的粗蛋白含量显著高于对照组，其他 3 组略高于对照组，差异不显著，4 个处理组之间粗蛋白含量差异不显著。刺芹侧耳组的粗脂肪含量仅与红侧耳组之间存在显著差异。木腐食用菌处理后，秸秆粗脂肪含量增加了 29.49%～79.49%，总氨基酸含量显著提高，刺芹侧耳组的总氨基酸含量显著低于其他 3 个处理组。木腐食用菌组的体外干物质消化率显著高于对照组，由高到低依次为：漏斗状侧耳组>刺芹侧耳组>金顶侧耳组>红侧耳组。漏斗状侧耳组的玉米秸秆与其他各组相比，体外干物质消化率增加了 6.59%～13.81%（表 7-16）。

表 7-16　木腐食用菌发酵对秸秆营养及体外干物质消化率的影响

项目	粗蛋白（%）	粗脂肪（%）	总氨基酸（mg/g）	体外干物质消化率（%）
对照组	5.42±1.16[b]	0.78±0.15[c]	159.59±7.65[c]	20.05±1.52[e]
金顶侧耳 *P. citrinopileatus*	8.05±0.62[a]	1.20±0.12[ab]	229.71±7.10[a]	41.50±1.32[bc]
刺芹侧耳 *P. eryngii*	6.50±0.62[ab]	1.01±0.33[bc]	197.87±7.47[b]	43.68±1.15[b]
漏斗状侧耳 *P. sajor-caju*	7.11±1.13[ab]	1.15±0.15[ab]	220.48±5.37[a]	46.56±0.32[a]
红侧耳 *P. diamor*	6.96±0.63[ab]	1.40±0.11[a]	216.20±3.21[a]	40.91±0.35[c]

注：所用秸秆的基础干物质消化率低，比常规低 30%左右，总体处理后的干物质消化率绝对值偏低，但处理后，干物质消化率提高约 20%

3. 木腐食用菌发酵秸秆的抗氧化性

采用 4 种木腐食用菌处理玉米秸秆均可增加其抗氧化活性。漏斗状侧耳组 DPPH 自由基清除力略高于红侧耳组，但此两组显著高于其他 3 组。4 种木腐食用菌组的还原力显著高于对照组，但各处理组间差异不显著。漏斗状侧耳组的总抗氧化性最高，其次是红侧耳组，二者高于另两个处理组和对照组。漏斗状侧耳组的亚铁离子螯合能力和总酚含量显著高于其他各组，其次是红侧耳组（表 7-17）。

表 7-17　4 种木腐食用菌发酵对玉米秸秆抗氧化性的影响

项目	DPPH 自由基清除力（%）	还原力（%）	总抗氧化性（%）	亚铁离子螯合能力（%）	总酚（mg/g）
对照组	30.35±0.73[d]	0.51±0.12[b]	27.38±1.22[d]	10.56±1.25[c]	2.87±0.11[d]
金顶侧耳 *P. citrinopileatus*	32.96±1.50[c]	0.90±0.15[a]	38.78±1.65[b]	11.94±0.8[cd]	4.74±0.18[c]
刺芹侧耳 *P. eryngii*	36.91±1.49[b]	0.74±0.11[a]	34.64±2.04[c]	12.71±0.78[a]	5.67±0.98[b]
漏斗状侧耳 *P. sajor-caju*	54.90±1.47[a]	0.97±0.15[a]	43.35±1.46[a]	15.87±0.67[a]	7.27±0.32[a]
红侧耳 *P. diamor*	53.60±0.56[a]	0.85±0.13[a]	40.79±0.46[ab]	14.27±0.08[b]	6.26±0.39[b]

　　4 种木腐食用菌都能够有效地降解秸秆中的生物质（纤维素、半纤维素和酸性木质素），其中金顶侧耳降解纤维素和半纤维素的效果最强，漏斗状侧耳降解酸性木质素的效果最为显著。4 种木腐食用菌发酵玉米秸秆后均可提高其营养价值和体外干物质消化率，其中金顶侧耳组总氨基酸含量最高，漏斗状侧耳组体外干物质消化率显著高于其他各组。4 种木腐食用菌降解玉米秸秆增加了其抗氧化活性，酸性木质素与总酚含量和抗氧化活性呈正相关性。

4. 发酵时间对玉米秸秆营养的影响

　　木腐食用菌发酵玉米秸秆的时间效应极显著，影响各营养指标。随着发酵时间延长，食用菌不断生长需要消耗一部分物质并将其转化成水和二氧化碳，因此，玉米秸秆干物质含量呈现显著下降趋势。玉米秸秆粗蛋白含量随着发酵时间的延长显著增加，这是由于其食用菌菌丝体含量增加，以及干物质含量下降。木腐食用菌在发酵秸秆过程中分泌各种纤维素降解酶，将秸秆细胞壁中各纤维素组分消化降解，合成自身所需的营养物质，因此，玉米秸秆中性洗涤纤维、酸性洗涤纤维、半纤维素、纤维素和酸性木质素含量随着发酵时间的增加，呈显著下降趋势（表 7-18）。发酵 35～50 天，各组之间半纤维素、纤维素含量差异明显，但与发酵 20～35 天相比，变化幅度较小。

表 7-18　发酵时间对玉米秸秆营养的影响

时间（天）	干物质（%）	粗蛋白（%）	中性洗涤纤维（%）	酸性洗涤纤维（%）	半纤维素（%）	纤维素（%）	酸性木质素（%）
20	86.49[a]	7.49[d]	66.14[a]	36.68[a]	31.35[a]	23.06[a]	10.89[a]
25	85.06[b]	8.66[c]	64.33[b]	35.58[b]	29.80[b]	21.95[b]	9.61[b]
30	82.82[c]	9.21[b]	62.94[c]	33.66[c]	28.44[c]	19.86[c]	8.68[c]
35	79.90[d]	9.40[b]	61.00[d]	31.27[d]	27.62[cd]	17.72[d]	7.79[d]
40	77.81[e]	9.17[bc]	59.17[e]	29.73[e]	27.26[de]	17.06[de]	6.87[e]
45	75.90[f]	9.55[b]	57.34[f]	28.46[f]	26.61[e]	16.61[e]	5.58[f]
50	74.27[g]	10.19[a]	55.13[g]	26.79[g]	25.65[f]	15.43[f]	4.47[g]
SEM	0.343	0.180	0.264	0.300	0.300	0.278	0.194
P	0.0389	<0.001	<0.001	<0.001	<0.001	<0.001	<0.001

注：表中数据为样品重复数据的平均值

八、丙酸钙和尿素对玉米秸秆发酵的影响

在产粮的东北地区,黄玉米秸秆的产量巨大,但营养价值较低,用作反刍动物饲料适口性差,消化率较低。因此,在将黄贮秸秆制作成饲料的过程中添加不同功效的添加剂,可改善或增强黄贮饲料发酵品质和营养成分。丙酸钙和尿素作为新型的动物饲料添加剂,已经被广泛地应用在反刍动物的饲料领域中。研究发现,丙酸钙和尿素添加量及其两两组合方式对黄贮玉米秸秆发酵品质具有显著影响(王雨琼和周道玮,2017)。

1. 黄贮玉米秸秆感官评定

黄贮玉米秸秆经过 90 天的发酵后,对照组出现轻微发霉现象,贮体呈暗黄色,并散发出酸味。其他 5 个处理组均未出现发霉现象,贮体呈褐黄色和浅黄色,质地良好,其中 0.2%丙酸钙组和 0.4%丙酸钙组散发出酸香味,而 4%尿素+0.2%丙酸钙组和 4%尿素+0.4%丙酸钙组除酸香味外,还散发出轻微的氨味。根据黄贮饲料感官评价标准,5 个处理组的黄贮饲料均可评定为良好(表 7-19)。

表 7-19 黄贮饲料的感官评价

组别	发霉情况	颜色	质地	气味
对照组	轻微发霉	暗黄色	一般	酸味
4%尿素	未发霉	褐黄色	良好	氨味
0.2%丙酸钙	未发霉	浅黄色	良好	酸香味
0.4%丙酸钙	未发霉	浅黄色	良好	酸香味
4%尿素+0.2%丙酸钙	未发霉	浅黄色	良好	氨味,酸香味
4%尿素+0.4%丙酸钙	未发霉	浅黄色	良好	氨味,酸香味

2. 黄贮玉米秸秆营养成分

丙酸钙和尿素的添加对黄贮玉米秸秆中干物质含量没有影响;丙酸钙和尿素处理后的黄贮玉米秸秆中粗蛋白含量均有所增加,其中以 4%尿素+0.4%丙酸钙组最高,粗蛋白含量可达到 15.34%。5 个处理组黄贮玉米秸秆中酸性洗涤纤维含量与对照组相比均显著降低;中性洗涤纤维含量与对照组相比略有降低,除 4%尿素+0.2%丙酸钙组外,其他各组差异均不显著(表 7-20)。

表 7-20 黄贮玉米秸秆的营养成分(%DM)

组别	干物质	粗蛋白	酸性洗涤纤维	中性洗涤纤维
对照组	26.26±0.45	9.88±0.05[d]	35.54±0.59[a]	55.25±0.84[a]
4%尿素	27.30±1.74	14.62±0.66[b]	30.74±0.75[b]	54.21±4.59[a]
0.2%丙酸钙	27.46±1.01	9.98±0.59[d]	28.68±1.87[b]	51.49±1.14[ab]
0.4%丙酸钙	27.43±0.67	10.22±0.17[d]	31.45±1.32[b]	49.95±0.52[ab]
4%尿素+0.2%丙酸钙	25.94±0.69	14.19±0.05[c]	29.72±1.07[b]	48.09±1.43[b]
4%尿素+0.4%丙酸钙	26.84±1.28	15.34±0.24[a]	29.91±1.46[b]	54.31±0.96[a]

3. 黄贮玉米秸秆 pH、氨态氮及有机酸含量

黄贮玉米秸秆发酵后 pH、氨态氮及有机酸含量变化见表 7-21。与对照组相比，4% 尿素组 pH 有所增加，单独添加尿素能够提高黄贮玉米秸秆的 pH。0.2% 丙酸钙组和 0.4% 丙酸钙组 pH 显著降低，单独添加丙酸钙能够降低黄贮玉米秸秆的 pH，且随着丙酸钙添加量的提高，降低幅度增大。尽管添加尿素能够提高黄贮玉米秸秆的 pH，但 4% 尿素 +0.2% 丙酸钙组和 4% 尿素 +0.4% 丙酸钙组 pH 仍明显低于对照组，在丙酸钙和尿素添加组中丙酸钙的降 pH 作用占据主导地位，且 4% 尿素 +0.4% 丙酸钙组 pH 更低，也再次验证了高浓度的丙酸钙降低 pH 的效果更明显。

表 7-21　黄贮玉米秸秆的发酵品质

组别	pH	氨态氮/总氮	乳酸（%）	乙酸（%）	丙酸（%）
对照组	4.03 ± 0.14^{ab}	1.02 ± 0.12^{c}	13.79 ± 0.93^{c}	2.48 ± 0.07^{c}	0.00^{d}
4% 尿素	4.18 ± 0.18^{a}	12.92 ± 1.79^{b}	20.67 ± 0.31^{a}	5.86 ± 0.20^{a}	5.01 ± 0.54^{b}
0.2% 丙酸钙	3.52 ± 0.33^{cd}	0.43 ± 0.11^{c}	18.39 ± 0.99^{b}	1.36 ± 0.09^{d}	3.89 ± 0.55^{c}
0.4% 丙酸钙	3.38 ± 0.07^{d}	1.51 ± 0.21^{c}	18.18 ± 0.77^{b}	1.14 ± 0.09^{d}	4.9 ± 0.72^{bc}
4% 尿素 +0.2% 丙酸钙	3.83 ± 0.17^{bc}	23.79 ± 1.46^{a}	18.09 ± 0.43^{b}	4.29 ± 0.03^{b}	5.10 ± 0.17^{b}
4% 尿素 +0.4% 丙酸钙	3.58 ± 0.09^{cd}	24.97 ± 0.21^{a}	13.70 ± 0.97^{c}	4.39 ± 0.02^{b}	5.43 ± 0.13^{a}

与对照组相比，4% 尿素组、4% 尿素 +0.2% 丙酸钙组和 4% 尿素 +0.4% 丙酸钙组氨态氮与总氮比值显著升高，且 4% 尿素 +0.2% 丙酸钙组和 4% 尿素 +0.4% 丙酸钙组又显著高于 4% 尿素组，添加尿素可以有效提高黄贮玉米秸秆的氨态氮与总氮比值，但在丙酸钙的协同作用下，效果更显著。

与对照组相比，除 4% 尿素 +0.4% 丙酸钙组外，其他 4 组乳酸含量均显著升高，其中 4% 尿素组乳酸含量最高，单独添加尿素和丙酸钙均能增加乳酸含量，但单独添加尿素时效果最好，单独添加丙酸钙次之，而尿素和丙酸钙同时添加时乳酸含量增加幅度最小，甚至出现降低趋势。

与对照组相比，0.2% 丙酸钙组和 0.4% 丙酸钙组乙酸含量显著降低，单独添加丙酸钙能够降低黄贮玉米秸秆的乙酸含量，且随着丙酸钙添加量的提高，降低幅度增大。4% 尿素组、4% 尿素 +0.2% 丙酸钙组和 4% 尿素 +0.4% 丙酸钙组乙酸含量显著增高，添加尿素能够增加黄贮玉米秸秆的乙酸含量，且促进乙酸生成的正效应远远高于丙酸钙的负效应。

与对照组相比，5 个处理组的丙酸含量均显著增高，且 4% 尿素 +0.2% 丙酸钙组、4% 尿素 +0.4% 丙酸钙组丙酸含量较高，单独添加尿素或者丙酸钙均能显著增加丙酸含量，但二者协同作用效果更佳。

综合考虑，黄贮玉米秸秆添加 4% 尿素和 0.2% 丙酸钙进行发酵可提高粗蛋白含量与乳酸含量，降低中性洗涤纤维和酸性洗涤纤维含量，乙酸增加量最少，从而可有效提高黄贮饲料发酵品质。

第二节　放牧饲养及其设计

放牧饲养为草地资源的直接利用方式，收获干草给喂饲养为草地资源的间接利用方式。无论是直接利用还是间接利用，目标在于牲畜饲养，需要根据动物生长需要，综合考虑饲草产量、牲畜采食量及饲草质量。

划区轮牧为草地放牧饲养的有效方法（周道玮等，2012），一方面可增加放牧饲养牲畜的生长速率，另一方面可增加草地资源的利用率。无论是划区轮牧饲养还是其他饲养方式，都需要根据动物营养需要及饲草质量，结合成本效益进行设计，采取适宜的方案和模式。

自由放养是我国北方草原长期以来的主要畜牧业生产方式。由于草地饲草供应不足，草地质量不高，虽然生产的牛羊数量多，但出肉率低，是草地畜牧业的主要问题。同时由于虽然数量多，但出栏率低，草原上无效放养的牛羊数量多，加重了对草原的影响，构成了草原退化的主要因素。

为了保护和管理草原，我们需要找出一种办法能使当年羔羊、羯羊全部出栏，不但可以提高牲畜生产效率，还可以减少牲畜数量对草原次年一整年的影响。换句话说，在生长季末至次年春，草地上仅放养基础母羊（含必要的公羊），则夏季草地上为基础母羊和当年即将出栏的羊（含淘汰羊），而没有上一年转过来的在这一年准备出栏的羊，对草原的压力将减少许多。

设中国草地饲养的基础母羊数为 x，母羊怀胎率、产羔率及成活率之积为 85%，每只羊对草原的平均压力为 a；当年生羔羊自由放养 2 年制的放牧饲养制度下所有羊对草原的压力为 y，则：$y=ax+2×0.85ax=2.7ax$。

当年生羔羊自由放养 1 年制的放牧饲养制度下所有羊对草原的压力为 y_1，则：$y_1=ax+1×0.85ax=1.85ax$。

二者相比较（y/y_1）可知，2 年制自由放养方式的压力是 1 年制自由放养方式压力的 1.5 倍。2 年制的压力比 1 年制高 46%。

如果母羊怀胎率、产羔率及成活率之积为 70%～90%，2 年制的压力比 1 年制高 41%～47%。

如果当年生羔羊部分出栏，出栏率为 30%～40%，母羊怀胎率、产羔率及成活率之积为 85%，2 年制的压力比 1 年制高 28%～32%。

因此，为了生产家畜和保护草原，需要在自由放养的基础上进行补饲，并根据期望生长目标，结合补饲量和补饲类型，进行设计饲养，有希望使当年生羔羊 9 月末以前体重达到 47 kg 水平，实现当年出栏，胴体重达到 21 kg，进入国际先进行列。推荐的设计饲养的补饲方案为：秸秆作为能量饲料，豆科牧草作为主要的粗蛋白饲料。

假设饲料玉米产量为 20 t/hm²，苜蓿产量为 6 t/hm²，则每公顷饲料玉米可以补饲 300 只当年生羊，每公顷苜蓿可以补饲 60 只当年生羊，如果饲料玉米青贮，其粗蛋白维持在较高水平，补饲效果会更好。利用农村秸秆作为能量饲料，配以富含粗蛋白的豆科牧草进行补饲，是现阶段较为可行的生产实践，也会带来巨大的经济效益和生态效益。

如果 100 kg 苜蓿价值 60 元，60 kg 秸秆的成本忽略不计，则当年可以换回 12 kg 活体重毛羊，价值 80 元，有明显的经济效益。同时，当年出栏减少了当年生羔羊对草原次年一整年的压力。

在广大的北方草原区，如果利用 5% 的隐域生境生产饲料玉米，每公顷产量为 20 t，从饲草产量角度来说，相当于再造了一个产量为 1 t/hm^2 的北方草原。

综上，设计饲养是可行的草地家畜生产和草地管理对策。各地区条件不同，产羔时间不同，可以分别设计日增重 150~200 g/d 的不同期望水平，在 9~10 个月龄实现当年羔羊体重达到 46 kg 以上水平，当年出栏。设计饲养具有明显的经济效益和生态效益。

一、草地放牧饲养的营养需要

随日增重水平提高，羊达到期望生长目标所需日数减少，所需能量和粗蛋白也逐渐减少，饲草转化率提高。在自由放养的基础上，选择 150~200 g/d 的日增重水平进行设计饲养，松嫩平原草地可以获得明显的经济效益和生态效益。每只羊每年补饲 100 kg 苜蓿和 50 kg 玉米秸秆可以满足设计饲养要求，实现当年生羔羊、羯羊体重达到 46 kg，胴体重达到 21 kg 的国际先进饲养水平（周道玮等，2012）。

草地放牧是草地管理的措施，也是草食家畜的生产途径。为了管理草地，也为了生产家畜，将饲草生产、动物营养和动物生产结合在一起，根据动物饲养标准（Owen and Jayasuriyat, 1989），主要考虑能量和蛋白，理论计算了羊在不同日增重水平、吃饱状态下的营养需要，草地的营养能力及其实现羊期望生长目标的亏缺量，进而论述了设计饲养并提出了设计饲养方案。

不同日增重水平下，羊的生长动态及营养和代谢能需要量不同。根据不同的日增重水平（100 g/d、150 g/d、200 g/d、250 g/d、300 g/d），建立 60 日龄体重 10 kg 羊断乳后，其体重变化与生长日数的相关方程：

$$y_{100}=10+0.1x \tag{7-1}$$
$$y_{150}=10+0.15x \tag{7-2}$$
$$y_{200}=10+0.2x \tag{7-3}$$
$$y_{250}=10+0.25x \tag{7-4}$$
$$y_{300}=10+0.3x \tag{7-5}$$

利用新疆细毛羊舍饲肥育的代谢能需要量，建立代谢能需要量（y）与体重（x）的回归方程：

$$y_{100}=0.0564x+0.6536，r^2=1.00 \tag{7-6}$$
$$y_{150}=0.0643x+0.7071，r^2=1.00 \tag{7-7}$$
$$y_{200}=0.0729x+0.7500，r^2=1.00 \tag{7-8}$$
$$y_{250}=0.0779x+0.8893，r^2=1.00 \tag{7-9}$$
$$y_{300}=0.0864x+0.9464，r^2=1.00 \tag{7-10}$$

根据美国国家科学研究委员会（NRC）推荐的小型体重羔羊舍饲饲养标准，建立粗蛋白需要量（y）与体重（x）的回归方程：

$$y_{100}=-0.0469x^2+4.0291x+49.132，r^2=1.00 \tag{7-11}$$
$$y_{150}=-0.0439x^2+3.6702x+69.517，r^2=0.98 \tag{7-12}$$
$$y_{200}=-0.0452x^2+3.3789x+94.452，r^2=0.99 \tag{7-13}$$
$$y_{250}=-0.0458x^2+3.1347x+116.09，r^2=0.98 \tag{7-14}$$
$$y_{300}=-0.0426x^2+2.6746x+140.30，r^2=0.97 \tag{7-15}$$

将根据式（7-1）～式（7-5）计算的体重月平均动态值分别代入式（7-6）～式（7-10）和式（7-11）～式（7-15），计算月平均体重变化所对应的日平均代谢能需要量和粗蛋白需要量，计算达到一定标准的粗蛋白总需要量和代谢能总需要量。按羊草等干草为羊提供的代谢能为 2 Mcal/kg（1 Mcal/kg=4.18 MJ/kg）（Flachowsky et al.，1999；任继周，2007），计算体重达到 46 kg 所需要的干饲草量（表 7-22）。

表 7-22　不同日增重对应的体重（kg）与所需代谢能（Mcal）和粗蛋白（g）的月平均日需要量

月龄	日龄	生长 100 g/d			生长 150 g/d			生长 200 g/d			生长 250 g/d			生长 300 g/d		
		体重	CP	ME	体重	CP	ME	体重	CP	ME	体重	CP	ME	体重	CP	ME
1		4	—	—	4	—	—	4	—	—	4	—	—	4	—	—
2	60	10	85	1.22	10	102	1.35	10	124	1.48	10	143	1.67	10	163	1.81
3	70	11	88	1.27	12	106	1.45	12	128	1.62	13	148	1.86	13	168	2.07
	80	12	91	1.33	13	110	1.54	14	133	1.77	15	153	2.06	16	172	2.33
	90	13	94	1.39	15	114	1.64	16	137	1.92	18	157	2.25	19	176	2.59
4	100	14	96	1.44	16	117	1.74	18	141	2.06	20	160	2.45	22	179	2.85
	110	15	99	1.50	18	120	1.83	20	144	2.21	23	163	2.64	25	181	3.11
	120	16	102	1.56	19	123	1.93	22	147	2.35	25	166	2.84	28	182	3.37
5	130	17	104	1.61	21	126	2.03	24	150	2.50	28	168	3.03	31	182	3.62
	140	18	106	1.67	22	129	2.12	26	152	2.65	30	169	3.23	34	182	3.88
	150	19	109	1.73	24	132	2.22	28	154	2.79	33	170	3.42	37	181	4.14
6	160	20	111	1.78	25	134	2.31	30	155	2.94	35	170	3.62	40	179	4.40
	170	21	113	1.84	27	136	2.41	32	156	3.08	38	169	3.81	43	177	4.66
	180	22	115	1.89	28	138	2.51	34	157	3.23	40	168	4.01	46	173	4.92
7	190	23	117	1.95	30	140	2.60	36	158	3.37	43	167	4.20	49	169	5.18
	200	24	119	2.01	31	141	2.70	38	158	3.52	45	164	4.39		—	—
	210	25	121	2.06	33	142	2.80	40	157	3.67	48	162	4.59		—	—
8	220	26	122	2.12	34	144	2.89	42	157	3.81	50	158	4.78		—	—
	230	27	124	2.18	36	144	2.99	44	156	3.96	—	—	—		—	—
	240	28	125	2.23	37	145	3.09	46	154	4.10	—	—	—		—	—
9	250	29	127	2.29	39	146	3.18	48	152	4.25	—	—	—		—	—
	260	30	128	2.35	40	146	3.28	50	150	4.40	—	—	—		—	—
	270	31	129	2.40	42	146	3.38	—	—	—	—	—	—		—	—
10	280	32	130	2.46	43	146	3.47	—	—	—	—	—	—		—	—
	290	33	131	2.51	45	146	3.57	—	—	—	—	—	—		—	—
	300	34	132	2.57	46	145	3.66	—	—	—	—	—	—		—	—
11	310	35	133	2.63	48	145	3.76	—	—	—	—	—	—		—	—

续表

月龄	日龄	生长 100 g/d			生长 150 g/d			生长 200 g/d			生长 250 g/d			生长 300 g/d		
		体重	CP	ME	体重	CP	ME	体重	CP	ME	体重	CP	ME	体重	CP	ME
11	320	36	133	2.68	49	144	3.86	—			—			—		
	330	37	134	2.74	51	143	3.95	—			—			—		
12	340	38	135	2.80	—			—			—			—		
	350	39	135	2.85	—			—			—			—		
	360	40	135	2.91	—			—			—			—		

注：CP. 粗蛋白；ME. 代谢能

舍饲饲养标准的体重最大值设计到 50 kg，表 7-22 中数值仅计算至 49~51 kg（除日增重 100 g/d）。体重 46 kg 以上，按 45%屠宰率计算，胴体重可达 21 kg，是属于国际先进水平的饲养标准，也是上等羔羊肉的分类标准，生产实践中可以作为我们现阶段的追求目标。

日增重 100 g/d、体重达到 46 kg 所需的饲养时间最长，所需的代谢能最高，所需的粗蛋白最多。日增重 150 g/d、体重达到 46 kg 需 10 月龄，需代谢能 1098 Mcal，相当于干草 549 kg，需粗蛋白 43.5 kg。日增重 200 g/d、体重达到 46 kg 需 8 月龄，需代谢能 984 Mcal，相当于干草 492 kg，需粗蛋白 37 kg。日增重 300 g/d、体重达到 46 kg 仅需 6 月龄，需消化能 886 Mcal，相当于干草 443 kg，需粗蛋白 31 kg。

无论是从所需代谢能看，还是从所需粗蛋白看，在可能的增重范围内，日增重越高，达到期望体重 46 kg 所需的饲养天数越少，所需的代谢能越少，所需的粗蛋白也越少。但是，虽日增重不断提高，但每日所需的代谢能和粗蛋白也在逐渐增加。

二、草地营养能力

北方草地自由放养加利用储备干草春季饲喂的当年生羔羊、羯羊 10 月龄体重一般为 35 kg（周道玮等，2012），相当于舍饲饲养日增重 100 g/d 水平。北方草地的供养能力相当于当年生羔羊在 10 月以前可摄入干草饲草 255 kg，可摄入粗蛋白 30 kg，全年可摄入干草饲草 340 kg，可摄入粗蛋白 38 kg。

北方草地饲草开花抽穗期粗蛋白含量平均为 10.7%（孙海霞等，2016），收获储备干草粗蛋白含量为 7%。考虑到羊对饲草的选择性，进一步估测北方草地在利用干草饲喂基础上的粗蛋白供应能力，以及将表 7-23 中数值分别乘以每月的日数，然后自 1 月累加，每月所能提供的能量（干物质）和粗蛋白累积量（表 7-23）。

表 7-23　北方草地粗蛋白含量动态及当年生羔羊可摄入干物质和粗蛋白累积量

指标	1 月	2 月	3 月	4 月	5 月	6 月	7 月	8 月	9 月	10 月	11 月	12 月
粗蛋白（%）	7	7	7	11	16	17	16	15	12	9	7	7
采食量（kg/d）	—	0.6	0.7	0.8	0.9	0.9	1.0	1.1	1.2	1.3	1.4	1.4
摄入干物质累积量（kg）	—	30	39	63	90	117	147	180	216	255	297	340
摄入粗蛋白（g/d）	—	42	49	88	144	153	160	165	144	117	98	98
摄入粗蛋白累积量（kg）	—	1	2	5	9	14	19	24	28	32	35	38

注：干物质量为满足能量需要的理论累积量

表 7-23 中数据为理想状态的粗蛋白和能量分布。实际情况应该是春季饲草短缺，在自由放养采食干草的情况下，干草粗蛋白含量仅为 3%～4%，粗蛋白短缺严重。此时如果能获得足量的干草，能量需要可以满足，因为饲草能值的变化较小，代谢能维持在 2 Mcal/kg 水平。

三、期望生长目标及营养亏缺

北方草地自由放养的基础母羊一般在当年 12 月至次年 3 月产羔，每年 5～9 月的 5 个月为青草期，饲草供应相对充足，质量也好，应该被充分利用，因此自由放养不应选择短于 8 月龄。也就是说，日增重高于 200 g/d 对于自由放养而言不是最经济的。调整产羔期，如 4～5 月产羔，以匹配当年生羊的采食开始时间和青草期是另一个需要专门研究的问题。如果日增重低于 150 g/d，体重达到 46 kg 所需的时间将超过 10 月龄，将进入冬季寒冷季节，势必造成为抗低温维持而消耗大量已积累的产量，浪费而不经济。

北方草地自由放养的羊当年生长至 35 kg，继续饲养 1 年后，体重增长至不足 50 kg，次 1 年体重仅增加 15 kg。这对于草地家畜生产而言不经济，对于草地而言，增加了 1 年的压力。使当年生羊在当年 9 月末前后体重达到 46 kg 应该是我们需要解决的关键问题，也是北方草地生产家畜在自由放养的基础上加以改进所应该采取的选择。

从饲养的理论生长规律看，如果当年生羊日增重维持在 150～200 g/d 水平，权且定为 175 g/d，则 9 月龄可达到 46 kg，10 月龄可达到 52 kg，是比较理想的自由放养的家畜生产期望，考虑到自由放养的游走消耗，这样对于保证当年出栏羊的体重增长至 46 kg 也有高的可靠度。

根据饲养标准计算日增重 175 g/d 的羊饲养标准和月平均日需要。根据羊饲养标准，建立不同体重情况下，不同日增重水平（x）所需要的粗蛋白量（y），则

$$y_{10}=0.390x+44.8,\ r^2=1.00 \tag{7-16}$$

$$y_{20}=0.346x+74.4,\ r^2=0.99 \tag{7-17}$$

$$y_{25}=0.300x+92.0,\ r^2=1.00 \tag{7-18}$$

$$y_{30}=0.272x+99.6,\ r^2=1.00 \tag{7-19}$$

$$y_{35}=0.244x+107.0,\ r^2=1.00 \tag{7-20}$$

$$y_{40}=0.220x+114.0,\ r^2=1.00 \tag{7-21}$$

$$y_{45}=0.194x+115.6,\ r^2=1.00 \tag{7-22}$$

$$y_{50}=0.168x+117.4,\ r^2=1.00 \tag{7-23}$$

根据羊饲养标准，建立不同体重情况下，不同日增重水平（x）所需要的代谢能量（y），则

$$y_{20}=0.0046x+1.32,\ r^2=0.99 \tag{7-24}$$

$$y_{25}=0.0050x+1.58,\ r^2=1.00 \tag{7-25}$$

$$y_{30}=0.0060x+1.70,\ r^2=1.00 \tag{7-26}$$

$$y_{35}=0.0068x+1.94,\ r^2=1.00 \tag{7-27}$$

$$y_{40}=0.0074x+2.18,\ r^2=1.00 \tag{7-28}$$

$$y_{45}=0.0080x+2.40, \quad r^2=1.00 \tag{7-29}$$
$$y_{50}=0.0090x+2.58, \quad r^2=1.00 \tag{7-30}$$

根据式（7-16）～式（7-23）和式（7-24）～式（7-30），分别计算日增重 175 g/d 所需要的代谢能和粗蛋白量（表 7-24）。上述方程高度相关，表明日增重在 100～300 g/d，某一基础体重的日增重与所需代谢能和粗蛋白量高度相关，因此，在此范围内的计算值高度可信。

表 7-24 日增重 175 g/d 的羊饲养标准

指标	10 kg	20 kg	25 kg	30 kg	35 kg	40 kg	45 kg	50 kg
粗蛋白 CP（g）	113	135	145	147	150	153	150	147
代谢能 ME（Mcal）		2.1	2.5	2.8	3.2	3.5	3.8	4.2

注：粗蛋白为 NRC 小型体重羔羊标准；代谢能为新疆细毛羊羔羊标准

日增重 175 g/d 条件下，所需粗蛋白量（y_{CP}）和代谢能量（y_{ME}）与体重（x）的关系为

$$y_{CP175}=-0.0455x^2+3.5662x+82.153, \quad r^2=0.99 \tag{7-31}$$
$$y_{ME175}=0.0686x+0.7286, \quad r^2=1.00 \tag{7-32}$$

日增重 175 g/d 条件下，60 日龄 10 kg 以后体重（y）与所需生长天数（x）的关系为

$$y=10+0.175x \tag{7-33}$$

根据式（7-33）计算日增重 175 g/d 情况下的体重月平均动态，并利用式（7-31）和式（7-32）计算体重年变化值对应所需要的粗蛋白日平均量和代谢能日平均量（表 7-25）。

表 7-25 日增重 175 g/d 的体重月动态与所需代谢能和粗蛋白动态

指标	1 月	2 月	3 月	4 月	5 月	6 月	7 月	8 月	9 月
体重（kg）	4	10	15	21	26	31	36	42	47
粗蛋白（g）		113	126	136	144	149	152	152	149
代谢能（Mcal）		1.4	1.8	2.1	2.5	2.9	3.2	3.6	3.9

日增重 175 g/d、体重达到 47 kg，需代谢能 819 Mcal，相当于需饲草干草 410 kg，粗蛋白 31 kg。如果 9 月以前仅能摄入代谢能 440 Mcal，相当于饲草干草 220 kg（相当于自由放养 10 月末以前摄入饲草干草 255 kg 和自由放养全年摄入饲草干草 340 kg），则实际可摄入粗蛋白 25 kg，短缺干草 101 kg，短缺粗蛋白 9 kg。

从能量和蛋白指标要求看，为了使当年生羔羊体重在 9 月末达到 47 kg，需要进行补饲。如果选用玉米秸秆和苜蓿作为补饲材料，设玉米秸秆粗蛋白含量为 4%，苜蓿粗蛋白含量为 17%，补饲秸秆量为 x，补饲苜蓿量为 y，则可以建立下列方程组：

$$x+y=101$$
$$0.04x+0.17y=9$$

解此方程：$x=63$，$y=38$。

意味着在自由放养获得 220 kg 饲草干草的基础上，补饲 101 kg 干草，其中粗蛋白含量为 4% 的秸秆 63 kg，粗蛋白含量为 17% 的苜蓿 38 kg，理论上，可以实现当年生羔羊、羯羊 9 月末体重达到 47 kg 水平。

各月所需要的补饲量并不相同（图 7-23 和图 7-24），根据日增重的饲养标准可以详细计算出每日所需要的补饲量。

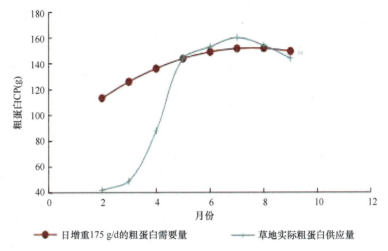

图 7-23　日增重 175 g/d 的粗蛋白需要量和草地实际粗蛋白供应量

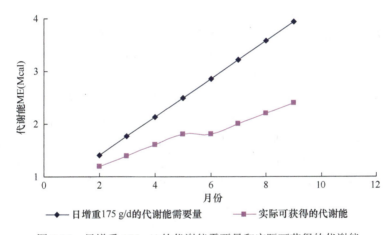

图 7-24　日增重 175 g/d 的代谢能需要量和实际可获得的代谢能

粗蛋白供应量在 6～8 月基本可以满足羊日增重 175 g/d 的需求，甚至还要高一些，补饲主要发生在春季 2～5 月。如果考虑自由放养干草粗蛋白含量仅为 3%～4% 的情况（Sun and Zhou，2007），粗蛋白补饲量应该加倍，即补饲苜蓿 80～100 kg。能量也需要补饲，并且需要补饲的代谢能开始较少，后来越来越多。

综合上面的分析可以认为，在自由放养 9 月以前可以获得 220 kg 干草的情况下，春季加强补饲粗蛋白饲料，即 100 kg 苜蓿，后期加强补饲能量饲料，即 60 kg 玉米秸秆，理论上，可以实现当年生羊在 9 月以前体重达到 47 kg 的饲羊标准。

四、放牧设计饲养

草地管理的目的之一是使草地健康存在，输出生态系统服务，并生产更多的草资源以进行家畜饲养。在草地放养和饲养过程中，牲畜需要吃饱，同样，牲畜也需要吃好。放牧可以作为草原管理的手段，草原管理的目的也包括生产更多的畜产品。

依据全年动态的观点，在研究牲畜吃饱的同时，研究牲畜吃好，利用吃好补偿吃饱，是草原管理和牲畜生产的函数。现有载畜量条件下，牲畜在草原自由放养，包括自由放养和划区轮牧，牲畜吃不饱，因此调控设计以实现利用牲畜吃好补偿吃饱具有高效生产意义，本节进一步论述了设计饲养（designed feeding）（周道玮等，2012）。

自由放养：利用草地草、农田残茬、林带草和树木落叶，没有补饲或有维持生长补饲，所进行的无目标标准、无增重设计要求、无日常计划的随意式牲畜饲养方式。包括自由放养和划区轮牧。

设计饲养：利用草地草、农田残茬、林带草和树木落叶，按牲畜生长规律，有目标标准、有增重设计要求、有日常饲养计划，结合能量和蛋白饲料补饲，进行牲畜饲养的方式。包括可以满足目标标准的自由放养。

牲畜吃饱：牲畜一次连续进食所摄入的干物质体积等于其瘤胃所能容纳的最大体积时的状态。研究时，应考虑一天进食次数；生产管理时，可视一天为连续进食一次。吃饱度是牲畜一次连续进食所摄入的干物质体积与其瘤胃所能容纳的最大体积之比。牲畜吃饱时，其吃饱度为 1；空腹时，其吃饱度为 0；吃饱度大于等于 0，小于等于 1。吃饱度类似于饱食度（Garrett，1980），但二者不同。吃饱度是概述草料从口到瘤胃的状态，饱食度是概述草料从瘤胃到排出的状态。吃饱度以天为最小单位，而饱食度以天为最大单位。吃饱度是衡量牲畜能量和营养需要的物理状态指标。

牲畜吃好：牲畜一次连续进食摄入的干物质所含粗蛋白等营养物质总量或能量总量等于其维持生长所需营养物质总量或能量总量时的状态。不同生长阶段，达到吃好标准的营养物质总量和能量总量不同；同一生长阶段的不同生产状态，达到吃好标准的营养物质总量和能量总量也不同。吃好度是牲畜一次连续进食摄入的干物质所含粗蛋白等营养物质总量或能量总量与其期望生长目标所需营养物质总量或能量总量之比。

（一）松嫩平原放养模式和当年羔羊生长

自由放养条件下，在松嫩平原地区东北细毛羊当年生羔羊、羯羊 12 月体重达到 36.8 kg，在用玉米秸秆加玉米面进行一定补饲的条件下，至次年 4 月体重维持不变或略有下降。东北细毛羊产羔期集中在 12 月至次年 2 月，初生羔体重 3~5 kg，90~120 天体重增长至 18~22 kg，至年末，体重为 33~37 kg。

在未补饲的条件下，经过严寒的冬天，加之饲料不足及饲料质量不好，至次年春，羊的体重减少至 23~27 kg，生长和抗低温维持损耗 10 kg（周道玮等，2020）。再经过一个生长季的自由放养，至年末，体重增加至 40~45 kg。当年羔羊出栏率 35%，其余的次年出栏。就一群羊或一个农户饲养的羊群来说，当年生羔羊至次年全部出栏。也就是说，松嫩平原地区羯羊的自由放养方式多为两个生长季。每两年补充一批羔羊、羯羊，但有 65% 的羔羊饲养了 2 年。

松嫩平原农牧交错区，4~9 月牲畜自由放养于草地和林带，10 月至次年 3 月牲畜自由放养于农田和林带，这是松嫩平原地区牲畜自由放养的典型模式。

自 6 月中旬以后，自由放养方式才可以吃饱，持续至 8 月末，9 月由于草开始枯黄凋萎，自由放养方式吃不饱，10 月收获农田，留茬放牧开始，自由放养方式又可以吃饱，至次年 4 月，草地开始返青，但仍属青黄不接期，羊又不愿意采食干草，为饲料最短缺期。5 月以后青草逐渐增多，吃饱度逐渐增加。上述的季节变化和转场等情况决定了草料供应，也决定了日增重水平（表 7-26）。

表 7-26　松嫩平原农牧交错区自由放养条件下羊的生长动态和平均日增重

指标	初生	1 月	2 月	3 月	4 月	5 月	6 月	7 月	8 月	9 月	10 月	11 月	12 月
实测体重（kg）	4.0	—	—	20.0	—	—	23.6	—	31.6	—	35.6	36.8	36.8
日增重（g/d）	—	177	177	177	40	40	40	133	133	44	44	40	0

初生羔羊日增重增加很快，然后有一个降低期，7～8 月由于草料供应状况变好，加之羔羊适应了断乳和采食饲草，日增重又开始增加，9 月、10 月以后又开始降低，至 12 月变为 0，即不增重。4 月以后，平均每日增重 62 g。自由放养与舍饲饲养的能量消耗不同，二者相差 50% 以上，自由放养的东北细毛羊与舍饲饲养相比，平均每日增重 62 g，相当于舍饲饲养体重每日增重 100 g。

（二）设计饲养——计划当年生羔羊体重达到 50～60 kg

松嫩平原及北方草原畜牧业长期以来实行自由放养，条件好的地区当年生羔羊需要 2 年才能达到 50 kg。中国生产的羊平均胴体重 12～15 kg（Flachowsky et al.，1999；Jackson，1978），按 50% 的屠宰率计算，出栏体重仅为 24～30 kg。羔羊当年出栏，胴体重低；次年出栏，延长了饲养期，并加重了对草原的压力，限制畜牧业发展。

牲畜具有非常高的生长潜力，不同品种的羊每天可以增重 0～450 g（Oji et al.，1977）。若经营管理不善，一段时间内羊体重可能发生负增长（伍国耀，2019）。这些为我们设计饲养并进行操作和实施提供了基础与可能。为了使当年生羔羊、羯羊在当年体重达到 50～60 kg，以满足出栏要求，制定每天增重 150 g 的设计饲养目标（闫贵龙等，2006）。

假设羔羊 1 月出生，出生时体重为 4 kg，出生 3 个月后体重达到 20 kg，进行断奶，并计划或规定或设计每天生长 150 g，则 3 月以后随生长天数（x）的增加，体重（y）增加，二者的相关关系为：$y=20+0.15x$。

根据此方程，可以计算出生 3 个月以后任一时刻的体重期望值。为了讨论方便，扩展计算一整年的体重增加量（图 7-25）。根据设计，计算可知，当年生羔羊达到 50 kg 时所需生长天数为 290 天（$x=200$ 天），即 10 月；达到 60 kg 体重时所需生长天数为 357 天（$x=267$ 天），即 12 月。也就是说，当年生羔羊在 10 月以后体重可达到 50～60 kg，胴体重为 25～30 kg，此值为羊的最大边际生产力。

这样做的意义在于缩短了放牧饲养周期，减少了羔羊次年对草原一整年的压力，对于保护草原将起到积极的作用，应该说是保护草原的有效途径和宏观调控策略。或者是，由于减少了羔羊存栏数，可以增加基础母羊数，增加当年生羔羊数，对畜牧业发展起到有效的促进作用。

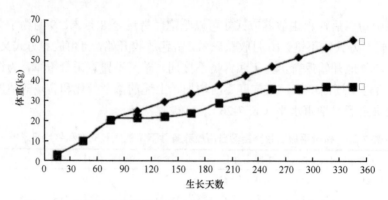

图 7-25　东北细毛羊的设计生长曲线（Ⅱ）和实际生长曲线（Ⅰ）

　　设某群羊的基础母羊数为 x，产羔率为 120%，当年生羔羊存栏率为 a，在自由放养的情况下，则次年自由放养的羊总数量（y）为：$y=x+1.2x+1.2ax$。而设计饲养的羊总数量（y_1）为：$y_1=x+1.2x$。根据此组方程可以计算出，在出栏数相同或设计饲养的出栏数更多的情况下，自由放养的羊数比设计饲养（当年生羔羊存栏率为 0）的羊数多饲养的百分比（Z）为：$Z=(y-y_1)/y_1 \times 100\%$。将 y 与 y_1 的方程式代入，求得 $Z=54.55a$。

　　将 a 赋予不同的值（%），计算出不同存栏率条件下的 Z 值（表 7-27）。此值的意义为，相同出栏数情况下，随出栏率的变化，草原所承受的相对压力发生变化，Z 值越大，表示所承受的相对压力越大。

表 7-27　当年生羔羊不同存栏率对 0 存栏率条件下 Z 值的影响

指标	0	10%	20%	30%	40%	50%	60%	70%	80%	90%	100%
Z 值（%）	0	5.5	10.9	16.4	21.8	27.3	32.7	38.2	43.6	49.1	54.6

注：公母羔一并计算在内

　　设某牧户利用草地饲养羊的能力为每年 100 只，基础母羊产羔率为 120%，当年生羔羊存栏率为 65%，该农户需要保持的基础母羊数（x）为：$x+1.2x+0.65 \times 1.2x=100$，解方程，得 $x=34$。此值表明，此农户利用此草地放牧 100 只羊仅可保持 34 只基础母羊，每年的出栏数为 40 只。

　　在设计饲养条件下，当年生羔羊出栏率为 100%，则可保持的基础母羊数为：$x+1.2x=100$，解方程，得 $x=45$。此值表明，此农户利用此草地设计饲养 100 只羊可保持 45 只基础母羊，每年的出栏数为 55 只。

　　设计饲养比自由放养出栏数多 15 只，即多 37.5%。同时，积累的基础母羊数比自由放养多 11 只，即多了 33%。

　　假设设计饲养和自由放养的羊对草地的影响力一致，设计饲养的羊生长量提高部分由补饲实现，如果农户维持 34 只基础母羊，通过补饲，每年将其生产的羔羊全部出栏，维持出栏数相同，则每年在草原上放牧的羊数仅为 74 只，比自由放养减少 24 只，减少了 24%。设计饲养和自由放养的实际出栏率将分别为 54.1% 和 40%。

（三）自由放养与设计饲养的粗蛋白和能量需要

新西兰人工草地以多年生黑麦草为主的禾本科草类占总生物量的70%～80%，以白三叶草为主的豆科饲草占20%～30%，不但为牛羊提供了数量丰富的饲草，也为牛羊提供了富含粗蛋白的饲料；加之气候温和湿润，少障碍因子，在优质草地，围栏放养的羔羊可以达到150～200 g/d 的日增重水平（姜向阳等，2014）。松嫩平原至内蒙古的草场组成和气候状况决定了自由放养羊的生长状况。放牧是草地管理的手段，草地管理的目的之一为生产家畜，无论如何，豆科牧草都是二者关注的焦点，下面重点论述草地全年粗蛋白和能量的供求状况。

通过对常年放牧的有经验的牧民进行调查，结合草地生产力形成动态过程（Sun and Zhou，2007），对1～12月自由放养条件下羊的吃饱度进行估计。

根据羊草粗蛋白含量变化（周道玮等，2012），考虑自由放养每月摄入的干草和青草比例、7月虎尾草（*Chloris virgata*）和一些杂类草相继处于营养阶段早期、季节性的放牧转场情况，对自由放养条件下羊每天摄入的羊草等饲草干物质的粗蛋白含量进行估计。

根据羊草和松嫩平原野干草为羊提供的消化能（凯泽，2008；Oji et al.，1977；Oji and Mowat，1979）及草原饲草消化能的季节变化（Owen and Jayasuriyat，1989），按羊草等草甸干草为羊提供的代谢能（metabolizable energy，ME）为8.4 MJ/kg（30%羊草，70%其他野干草），利用公式：代谢能=0.82×消化能，计算估测所采食干草的消化能（闫贵龙等，2005）（表7-28）。

表 7-28　松嫩平原农牧交错区自由放养条件下羊的吃饱度及饲草中粗蛋白含量和消化能

指标	1月	2月	3月	4月	5月	6月	7月	8月	9月	10月	11月	12月
吃饱度	0.6	0.5	0.5	0.5	0.6	0.7	1.0	1.0	0.9	1.0	0.9	0.7
粗蛋白（%）	6	6	6	7	16	15	13	9	7	7	6	6
消化能（Mcal/kg）	2.4	2.4	2.4	2.4	2.3	2.3	2.3	2.3	2.4	2.4	2.4	2.4

根据动物饲养标准（Oji et al.，1977），以建议的中国新疆细毛羊羔羊舍饲饲养标准和美国 NRC 建议的小型成年体重羔羊育肥标准的平均值作为肉毛兼用型东北细毛羊的饲养标准，计算每只羊每天的粗蛋白和能量需要。据前述设计，羔羊每天增重150 g，饲养标准如表7-29所示。

表 7-29　当年生羔羊日增重 150 g/d 的饲养标准

指标	20 kg	25 kg	30 kg	35 kg	40 kg	45 kg	50 kg
粗蛋白（g/d）	131	144	151	158	159	162	165
消化能（Mcal/d）	2.4	2.8	3.2	3.6	4.0	4.4	4.8

注：消化能直接利用新疆细毛羊舍饲饲养标准计算

根据表7-29中数值，分别建立体重（w）与粗蛋白需要量（CP）和消化能需要量（DE）的回归方程：$w=0.854CP-95.5$，$r^2=0.93$ 和 $w=12.5DE-10.0$，$r^2=1.00$。

结合利用方程 $y=20+0.15x$ 计算出的每月体重值,定量计算设计的每天增重 150 g 所对应的体重与所需的粗蛋白和消化能量。根据饲草的消化能标准,计算每月所需的干物质量(表 7-30)。

表 7-30 当年生羔羊日增重 150 g/d 的月体重动态、粗蛋白需要量、消化能需要量和对应的干物质量

指标	1 月	2 月	3 月	4 月	5 月	6 月	7 月	8 月	9 月	10 月	11 月	12 月
体重(kg)	3	12	20	25	29	34	38	43	47	52	56	61
粗蛋白(g/d)	—	—	135	141	146	152	156	162	167	173	177	183
消化能(Mcal/d)	—	—	2.4	2.8	3.1	3.5	3.8	4.2	4.6	5.0	5.3	5.7
干物质(kg/d)	—	—	1.0	1.2	1.3	1.5	1.7	1.8	1.9	2.1	2.2	2.4

注:为了表述 12 个月的体重和生长需要,根据 20～50 kg 饲养标准所建立的方程扩展外延了 11 kg 体重所需的粗蛋白和消化能需要量

日增重 150 g/d 时,除 7～8 月不短缺粗蛋白以外,其他各月都有不同程度短缺,以 3～5 月最为严重,9 月也有一个低谷值,10 月由于开始在农田"蹓茬"放牧,粗蛋白短缺状况得到缓解(图 7-26)。实际上,由于 8 月天气炎热,羊为抗高温维持而消耗体重,体重在 7 月很高的基础上明显下降,而 9 月秋高气爽,气候温和,正是羊的高日增重阶段,但由于粗蛋白短缺,日增重水平有很大降低。因此,如果可能,在此时段进行补饲,将获得较大的回报,并可设计以 9 月末为出栏期的设计饲养方案。10 月以后,饲料供应状况变差,加之气候变化,需要较多的抗低温维持能量,羊的日增重水平持续降低,进入了投入的低回报期。利用自由放养的粗蛋白营养标准和设计饲养的粗蛋白营养标准之比,可以计算出羊对粗蛋白的吃好度。比值小于 1,表明营养供应不足;比值大于 1,意味着营养供应过剩。

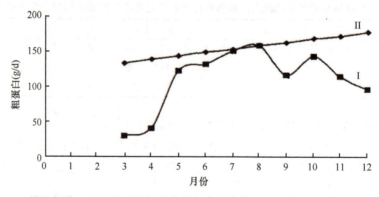

图 7-26 设计饲养(Ⅱ)需要的粗蛋白量与自由放养(Ⅰ)实际能获取的粗蛋白量

3～7 月的 5 个月内,能量供应一直不足,8～10 月能量供应基本可以满足每天增重 150 g 的需要,10 月以后能量短缺严重(图 7-27)。利用自由放养的消化能标准和设计饲养的消化能标准之比,可以计算出羊对消化能的吃好度。比值小于 1,表明能量供应不足;比值大于 1,意味着能量供应过剩。

无论是粗蛋白还是能量,3～6 月都短缺,应该是补饲的主要阶段。全年仅 7～8 月对每天增重 150 g 无营养和能量限制。9～10 月尽管能量供应基本可以满足需要,但粗蛋白供应不足,需要解决。

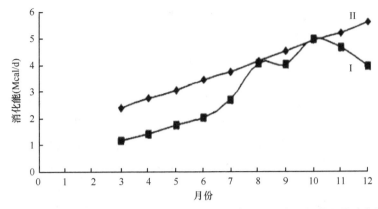

图 7-27 设计饲养（Ⅱ）需要的消化能与自由放养（Ⅰ）实际能获取的消化能量

由各月粗蛋白和消化能盈余与亏缺值可知每月的营养及能量供应状况，以及进一步计算每月的补饲量（表 7-31）。利用前述数值，计算可知，粗蛋白的全年吃好度为 0.7，消化能的全年吃好度为 0.8。相对而言，能量短缺较为不严重。

表 7-31 自由放养条件下粗蛋白、消化能和干物质各月的盈余与亏缺

指标	1 月	2 月	3 月	4 月	5 月	6 月	7 月	8 月	9 月	10 月	11 月	12 月
粗蛋白（g/d）	0	0	−105	−99	−21	−17	−1	0	−47	−26	−58	−82
消化能（Mcal/d）	0	0	−1.2	−1.4	−1.3	−1.4	−1.1	−0.1	−0.5	0	−0.5	−1.7
干物质（kg/d）	0	0	−0.5	−0.6	−0.5	−0.6	−0.5	0	−0.2	0	−0.2	−0.7

在吃饱度全年为 1 的情况下，消化能的吃好度也为 1，但粗蛋白的吃好度仅为 0.8（冬季利用收获的干草补饲）。如果仅考虑野外自由放养采食，野干草的粗蛋白含量降为 3%~4%，则粗蛋白的吃好度仅为 0.6，严重短缺。

上述仅是每天增重 150 g 的设计饲养标准，如果期望每天增重 200 g 或 250 g，粗蛋白短缺现象会更为严重，通过上述方法可以计算短缺量。

（四）设计饲养——利用豆科牧草补饲及其效益

设计饲养 3~12 月需干草 514 kg（3~10 月为 375 kg）。由于自由放养吃不饱，估计的 3~12 月干草摄入量为 399 kg（3~10 月为 288 kg）。每天增重 150 g 的设计饲养和自由放养相比，粗蛋白 3~12 月累计短缺 13.7 kg（3~10 月累计短缺 9.5 kg），消化能累计短缺 273 Mcal（3~10 月累计短缺 207 Mcal），干物质 3~12 月累计短缺 114 kg（3~10 月累计短缺 87 kg）。

根据可行性原则，首先选用苜蓿作为粗蛋白补充来源，假设牧户自产自用，苜蓿质量较为优良，粗蛋白含量为 17%，计算得到的 3~12 月苜蓿补饲量为 81 kg（3~10 月为 56 kg）。

苜蓿干草为羊提供的代谢能为 11.3 MJ/kg（Oji et al.，1977；Owen and Jayasuriyat，1989），即消化能为 3.3 Mcal/kg。如果 3~12 月所缺消化能利用苜蓿补饲，计算可知，需苜蓿 83 kg（3~10 月为 64 kg）。此值约等于补饲粗蛋白所需的苜蓿量，即全年补饲苜蓿 83 kg，既可以满足日增重 150 g/d 设计饲养对粗蛋白的需要量，也可以满足设计饲养对消化能的需要量。此值小于干物质短缺量 114 kg，需要补饲。

考虑到前述的估计误差及生产操作方便，选定 3~12 月每只羊补饲 100 kg 苜蓿（增加 20%为误差），可以详细地计算每日所需补饲的苜蓿量，以满足设计饲养对粗蛋白和消化能的需求。粗蛋白和消化能不能很好地匹配于同一苜蓿补饲量时，可以利用少量的玉米面和秸秆进行调整。

当苜蓿补饲量为 100 kg 时，进一步计算可知，补饲量为实际所需干物质量的 20%，即从全年总体平均看，日粮中补饲 20%的苜蓿等豆科牧草可以达到设计饲养的生产目标，当年达到 50~60 kg，即体重增加 40%以上。换句话说，100 kg 苜蓿（80 元）换回增重 20 kg 以上对应的活体重毛羊（150 元）。假设每公顷产苜蓿 8 t，则可补饲 80 只羊，可增加毛收入 5600 元，比直接出售苜蓿多盈利 5600 元。利用苜蓿补饲的生产工艺成本远远低于直接生产销售苜蓿的成本，这样纯利润期望值比直接销售苜蓿高很多。

根据上述方法，可以计算每天增重 200 g、250 g 及 300 g 设计饲养需要补饲的苜蓿量及其成本效益。2000 年，东北地区（黑、吉、辽）绵羊存栏数为 881.2 万只（Flachowsky et al.，1999），群体产羔率按 110%计算，每年将近有 1000 万只羔羊。公母比例按 6:4 计算，每年将有 600 万只羔羊、羯羊。根据上述每只羊可增加的毛利润，进行设计饲养，可增加毛利润 4.2 亿元。松嫩平原地区的情况也是如此，内蒙古和西北地区，即羔羊不能当年出栏或当年出栏活体重低的地区情况同样如此。

五、需要优化的问题

草地管理与草地饲养涉及饲草生产、家畜生产和动物营养，这三者构成了草地饲养三要素（图 7-28），也是草地管理的核心环节。松嫩平原草地放养的羊，也应该能说明中国草地放养的牛，在超载放牧情况下，既吃不饱也吃不好，即使在吃饱了的条件下，草地也没提供能满足其较高速度生长所需要的粗蛋白量，即没吃好，限制了家畜生长，同时加剧了对草原的破坏。为了加速出栏，缩短放牧期，减少对草原的压力，提高自由放养的效益，应该进行设计饲养，即根据草地粗蛋白不能满足牛羊较高速生长的现实草地营养状况，利用富含粗蛋白的豆科牧草进行补饲。

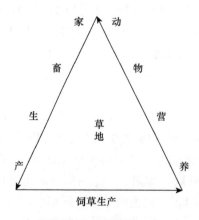

图 7-28 草地饲养要素

理论上，设计饲养可以实现，并可获得较高的经济效益。实践上，设计饲养可能是改造松嫩平原及北方传统草地畜牧业自由放养方式的最可行选择，因为设计饲养可以真正实现社会效益、生态效益和经济效益的高度统一。

草食家畜具有两个独特的能力，一是具有消化高纤维粗糙草料的能力，二是具有对地面上的"零散"饲料资源进行"聚拢"的能力。后者的意义非常大，是成本低廉的收集器。因此说，草食牲畜不适合全部舍饲饲养。全部舍饲饲养，利用人力不可能将零散资源聚拢，势必造成资源浪费，也必将增加收割、运输、贮备、饲喂的过程和成本。

另外，草地是在土壤、气候、草食动物和火烧等一组综合因素共同作用下形成的一个高度复杂的有机体，在草地上去除放牧无疑和去除火烧等因子一样，等于在抽去系统正常运行的支持者，等于在调控生态系统向失衡的方向发展（美国国家科学院-工程院-医学院，2019）。这似乎从另一个方面说明了设计饲养的意义，其是介于自由放养与舍饲饲养之间的饲养方式，既可以满足草地放牧需要，又可以满足家畜生产需要。当然，设计饲养需要补饲，利用富含粗蛋白的豆科植物进行补饲。即使舍饲饲养，也不能仅饲喂从草地收获的草，也需要在日粮中添加适当比例的豆科牧草，利用吃好补偿吃饱，加快日增重增加，促进畜牧业经济效益发展，并间接实现草原保护和管理的目的。

以上述设计饲养（每天增重 150 g）为例，通过理论计算和经验相结合，论述设计饲养和粗蛋白补饲，探讨中国草原的管理途径和措施，但如下生产实践还需进一步试验研究：①不同月龄的羊每天最多能采食多少饲草？②所摄入的饲草能多大程度地满足羊的生长增重需要？包括基础母羊？③不同草地的营养动态及其生物效应？④季节环境变化所影响的增重速度，即抗逆境维持？

仔细进行设计饲养时，不但可以设计确定年末的体重期望，还可以根据生长规律，确定 9 月的体重期望，进而确定增重标准和补饲需要。在广袤的内蒙古草原地区，设计 9 月出栏可能是一个最佳选择。进行设计饲养还需要进行如下一些前期研究工作：①标准羊在标准环境的标准营养下的生长规律？②哺乳期生长过程与最佳断奶期及断奶方式？③怀孕母羊营养管理与初生羔体重及后续生长？④剪毛时间与新毛生长时间及 8 月的抗高温维持及日增重？⑤其他营养补饲？⑥设计饲养的屠宰率和净肉率、肉质？⑦全年补饲的具体操作——利用豆科牧草改良人工草地，直接放养，还是建立豆科人工草地另外放养或补饲？

自由放养条件下，牲畜日粮中粗蛋白严重短缺。粗蛋白严重短缺是制约我国草地家畜生产和草地管理的因子。在自由放养的基础上进行设计饲养，即在牲畜日粮中增加 20% 豆科牧草可以使牲畜当年体重增加 40%～60%，达到 52～60 kg 水平，增加畜牧业生产效益，间接减轻对草原的压力。设计饲养不是自由放养，也不是舍饲饲养（凯泽，2008；Garrett，1980；Oji and Mowat，1979；美国国家科学院-工程院-医学院，2019；张宏福和张子仪，2010），更不是育肥饲养（Abdulrazak et al.，1997；Oji and Mowat，1979；Saenger et al.，1982），它是自由放养的改进，是中国草地畜牧业的改进发展方向，它为我们展示了未来草地管理与家畜生产的希望。

生产实践中，进行设计饲养时，如下 3 个问题还需要考虑：①其他营养补饲？②产羔时期和断乳时间？③母羊营养状况和羔羊状况？

　　自由放养对草地产生4方面的影响：啃食的物理作用、践踏的物理作用、失衡营养作用和口液作用（韩鲁佳等，2002）。春季当草刚刚长出的时候，啃食作用的影响非常严重，主要表现为拔芯，即破坏生长点，对草原草的当年生长起到严重的抑制作用。因此应该充分考虑春季减少放牧数量、限制放牧，春季全部进行补饲饲养将十分有利于草原保护和管理，也有利于家畜生产。无论在天然草地还是在人工草地，权衡饲草生产、饲草营养能力、生长期望及动物营养需要都受到广为重视，也是草地管理与草地饲养的基本问题（伍国耀，2019；周道玮等，2020）。

　　另外，考虑到春季饲草供应质量难以保证或为了更有效地利用夏季饲草粗蛋白含量高的阶段，可调整产羔季节为3~4月。这样可以充分保证羔羊不采食春季草，并保证当年生羊在快速生长期可以吃到粗蛋白含量高的饲草青草，同时可以将羔羊的补饲期推至夏末秋初，可利用当年产的豆科牧草，有利于生产。如何调整产羔期并保证母羊怀胎期的营养是一个需要深入研究的实际问题。

第三节　玉米秸秆饲喂饲养

　　秸秆为松嫩平原的优势饲料资源，其具有利用秸秆作饲料生产牛羊的良好基础。以秸秆作为唯一的粗饲料来源，采用不同精粗比的日粮进行饲喂研究。结果表明，采用不同精粗比的日粮（表7-32），乌珠穆沁羊的生产性能、瘤胃发酵参数、肉品质等发生系列变化（王雨琼，2018）。

表 7-32　实验用日粮组成及营养成分

日粮与营养（%）	A 组（精粗比=0∶100）	B 组（精粗比=20∶80）	C 组（精粗比=40∶60）	D 组（精粗比=60∶40）	E 组（精粗比=80∶20）
玉米	0.00	15.50	27.00	46.00	58.00
豆粕	0.00	3.00	10.00	9.60	16.00
玉米秸秆	92.76	74.20	55.70	37.00	18.60
尿素	0.84	0.70	0.50	0.36	0.30
磷酸氢钙（$CaHPO_4$）	0.40	0.60	0.80	1.04	1.10
石粉（$CaCO_3$）	0.50	0.50	0.50	0.50	0.50
盐、预混料	5.50	5.50	5.50	5.50	5.50
总能量（MJ/kg）	100.00	100.00	100.00	100.00	100.00
消化能 DE（MJ/kg）	9.15	10.6	11.22	13.02	14.88
粗蛋白 CP	5.08	7.31	11.11	12.01	15.57
粗脂肪 EE	3.71	3.57	3.35	3.28	3.07
粗纤维 CF	32.47	26.32	20.26	14.00	7.97
无氮浸出物 NFE	39.24	43.24	45.62	51.02	53.63
灰分 ASH	5.29	4.59	4.04	3.22	2.66
中性洗涤纤维 NDF	60.29	49.94	39.60	29.17	18.89
酸性洗涤纤维 ADF	39.56	32.22	25.02	17.53	10.35
钙 Ca	0.64	0.65	0.65	0.66	0.63
磷 P	0.32	0.33	0.33	0.32	0.35

　　注：预混料（占5%）为每千克日粮提供维生素 A 3000 IU，维生素 D 1250 IU，维生素 E 40 IU，铁 60 mg，锌 60 mg，锰 50 mg，碘 0.3 mg，铜 6 mg，硒 0.125 mg，钴 0.125 mg

一、绵羊生长性能及采食量

随着日粮中精料比例的增加，绵羊末重、平均日增重（ADG）和平均日采食量（ADFI）整体呈上升趋势。A 组和 B 组的绵羊末重低于初重，说明 A 组和 B 组的日粮营养不能满足绵羊正常生长需要，平均日增重为负值，从而导致 F/G 也为负值。精料比例增加，日粮中蛋白水平及能量也相应增加，而能量的摄入量会影响动物的平均日增重（Lourenco and Wilson，2000）。日粮中秸秆的比例为 56%，可以获得 40 g/d 的生长率。另外，A 组和 B 组的平均日采食量也极显著低于其他组，因为 A 组和 B 组的粗料含量较高，适口性差；粗料体积较大，易使瘤胃产生饱腹感，进而影响动物采食。C 组、D 组和 E 组的料肉比为正值，D 组的料肉比极显著低于 C 组和 E 组。能量过低时不能满足动物生长需要，但能量过高时会影响反刍动物瘤胃内环境，抑制日粮营养的消化吸收，从而进一步影响料肉比。徐相亭等（2016）和燕文平等（2014）研究发现，当日粮精粗比为 70∶30 时，料肉比最优。王艳红等（2007）研究发现，日粮精粗比为 65∶35 时，相比其他组结果，该组料肉比最佳。王雨琼等（2018）的研究结果显示，当精粗比为 60∶40 时，料肉比最低。这说明精料占总饲料的比例为 60%～70% 时，能够获得较优的动物生产性能（表 7-33）。

表 7-33 日粮精粗比对绵羊生长性能的影响

指标	A 组	B 组	C 组	D 组	E 组	SEM	P
初重（kg）	25.35	25.75	24.97	25.60	25.68	0.553	0.852
末重（kg）	22.57[e]	24.45[d]	27.23[c]	32.35[b]	34.48[a]	0.581	<0.001
平均日增重（kg/d）	−49.70[e]	−23.21[d]	40.48[c]	120.54[b]	157.14[a]	2.826	<0.001
平均日采食量（g/d）	475.46[d]	463.17[d]	826.15[c]	899.10[b]	1382.10[a]	13.596	<0.001
料肉比 F/G	−9.57[d]	−20.01[e]	20.51[a]	7.54[c]	8.81[b]	0.430	<0.001

注：不同小写字母表示不同处理间差异极显著，下同

日粮精粗比影响绵羊对日粮的采食量。随着精料比例的增加，日粮适口性逐渐改善，干物质采食量上升，粗蛋白采食量也相应增加，E 组干物质采食量约为 A 组的 4 倍，粗蛋白采食量约是 9 倍。而中性洗涤纤维和酸性洗涤纤维的采食量则随着精料比例的增加，呈先增加后降低的变化趋势。其中，C 组中性洗涤纤维和酸性洗涤纤维的采食量最高，即在日粮精粗比为 40∶60 时最高，其次是 D 组（表 7-34）。

表 7-34 日粮精粗比对绵羊采食量的影响（g/d）

指标	A 组	B 组	C 组	D 组	E 组	SEM	P
干物质	462.28[d]	471.81[d]	908.33[b]	1118.98[b]	1347.25[a]	31.907	<0.001
粗蛋白	23.58[e]	34.49[d]	97.58[c]	137.61[b]	209.77[a]	2.773	<0.001
中性洗涤纤维	278.71[c]	235.62[d]	359.70[a]	326.41[b]	254.50[cd]	10.466	<0.001
酸性洗涤纤维	182.88[b]	152.02[c]	227.26[a]	196.16[b]	139.44[c]	6.457	<0.001

二、绵羊表观消化率和瘤胃发酵参数

日粮精粗比极显著影响干物质、粗蛋白和酸性洗涤纤维的表观消化率。随着粗料比例的降低，干物质和粗蛋白的表观消化率呈极显著增加趋势，虽然 D 组和 E 组粗蛋白的表观消化率差异不显著，但是 D 组高于 E 组。这可能是因为过度补充精料，瘤胃内环境发生变化，抑制微生物对蛋白的利用。这与徐志军等（2015）的研究结果相似，CP表观消化率的变化规律与瘤胃 pH 有关，结构性碳水化合物在 pH 低于 6 的瘤胃内环境中的发酵速度影响蛋白与微生物的相互作用。日粮精粗比对中性洗涤纤维的表观消化率无影响。随精料比例增加，酸性洗涤纤维的表观消化率呈极显著上升趋势。精料比例增加，瘤胃内环境更适宜纤维素分解菌的生长，表观消化率随之增加。虽然 C 组中性洗涤纤维和酸性洗涤纤维的表观消化率不是最高，但结合绵羊在不同日粮精粗比下对各养分的表观消化率（表 7-35），C 组的秸秆中纤维素物质消化利用率最高，其次是 D 组。

表 7-35　日粮精粗比对绵羊对各养分表观消化率的影响（%）

指标	A 组	B 组	C 组	D 组	E 组	SEM	P
干物质	57.13[e]	66.16[d]	70.17[c]	75.24[b]	82.81[a]	0.844	<0.001
粗蛋白	32.76[d]	48.82[c]	56.65[b]	69.75[a]	69.00[a]	0.822	<0.001
中性洗涤纤维	54.61	58.85	54.21	54.58	57.88	1.529	0.124
酸性洗涤纤维	47.13[e]	46.16[d]	50.17[c]	55.24[b]	52.81[a]	0.844	<0.001

日粮精粗比对瘤胃液 pH 影响较大，随着精料比例的增加，pH 呈极显著降低趋势（表 7-36），变化区间在 6.44～7.25，均在正常的范围内。氨态氮浓度则随着精料比例的增加而极显著增加，C 组、D 组和 E 组的氨态氮浓度逐渐增加。瘤胃液正常的氨态氮水平在 6.3～27.5 mg/dl（Murphy and Kennelly，1987），本试验氨态氮水平为 10.11～17.68 mg/dl，均在正常范围内，不影响瘤胃内微生物蛋白的合成。在本试验条件下，当精料占日粮的比例大于 40%时，瘤胃内氨态氮浓度变化趋于平稳。随着精料比例的增加，乙酸浓度呈极显著下降趋势，而丙酸和丁酸则相反，呈极显著上升趋势，因此，乙酸与丙酸的比值也极显著降低，但 D 组和 E 组之间差异不显著。总的挥发性脂肪酸数据显示，C 组极显著高于其他组，其次是 D 组和 E 组。这可能是由于高精料日粮可明显增加绵羊瘤胃壁上的乳头突起，促进瘤胃对挥发性脂肪酸进行吸收，引起了随着精料比例的增加，挥发性脂肪酸浓度先增加后降低的变化趋势。

表 7-36　日粮精粗比对绵羊瘤胃发酵参数的影响（%）

指标	A 组	B 组	C 组	D 组	E 组	SEM	P
pH	7.25[a]	7.16[b]	6.97[c]	6.72[d]	6.44[e]	0.025	<0.001
氨态氮	10.11[c]	14.44[b]	17.31[a]	17.46[a]	17.68[a]	0.517	<0.001
乙酸	58.86[a]	55.95[b]	55.57[b]	50.25[c]	48.76[c]	0.527	<0.001
丙酸	19.74[d]	22.47[c]	25.57[b]	27.67[a]	28.02[a]	0.302	<0.001
丁酸	8.30[e]	10.48[d]	14.57[c]	15.67[b]	16.75[a]	0.159	<0.001
乙酸/丙酸	2.99[a]	2.49[a]	2.18[b]	1.81[c]	1.74[c]	0.045	<0.001
挥发性脂肪酸	86.90[c]	88.92[c]	95.88[a]	93.60[b]	93.53[b]	0.623	<0.001

三、绵羊肉品质、肌内脂肪含量及脂肪酸组成

日粮精粗比极显著影响绵羊肉的品质。各试验组绵羊背最长肌 24 h 的 pH 随着精料比例的增加极显著降低，L^* 和 a^* 值呈现极显著增加趋势，其中 E 组最高。这是因为肉色（L^*、a^* 和 b^*）变化与肌内脂肪含量密切相关，日粮精料比例与肌内脂肪含量呈正相关。A 组与 B 组的 L^* 差异不显著，当精料比例为 40% 时，L^* 值大幅度增加，变化极显著。E 组 b^* 值与其他试验组相比，变化幅度较大。日粮中精料比例增加，肌肉剪切力极显著降低，E 组略微高于 D 组。B 组滴水损失率为 12.87%，损失率最高，E 组滴水损失率为6.11%，极显著低于其他试验组。同时，E 组的熟肉率极显著高于其他试验组，B 组、C组和 D 组之间熟肉率差异不显著（表 7-37）。

表 7-37　日粮精粗比对绵羊肉品质的影响

指标	A 组	B 组	C 组	D 组	E 组	SEM	P
pH	6.24[a]	5.91[b]	5.75[c]	5.65[c]	5.69[c]	0.06	<0.001
L^*	35.69[c]	35.59[c]	40.65[b]	41.42[a]	41.88[a]	0.25	<0.001
a^*	17.35[c]	17.58[c]	17.97[c]	19.45[b]	21.32[a]	0.20	<0.001
b^*	8.25b[c]	8.05[c]	8.55[b]	8.01[c]	9.13[a]	0.15	0.001
剪切力	76.45[a]	63.92[b]	57.21[c]	46.56[d]	46.74[d]	1.31	<0.001
滴水损失率（%）	11.47[b]	12.87[a]	10.41[b]	7.67[c]	6.11[e]	0.43	<0.001
熟肉率（%）	47.78[c]	49.94[b]	49.95[b]	51.02[b]	53.21[a]	0.61	<0.001

注：L^* 为亮度值，a^* 为红色值，b^* 为黄色值

L^*、a^*、b^* 值和熟肉率随着日粮中精料比例的增加而增加，而肌肉剪切力和滴水损失率则呈下降变化趋势，与梁大勇等（2009）的研究结果相一致。肌内脂肪含量增加，提高了肌肉的嫩度，因此肌肉剪切力下降。以上结果说明，日粮精粗比能对肉质产生影响，主要是由于日粮能量增加促进了肌肉中脂肪的沉积。

日粮精粗比极显著影响肌内脂肪含量及脂肪酸组成。随着精料比例的增加，肌内脂肪含量极显著上升，E 组肌内脂肪含量最高。在各试验组的饱和脂肪酸（saturated fatty acid，SFA）中，除了 C17：0，其他 SFA 含量差异极显著。其中，C14：0 在 D 组最高，C16：0 在 E 组最高，C18：0 和 C20：0 在 C 组最高。D 组的 SFA 含量最高，达到 49.55%，其次是 E 组。单不饱和脂肪酸（monounsaturated fatty acid，MUFA）组成成分含量各试验组差异极显著，C16：1 在 D 组最高，C20：1 和 C18：1n-9t 在 C 组最高，C18：1n-9c 在 E 组最高。E 组的 MUFA 含量极显著高于其他试验组。就 MUFA 含量来说，C18：2n-6c 在 C 组最高，B 组、C 组、D 组和 E 组中的 C18：3n-6 含量基本无变化，但极显著高于 A 组。B 组 C18：3n-3 含量最高，C20：3n-6、C20：4n-6、C22：6n-3 在 A 组的含量最高。因此，A 组 PUFA 含量极显著高于其他试验组。A 组、B 组和 D 组 n-3 含量极显著高于其他两组。A 组 n-6 含量极显著高于其他试验组，而 n-6/n-3 值是 D 组最低，C 组最高（表 7-38）。

表 7-38　日粮精粗比对绵羊肌内脂肪含量及脂肪酸组成的影响

指标	A 组（%）	B 组（%）	C 组（%）	D 组（%）	E 组（%）	SEM	P
肌内脂肪	4.21[d]	5.68[c]	6.45[b]	8.78[a]	8.96[a]	0.145	<0.001
C14：0	2.41[d]	4.35[b]	1.80[e]	5.51[a]	3.38[c]	0.092	<0.001
C16：0	21.30[cd]	21.12[d]	22.16[c]	25.55[b]	26.66[a]	0.333	<0.001
C16：1	1.54[d]	1.90[c]	1.93[c]	2.68[a]	2.34[b]	0.108	<0.001
C17：0	1.59	1.64	1.62	1.71	1.62	0.045	0.4461
C18：0	20.53[a]	19.91[b]	20.57[a]	16.64[b]	16.96[b]	0.344	<0.001
C18：1n-9t	0.74[c]	0.73[c]	1.09[a]	0.92[b]	0.97[b]	0.035	<0.001
C18：1n-9c	30.29[c]	30.07[c]	31.23[c]	33.62[b]	37.69[a]	0.337	<0.001
C18：2n-6c	10.03[b]	9.95[b]	11.67[a]	7.39[c]	6.36[d]	0.258	<0.001
C20：0	0.21[b]	0.22[b]	0.25[a]	0.14[c]	0.08[d]	0.008	<0.001
C18：3n-6	0.06[b]	0.09[a]	0.09[a]	0.09[a]	0.09[a]	0.004	<0.001
C20：1	0.17[b]	0.19[b]	0.27[a]	0.11[c]	0.09[d]	0.005	<0.001
C18：3n-3	0.34[b]	0.50[a]	0.37[b]	0.45[a]	0.25[c]	0.02	<0.001
C20：3n-6	0.87[a]	0.67[b]	0.60[b]	0.38[c]	0.26[d]	0.026	<0.001
C20：4n-6	13.09[a]	8.86[b]	6.52[c]	4.69[d]	3.89[e]	0.201	<0.001
C22：6n-3	0.56[a]	0.45[b]	0.26[c]	0.48[b]	0.25[c]	0.018	<0.001
SFA	46.04[c]	47.23[bc]	46.39[c]	49.55[a]	48.70[ab]	0.549	<.0001
MUFA	32.74[d]	32.89[d]	34.52[c]	37.32[b]	41.09[a]	0.374	0.0004
PUFA	24.95[a]	20.54[b]	19.50[b]	13.47[c]	11.10[d]	0.381	<0.001
PUFA/SFA	0.54[a]	0.44[bc]	0.42[b]	0.27[c]	0.23[d]	0.009	<0.001
n-3	0.90[a]	0.98[a]	0.63[b]	0.92[a]	0.50[c]	0.029	<0.001
n-6	24.05[a]	19.56[b]	18.88[b]	12.55[c]	10.60[d]	0.378	<0.001
n-6/n-3	26.73[b]	20.14[c]	30.41[a]	13.66[d]	21.31[c]	1.052	<0.001

　　精粗比 60：40 组的 n-6/n-3 值最低，为 13.66，但仍远远高于 4，分析可能与动物品种有关，因为以往以乌珠穆沁羊为试验动物的研究也表明 n-6/n-3 值远高于其他种类的绵羊。尽管 n-6/n-3 值远高于推荐值，但精粗比为 60：40 时，n-6/n-3 值的降低仍说明提高日粮中精料比例对肉质有改善作用（表 7-38）。

　　饲料成本按照各原料市场销售价格进行计算，绵羊效益按照活重 18 元/kg 评定（根据 2015～2016 年羊市场低谷时期初步定价）。从经济效益角度来评估，精料越多，采食量越高，而体增重也越高。E 组的体增重最多，并且高于 D 组 30.4%，但其饲料成本高出 D 组 95.5%。由此可以看出，饲料成本的增加远大于体增重所产生的效益。通过各项成本计算，D 组精粗比日粮饲喂绵羊经济效益最大。A 组和 B 组精粗比日粮饲喂绵羊，由于营养或能量不足，绵羊体重增长为负值。而 C 组精粗比日粮虽然能满足绵羊生长需要，但在本试验条件下，通过计算体增重效益及饲料成本发现，纯收入为负值（表 7-39）。

表 7-39　日粮精粗比对成本与效益的影响

指标	A组	B组	C组	D组	E组
绵羊数量（只）	6	6	6	6	6
饲养天数	56	56	56	56	56
饲料消耗量（kg）	26.63	25.94	46.26	50.35	77.40
饲料成本（元）	59.11	96.49	263.71	344.39	673.36
人工、免疫药品及其他费用（元）	10	10	10	10	10
体增重（kg）	−16.7	−7.8	13.6	40.5	52.8
新增收入（元）	−300.6	−140.4	244.8	729	950.4
纯收入（元）	−369.71	−246.89	−28.91	374.61	267.04
平均纯收入（元/只）	−61.62	−41.15	−4.82	62.43	44.51

注：按照秸秆 0.4 元/kg，绵羊毛重 18 元/kg 计算经济效益；新增收入=体增重×毛重价格；纯收入=体增重×毛重价格−饲料成本−人工、免疫药品及其他费用

综上所述，当精粗比为 60∶40 时，料肉比最优，秸秆中 NDF 和 ADF 采食量及消化利用率较高，有利于提高饲料化秸秆的利用率，改善肉质，并获得最佳经济效益。

四、秸秆氨化及 P、S 矿物质元素效应

玉米秸秆中，常量矿物质短缺，确定需要添加的矿物质种类及数量对于秸秆用作饲料有重要作用，且是玉米秸秆用作饲料的基本保障条件。取 3 月龄断奶羔羊，每组 12 只，共 6 组，预饲 7 天后利用不同的饲料组合（表 7-40 和图 7-29）饲喂 56 天的结果表明，秸秆氨化后添加磷硫饲喂效果极其显著。

表 7-40　各饲喂组的基础饲料配比（%）

日粮组成	处理					
	青黄秸秆组 A	黄秸秆组 B	氨化组 C	氨化+S、P 组 D	黄秸秆+菌糠组 E	草甸草组 F
玉米粉	20	20	20	20	20	20
复合多维	0.5	0.5	0.5	0.5	0.5	0.5
复合多矿	0.5	0.5	0.5	0.5	0.5	0.5
豆粕	10	10	10	10	10	10
S	—	—	—	0.3（硫酸钠）	—	—
P	—	—	—	0.3（磷酸氢钙）	—	—
秸秆	69	69	69	68	35	—
羊草	—	—	—	—	—	69
菌糠	—	—	—	—	34	—

1. 日采食量、日增重

各组在饲养过程中的日采食量有明显差异，其中日采食量（12 只羊）最高的是氨化秸秆+S、P 组，为 16.9 kg，其次是氨化秸秆组，为 16.8 kg，日采食量最低的是黄秸秆+菌糠组，为 13.4 kg（表 7-41）。

图 7-29 各种原料

表 7-41 各饲喂组的日采食量（12 只羊）

指标	青黄秸秆组	黄秸秆组	氨化秸秆组	氨化秸秆+S、P 组	黄秸秆+菌糠组	草甸草组
平均日采食量（kg）	16.3±0.7^{ab}	15.5±0.9^{b}	16.8±0.3^{a}	16.9±0.3^{a}	13.4±0.7^{c}	16.2±1.9^{ab}

注：不同小写字母表示不同处理间差异显著，下同

各组的平均日增重差异不显著，其中平均日增重最高的是氨化秸秆+S、P 组，为 0.126 kg，其次是氨化秸秆组，为 0.091 kg，平均日增重最低的是黄秸秆+菌糠组，为 0.069 kg。各组的总增重有明显差异，其中总增重最高的是氨化秸秆+S、P 组，为 7.04 kg，其次是氨化秸秆组，为 5.10 kg，总增重最少的是黄秸秆+菌糠组。氨化秸秆+S、P 组总增重比草甸羊草组高 54%，与其他各组都差异显著（表 7-42）。

表 7-42 各饲喂组的平均日增重及总增重

指标	青秸秆组	黄秸秆组	氨化秸秆组	氨化秸秆+S、P 组	黄秸秆+菌糠组	草甸羊草组
日增重（kg/只）	0.069±0.10	0.077±0.13	0.091±0.08	0.126±0.09	0.069±0.08	0.082±0.08
总增重（kg/只）	3.89±2.52^{b}	4.36±2.58^{b}	5.10±2.63^{b}	7.04±2.94^{a}	3.92±1.08^{b}	4.58±2.54^{b}

2. 瘤胃液 pH、产粪量

在饲喂开始前各组的瘤胃液 pH 差异不显著。饲喂 28 天时，各组瘤胃液 pH 有明显差异，除氨化秸秆组的瘤胃液 pH 下降外，其余几组与试验前相比均有不同程度的上升，其中上升最明显的是草甸草组。饲喂 56 天时，各组瘤胃液 pH 有明显差异。在饲养的

28～56 天，青秸秆组、黄秸秆组、氨化秸秆+S、P 组、草甸草组的瘤胃液 pH 下降，氨化秸秆组和黄秸秆+菌糠组的瘤胃液 pH 上升（表 7-43）。

表 7-43 各饲喂组饲养过程中的 pH 变化

时间	青秸秆组	黄秸秆组	氨化秸秆组	氨化秸秆+S、P 组	黄秸秆+菌糠组	草甸草组
试验前	6.67 ± 0.07^a	6.42 ± 0.41^a	6.43 ± 0.63^a	6.08 ± 0.38^a	6.25 ± 0.22^a	6.70 ± 0.27^a
饲喂 28 天	6.79 ± 0.13^b	6.72 ± 0.37^b	6.02 ± 0.10^c	6.39 ± 0.26^{bc}	6.26 ± 0.16^c	7.21 ± 0.14^a
饲喂 56 天	6.27 ± 0.31^{ab}	6.62 ± 0.14^a	6.39 ± 0.23^{ab}	6.22 ± 0.12^b	6.46 ± 0.14^{ab}	6.41 ± 0.05^{ab}

各组的产粪量有明显差异，其中产粪量最高的是氨化秸秆+S、P 组，为 664 g，其次为草甸草组，为 624 g，最低的是黄秸秆+菌糠组。各组粪样的平均含水量有明显差异，其中含水量最高的是氨化秸秆+S、P 组，为 63.0%，含水量最低的是黄秸秆+菌糠组，为 54.9%（表 7-44）。

表 7-44 各饲喂组的平均产粪量及其含水量

指标	青秸秆组	黄秸秆组	氨化秸秆组	氨化秸秆+S、P 组	黄秸秆+菌糠组	草甸草组
平均产粪量（g）	455.0 ± 52.1^b	421.0 ± 85.2^{bc}	500.5 ± 92.9^b	664.0 ± 76.9^a	326.3 ± 56.7^c	624.0 ± 102.3^a
平均含水量（%）	60.9 ± 2.9^{ab}	60.9 ± 6.6^{ab}	62.2 ± 5.08^{ab}	63.0 ± 2.3^a	54.9 ± 2.9^b	57.3 ± 5.8^{ab}

3. 饲料转化率

氨化秸秆+S、P 组的饲料转化率达 8.9%，其他各组相似，没有显著差异（表 7-45）。

表 7-45 各饲喂组的饲料转化率

指标	青秸秆组	黄秸秆组	氨化秸秆组	氨化秸秆+S、P 组	黄秸秆+菌糠组	草甸草组
转化率（%）	6.1	6.3	6.5	8.9	6.2	6.1

五、玉米秸秆营养改良及饲喂补饲配方

温带北方地区，生长季短，青嫩饲草开花期以前的高营养阶段更短，7～8 月收获的羊草干草消化率同样很低。寒冷干旱地区，缺少如新西兰、美国东南部那种具有较长高营养阶段的青嫩优质饲草（Sun and Zhou，2007；孙海霞等，2016），但各种作物秸秆相对丰富（韩鲁佳等，2002），这就需要正确认识秸秆的营养价值，并进行适当改良，研究适宜的配方，加以充分利用，以进行牛羊的科学饲养，并提高饲养效益。

本节总结了作物秸秆制作成饲料的改良技术，以能量为标准，通过与羊草鲜草、羊草干草、苜蓿干草的质量比较，分析评估了玉米秸秆及氨化玉米秸秆的营养价值。基于利用玉米秸秆饲喂，牲畜潜在的能量和营养亏缺，提出了对应的能量和营养补饲配方。

1. 改善作物秸秆饲料价值的技术

粗饲料，包括作物秸秆和草地干草，其粗蛋白含量低，不能维持牲畜高效生长。1920 年，Voltz 研究了粗饲料中添加尿素作为补充蛋白饲喂羊的效果，后续对尿素添加进行

了广泛研究，获得了肯定的结论。现代，美国高效养牛业添加尿素饲喂已成为基本操作，犹如种地施肥一样，添加方式往往为结合粗饲料氨化或直接添加在能量饲料中饲喂（伍国耀，2019）。

1913 年，德国化学家 Kellner 教授编写了德文版《牲畜的科学饲养》，论述了生产实践中的各种秸秆处理工艺及其饲喂价值，特别提出了利用苏打消煮处理秸秆，开创了秸秆碱化处理的研究和利用。1920 年，Voltz 在研究添加尿素补充粗蛋白的基础上，采用 Beckmann 碱化技术改善小麦和大麦秸秆的饲喂价值，发现碱化能有效提高麦类秸秆的饲喂价值。1920 年，Godden 研究采用苏打碱化技术改善小麦和燕麦秸秆的消化率，效果显著。

1922 年，Pieters 在 *Science* 杂志上对德国推广利用苏打消煮处理秸秆制作的饲料的利用价值、人工成本及效益进行了评论。1939 年，Slade 等在 *Nature* 杂志总结介绍了 Godden 的研究进展和结果，经苏打碱化后，小麦和大麦秸秆的营养价值增加近一倍。

Williamson（1941）研究了氢氧化钠处理燕麦秸秆后饲喂马的消化率及其饲喂价值，开始了氢氧化钠处理秸秆的研究。Bishop（2011）研究了液氨处理对纤维素的影响及其过程机理，奠定了液氨处理秸秆的理论基础。Hershberger 等（1959）研究了外源氮添加于氨化甘蔗渣等加工产品中饲喂羊后其肠道微生物的变化。Maeng 等（1971）研究了氢氧化钠处理稻草对其消化率的改善。Oji 等（1977）研究了各种增加玉米秸秆营养价值的碱化处理方法。

由于碱化处理存在污染土壤及伤害牲畜脏器的风险，Sundstoel 等（1978）建议氨化处理粗饲料，后续氨化秸秆研究及生产应用广泛开展，包括秸秆和干草（Sarnklong et al., 2010）。

由于液氨及氨气不便于运输并有操作风险，Jackson（1978）建议利用尿素间接氨化处理秸秆等粗饲料。后续相关研究陆续开展（Sarnklong et al., 2010；Soest, 2006），总体结果如下：①尿素氨化秸秆的水分含量要求在 15%～40%，尿素添加量为 4%～5%。②尿素氨化秸秆可提高其消化率 8%～13%，增加粗蛋白 9%～12%，增加采食量 12%～15%。③氨化防腐，缺少理论数据，但有生产经验。

利用微生物发酵处理秸秆，特别是利用木腐食用菌发酵秸秆制作饲料备受重视，并已开展了大量研究（Zadrazil et al., 1996），效果良好，但大规模生产受制于成本-效益约束，没有推广使用。利用木质素酶处理分解秸秆木质素，甚至纤维素，在化工领域研究广泛，利用膨化木质纤维素技术处理秸秆在实验室持续进行（Adesogan et al., 2019），暂时距应用于生产实践还有很大距离。

利用尿素氨化各种作物秸秆在世界各地普遍应用，特别是在饲草资源不足、秸秆资源丰富的国家。美国等饲草资源丰富的国家，为了降低饲喂成本，也在奶牛的干乳期、肉牛的架子期利用氨化秸秆饲喂，在肉牛的育肥期也利用部分秸秆作为粗饲料。

小规模范围内，使用青贮袋或小窖池，利用尿素或液氨或氨气氨化处理秸秆在中国有成功的技术和经验（郭庭双，1995），还需要进一步普及推广。

大规模范围内，在大田捆包时加较多水氨化秸秆不现实，在窖储时加水也会产生水分下沉至底部淤积甚至流失、氨化不均匀等问题。大规模氨化秸秆存在上述工艺障碍，而小规模氨化秸秆制造饲料的总体效益不显著。过去 20 年间，各种饲料粮，特别是豆粕价格低廉，养殖户更愿意选择添加预混料或浓缩料的方法补充氮及能量，阻碍了秸秆氨化处理的普及利用。

生产实践表明，大规模范围内，采用粉化干法氨化技术和雾化湿法氨化技术可以获得优良的氨化效果，并且可操作、可大规模推广实施。

大规模田间捆包收获秸秆时，采用粉化干法氨化技术，即在捆包过程中，利用喷粉机将粉碎的粉末状尿素喷于捆包内，利用其中的自然湿度水解尿素，可以实现氨化。此法的缺点是尿素利用率低，捆包中间部分氨化效果好，捆包两侧氨化效果弱。大规模窖储秸秆时，采用雾化湿法氨化技术，即在窖储秸秆时，将尿素溶于水盛于容器内，利用喷雾机不断地喷雾于窖储材料，尿素溶液均匀分布于待氨化的秸秆材料上，并与秸秆中的水分结合，实现氨化。此技术可保证尿素溶液均匀分布于秸秆表面，氨化效果优良，节约用水，不产生水分的二次沉降分布。

2. 玉米秸秆的营养价值

评价饲草价值的基本标准包括：①干物质消化率决定的代谢能及维持净能和生长净能；②粗蛋白及氨基酸；③常量矿物质元素和微量矿物质元素；④维生素（伍国耀，2019）。中性洗涤纤维（NDF）和酸性洗涤纤维（ADF）是影响干物质消化率及饲草在胃肠道通过速率的因素（周道玮等，2020）。干物质消化率影响能量利用效率，也影响粗蛋白、矿质元素及维生素的有效性。因此，干物质消化率是评价及改善饲草质量的最关键因子。

牛羊存活生长，首先需要消耗能量维持存活，然后沉淀积累能量进行生长。能量是衡量饲料价值的第一标准，玉米秸秆、水稻秸秆、小麦秸秆等植物性材料，其总能量与各种饲草相似，约为 18 MJ/kg（姜向阳等，2014），这是秸秆可以作为牛羊饲料的基础。

牛羊采食饲草饲料后，经瘤胃消化利用，干物质消化率决定饲草消化能，影响其代谢能。诸多研究表明，籽粒收获后，完整的玉米秸秆，包括叶和叶鞘，干物质消化率一般为 50%（Oji and Mowat，1979；Oji et al.，1977；王敏玲等，2011；闫贵龙等，2006，2005），羊草干草的干物质消化率为 51%（Sun and Zhou，2007；孙海霞等，2016），优质玉米青贮及羊草青嫩草的干物质消化率为 75%（凯泽，2008；Sun and Zhou，2007）。玉米秸秆的干物质消化率比玉米青贮和羊草青嫩草低 25 个百分点，但仅仅微低于羊草干草。

饲料消化后，消化能用于呼吸代谢，代谢能一般为消化能的 82%～85%（美国国家科学院-工程院-医学院，2019），则玉米秸秆饲料的代谢能为 7.4 MJ/kg。

肉牛采食饲料进行消化代谢后，代谢能用于存活维持和生长增重。根据报道的饲草维持净能（NEm）和生长净能（NEg）与代谢能（ME）的关系（Garrett，1980）：NEm（Mcal/kg）$=1.37ME-0.138ME^2+0.0105ME^3-1.12$；NEg（Mcal/kg）$=1.42ME-0.174ME^2+0.0122ME^3-1.65$，计算可知玉米秸秆的维持净能为 3.9 MJ/kg，生长净能为 1.6 MJ/kg。

含 15%粗蛋白的紫花苜蓿草粉对肉牛的维持净能为 4.7 MJ/kg，对肉牛的生长净能为 2.4 MJ/kg（张宏福和张子仪，2010）。从能量标准方面评价，玉米秸秆对肉牛的维持净能为紫花苜蓿草粉的 83%、生长净能为紫花苜蓿草粉的 67%（表 7-46）。

表7-46　玉米秸秆、羊草和紫花苜蓿的维持净能及生长净能

饲草类别	干物质消化率（%）	消化能（MJ/kg）	代谢能（MJ/kg）	维持净能（MJ/kg）	生长净能（MJ/kg）
6~7月羊草青嫩草	75	13.5	11.1	7.2	4.7
7~8月羊草干草	51	9.2	7.5	4.0	1.7
玉米秸秆	50	9.0	7.4	3.9	1.6
氨化玉米秸秆	60	10.8	8.9	5.3	2.9
紫花苜蓿草粉（CP>15%）	—	—	—	4.7	2.4

进行氨化等处理后，玉米秸秆的干物质消化率平均提高 10%（Morris and Mowat，1980；Oji and Mowat，1979；Saenger et al.，1982；Sarnklong et al.，2010），高于羊草干草的干物质消化率（杨小然和郭志杰，2011）。根据上述公式计算，其维持净能和生长净能分别达到 5.3 MJ/kg 和 2.9 MJ/kg。氨化玉米秸秆饲喂肉牛的维持净能和生长净能优于紫花苜蓿草粉（表 7-46）。理论上，总能量相同情况下，任何干物质消化率大于 60%的植物性饲料，其维持净能和生长净能均等于或优于羊草干草及中等质量紫花苜蓿草粉。

上述数据进一步说明，羊草干草、苜蓿干草及一切粗饲料均需要氨化处理，以提高其干物质消化率，相应地能提高其维持净能和生长净能，最终实现提高生长和饲喂效益的目标。如果饲喂这些干草，包括玉米秸秆，属于维持正常反刍范畴，则没有充分发挥其应有的价值，若为维持正常反刍，玉米秸秆更具经济效益优势。

草地干草和玉米青贮制作过程中，利用尿素氨化及添加尿素已经成为美国现代养牛业的标准措施（伍国耀，2019），在德国也经历了 100 多年的完善研究（Armsby，1917；Kellner，1913）。玉米秸秆氨化及在氨化的基础上添加氮素需要成为利用玉米秸秆制作饲料的标准技术。在尿素产业发达的现代，秸秆中粗蛋白短缺的问题不再是制约秸秆利用的因素，至少可以利用尿素补足到中等质量紫花苜蓿草粉的水平（CP>15%）。特别提示，饲喂尿素需要规范的技术方法，以防尿素中毒。

同样，玉米秸秆及草地干草常量矿物质元素、微量矿物质元素及维生素不足的问题，在现代工业条件下都可以相对容易解决。

各种现代农业机械如粉碎机、揉搓机的研发，为改善秸秆的适口性、增加采食量奠定了基础，打破了秸秆利用的适口性限制。需要说明，秸秆粉碎长度小于 1.3 cm，干物质消化率下降（Morris and Mowat，1980），粉碎长度应保持为 1.5~2.5 cm。柔丝细度没有研究结果，经验认为，秸秆柔丝细度应该大于草地禾草基径 3 mm。

机械收获玉米籽粒过程中，秸秆被切断而落地，再次收获落地秸秆作饲料时，其中包含一些尘土，制约秸秆良好利用，后续加工过程中需要增加一道除尘工艺，这也在实践中被逐渐解决。

3. 基于能量需要的补饲配方

根据氨化玉米秸秆的维持净能和生长净能，经计算可知，各体重情形下，随生长率增加，肉牛每天所需要采食的秸秆数量相应增加。由秸秆食糜状物的干物质含量及瘤胃的容量决定，肉牛每天潜在所能采食的秸秆干物质量为 8.4 kg（表 7-47）。比较不同体重的可采食量（瘤胃所能容纳的采食量）与需采食量（满足维持或生长需要的采食量），需采食量等于可采食量时，采食量在满足维持需要后略有剩余，剩余量或可支持 0.1 kg/d 的

表 7-47　肉牛不同体重实现不同生长率的氨化秸秆需采食量

指标	生长率（kg/d）	体重（kg）					
		250	300	350	400	450	500
瘤胃容积（L）	—	35	42	49	56	63	70
可采食量（kg/d）	—	4.2	5.0	5.9	6.7	7.6	8.4
需采食量（kg/d）	0.0	3.8	4.4	4.9	5.4	5.9	6.4
	0.4	1.7	1.9	2.2	2.3	2.6	2.7
	0.8	3.6	4.0	4.6	5.0	5.5	5.9
	1.2	5.5	6.3	7.2	7.9	8.7	9.4
	1.6	7.6	8.8	9.8	10.8	11.8	12.8
	2.0	9.7	11.1	12.6	13.9	15.1	16.3

注：可采食量（kg/d）=瘤胃容积（L）×食糜容积密度（kg/L）×干物质含量（%）；依据《肉牛营养需要》（第 8 次修订版）参数（美国国家科学院-工程院-医学院，2019），需采食量（kg/d）=维持或生长净能需要量（MJ/d）/ 秸秆维持或生长净能（MJ/kg），生长率=0 时的采食量为维持需要量，其他为生长需要量

成年牛的瘤胃容积约 180 L，除去下部食糜沉淀部分和上部气室部分，可采食容积一般为体重的 13%，可达到 17%（Silanikove and Tadmor，1989），成年牛达到 70 L（Rowe et al.，1979）；《肉牛营养需要》（第 8 次修订版）表明，成年牛每天可以采食 12 kg 干物质

模拟试验表明，粉碎玉米秸秆加水漂浮态食糜状物的容积密度为 0.98 kg/L，其干物质含量为 12%，瘤胃容积可容纳 70 L 秸秆食糜状物，折合为 8.4 kg 干物质；玉米粉半流动糊状物的容积密度为 1.15 kg/L，其干物质含量为 40%，瘤胃容积可容纳足够多的玉米粉，但由重量限制为 12 kg

生长率。换言之，全部采食氨化玉米秸秆，其可以维持体重 250 kg 的肉牛生长到 500 kg，生长率为 0.1 kg/d，其他生长率情形下，需要添加能量饲料才能实现目标生长率。

玉米为主要的能量补饲料，含水量 14% 的中等质量玉米的维持净能为 9.25 MJ/kg、生长净能为 7.06 MJ/kg（Sauvant et al.，2005；张宏福和张子仪，2010）。全部用玉米饲喂，不同体重实现不同生长率的玉米需采食量逐渐增加（表 7-48）。受瘤胃采食重量限制，即使全部采食玉米，各体重肉牛仅能达到略多于 2.0 kg/d 的生长率。因此，常规情形下，安格斯中小型肉牛育肥的极限生长率为 2.0 kg/d，考虑需要采食饲草维持正常反刍的情形下尤其如此。在不考虑添加饲草维持正常反刍的情形下，体重 250~350 kg 肉牛即使全部采食玉米，也无法实现 2.0 kg/d 的生长率目标。

表 7-48　不同体重实现不同生长率的玉米需采食量（维持净能+生长净能）

指标	生长率（kg/d）	体重（kg）					
		250	300	350	400	450	500
瘤胃容积 V（L）		35	42	49	56	63	70
可容纳量（kg/d）		16.1	19.3	22.5	25.8	29.0	32.2
可采食量（kg/d）		6.0	7.2	8.4	9.6	10.8	12.0
需采食量（kg/d）	0.4	2.9	3.3	3.7	4.1	4.5	4.8
	0.8	3.7	4.3	4.7	5.2	5.6	6.1
	1.2	4.4	5.2	5.8	6.4	6.9	7.5
	1.6	5.3	6.2	6.8	7.6	8.2	8.9
	2.0	6.1	7.2	8.0	8.8	9.6	10.4

注：可容纳量（kg/d）=瘤胃容积（L）×玉米糊状物容积密度（kg/L）×干物质含量（%）；可采食量（kg/d）=瘤胃所能容纳重量（12 kg）/最大体积（70 L）×瘤胃容积；需采食量（kg/d）=维持净能需要量（MJ/d）/ 秸秆维持净能（MJ/kg）+生长净能需要量（MJ/d）/ 秸秆生长净能（MJ/kg）

体重 500 kg、生长率 2.0 kg/d 时，采食 6.4 kg 氨化秸秆可以满足维持需要，采食 6.7 kg 玉米粉可以满足生长需要，二者加和等于 13.1 kg，近于瘤胃采食重量限制（由于瘤胃可以容纳足够多的玉米粉，在考虑添加玉米粉时，忽略容积限制）。因此，确定充分利用氨化秸秆满足维持需要，补饲相应的玉米粉满足生长需要的饲喂策略和方案（表 7-49），一方面可以最大限度利用氨化秸秆，另一方面可以充分满足生长需要，并充分发挥肉牛瘤胃容积。

表 7-49　实现不同生长目标所需的维持用秸秆数量和生长用玉米粉数量

指标	体重（kg）						平均	生长天数	总玉米粉需要量（kg）	总秸秆需要量（t）	粮肉比	饲草效率（%）
	250	300	350	400	450	500						
维持秸秆需要（kg/d）	3.8	4.4	4.9	5.4	5.9	6.4	5.1	—	—	—	—	—
0.4 kg/d 生长率玉米粉需要（kg/d）	0.7	0.8	0.9	0.9	1.1	1.1	0.9	625.0	574	3.2	2.3∶1	7.8
0.8 kg/d 生长率玉米粉需要（kg/d）	1.5	1.7	1.9	2.1	2.3	2.4	2.0	312.5	614	1.6	2.5∶1	15.6
1.2 kg/d 生长率玉米粉需要（kg/d）	2.3	2.6	3.0	3.3	3.6	3.9	3.1	208.3	642	1.1	2.6∶1	23.3
1.6 kg/d 生长率玉米粉需要（kg/d）	3.1	3.6	4.0	4.4	4.9	5.3	4.2	156.3	661	0.8	2.6∶1	31.3
2.0 kg/d 生长率玉米粉需要（kg/d）	4.0	4.6	5.2	5.7	6.2	6.7	5.4	125.0	673	0.6	2.7∶1	38.5

注：生长天数=体增重 250 kg/生长率（kg/d）；总玉米粉需要量（t）=平均生长率（kg/d）×生长天数/1000；总秸秆需要量（t）=平均生长率（kg/d）×不同生长率所需生长天数/1000；粮肉比=体增重 250 kg/总玉米粉需要量×1000；饲草效率（%）=体增重 250 kg/总秸秆需要量×100

低生长率（0.4 kg/d）时，0.6 t 粮和 3.2 t 秸秆可以生产 250 kg 活体重，粮肉比=2.3∶1、饲草效率=7.8%；高生长率（2.0 kg/d）时，0.7 t 粮和 0.6 t 秸秆可以生产 250 kg 活体重，粮肉比=2.7∶1、饲草效率=38.5%（表 7-49）。低生长率比高生长率节约粮 14%（0.1 t），高生长率比低生长率节约秸秆 81%（2.6 t）。2.6 t 秸秆价值至少 1000 元，0.1 t 粮最多价值 250 元，总体判断，高生长率有利于节约成本，包括饲料成本及饲养时间长产生的管理成本等，但不利于秸秆消耗及粪肥还田。

利用直线拟合维持需要秸秆量和生长需要玉米粉量与体重的关系（图 7-30），然后

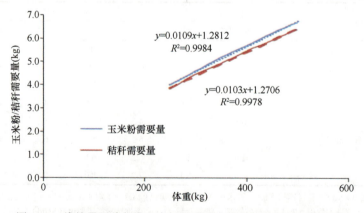

图 7-30　维持需要秸秆量和生长需要玉米粉量与体重的拟合关系

基于拟合方程，外延计算生长率 2.0 kg/d、体重 700 kg 时，维持需要秸秆 8.4 kg、生长需要玉米粉 8.8 kg。考虑到瘤胃容积限制，全部用玉米粉饲喂进行维持和生长，需要另加 2 kg 玉米粉替代秸秆用于维持，只有 1 kg 饲草的补饲空间用于维持正常反刍（不突破瘤胃 12 kg 承重）。这样，再饲养 125 天消耗玉米粉 1363 kg，消耗秸秆 125 kg，粮肉比达到 5.5∶1，得不偿失。所以说，中小型肉牛的育肥上限应控制在 500～550 kg。

4. 营养补饲配方

250～500 kg 的生长过程中，随生长率增加，代谢蛋白（MP）、Ca 和 P 的平均生长需要量逐渐增加（表 7-50）。但是，由于所需天数不同，至目标体重，高生长率的各物质总需要量反而比低生长率少，生长率 2.0 kg/d 比 0.4 kg/d 各物质总需要量减少 50% 以上。

表 7-50   250～500 kg 体重下不同生长率肉牛代谢蛋白（MP）、Ca 和 P 平均生长需要量及总需要量

生长率（kg/d）	平均生长需要量（g/d）			生长天数	总需要量（kg）		
	MP	Ca	P		MP	Ca	P
0.4	125.0	8.7	3.5	625	279.5	12.7	7.7
0.8	237.0	16.5	6.7	313	174.8	8.8	4.8
1.2	343.3	24.0	9.7	208	138.7	7.4	3.9
1.6	446.2	31.2	12.6	156	120.1	6.7	3.3
2.0	545.8	38.2	15.4	125	108.5	6.2	3.0

注：平均生长需要量计算基于《肉牛营养需要》（第 8 次修订版）（美国国家科学院-工程院-医学院，2019），总需要量=（平均生长需要量+平均维持需要量）×生长天数，生长天数=体增重 250 kg/生长率（kg/d）

相同生长率下，随饲养时间增加，即随体重增加，MP、Ca、P 及 Ca+P 需要量逐渐减少，意味着饲料营养浓度逐渐降低。同时，Ca 需要量大幅降低，而 P 需要量轻微降低，因此 Ca∶P 也逐渐降低（图 7-31）。

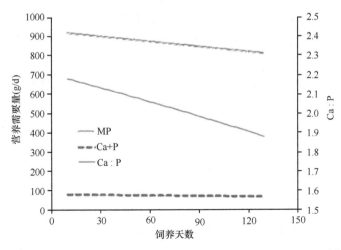

图 7-31   生长率 2.0 kg/d 肉牛的每日代谢蛋白（MP）、Ca+P 需要量及 Ca∶P 随饲养天数的变化

生长率 2.0 kg/d 时，体重自 250 kg 增长至 500 kg 的 125 天内，平均需要 N 867 g/d、Ca 49 g/d、P 24 g/d、S 24 g/d。秸秆及草地干草中的 N、P、Ca、S 严重不足，短缺 30%以上（表 7-51），不能满足肉牛高效生长需要。实际生产中，偏重了能量，甚至偏重了蛋白，忽略了 Ca、P、S 的供应量及其配比，这或许是养牛过程中牛生长缓慢的重要原因。

表 7-51 玉米秸秆中 N、Ca、P、S、Mg 含量及其饲喂补饲配方

指标	基本饲料	N	Ca	P	S	Mg
营养浓度（%）	玉米秸秆（消化率 60%）	0.58	0.46	0.22	0.15	0.30
	玉米粉（消化率 90%）	1.21	0.03	0.16	0.12	0.08
营养数量（g）	6 kg 玉米秸秆	91.4（MP）	16.6	7.9	5.4	10.8
	6 kg 玉米粉	285.9（MP）	1.6	8.6	6.5	4.3
生长率 2.0 kg/d 的日均营养需要量（g/d）		867（MP）	49	24	24	24
营养亏缺量（g/d）		489.8（MP）	30.8	7.4	12.1	8.9
营养亏缺率（%）		56	63	31	50	37
营养补饲量（g）	豆粕	1943.6	—	—	—	—
	尿素	243.4	—	—	—	—
	磷酸氢钙	—	192.6	62.0	—	—
	硫酸锌	—	—	—	75.8	—
	硫酸镁	—	—	—	58.3	65.3

注：豆粕含 N 量以 6.4%计；饲料磷酸氢钙含 Ca 量以 20%计，含 P 量以 15%计；硫酸锌含 S 量以 20%计；硫酸镁含 Mg 量以 17%计，含 S 量以 26%计；尿素含 N 量以 46%计；S、Mg 需要量参考娟姗牛产奶 40 kg/d 需要浓度的 0.2%并调整至 0.25%；各矿质元素以有效性 80%计算，MP 需要量=亏缺量/秸秆或玉米粉含 N 量×6.25×0.7（MP=0.7CP）

玉米秸秆及玉米粉中 N 不足，可以通过豆粕补饲，饲喂 6 kg 秸秆和 6 kg 玉米粉每日需要补饲 1.9 kg 豆粕才能满足日生长 2.0 kg 的 N 需要（补饲豆粕相应地可以替换玉米粉），或可以通过补饲 243 g 尿素满足生长需要。1.9 kg 豆粕价值 6~7 元，243 g 尿素价值 0.4~0.5 元，饲喂尿素效益显著。尿素 N 在一定程度上可以替代植物的有机氮，本方案中尿素 N 占代谢蛋白 N 的 56%。

补饲 243 g/d 尿素相当于日粮重量的 2.0%（0.24 kg/12 kg），相当于补饲氨化秸秆时添加其干物质量 4%的尿素，最终挥发损失 2%，剩余 2%被充分利用。所以，利用秸秆干物质量 4%的尿素氨化秸秆为适宜选择，既对秸秆进行了氨化，又解决了秸秆中 N 不足的问题（秸秆干物质消化率以氨化结果计算，为方便计算尿素补饲量，N 含量未包括尿素 N）。在氨化秸秆或直接饲喂秸秆补饲尿素的基础上，根据牲畜生长反应，并权衡成本效益，利用豆粕调节饲喂方案为明智的选择。

豆粕为蛋白饲料，其 Ca、P、S 物质含量微少；玉米为能量饲料，其 Ca、P、S 物质含量同样微少。生产实践中，豆粕和玉米中的 Ca、P、S 含量可以忽略不计。利用磷酸氢钙补饲，既可以补 P，又可以补 Ca，达到补饲 P 62 g/d、补饲 Ca 193 g/d。补饲 193 g/d 磷酸氢钙满足了 Ca 需要，也满足并超过了 P 需要。秸秆及玉米粉分别饲喂 6 kg，则 S 需要量短缺 50%，需要大量补饲，S 是蛋白合成所需的物质，缺少 S 不能生产"红色肌肉"，或多产生"白肉脂肪"。选择硫酸锌作为 S 的补饲料有双重效益，既补饲了 S，又补饲了微量元素 Zn。

Cl 和 Na 也需要补饲，已经有成功的经验，可以通过畜牧盐解决。Mg 需要充分补饲。秸秆中 K 含量相对丰富，一般不需要补饲。

植物饲料中即使微量元素充足，也需要适当补充。维生素的重要性体现在生长的各个阶段，利用干草或秸秆饲喂时，需要完全补充。微量元素和维生素都可通过舔砖实现补饲。

总之，以能量标准评价，玉米秸秆，特别是氨化玉米秸秆，可以作为牛羊养殖的优良饲料。在没有青嫩草可以利用的地区，充分利用各种作物秸秆作饲料为必然选择。羊草等草地收获的干草干物质消化率低，同样需要进行氨化处理，以提高干物质消化率并补充 N，增加饲养效益。

以常量矿物质标准评价，玉米、水稻及小麦等农作物秸秆与羊草干草一样，其矿物质含量都不足以满足牛羊的高生长率需要（表 7-52）。饲喂时，除需要氨化处理饲料外，也需要补充常量矿物质元素。

表 7-52　各类作物秸秆的粗蛋白含量及常量矿物质含量（%）

饲草	N	Ca	P	S	Mg	K	Na	Cl
羊草干草	1.64	0.25	0.10	0.16	0.27	1.1	0.36	0.55
玉米秸秆	1.07	0.19	0.11	0.42	0.25	1.79	0.02	0.27
水稻秸秆	0.87	0.28	0.12	0.36	0.19	1.67	0.19	0.82
小麦秸秆	0.61	0.21	0.06	0.36	0.11	2.43	0.09	0.24
玉米青贮	1.14	0.30	0.19	0.24	0.38	1.01	0.09	0.69
燕麦干草	1.55	0.17	0.18	0.14	0.13	1.84	0.53	1.08
营养期黑麦草	4.86	0.38	0.29	0.25	0.37	5.79	0.30	0.90
中等质量苜蓿	2.40	1.86	0.24	0.26	0.15	2.13	0.10	0.65

肉牛生长过程中，维持净能需要量逐渐增多，生长净能需要量逐渐减少，总净能需要量增多。但是，由于生长率不同，达到生长目标所需要的天数不同，高生长率所需要的天数少，低生长率所需要的天数多，最终高生长率所需要的净能远低于低生长率所需要的净能。代谢蛋白以及钙、磷等常量矿物质元素的需要量与此相似。

现已确定瘤胃容积 70 L 为限制饲草采食量的因素，瘤胃采食重量 12 kg 为限制玉米精料采食量的因素。据此推导计算，秸秆氨化后，其维持净能足以满足体重 250～500 kg 肉牛达到 2.0 kg/d 生长率的维持需要；在此基础上，其瘤胃所能承载的玉米精料重量可以支持 2.0 kg/d 生长率的生长需要。再提高生长率或增加目标体重，瘤胃不足以容纳承载所需要的精料重量及维持正常反刍的饲草需采食量。

采食量还受体况（包括瘤胃容积）、环境、饮水等诸多因素限制（伍国耀，2019）。玉米秸秆富含中性洗涤纤维，在整个消化系统的通过速度相对慢，加之排空慢，导致"腹满"反馈调控（伍国耀，2019），影响每天所能采食消化排空的秸秆量，制约其实际采食量和所能获得的有效能量。充足供应，保证其随时排空、随时采食为利用秸秆饲喂的一条优先经验。

生长率 2.0 kg/d 时，平均每天需要 1.2 kg 粗蛋白（MP=867 g），相当于全部日粮饲料中平均粗蛋白浓度为 10%，考虑到其有效性，平均浓度为 13%~15% 是一个合理水平。美国《肉牛营养标准》推荐的高生长率饲料配方的粗蛋白浓度：250 kg 时 17%、350 kg 时 14%、450 kg 时 11%、500 kg 时 9%。根据体重 250~500 kg 和不同生长率平均，中国推荐的肉牛营养标准与美国推荐的安格斯肉牛营养标准相比：净能少 6.9%、粗蛋白多 46.5%、钙多 63.2%、磷多 129.2%（表 7-53）。

表 7-53 中国肉牛（张宏福和张子仪，2010）和美国安格斯肉牛
（美国国家科学院-工程院-医学院，2019）营养需要的差异

生长率（kg/d）	中国肉牛	美国安格斯	差异（%）	中国肉牛	美国安格斯	差异（%）
	维持净能+生长净能（MJ/d）			粗蛋白（g/d）		
0.0	27.3	21.5	27.0	466.7	460.2	1.4
0.4	4.3	6.5	−33.8	629.2	255.1	146.6
0.8	9.9	13.9	−28.6	777.5	483.7	60.7
1.2	17.7	21.8	−18.9	909.7	700.7	29.8
平均	14.8	15.9	−6.9	695.8	474.9	46.5
生长率（kg/d）	Ca（g/d）			P（g/d）		
0.0	12.3	11.6	6.8	12.3	8.8	39.6
0.4	20.2	8.7	131.4	15.2	3.5	331.3
0.8	29.0	16.5	75.4	18.0	6.7	170.0
1.2	37.5	24.0	56.4	20.5	9.7	111.3
平均	24.8	15.2	63.2	16.5	7.2	129.2

注：表中数值为体重 250 kg、300 kg、350 kg、400 kg、450 kg、500 kg 所需营养的平均值；差异=（中国推荐标准−美国推荐标准）/美国标准×100%；"−"表示中国标准比美国少；根据《肉牛营养需要》（第 8 次修订版）推荐的饲料配方，拟合计算知 MP=0.7CP，计算美国推荐的安格斯肉牛粗蛋白需要量；生长率=0 时的净能为维持净能，其他为不同生长率所需的生长净能

利用秸秆及干草饲喂，需要充分补充矿物质元素，特别是常量矿物质元素和维生素。为了提高秸秆能量和营养的利用效率，利用尿素对其进行间接氨化为有效途径，雾化湿法氨化及粉化干法氨化为通过大规模生产实践所证明的成功技术。

有多余土地，且气候适宜，通过采食或刈割控制生长期存在 2~3 个开花前期的地区，在通过管理草地维持饲草处于开花前期的青嫩草阶段进行放牧饲养，可以获得优良的饲草质量及理想的牲畜生长状态（Nicol，1987）。其他地区，为了饲养牛羊，都面临探索适宜的饲草料解决途径。干旱寒冷地区，在夏季短暂放牧的基础上，多通过玉米青贮及燕麦干草解决牛羊饲料问题（凯泽，2008）。中国北方生长期短，优质青嫩草产量少，且没有多余的土地用于生产牛羊所需的优质饲料，因此各种作物秸秆是中国北方牛羊饲养基础饲料的宝贵资源。

第四节 草地-秸秆畜牧业生产模式

草地（原）畜牧业是以草地饲草为主要资源发展牲畜生产的经济产业（张立中和王云霞，2004），秸秆畜牧业是以秸秆为主要资源发展牲畜生产的经济产业（郭庭双等，1996）。松嫩平原及东北具有优良的秸秆饲料资源和优质的放牧草地资源，空间镶嵌交

错，时间衔接互补，为保护性利用草地资源和适应性生产牲畜的"草地-秸秆畜牧业"模式发展奠定了得天独厚的基础。

生产实践中，松嫩平原农牧交错区一直存在将秸秆作饲料的传统，秋天籽粒收获后，在农田里"蹓茬"（籽粒收获后，在收获秸秆或未收获秸秆的田地里放牧），冬季利用秸秆（处理或不处理）进行补饲，夏季在草地或林下放牧。

研究表明，"草地-秸秆畜牧业"（grassland-straw farming）牲畜生产模式（孙海霞，2007；孙泽威，2008；周道玮等，2004）技术可行、经济有效，为松嫩平原地区的农业产业特色。

牲畜生长是一个自然过程，也是一个受饲料数量和营养制约的时间过程，其需要每天采食才能生长，需要以"天"为时间单位衡量饲草生产并规划饲养，以保证牲畜连续稳定生长。

松嫩平原及东北气候四季分明，植物生长存在绿草期和枯草期两相交替，制约草食牲畜稳定生长，导致长膘-掉膘轮流发生。这非常不同于饲料数量和质量供应稳定的其他牲畜饲养系统，草地畜牧业、草地-秸秆畜牧业等牲畜饲养系统是一个饲料供应数量和质量受制于气候与植物生长动态的系统，因此，需要探索饲料来源、饲料供应数量和质量的时间动态及牲畜生长潜力（周道玮等，2004）。

一、优良的粗饲料资源——秸秆

秸秆，为籽粒收获后的剩余部分，包括茎秆、叶片等组织器官，有玉米秸秆（corn stover）、水稻秸秆（rice straw）和大豆秸秆（soybean stalk）等。秸秆不但在中国被广泛作为粗饲料利用（郭庭双等，1996），在畜牧业发达的美国，在发展畜牧业消耗了大量粮食的基础上，其同样将秸秆作为粗饲料的一部分广泛利用（Opapeju et al.，2007）。中国每年饲养 20 亿个羊单位的草食牲畜（中国畜牧业年鉴编辑委员会，2004；中华人民共和国国家统计局，2016），按每年每个羊单位需饲草 0.6～0.7 t 计算（周道玮等，2004），需要 12 亿～14 亿 t 饲草，中国草地每年产干草 3 亿 t（中华人民共和国农业部畜牧兽区司和全国畜牧兽医总站，1996），即使完全利用，尚有 9 亿～11 亿 t 来自其他途径，无疑秸秆在其中占据较大份额。

中国秸秆资源丰富（韩鲁佳等，2002；钟华平等，2003），加之糠壳、树木落叶等（杨在宾，2008），与草地（草原、草山、草坡等）一并支撑了中国草食牲畜生产，即粮食节约型畜牧业。作物秸秆每年至少提供大约 3 亿 t 的粗饲料（冯仰廉和张子仪，2001），但是长期以来，秸秆一直被认为营养价值低，为低质量饲料的代名词。这涉及饲料质量价值比较评价，即秸秆饲料的营养价值与什么样的其他饲料比较？为什么不进行氨化或其他技术处理后秸秆的营养价值与其他饲草料的营养价值比较评价？需明确，本书所说的秸秆营养价值是针对饲喂反刍动物。在北方草地的生长季节，牲畜可以吃到嫩绿的代谢能和粗蛋白都有利于其生长的优质饲草料，其他季节吃的也是复合干草饲料，甚至还吃不饱，但我们几乎不评价这些储存干草的营养价值（刘洪亮和娄玉杰，2006；王克平等，2005；王钦等，2002），也很少评估用这些饲草饲喂的牲畜的生长状况（李福昌等，2001；赵忠等，2005）。

统计分析各种秸秆和冬季储存羊草干草的基本营养价值（表 7-54）发现，秋冬季收获的羊草粗蛋白含量低于秸秆，即使是夏季收获储存的羊草干草其粗蛋白含量也仅略高于玉米秸秆，指示饲料营养价值低的中性洗涤纤维和酸性洗涤纤维含量反而都高于秸秆，据此，我们得不出羊草干草是优质饲草的结论。在植物生长过程中，各项营养指标随时间推进发生变化，羊草粗蛋白含量在秋冬季降到 4% 以下（贾慎修，1997；孙海霞，2007），动物采食后同样需要动用体内储存的蛋白用于生命维持。夏季收获的羊草干草除粗蛋白含量较水稻秸秆高一些外，衡量其质量的其他化学指标与水稻秸秆相当，代谢能比水稻秸秆还低一些（永西口修等，1995）。在基本"大"营养没有比较清楚的情况下，讨论"微"量营养似在转移问题。

表 7-54　秸秆与羊草干草的 CP、NDF 和 ADF 含量比较

饲草	干物质（%）	CP（%）	NDF（%）	ADF（%）	文献（补充说明）
玉米秸秆	100	5.55	76.96	50.97	范华，2001（山西样品）
	100	7.22	72.96	45.70	范华，2001（山西样品）
	94	5.53	73.80	42.09	鹿书强，2004（东北样品）
	94	4.47	71.34	42.69	鹿书强，2004（东北样品）
	94	4.02	72.13	42.81	鹿书强，2004（东北样品）
	96	4.00	74.23	44.32	贺永惠，2000
		9.20	59.72	43.01	黄金华，2007（风干样）
	96	4.38	71.75	48.53	参木有等，2004（内蒙古样品）
	93	7.26	70.02	40.87	赵丽华等，2008
	93	6.97	74.46	45.68	赵丽华等，2008
干样平均		5.97	74.96	44.64	以干样为基础
水稻秸秆	100	5.59	75.93	56.79	毛华明等，2001
	92	4.66	72.17	52.57	张浩和邹霞青，2000
		4.65	67.17	44.27	黄金华，2007（风干样）
干样平均		4.92	76.18	51.01	以干样为基础
大豆秸秆	95	13.38	61.32	48.00	范华，2001（山西样品）
	95	13.96	61.33	47.87	范华，2001（山西样品）
	97	13.98	61.96	49.97	范华，2001（山西样品）
	100	6.51	74.7	37.9	孙海霞，2007（东北叶样品）
干样平均		10.47	64.41	48.61	以干样为基础
羊草干草	100	6.94	72.28	49.58	毛华明等，2001
	100	2.39	80.90	43.50	贾慎修，1997；孙海霞，2007
	100	2.80	78.00	49.00	孙海霞，2007（秋季样品）
干样平均		4.87	75.14	49.29	以干样为基础

注：不同产地、不同收获时间、不同保存方式所收获和储存的各种秸秆的 CP、NDF、ADF 含量差异很大，干物质和质量损失也不同；生产中，对拟收获作饲料的秸秆进行严格管理还有努力的空间

分析秸秆的基本营养参数，至少各种秸秆的粗蛋白含量都高于 4%，高的达到 14%以上，近于"牧草之王"苜蓿干草的粗蛋白含量，与羊草和其他秸秆相比较差异显著，很多玉米秸秆样本的粗蛋白含量高于羊草，且平均值高于羊草，但二者之间差异不显著。粗蛋白含量高于 4%意味着牲畜采食秸秆后都可以发生氮沉积而生长（冯仰廉和张子仪，2001），与羊草干草相比较，看不出秸秆的质量有多么差。

相反，根据如下基本数据：羊草的消化能、代谢能分别为 1.85 Mcal/kg（7.7 MJ/kg）和 1.49 Mcal/kg（6.2 MJ/kg），水稻秸秆的消化能和代谢能分别为 1.89 Mcal/kg（7.9 MJ/kg）和 1.63 Mcal/kg（6.8 MJ/kg）（永西口修等，1995），8 月 10 日至 11 月 10 日羊草的平均体外消化率为 33.6%，9 月 22～29 日玉米秸秆的平均体外消化率为 46.1%（孙海霞，2007），我们有理由认为秸秆营养比羊草干草高。羊草除可消化粗蛋白（DCP）含量外，其他营养指标与水稻秸秆相当，同时水稻秸秆具有明显的品质稳定的优点（永西口修等，1995），因此，与羊草干草相比较，可以认为秸秆的营养质量很好，将秸秆作为可以供应能量的粗饲料具有数据支持基础。

玉米秸秆、水稻秸秆、大豆秸秆和羊草干草粗蛋白、中性洗涤纤维与酸性洗涤纤维含量的统计分析结果显示，粗蛋白和中性洗涤纤维，大豆秸秆与其他 3 种饲料的差异极显著（$P<0.001$），而其他 3 种饲草两两差异不显著；酸性洗涤纤维，玉米秸秆和水稻秸秆差异显著（$P<0.05$），其他两两差异不显著。

随着秸秆处理技术的进步，包括氨化及碱化氨化复合处理技术的成功建立（冯仰廉和张子仪，2001；贺永惠，2000；毛华明等，2001）、秸秆揉碎设备和压块设备的发明，特别是氨化与揉碎或压块技术的结合（张宝乾，1995），秸秆可利用的营养质量有了很大提高与改善，牲畜适口性也得到了提高，饲喂效果显著（邢廷铣等，1993），我们有理由认为秸秆可以作为优良的粗饲料、优质的纤维饲料（曹玉凤等，2000）。

退一步说，若每公顷玉米田生产籽粒 7～10 t，那么生产秸秆也就是 7～10 t，以玉米叶片占作物秸秆产量的 36%计（Opapeju et al.，2007），则每公顷可生产 2.5～3.6 t 玉米叶片饲料。松嫩草地平均生物量以 1.0～1.5 t/hm² 计，保留 40%作为草地可持续发展的基量（Bement，1969；Forwood et al.，1994；Holechek et al.，2003；Milchunas and Lauenroth，1993；Smoliak，1974），每公顷产饲草 0.6～0.9 t，每公顷农田的优良叶片饲料产量是草地的 4～5 倍。粗略估算，中国 100 万 km² 以上农田所生产的优良叶片粗饲料相当于北方 400 万 km² 以上草地所生产的饲草料，甚至还多一些。

随着全球变化后的升温，作物生育期延长，早播种早收获成为可能，在作物籽粒成熟 99%时收获籽粒，更可以获得优良的玉米秸秆饲料资源（陈玉香等，2004），即比传统提前收获籽粒和秸秆，可以获得青绿的高营养价值的秸秆用作饲料。另外，"保绿型"玉米品种（何萍和金继运，2000）的应用和推广为农田收获优良粗饲料开辟了新的途径。

羊草纤细柔软，适口性和采食量自然要好一些，秸秆粗硬，适口性差，但揉搓湿化或揉搓加盐湿化后适口性和采食量都得到改善，适口性和采食量可以很容易且简单地进行提高，不能作为否定秸秆可用作饲料的理由。

生产草地草并收获干草的割草、搂盘、运输成本为 170～220 元/t（东北地区），秸秆作饲料的收购、加工处理成本为 150～200 元/t。秸秆具有作为反刍动物粗饲料的营养基础及进行产业化的经济可行性。

松嫩平原除有丰富的绿豆、花生等优良的秸秆资源外，还有优良的玉米秸秆资源、粳稻秸秆资源（朴香兰，2003），为松嫩平原地区畜牧业发展提供了坚实的物质基础。

草地饲草收获后，需要良好地妥善管理与保存，以防物质损失和质量下降；若收获秸秆作饲料，同样面临需要良好管理与保存的问题。

二、优质的夏季放牧资源——草地

松嫩平原广大的空间、丰富的草地资源固然是发展畜牧业的基础，但时间问题同样是影响畜牧业发展的重要变量，长期以来，我们轻视了对影响畜牧业发展的时间变量的管理。

松嫩平原及中国北方草地草春季 4 月、5 月返青生长，6 月、7 月快速建成，8 月达到最高生物量，9 月逐渐枯黄，10 月至次年早春为持续枯草期，雨热同步（刘钟龄和李忠厚，1987；周道玮等，1999）。在饲草产量的积累形成过程中，饲草营养也在发生着剧烈变化。牲畜生长是一个自然过程，也是一个与饲草数量和质量及时间有关的函数过程。饲草生长过程中数量增加的同时，质量在不断下降，构筑了饲草数量和质量的复杂时间过程，决定着饲草的利用价值、牲畜的生长效率。

随草地生物量形成并增加，饲草消化率下降，可消化饲草生物量 8 月中旬以后下降速度更快，代谢能也呈直线下降；累积草地净产量（放牧被牲畜消耗掉的产量累加）不断增多，至 10 月达到最多，净产量的消化率和代谢能保持恒定状态。累积净产量高于生物量，可消化净产量高于可消化生物量。

文献数据显示，若某地 8 月中旬饲草生物量为 2.46 t/hm^2（相当于 246 g/m^2），则此时收获干草最多可以达到 2.46 t/(hm^2·a)；若只收获利用 60%，保留 40% 用于维持草地生态系统持续健康存在，可收获干草 1.476 t/(hm^2·a)（白永飞等，1994；刘钟龄和李忠厚，1987；周道玮等，1999）。此时估计饲草消化率为 60%～65%，收获可消化干物质 1.02 t/(hm^2·a)；此时估计饲草代谢能为 8.5～9.5 MJ/kg，粗蛋白含量维持在 8%～9%水平（Stevens，1999），牲畜生长率为 0～100 g/d。

随春季生长开始，生物量逐渐增多，若在生物量达到总生物量的 40% 时（即 6 月）开始放牧，并立地保留 40% 的生物量用于维持草地生态系统持续健康存在，计算估计的净产量分别为 20 kg/(hm^2·d)（6 月）、30 kg/(hm^2·d)（7 月）、20 kg/(hm^2·d)（8 月）、10 kg/(hm^2·d)（9 月）和 2 kg/(hm^2·d)（10 月），累积可获得的草地净产量为 2.46 t/(hm^2·a)，饲草消化率可维持在 70%～75%（孙海霞，2007），收获可消化干物质 1.722 t/(hm^2·a)；饲草的代谢能一直维持在 10～11 MJ/kg 水平（孙海霞，2007），粗蛋白含量维持在 12%～14%水平（Stevens，1999），牲畜生长率为 100～200 g/d。保留的 40% 由再生补偿增多获得（刘钟龄和郝敦元，2004）。

草地产量形成过程和上述计算表明，草地适于 6 月开始放牧（刘钟龄和郝敦元，2004），即草地立地生物量达到总生物量的 40%时开始放牧，10 月停止放牧以保留可持续发展的基量。由于每月的日产草量不同，因此每日（或每月）的理论放牧率不同，应该维持什么样的放牧率涉及复杂的管理对策与风险评价。

松嫩平原羊草草地分布广泛，健康草地产草量基本与上述数据相同，以利用 60% 计，羊草草地收获储存干草饲喂仅可以支持 738（1476/2）个羊单位-日数[①]（牲畜单位，指每日每个牲畜单位维持所需要的干饲草量，按每个羊单位每日需要 2 kg 计算，下同），即全年饲养 2.0（738/365）个羊单位；但用于在 6～10 月进行放牧可支持 1230（2468/2）个羊单位-日数，即相当于全年饲养了 3.4（1230/365）个羊单位，同样立地保留了 40% 的生物量，约 1 t/hm²。后者的饲草质量优于前者，前者仅可以支持牲畜的低生长率（50 g/d），后者可以支持高生长率（150 g/d）。因此，羊草是优质的夏季牧草资源，草地是优质的夏季放牧饲养牲畜的资源。

通过上述对草地生物量、草地净产量和草地营养（主要为代谢能和粗蛋白）进行的时间动态分析可以发现，草地用于生长季放牧具有较好的经济效益，即可获得的草地净产量及可消化产量远高于收获干草，饲草的质量也远高于收获干草，饲养水平高于饲草干草，并能保留 40% 的最高生物量作为草地可持续存在的基量。

科学合理地放牧并利用草地资源能够保证经济效益和生态效益并存，属于有经济收入的草地资源利用方式，属于可持续的草地利用方式。

三、保护性草地资源利用模式——草地-秸秆畜牧业

松嫩平原草地、农田、林地交错分布，形成了松嫩平原独特的牲畜饲养方式。

特点一，时空转移紧密联系资源特点（吴冷等，2004），不同于西北以气候约束为主（任继周等，2002）。在夏季，放牧牲畜于草地、路旁，采食鲜嫩青绿饲草；在秋季，放牧于农田地"蹓茬"，即在农田地放牧，采食籽粒收获后农田地里的杂草、作物叶片、茎秆及可能丢落的籽粒；在冬季，放牧于林下，牲畜采食树木落叶、杂草，结合饲喂储存的干草和收获的秸秆，必要时补饲粮食。

特点二，放牧与饲喂互补结合，饲料资源途径不只依赖于收获储存的干草，秸秆在冬季发挥主导作用。时间与空间的交叉组合、饲草与秸秆的互补结合构成了松嫩平原农牧交错区草食动物饲养的畜牧业发展方式。

假定每头牲畜一年内每日需求的饲草料数量不变（暂忽略由于长大而需求增多的部分及 10 月以后当年生羔羊出栏管理），根据前面提到的草地净产量数据[20 kg/(hm²·d)（6 月）、30 kg/(hm²·d)（7 月）、20 kg/(hm²·d)（8 月）、10 kg/(hm²·d)（9 月）和 2 kg/(hm²·d)（10 月）]，如何实现放牧率和饲草供应平衡是我们需要考虑的问题（图 7-32）。

图 7-32 为草地饲草净产量的动态变化，以及放牧率分别为 3 AU/(hm²·d)、6 AU/(hm²·d)情况下的饲草消耗量。消耗量线下与曲线合围部分为饲草放牧消耗量，线上与曲线合围部分为放牧后饲草剩余量，外围部分对应饲草短缺期，或称非生长季节。消耗量与剩余量的权衡，结合考虑当年生羔羊出栏，构筑了判断生长季草地放牧率和非生长季及全年饲草供应是否达到平衡的基础。

[①] 本书所用的"牲畜单位-日数"指一定数量的饲草能维持一个牲畜单位的日数。

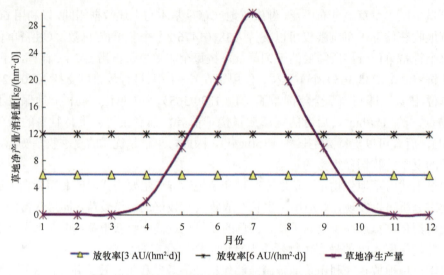

图 7-32　草地净产量与不同放牧率所消耗的饲草量

草地净产量（net production）：单位面积单位时间内的草地草产量，就放牧而言，单位为 kg/(hm²·d)，
即每公顷每天的产量；测定表明，净产量是地上保留一定立地现存量后的再生量，不同于生物量的绝对生长率

若每公顷放牧 3 个羊单位，每天需饲草 6 kg，6～10 月放牧消耗饲草 780（6×30×4+2×30）kg，累积剩余饲草 1680（2460−780）kg/hm²，非生长季需饲草 1380（2160−780）kg/hm²，若将剩余饲草收获储存在饲草短缺期供应，剩余 300 kg/hm²，基本可以满足全年饲草供应需要，但储存饲草质量下降。

若放牧 6 个羊单位，每天需饲草 12 kg，6～10 月放牧消耗饲草 1440（12×30×3+10×30+2×30）kg/hm²，累积剩余饲草 1020（2460−1440）kg/hm²，非生长季需饲草 2880（4320−1440）kg/hm²，短缺 1860 kg/hm²。

放牧 3 个或 6 个羊单位 6～9 月饲草盈缺的动态变化及各月平均每日所需的饲草量和总需要量各不相同，为权衡草地饲草用于放牧或收获饲喂提供了选择方案的挑战（表 7-55）。夏季放牧载畜率高，消耗的草地饲草就多，秋冬季可储存的草地饲草就少，就需要更多的额外饲草料资源。秋季出栏牲畜数及保留母畜数关系着饲草储存量及次年载畜率等。不同的载畜率对草地草再生及其营养有不同的影响，关系着牲畜的生长率和草地资源的转化率。

表 7-55　不同放牧率情景下的各月平均每日饲草盈缺

月份	生物量（kg/hm²）	净产量 [kg/(hm²·d)]	需要量 [3 AU/(hm²·d)]	放牧盈缺量（kg/hm²）	需要量 [6 AU/(hm²·d)]	放牧盈缺量 [kg/(hm²·d)]
1	0	0	6	−6	12	−12
2	0	0	6	−6	12	−12
3	0	0	6	−6	12	−12
4	50	2	6	−6	12	−12
5	200	10	6	−6	12	−12
6	1100	20	6	+14	12	+8
7	1900	30	6	+24	12	+18

月份	生物量 （kg/hm²）	净产量 [kg/(hm²·d)]	需要量 [3 AU/(hm²·d)]	放牧盈缺量 （kg/hm²）	需要量 [6 AU/(hm²·d)]	放牧盈缺量 [kg/(hm²·d)]
8	2460（收获）	20	6	+14	12	+8
9	2300	10	6	+4	12	-2
10	2100	2	6	-4	12	-10`
11	2000	0	6	-6	12	-12
12	2000	0	6	-6	12	-12
合计（kg/年）	2460	2460	2160	+300	4320	-1860

注：不计 5 月的产量，自 6 月开始放牧，每月按 30 天计算；6～9 月为放牧期，其他月份饲喂，"+" 表示放牧后草地净产量有剩余，"−" 表示非放牧每日需提供的饲草量

生产实践中，在不同的地区，针对饲草与饲料的来源和供应利用策略，面临如下方案的选择。

方案 1，在 8 月草地生物量最高时，可收获的消化能也最高，收获草地草储存干草，全年圈舍内饲喂，可饲养 738 个羊单位，但由于饲草质量低（代谢能和粗蛋白含量下降），仅可进行维持生长。在此将其称作为 "全饲草舍饲方案"，全年饲草转化率近于 0。

方案 2，6～10 月放牧，根据每月饲草的日产量，每月调整放牧率[即 10 AU（6 月）、15 AU（7 月）、10 AU（8 月）、5 AU（9 月）、1 AU（10 月）]，充分完全利用草地的净产量，累积可放牧饲养 1230 个羊单位，并可保证饲草质量高，可生产肉 184.5 kg/hm²。在此将其称为 "动态全放牧方案"，放牧季饲草转化率为 7.5%，如果 10 月出栏，全年饲草转化率为 7.5%。

方案 3，6～9 月放牧，放牧饲养 3 个羊单位，可维持草地放牧和割草喂养全年饲草的平衡供应，即放牧 4 个月，获得 150 g/d 的生长率，生产肉 54 kg/hm²，其他季节利用草地储存的干草进行牲畜生长维持。在此将其称为 "牧饲全草平衡方案"，放牧季饲草转化率为 7.5%，全年饲草转化率为 2.5%。考虑当年生羔羊出栏，仅保留母畜的情形，饲草转化率是另外一个结果。

方案 4，6～9 月放牧，放牧饲养 6 个羊单位，草地净产量基本可满足生长季的放牧饲草供应，即放牧 4 个月，获得 150 g/d 的生长率，生产肉 108 kg/hm²，其他季节利用其他饲料饲喂，如玉米秸秆用于牲畜维持。在此将其称为 "半舍半牧饲养方案"，放牧季饲草转化率为 7.5%，草地饲草全年转化率为 7.5%；添加秸秆后，全年饲草料转化率为 2.5%。

实际操作时，在有饲草存在而不能放牧的地区进行割草饲喂（如南方某些地区），类似于选择方案 1 "全饲草舍饲方案"，在没有饲草而有其他额外饲料的地区，如秸秆资源丰富的农区，利用其他粗饲料进行饲养，如秸秆畜牧业，包括于此方案；高度集约经营的放牧场（如新西兰的放牧场）可以选择方案 2 "动态全放牧方案"，但在中国北方草地区，放牧时间短，此方案存在的问题较多，所以此方案在全年饲草生长相对稳定的南方一些地区可以充分实施；方案 3 "牧饲全草平衡方案" 是我国北方草地区草地畜牧业的基本实践方案，但由于对饲草生产过程与牲畜生产过程的平衡优化缺少必要的优化管理，存在草地生态保护和牲畜生产矛盾冲突的问题，导致草地退化、牲畜生产效率低下；

在有额外饲料供应途径的地区，方案 4 是一个适应性方案，即在 6～9 月充分利用草地饲草进行放牧，将草地净产量消耗净，在其他季节利用其他途径来源的饲料进行补饲喂养，实现全年的饲草料平衡供应，实现草地资源保护性利用与草地畜牧适应性生产。

松嫩平原及东北农牧交错区大量的优良秸秆饲料，加之优质的放牧草地资源，为松嫩平原畜牧业发展奠定了物质基础；秸秆与草地在利用途径上的良好组合匹配，为发展"半舍半牧饲养方案"提供了可能，即生长季节利用草地草进行放牧，非生长季利用秸秆饲养，形成草地与秸秆共同作为粗饲料资源的"半舍半牧饲养方案"畜牧业发展模式，在此专门称为"草地-秸秆畜牧业"发展模式。

无疑，松嫩平原农牧交错区及其他农牧交错区具有发展这一新型畜牧业发展模式的丰厚物质基础和潜力。

四、草地-秸秆畜牧业的牲畜生产优化

饲草料能量与粗蛋白含量是评价其营养价值最基本的两项指标，代谢能与牲畜生长目标呈直线正关系（Stevens，1999），粗蛋白含量也与牲畜生长目标呈直线正相关（孙海霞和周道玮，2008；周道玮等，2004）。无论是草地储存的干草还是作物秸秆，都不能满足牲畜以一定的生长率进行增重生长的需要，有必要添加一定量粮食等精料，使代谢能达到 9 MJ/kg 以上，添加多少取决于饲养策略——生长率与饲养时间的权衡、经济投入与产出的权衡。草地干草与作物秸秆普遍存在粗蛋白含量不足的问题，对于反刍动物，国际上各地区采取的普遍常规做法是增加饲草料中的豆科牧草含量，在增加粗蛋白含量的同时，提高代谢能。

若秸秆的粗蛋白含量为 6%，30 kg 的羔羊生长率为 120 g/d 时，每天需要饲草料 1.5 kg，需要粗蛋白 150 g（张宏福和张子仪，2010），若利用粗蛋白含量为 18%的豆科牧草进行补饲，需要的秸秆量（x）与苜蓿量（y）可以通过求解方程 $\begin{cases} x+y=1.5 \\ 0.06x+0.18y=0.15 \end{cases}$ 获得，x=1.0 kg，y=0.5 kg，即粗蛋白占日粮重量的 10%，或豆科牧草占日粮的 33%，就粗蛋白而言，利用秸秆加豆科牧草饲喂可以获得 120 g/d 的生长率。

进一步阐述上述方程的结果，我们可以认为，为了生产 3 亿 t 优良粗饲料，利用 2 亿 t 秸秆加 1 亿 t 豆科牧草（如苜蓿）即可能实现。同时数据表明，玉米秸秆中加入 30% 苜蓿后体外消化率提高 16.4 个百分点（34.2%提高到 50.6%）（孙海霞，2007），意味着代谢能也将有很大提高。而生产 1.0 亿 t 苜蓿（以 10 t/hm^2 计）需要 0.1 亿 hm^2 土地，若用禾草生产 3 亿 t 类似质量饲料至少需要 2.0 亿 hm^2 土地（以 1.5 t/hm^2 计），后者所用土地面积是前者的 20 倍之多。

宏观策略与生产实践中，需权衡发展生产禾草作饲料或发展生产豆科植物作饲料，与其发展高产量禾草（没有产量很高的禾草），不如发展粗蛋白含量高的豆科牧草，加上丰富的秸秆，可以创造大量的优良饲草料。松嫩平原低产田面积很大，用于发展豆科牧草可以获得很好的产量和经济效益。

　　另外，按现行价格计算，每 100 kg 秸秆加 2～4 kg 尿素（单价 1500 元/t）进行氨化，获得粗蛋白含量为原秸秆 1.33～1.46 倍（陈继富等，2005）的优良秸秆饲料，氨化饲料的尿素成本仅为 3～6 分/kg，何乐而不为呢？东北化工资源丰富，氨化及碱化原料充足，具有充分利用秸秆资源的便利条件。

　　畜牧业生产的核心是牲畜生长，牲畜生长是饲草料数量、饲草料质量的函数；饲草数量和饲草质量是时间的函数。

　　在饲草数量可保证牲畜吃饱的情况下，牲畜产量为生长率与生长天数的乘积，即 $Y=g×d$，式中，Y 为牲畜产量（kg），g 为生长率（g/d），d 为生长天数。

　　牲畜生长率的影响因素很多，遗传起基础作用，饲草质量是重要的函数变量，在此将饲草质量简化为代谢能，羔羊生长率与代谢能呈直线关系（Stevens，1999），即 $g=100ME-900$，$R^2=1$，式中，ME 为饲草代谢能（MJ/kg）。

　　当代谢能为 9 MJ/kg 时，生长率为 0 g/d。生长率越大即生长越快，达到某一期望产量所需的天数也就越少。断乳后体重为 15 kg 或 25 kg 的羔羊，分别以 50 g/d、100 g/d、150 g/d、200 g/d 的生长率生长，达到 40 kg 边际生长状态所需要的天数不同（图 7-33），意味着每天的饲料需要量不同、饲料消耗量不同、饲料有效转化率不同。

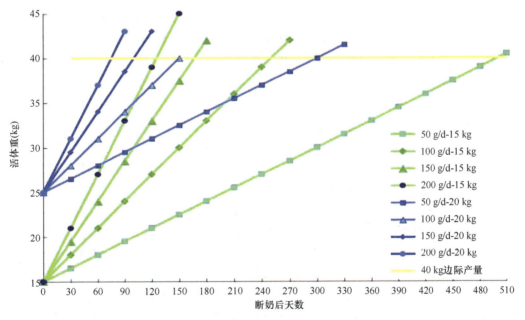

图 7-33　断奶时不同体重对应不同生长率的生长过程

　　断奶时体重分别为 15 kg 和 25 kg，生长率分别为 50 g/d、100 g/d、150 g/d、200 g/d，达到目的体重所需的天数不同。若断奶时可保持体重在 15～25 kg，后续生长率可保持在 100～150 g/d，则能体现饲料的数量与质量，也能体现管理水平和社会生产力水平。

　　羔羊生长率为 100 g/d 时，由 24 kg 生长到 34 kg 需要放牧饲养 100 天，消耗饲草 120 kg，饲料转化为 8.3%；生长率为 200 g/d 时，由 24 kg 生长到 34 kg 仅需要放牧饲养 50 天，消耗饲草 75 kg，饲草转化率为 13.3%（表 7-56）（Kerr，2000）。对于草地管理，高生长率意味着对草地的啃食践踏天数减少，意味着无效消耗的饲草数量减少，意味着单位饲草可以生产更多的肉，意味着放牧饲养的管理成本减少，意味着积极的草地保护与高效的牲畜生产。

表 7-56　体重 24 kg 羔羊断奶后达到目标体重 34 kg 在不同生长率下的饲料有效转化率

指标	24～34 kg 羔羊的生长率（g/d）			
	100	200	300	400
饲料需要量（kg/d）	1.2	1.5	1.9	2.4
达到目标体重（34 kg）所需天数	100	50	33	25
饲料消耗量（kg）	120	75	63	60
有效转化率（%）	8.3	13.3	15.8	16.6

北方草地畜牧业或松嫩草地-秸秆畜牧业生产过程中，如下几个环节对牲畜的后续生长率也具有重要影响，同时，这几个环节具有非常重要的管理意义：①羔羊的出生重，决定着以后的生长速度；②哺乳期的生长速度，即哺乳期母羊的泌乳量，决定着断奶时的体重和以后的生长率；③出生日期，决定着管理方案的制定及当年生羔羊生长过程与饲草生长过程和营养过程的完美匹配。

生产中，上述问题需要根据具体情况设计符合生产计划和安排的执行方案来解决，同时，根据所饲养的牲畜种类和品种确定牲畜保持一个什么样的生长率取决于管理水平和社会生产力水平，核心问题是经济核算和管理策略。

松嫩平原农牧交错区肉羊生产若 3 月初产羔，争取体重达到 4.0～4.5 kg，哺乳期持续 3 个月，体重达到 20～25 kg，即哺乳期为 200 g/d 左右的生长率，至 6 月初开始放牧，9 月末出栏，维持 130～150 g/d 的生长率，体重即可达到 40 kg 的边际生长状态，符合高端市场需要，也有更好的价值回报。基础母羊在 10 月及以后的季节利用秸秆饲养。对照前面的放牧分析，我们有理由相信这一饲养方案可用于生产实践，操作时还需要进一步设计优化（周道玮等，2004）。

综上，作物收获籽粒后的秸秆是优良的粗饲料、优质的纤维饲料。开花早期的羊草是优质的饲草，草地饲草在生长季是优质的放牧资源。

秸秆在松嫩平原农牧交错区的牲畜生产过程中一直起着积极的重要作用。松嫩平原农牧交错区具有优良的作物秸秆饲料资源和优质的草地放牧资源，奠定了发展以草地和秸秆共同作为粗饲料资源的反刍牲畜生产方式的基础。为了解决北方农牧交错区草畜矛盾问题，草地周边的农田饲料应该纳入视野范围，以缓解草畜矛盾、保护草地生态、发展畜牧业，促进发展保护性利用草地资源和适应性生产反刍牲畜的"草地-秸秆畜牧业"模式。

生产实践过程中，需要采取措施调整打破传统生产模式，禁止收获干草储存作为秋冬季和早春的补充饲草，饲草短缺期广泛采用秸秆饲喂；禁止生产销售干草，若有销售，按现行价格缴纳 3～4 倍税金或保持草地干草价格为同期玉米价格的 70%～80%；奶牛生产区完全利用秸秆或青贮替代草地产干草作为纤维源饲料。

　　内蒙古东中部饲草短缺期的饲草供应可以考虑利用东北及其周边地区的秸秆饲料资源。一段时期以来，人们建议将内蒙古草原地区生产的"架子牛"等转移到南部的农业区进行异地育肥，本书正式建议内蒙古草原地区采用南部农区的秸秆进行冬季补饲，解决草地饲草全年供应不足的问题，也可缓解内蒙古草地的草畜矛盾。

　　中国作物秸秆粗饲料资源丰富，面临的问题是粗蛋白含量不足，提高豆科饲草在日粮中所占的比例是需要持续追求的目标，包括提高草地饲草中的粗蛋白含量，权衡秸秆加豆科牧草生产高质量饲草料与利用高产量禾草品种生产饲草料。与其花大力气生产质量并不高的禾草饲料，不如生产粗蛋白含量高的豆科饲草料，添加到秸秆或草地饲草料中，充分利用秸秆资源，以提高中国粗饲料产量和质量。

　　无粮型畜牧业是一个美好的梦想，新西兰无粮型畜牧业的发展是通过在优质的产粮土地上生产优于粮食的饲草来实现的。充分利用草地草资源和作物秸秆发展草地畜牧业或秸秆畜牧业或草地-秸秆畜牧业，在没有其他优质饲草料添加的情况下，补添一定的饲料粮是必要的措施，可以多方式多途径促进反刍动物生产，增加反刍动物肉产量占肉类总产量的比例，形成体系化的粮食节约型畜牧业。

　　草地牲畜生产是饲草料数量、饲草料质量的函数，饲草数量与质量是时间的函数。基础母畜体况与产羔（犊）期管理对后续的羔（犊）生长有重要影响，包括羔（犊）初始重影响后续生长，产羔（犊）日期影响后续生长，哺乳期母畜泌乳量影响后续生长，草地产量的数量过程、营养过程与羔（犊）及母畜生长需要的优化匹配决定了饲草的利用效率和牲畜的生长过程（图 7-34），决定着草地生态的保护和畜牧业的发展。

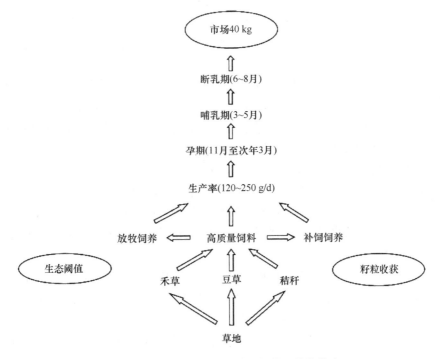

图 7-34　理想优化的饲料供应与牲畜养作模式

东北农牧交错区草地-秸秆畜牧业理想优化的饲草供应和养作模式包括如下内容。

第一，饲草料充足，由草地饲草资源或就地生产的高产作物饲料或外源秸秆饲料供应满足。

第二，饲草料质量优良，由豆科牧草或粮食补饲满足，保证代谢能大于 10 MJ/kg，粗蛋白含量大于 12%。

第三，产羔期适宜，3 月上中旬产羔，哺乳期 90～100 天，6 月上中旬断乳，羔重 4 kg，哺乳期生长率大于 200 g/d，断奶时羔重 24 kg 以上。

第四，6 月上旬以后开始放牧，放牧 120～140 天，生长率大于 130 g/d，放牧期间增重 16 kg 以上，体重达到 40 kg 左右，10 月上中旬出栏供应市场。

第五，10 月中下旬配种，基础母羊利用秸秆及豆科牧草补饲饲养。

第六，6～10 月充分放牧，获得最佳的生长率和饲草转化率。11 月至次年 3 月利用秸秆和豆科牧草或少许粮食补饲怀孕基础母羊。

第七，3～6 月的哺乳期加强对母羊的营养管理，辅之羔羊补饲，获得期望的生长率。

第八，放牧期间维持地上最高生物量 40%左右的现存量供草地可持续放牧，调整放牧强度和放牧频次，维持草地植物处于开花前阶段，以实现草地饲草数量和质量的最优化。

第五节　"粮改饲"产能及产肉效率

饲养反刍动物或草食动物是粮食节约型肉品生产途径（刘兴友和刁有祥，2008；杨胜，1993），同时是饲草消耗型或生态消耗型肉品生产方式。生产猪肉的粮肉比为 6∶1，其粮主要为粮食作物籽粒；放牧并育肥生产的牛羊肉的粮肉比为 2∶1，但其料肉比为 8∶1，即生产 1 kg 牛羊肉需要 2 kg 籽粒，属于粮食节约型的肉品生产方式，但还需要 6 kg 饲草，属于饲草消耗型肉品生产方式（吴盛黎等，1998）。这是一个基本参考值，由于饲草料质量存在差异，饲喂周期不同，或消耗更多的饲草料，饲草料转化率也有差异。

"粮改饲"养殖已成为国家农业政策及行动，一方面为了保护生态，另一方面为了节约粮食、保障国家粮食安全，并增收富民，即目标为在生态安全及增收的情景下，生产足够多的牛羊肉动物性食物。

中国粮食作物播种面积17亿亩（1亩≈666.7 m²），生产粮食6.2亿 t（张凤路等，1999），其中口粮及工业粮消耗3.1亿 t，饲料粮消耗3.1亿 t，即有一半的农作物播种面积（≈8.5亿亩）用于生产饲料粮进而生产动物性食物（吴盛黎等，1998）。未来，随着生活质量的提高，肉品将是人们青睐的食物（王庆成等，1997），如何生产更多的肉品是我们面临的挑战。

现在所利用的 3.1 亿 t 原粮饲料粮最多可以生产 0.6 亿 t 猪肉或 0.8 亿 t 鸡肉，远不能满足未来至少 1.2 亿 t 的肉品需要。饲养草食动物是粮食节约型或不用籽粒粮食型的肉品生产途径，但也是饲草消耗型肉品生产途径。现在的问题是，我们能否生产出足够多的饲草进而生产出更多的牛羊肉？农田土地用于生产全株饲草进而生产牛羊肉，或用于生产籽粒进而生产猪肉，需要精算比较产肉效率、经济效益，即农田土地用于生产饲草养牛羊，单位面积产肉率是否高于生产籽粒养猪的产肉率，潜在效益如何？

对上述问题的回答，有助于我们完善肉品生产政策及行动，有助于我们完善国土利用规划，有助于我们完善饲草科学及草地畜牧理论和技术与行业发展（周道玮等，2023）。

一、青贮玉米、籽粒玉米的产量

青贮玉米（'曲辰9'）在整个生长期内，全株产量一直处于增加过程，生长期末（10月10日）才达到适宜青贮阶段（1/2乳线期）；中晚熟籽粒玉米（'良玉99'）自蜡熟期开始，生物量逐渐下降，比青贮玉米提前1个月（9月1日）进入适宜青贮阶段（图7-35）。

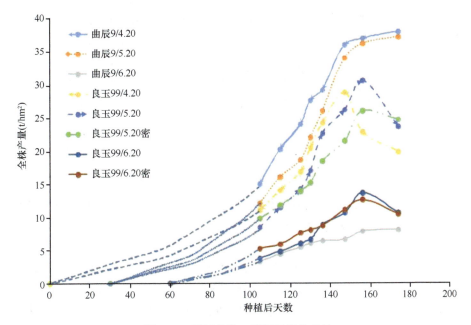

图 7-35　不同品种、播期玉米的产量

图中虚线起始点表示不同的播种时间，分别为4月20日、5月20日和6月20日，图例中密表示密植

'曲辰9'青贮玉米自生长中期开始，全株产量就高于同期及后期种植的'良玉99'籽粒玉米的全株产量。早春（4月20日）和晚春（5月20日）种植的'曲辰9'青贮玉米全株产量差异不显著（表7-57），表明早春和晚春种植晚熟'曲辰9'青贮玉米都可以相应地获得高产量。

表7-57　生长季末（10月10日）收获不同播种时间青贮玉米的全株产量

品种/播种时间	全株产量（t/hm²）	籽粒所占比例（%）
曲辰9/4.20	37.9±0.39ᵃ	15.8
曲辰9/5.20	37.2±0.22ᵃ	12.9

注：不同小写字母表示应用 LSD 方法在 0.05 水平检测同列数据间的差异显著性，下同

'曲辰9'青贮玉米生长季末全株产量达到 37.9 t/hm²，同期'良玉99'籽粒玉米已完全成熟，其全株产量为 23.7 t/hm²，其中籽粒产量为 11.5 t/hm²、秸秆及鞘叶产量为 12.2 t/hm²。

在适宜青贮初期，'良玉 99'籽粒玉米全株产量为 20.4 t/hm², 生长高峰时产量为 28.8 t/hm²（图 7-35），生长高峰时全株产量比生长季末多 22%，而'曲辰 9'青贮玉米生长季末全株产量比'良玉 99'籽粒玉米生长高峰时全株产量多 32%。

无论是晚熟青贮玉米或中晚熟籽粒玉米，晚播种（6 月 20 日）都极大地降低了产量，即使播种籽粒玉米并全株青贮播期也不能晚于 6 月 1 日，即生长期末籽粒玉米需要达到适宜青贮阶段。

早播种（4 月 20 日）的中晚熟籽粒玉米籽粒产量不及适宜期（5 月 20 日）播种所收获的籽粒产量。播种早，籽粒成熟早，导致后续的光能及热能利用不充分。籽粒玉米密植（6.5 万株/hm²）的籽粒产量及全株生物量与非密植（6.0 万株/hm²）差异不显著，籽粒产量和全株生物量平均值分别为 11.8 t/hm² 和 24.9 t/hm²（表 7-58）。

表 7-58　早播种与晚播种及密植籽粒玉米产量比较

品种/播种日期	籽粒产量（t/hm²）	全株生物量（t/hm²）	秸秆和鞘叶产量（t/hm²）/占比（%）
良玉 99/4.20	9.1±0.48[b]	19.8±0.53[b]	10.7/54
良玉 99/5.20	11.5±0.28[a]	23.7±0.58[a]	12.2/51
良玉 99/5.20（密植）	11.8±0.48[a]	24.9±0.67[a]	13.1/53
先玉 335/5.5	14.1±0.17[ac]	27.6±0.17[ac]	13.5/49

'先玉 335'的籽粒产量显著高于同为 4 月 20 日种植的'良玉 99'（表 7-58），但与 5 月 20 日种植的'良玉 99'籽粒产量差异不显著，其籽粒产量为 14.1 t/hm²，全株生物量为 27.6 t/hm²。

5 月 20 日播种的'良玉 99'、同期密植的'良玉 99'与 5 月 5 日播种的'先玉 335'，三者籽粒产量的平均值为 12.5 t/hm²，秸秆和叶鞘产量的平均值为 12.9 t/hm²。

'曲辰 9'青贮玉米生长似需要高水高肥，在洮南地区生长表现不及粮饲兼用型玉米'中原单 32'，大田观察也发现'中原单 32'在洮南地区生长良好，实测地上生物量达 25.8 t/hm²（表 7-59），其籽粒生物量及全株生物量近于'良玉 99'在长春地区的表现。

表 7-59　洮南地区低洼地不同玉米品种各部位生物量（t/hm²）

品种	茎、雄花序	叶、叶鞘	苞叶、穗轴	籽粒	地上生物量
中原单 32	4.4	5.6	4.8	10.9	25.8
良玉 99	3.4	4.2	3.0	8.0	18.6
曲辰 9	6.5	5.4	4.0	4.7	20.6

综上，种植专用青贮玉米，可以收获更多的干物质，种植籽粒玉米收获青贮也可以比收获籽粒获得更多的干物质。但是，在不同的地区，各品种表现不同，粮饲兼用型'中原单 32'在半干旱地区洮南表现相对更好一些。

叶片数量是衡量植物营养价值的基本参考指标之一。生长过程中青贮玉米（9 月 1 日收获）叶片生物量所占比例较高，专用青贮玉米在适宜青贮期（10 月 10 日收获）的叶片生物量所占比例也较高，占地上生物量 29.4%，籽粒生物量比较低，占地上生物量的 11%（4 月 20 日种植）。

'良玉 99' 籽粒玉米在适宜青贮初期（4 月 20 日种植，9 月 1 日收获）的叶片生物量所占比例不及青贮玉米，仅占地上生物量的 15.3%，籽粒占地上生物量 34%，生长末期籽粒占地上生物量的 45.5%（表 7-60）。

表 7-60 适宜青贮初期各器官生物量所占比例（%）及地上生物量（t/hm²）

品种/种植日/收获日	根	茎、雄花序	叶、叶鞘	苞叶、穗轴	籽粒	地上生物量
曲辰 9/4.20/9.1	18	39	31	7	5	28.1±0.54[abc]
曲辰 9/5.20/9.1	19	45	32	3	1	21.1±0.63[cd]
良玉 99/4.20/9.1	15	17	22	13	34	20.1±0.39[cd]
良玉 99/5.20/9.1	12	22	29	12	26	17.0±0.22[cd]
良玉 99/5.20/9.1（密植）	15	22	28	15	20	15.2±0.51[d]
曲辰 9/4.20/10.10	8	41	27	13	11	37.9±0.53[a]
曲辰 9/5.20/10.10	9	44	26	12	9	37.2±0.58[ab]
良玉 99/4.20/10.10	12	15	20	12	40	19.8±0.19[cd]
良玉 99/5.20/10.10	10	16	20	10	44	23.7±0.67[cd]
良玉 99/5.20/10.10（密植）	11	16	21	10	42	24.9±0.58[bcd]
先玉 335/5.05/10.10	9	18	17	10	46	27.6±0.33[abcd]

二、青贮玉米、籽粒玉米的产能

玉米茎、叶、鞘、苞叶热值平均为 17.8 MJ/kg，籽粒热值为 18.5 MJ/kg（王婷等，2000）。据此计算出青贮玉米热能产量为 67×10^4 MJ/hm²（17.8 MJ/kg×37.9 t/hm²），玉米籽粒、秸秆及鞘叶总热能产量为 46×10^4 MJ/hm²（18.5 MJ/kg×12.5 t/hm²+17.8 MJ/kg×12.8 t/hm²，平均籽粒产量和秸秆产量），单位面积农田用于种植青贮玉米生产青贮，其热能产量比用于生产籽粒的热能产量高 46%。即使种植籽粒玉米用于生产青贮，其生物量高峰时的热能产量为 51×10^4 MJ/hm²（17.8 MJ/kg×28.8 t/hm²），也比收获籽粒时的热能产量高 11%。在籽粒玉米的青贮适宜期，由于整株糖分含量高，并有籽粒，热值相对比上述计算值要高一些。

牛羊对玉米青贮的消化率为 70%（鲍巨松和杨成书，1986；王庆成等，1997），猪对玉米籽粒的消化率为 71%（Vasilas and Seif，1985），牛羊对秸秆及鞘叶的消化率为 47%（张秀芬，1992）。据此计算所产的消化能：收获玉米青贮的消化能为 47×10^4 MJ/hm²（17.8 MJ/kg×37.9 t/hm²×70%），收获玉米籽粒、剩余秸秆和鞘叶的消化能为 27×10^4 MJ/hm²（18.5 MJ/kg×12.5 t/hm²×71%+17.8 MJ/kg×12.8 t/hm²×47%），生产青贮养牛羊所产的消化能比生产籽粒养猪及生产秸秆和鞘叶养牛羊所产的消化能高 74%。籽粒玉米在适宜青贮期收获作青贮养牛所产的消化能为 36×10^4 MJ/hm²（17.8 MJ/kg×28.8 t/hm²×70%），比其收获籽粒和秸秆及鞘叶所产的消化能高 33%。

综上所述，无论是种植专用青贮玉米，还是种植籽粒玉米用于青贮，都可以收获更多的总能和消化能。

三、青贮养牛、籽粒养猪的产肉效率

优良玉米青贮养牛的活体重转化率为 13.7%（Singh and Nair，1975；王庆成等，1997；张宏福和张子仪，2010），育肥牛的胴体重屠宰率为 58.0%（杨志谦和王维敏，1991）。籽粒养猪的活体重转化率为 33.3%，育肥猪的胴体重屠宰率为 71.5%（孙儒泳，1993）。据此，根据上述青贮产量及籽粒产量，计算每公顷所产青贮或籽粒用于养牛、养猪的产肉量（胴体重，下同）。

种植收获青贮养牛的产肉量：37.9 t/hm^2×13.7%×58.0%=3.0 t/hm^2（'曲辰 9'青贮）。

种植收获籽粒养猪的产肉量：11.5 t/hm^2×33.3%×71.5%=2.7 t/hm^2（'先玉 335'籽粒）；14.2 t/hm^2×33.3%×71.5%=3.4 t/hm^2（'良玉 99'籽粒）；12.5 t/hm^2×33.3%×71.5%=3.0 t/hm^2（平均籽粒生产养猪）。

结果表明，在仅饲养或育肥当代牛或猪的情况下，'曲辰 9'所产青贮养牛的产肉量比'良玉 99'所产籽粒养猪的产肉量低 1.2%，比'先玉 335'所产籽粒养猪的产肉量高 11%，籽粒平均产量用于养猪与青贮平均产量用于养牛的产肉量持平。但无论是'先玉 335'还是'良玉 99'，生产籽粒的同时，还会生产秸秆及鞘叶 12～13 t/hm^2，若再用于饲养牛羊，可以增加 0.2～0.3 t/hm^2 的产肉量。

在不考虑籽粒玉米所产秸秆及鞘叶进行利用的情况下，生产青贮养牛与生产籽粒养猪，二者达到单位面积胴体产量相同时所需要的饲料产量平衡关系为：青贮产量∶籽粒产量≈3∶1，即青贮产量需要为籽粒产量的 3 倍时，二者的胴体产量才能相等。

但是，无论是饲养牛还是饲养猪，都涉及母畜消耗，而不仅仅是饲养当代幼犊或幼仔。本书称为全过程饲养，即需要考虑自基础母畜培育至怀孕期及哺乳期的全周期饲养及消耗。加入基础母畜消耗，并平均分摊基础母畜淘汰后的体重给各幼子，全过程衡量，籽粒养猪的饲料转化率为 23.7%（胴体，下同），青贮养牛的饲料转化率为 5.2%（表 7-61）。单位面积农田用于种植籽粒玉米养猪比种植青贮玉米养牛多产肉 50%，或者说种植青贮玉米养牛比种植籽粒玉米养猪产肉减少 33%。若加上籽粒收获田的秸秆养牛产肉，种植籽粒玉米的农田产肉可以再多一点。

表 7-61　全过程饲养情景下青贮养牛与籽粒养猪的产肉效率评估及经济效益

生产过程	青贮养牛的全过程耗粮	籽粒养猪的全过程耗粮
母畜后备期	用时 500 天，体重 350 kg，耗粮 2000 kg；母畜用 6 年，每年分摊 333 kg	用时 250 天，体重 100 kg，耗粮 400 kg；母畜用 6 年，每年分摊 67 kg
妊娠期	275 天，年产犊 0.9 头，基础母畜耗粮 2200 kg	112 天，年产仔 22 头，基础母畜耗粮 448 kg
哺乳期	120 天，幼仔体重 150 kg/头；基础母畜耗粮 960 kg，幼犊耗粮 240 kg/头	60 天，幼仔体重 20 kg/头；基础母畜耗粮 300 kg，幼仔耗粮 30 kg/头
育肥期	400 天，增重 400 kg，耗粮 2920 kg	120 天，增重 90 kg，耗粮 270 kg
基础母畜消耗	每只幼仔分摊的母畜耗粮 3877 kg	每只幼仔分摊的母畜耗粮 37 kg
每仔消耗	240+2920+3877=7037 kg	30+270+37=337 kg
基础母畜淘汰耗粮	6 年淘汰活体重（400 kg）给每犊 74 kg（5.4 头犊）	6 年淘汰活体重（200 kg）给每仔 1.5 kg（132 个仔）
转化率	活体（74+550）/7 037=8.9%；胴体 8.9%×58%=5.2%	活体（1.5+110）/337=33.1%；胴体 33.1%×71.5%=23.7%
活体产量	37.9 t/hm^2×8.9%=3.4 t/hm^2	12.5 t/hm^2×33.1%=4.1 t/hm^2

续表

生产过程	青贮养牛的全过程耗粮	籽粒养猪的全过程耗粮
胴体产量	37.9 t/hm^2×5.2%=2.0 t/hm^2	12.5 t/hm^2×23.7%=3.0 t/hm^2
毛收入	25 000 元/t×3.4 t/hm^2=85 000 元/hm^2	15 000 元/t×4.1 t/hm^2=61 500 元/hm^2

注：牛母畜后备期耗粮以 4 kg/d 计算，妊娠期、哺乳期以 8 kg/d 计算，育肥期以转化率 13.7% 计算，幼犊耗粮以 2 kg/d 计算；猪母畜后备期耗粮以体重的 4 倍计算，妊娠期以 4 kg/d 计算，哺乳期以 5 kg/d 计算，幼仔耗粮以体重的 3 倍计算；基础母畜耗粮（每只幼仔分摊的基础母畜耗粮）=（母畜后备期分摊耗粮+妊娠期基础母畜耗粮+哺乳期基础母畜耗粮）/每年产仔数（牛 0.9，猪 22），每仔耗粮=幼犊（仔）耗粮+育肥期耗粮+基础母畜耗粮；基础母畜淘汰耗粮=基础母畜淘汰时体重（牛 400 kg、猪 200 kg）/6 年产仔数，转化率=（哺乳期幼仔体重+育肥增重）/每仔耗粮×100%，活体产量=青贮或籽粒产量×活体转化率，胴体产量=青贮或籽粒产量×胴体转化率，毛收入=活体牛或猪的单价×活体重量，活体牛 25 元/kg，活体猪 15 元/kg（2018 年价格）

尽管青贮玉米田生产了更多的消化能，但产肉量远不如籽粒玉米田，主要原因是养牛平均每年所产的 0.9 个牛犊承担着母畜后备期及怀孕期和哺乳期当年的饲料消耗（产犊越少承担越多），而养猪是当年所产 22 个猪仔（11 个/胎，2 胎/年）承担母畜当年的饲料消耗（产仔越多每仔承担越少），另外，猪的胴体屠宰率比牛高 23%。

全过程饲养情景下，生产青贮养牛与生产籽粒养猪，二者达到单位面积胴体产量相同时所需要的饲料产量平衡关系为：青贮产量∶籽粒产量≈6∶1，此时二者胴体产量持平，即青贮产量需要为籽粒产量的 6 倍以上，二者单位面积的胴体产量才能相等。

全过程饲养情景下，考虑猪的死亡消耗、种猪消耗、产仔率变化等，饲料转化率降低；而生产中添加预混料及浓缩料，可提高转化率；籽粒粮养猪的胴体转化率实际要低一些，但加之黄秸秆利用，实际产肉量高于表 7-61 中数值。

全过程饲养情景下，玉米青贮等优质饲草消化率>70%、代谢能>11 MJ/kg 时，对于养牛羊而言，粮食与优质饲草等价，可以维持牛羊较高的生长率。一般来讲，与养猪一样，玉米青贮养牛也需要加入一定比例的预混料及浓缩料，可减少一些饲草消耗，增加单位面积产肉量。单纯利用青贮不足以产生理想的育肥效果，考虑到要加入籽粒粮，生产青贮养牛的饲料消耗还要多一些，意味着单位面积产肉量要更少一些。

上述数据表明，种植青贮玉米养牛比种植籽粒玉米养猪单位面积的肉产量减少，但单位面积毛收入高 38%。另外，按现行价格计算，12.5 t/hm^2 玉米毛收入 2.8 万元/hm^2，而用所产籽粒养猪的毛收入为 5.3 万元/hm^2，用所产青贮养牛的毛收入为 8.5 万元/hm^2，三者间毛收入比例为：种植∶养猪∶养牛≈1∶2∶3。

四、比较畜牧经济

饲养杂食动物猪产肉、饲养草食动物牛羊产肉为当前"粮改饲"养殖所涉及的重要畜牧业生产形式。在可选择的情况下，如在农牧交错区，饲草、粮食获取机会均等，饲养空间不受限制，人们面临饲养种类及饲养形式的选择，面临投入、产出的效益分析与决策选择。

规模化、机械化、集约化饲养情况下，假定前期基础投资条件相似，饲养牛羊及猪所需的人员及管理成本相似，按动物营养标准及其生长过程（胡寅华，1996），根据现行市场价格，计算潜在收益（表 7-62）。

表 7-62 投资 1 万元购买幼畜培育母畜生产幼畜 72 个月后产值、成本、毛收入预算表

指标	饲养仔猪产业	饲养犊牛产业	饲养羔羊产业
购买母畜数	20	2	20
72 个月生产幼崽数	3120	12	300
总产值（万元）	156	6	15
幼畜购买成本（万元）	1	1	1
需要饲料量（t）	312	43	80
饲料成本（万元）	62	3	6
其他成本（20%，万元）	31	1	3
合计投资（万元）	95	5	10
淘汰母畜收益（万元）	4	1	1
潜在利润 （万元）	65	2	6
投资潜在利润比	1：1	3：1	2：1

注：总产值=幼仔单价×72 个月的生产数；需要饲料量=年需要饲料量/个-购买母畜数-6，每胎羊需饲草 0.4 t，每胎牛需饲草 3.5 t，每胎猪需饲料 1.2 t；饲料成本=饲料单价×需要饲料量，猪全价料 2000 元/t，牛羊饲草 750 元/t；淘汰母畜收益按正常价格的 50%计算，即不计肥肉及其消耗；以此规模为基础进行倍数调整，并调整其他成本及饲料成本占比，可以评估实际利润

理想状态下，羊 11 月龄初孕，孕期 155 天，1.5 羔/胎，间隔 1 个月再孕；猪 8 月龄初孕，孕期 114 天，12 仔/胎，间隔 1 个月再孕；牛 16 月龄初孕，孕期 275 天，1.2 犊/胎，间隔 3 个月再孕。据此建立月数与生产次数的关系方程。

羊生产次数与月数的关系方程：$Y=(x-11)/6$，x=月数，11 为羊的初孕月数，6 为羊的孕期+空怀间隔期，Y=羊生产次数。

牛生产次数与月数的关系方程：$Y=(x-16)/12$，x=月数，16 为牛的初孕月数，12 为牛的孕期+空怀间隔期，Y=牛生产次数。

猪生产次数与月数的关系方程：$Y=(x-8)/5$，x=月数，8 为猪的初孕月数，5 为猪的孕期+空怀间隔期，Y=猪生产次数。

解上述各方程，72 个月内，即基础母畜的一个利用周期内，羊生产 10 胎，产 15 羔；猪生产 13 胎，产 156 仔；牛生产 5 胎，产 6 犊；利用体重表达的生产过程如图 7-36 所示。

经营牲畜幼仔为畜牧业的一种标准形式，也是干旱、半干旱区需要鼓励发展的产业模式。对此生产模式进行经济分析，进一步评估"粮改饲"养殖的效益。

现行价格情况下，猪仔 500 元/个，羊羔 500 元/个，牛犊 5000 元/个；投资 1 万元可以购买 20 头仔猪、20 只羔羊、2 头犊牛，作为母畜饲养 6 年，每年生产幼仔出售，为畜牧业经营的一个模式，其潜在经济效益预算见表 7-62。

上述比较表明，生产牲畜幼仔，依所饲养的种类不同，投资、产出、获益具有不同特点：①经营猪仔，初期投入可以少，中间饲料需要多、投资多，潜在收益优。②经营羔羊，初期投入可以少，中间饲料成本中、投资中，潜在收益良。③经营犊牛，初期投入需要多，中间饲料成本多、投资多，潜在收益中。

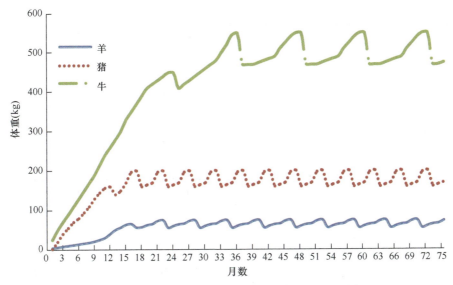

图 7-36　基础母畜基本生长过程及其指示的生产性能
峰值表示 1 次生产

现行价格条件下，经营幼仔投资潜在利润比为：猪=1：1、羊=2：1、牛=3：1（都未包括基础投资折旧及利息，并假定管理成本及人员成本相似）。经营幼仔产业潜在效益定性为：养猪>养羊>养牛。需要说明的是，经营牛羊幼仔获得潜在良好效益的前提条件是饲料成本低，牛羊饲料成本增加到猪饲料成本的 50%，即饲草单价为 1000 元/t 时，经营羔羊投资潜在利润比降为 3：1，经营犊牛处于亏本状态。

维持稳定的低饲料成本是发展牛羊幼畜经营业的前提。上述内容高估了牛羊产仔率，若降低（如北方草原牛羊的产仔率为 1 个/年），养殖效益降低；草原放牧的低饲料成本有竞争力。

猪繁殖速率为羊的 8 倍、为牛的 20 倍，甚至更高，并且猪的怀孕期及哺乳期比牛羊都短，决定了其单位时间内生产猪仔的速度快，产出率高，资金周转快，回报率高。牛、羊单胎生产数少，母畜饲料成本占比高，降低母畜饲养的饲料成本是获取良好潜在收益的关键。

放牧并育肥为草地畜牧业主要的肉品生产途径，特别是在"粮改饲"养殖的鼓励下，圈养育肥将成为主要的草食性畜畜牧业生产模式。对比分析表明（表 7-63），育肥牛羊及猪的投资潜在利润比与上述相似：育肥猪=3：1、育肥牛=4：1、育肥羊=7：1（都未包括基础投资折旧及利息，并假定管理成本及人员成本相似）；潜在效益定性为：育肥猪>育肥牛>育肥羊。潜在效益更取决于市场价格和饲料成本。

表 7-63　投资 1 万元购买幼畜育肥后的产值、成本、潜在利润预算表

指标	育肥猪 4 个月	育肥牛 13 个月	育肥羊 5 个月
购买幼畜数	20	2	20
初始重（kg/个）	20	150	15
增重（kg/个）	90	400	25
总产值（万元）	3	3	2

指标	育肥猪 4 个月	育肥牛 13 个月	育肥羊 5 个月
购买幼畜成本（万元）	1	1	1
需要饲料量（t）	5	6	4
饲料成本（万元）	1	1	1
其他成本（10%，万元）	0.3	0.3	0.2
合计投资（万元）	2.4	2.2	1.7
潜在利润（万元）	0.9	0.6	0.3
投资潜在利润比	3∶1	4∶1	7∶1

注：总产值=育肥后单价×购买幼畜个数×体重（初始重+增重），活羊活牛 25 元/kg，活猪 15 元/kg；需要饲料量=增重×购买幼畜个数/饲料转化率，猪饲料转化率=33%、牛羊饲料转化率=13.7%；饲料成本=需要饲料量×饲料单价，猪饲料=2000 元/kg，牛羊优质饲料=1500 元/t（相当于 50%干草、50%籽粒）；合计投资=购买幼畜成本+饲料成本+其他成本；潜在利润=总产值-合计成本；以此规模为基础进行倍数调整，并调整其他成本及饲料成本占比，可以评估实际利润

全过程饲养情景下，养牛单位胴体重所需饲料约为养猪的 4 倍（表 7-63），意味着牛饲草料价格为猪饲料价格 1/4 时，二者相比较，所需的饲料成本持平。

牛饲料的胴体重转化率为 5.8%，意味着其单位胴体重所消耗的饲料价格为牛肉价格 1/17 时，即牛肉价格为饲料价格的 17 倍时，养牛的收入全部被饲料成本所占用。由于牛的胴体重不包括牛皮的重量，与猪的胴体重不同，并且牛的胴体屠宰率有 2～3 个百分点的变化，按参考文献计算的牛胴体率参数偏高，为了理解方便，取参数 20，即牛肉价格为饲料价格的 20 倍时，养牛的收入全部被饲料成本所占用。

生产青贮养牛与生产籽粒养猪，二者的生产流程相似，权衡选择饲养什么种类时，对现实及未来市场做出判断最重要，而判断的理论根据就是饲料价格及肉品价格。在仅考虑饲料价格及肉品价格的情况下，养牛和养猪二者效益相等时，下列方程式成立：牛肉量×牛肉单价-饲草用量×牛饲草单价=猪肉量×猪肉单价-饲料用量×猪饲料单价。

将胴体重转化率代入方程，即牛肉量≈5.8%×饲草用量，猪肉量≈21.5%×饲料用量。解上述方程，得：牛饲草单价=猪饲料单价+5.8%牛肉单价-21.5%猪肉单价。

按此方程，可以根据猪肉价、猪饲料价、牛肉价，判断养牛产胴体肉价与其饲料价之间的关系，评判养牛潜在的经济效益，即单位重量肉价所消耗的饲料成本。另外，依据前述计算结果可知，"粮改饲"养殖情况下，单位面积产肉量的平衡关系为：单位面积收获籽粒养猪产肉量=1.5 倍单位面积收获青贮养牛产肉量。

将"猪肉量"用方程"1.5×牛肉量"代替，得：牛饲草单价=猪饲料单价+5.8%牛肉单价-32%猪肉单价。

此为"粮改饲"养殖中种植收获青贮与种植收获籽粒的比较效益，若实现这样的青贮生产价格，单位面积生产青贮养牛与生产籽粒养猪，二者饲料价格、肉品价格相互影响的肉品收益一致。

综上，晚熟青贮玉米'曲辰 9'在长春地区收获青贮的干物质产量为 37.9 t/hm²，'良玉 99'和'先玉 335'适宜青贮期的籽粒产量平均为 12.5 t/hm²，其秸秆和鞘叶平均产量为 12.8 t/hm²。籽粒玉米'良玉 99'在适宜青贮期内，地上最高生物量为 28.8 t/hm²。青贮玉米'曲辰 9'在长春地区表现良好，少有倒伏现象，在洮南地区其产量不及'中

原单 32' 籽粒玉米，"粮改饲"需要针对不同地区选用适合的青贮玉米品种以获取最大的全株生物量。

由于单位面积农田生产青贮的干物质产量高于生产籽粒的干物质产量，所生产青贮的总能及消化能也高于生产籽粒的总能及消化能。在饲养当代幼犊或幼仔的情况下，生产青贮养牛及生产籽粒养猪，二者的胴体肉产量基本相等，此时青贮产量：籽粒产量=3∶1。但是，在考虑母畜消耗及繁殖率不同的情况下，生产青贮养牛比生产籽粒养猪产肉减少 33%，青贮产量：籽粒产量为 6∶1 时，二者产量才能持平。

总体来说，牛的价格一直高于猪，所以生产青贮养牛的效益高于养猪，有利于农民增收。

定性分析比较畜牧经济效益表明，现行价格体系下，无论是养猪、养牛还是养羊，都具有非常好的潜在经济效益，养猪的潜在经济效益好于养牛、养羊，并且养猪投资回报快。这或许是农民养猪而不养牛羊的原因之一。同时由于规模化养猪、养牛的投资较高，因此人们放弃养猪、牛，多选择养羊，并且养牛回报慢。这正是需要政策进一步积极鼓励刺激的地方。

澳大利亚、新西兰、加拿大、美国等国家采用的是由"土地资源多、机械化程度高、人力资源少"所决定的草地畜牧业发展方式，中国采用的是由"土地资源少、机械化投资多、人力资源多"所决定的草地畜牧业发展方式。除草地放牧、一定程度的散放散养及合作小区外，规模化、机械化、集约化、工业化生产模式为我国草食牲畜畜牧业未来的发展方向。现在及未来长期一段时间内，牛饲草单价=猪饲料单价+5.8%牛肉单价−21.5%猪肉单价，农区、林区发展规模化养殖持续有经济效益；草原区提高饲草产量、饲草消化率、饲草转化率具有生产效益翻一番的潜力。"粮改饲"养殖区域，农田种植青贮发展牛羊产业并不比生产籽粒发展养猪产肉多，但现行价格体系下，单位面积农田种植青贮发展牛羊潜在效益显著好于生产籽粒发展养猪业。同时，养牛业市场价格稳定上升，养猪业市场价格会发生周期性波动，并且育肥养牛具有可暂缓出栏稳定市场的能力，而育肥养猪到时间就需要出栏，否则会进入亏本状态。但是，养牛数量发展缓慢，需要政策鼓励，特别是金融政策。

干旱、半干旱的"镰刀湾区"，种植籽粒玉米有"10 年 7 收 2 平 1 歉"之说，籽粒产量不稳定，无论是生产籽粒卖粮或是养猪，都处于"似有希望富裕但渺茫，乱刨地紧忙活"状态，"粮改饲"养殖具有稳定饲草产量、稳定养殖产出、稳定乡村收入的积极意义。

第六节　草地放牧饲养效率

松嫩平原及中国北方草地超载放牧及不合理利用，在各地区不同程度地存在，导致产生一系列生态问题。如何遏制超载放牧及放牧草地退化长期困扰我们，减少放牧牛羊数量，导致牧民收入降低、损害牧民利益，所以，平衡载畜率和承载力的理论和技术，一直未能有效广泛推广实施。为了草地健康，政府每年还要拿出大笔资金用于草地保护的奖励补贴。探索一种协调方案，不减少放牧牲畜头数，但缩短放牧饲养时间，实现节约饲草减少放牧压力的目标，或减少牲畜头数但不减少牧民收入，甚至节约牲畜饲养成本，是草地放牧饲养及草地管理的一项策略性选择。

牲畜生长是一个能量和营养的累积过程，即体重为生长率和生长天数的直线函数。这就涉及一个管理技术或策略问题：为了达到目标体重，草地放牧饲养是维持低生长率而延长饲养天数，还是提高生长率缩短饲养天数，这两项判断选择的饲养增重效果、经济效益及其生态意义需要理论支持。草地生产与利用的核心问题之一是提高饲草利用率，我国北方草地放牧饲养的饲草转化率低是一个未破解的难题。

饲草效率（feed efficiency），是牲畜产品产出与所消耗饲料的比值（Kenny et al., 2018），指示饲草利用率，具有生态意义。单位数量或相同数量产出的投入比较，指示饲养的经济效益。本节依据绵羊生长过程中的能量和营养需要、羊草生长过程中的代谢能变化，比较研究了羊草草地营养动态供给与牲畜生长动态需要的对应关系，研究了饲草效率及其饲养效益，探索了一条既提高草地放牧饲养效益，又节约饲草和成本，有利于科学合理利用草地，实现草地保护性利用的方案。

高生长率减少了达到相同目标体重所需要的放牧饲养天数，饲草及矿物质累积需要量减少，节约饲养成本，集中高强度补饲能量饲料玉米可实现高生长率。能量饲料玉米补饲提高绵羊生长率，提高饲草效率，提高草地放牧饲养效益，有利于保证牧民收入，防止草地退化，保障草地科学利用。

一、绵羊随季节时间变化及体重增加的营养需要

牲畜生长是生长率与饲养天数的函数，我们研究了 3 种生长率情形下绵羊生长对应的饲草效率。动物营养参数是一个体重对营养需要的关系组，缺少时间过程，草地放牧饲养是一个时间动态过程，并且饲草质量也是动态的，因此，需要一个体重随时间变化及需要的关系组，本文首先建立草地放牧饲养随时间进行的动物营养需要。

不同生长率情形下，绵羊体重（W）对生长日（d）的关系方程：$W_{0.1}=0.1d+8$、$W_{0.2}=0.2d+8$、$W_{0.3}=0.3d+8$[0.1、0.2 和 0.3 分别为生长率（kg/d），8 为设定的初始重（kg）]。依据《动物营养参数与饲养标准》（张宏福和张子仪，2010）中体重与代谢能需要的关系，回归拟合建立不同生长率及其体重对代谢能的关系方程：$W_{0.1}=3.4544ME_{0.1}-2.955$（$R^2=0.998$）、$W_{0.2}=2.7488ME_{0.2}-2.6293$（$R^2=0.992$）、$W_{0.3}=2.2806ME_{0.3}-2.5892$（$R^2=0.993$）。联立上述二个方程组，获得代谢能对生长日的关系方程：$ME_{0.1}=0.0289d+3.17$（方程 1）、$ME_{0.2}=0.0728d+3.87$（方程 2）、$ME_{0.3}=0.1315d+4.64$（方程 3），据此方程，计算生长过程中每日或某日及其所对应体重的代谢能需要。同样方法，可以获得钙、磷的不同生长率不同体重每日的需要量。

放牧基础上，采用全收粪法，研究羊草青鲜草和干草的动态消化率（Sun and Zhou, 2007；孙海霞等，2016）。根据饲料代谢能（ME）计算公式：ME=0.82DE（消化能）（美国国家科学院-工程院-医学院，2019），计算羊草不同生长时期所含代谢能。根据放牧绵羊动态体重对应的采食量及羊草所含代谢能，比较放牧绵羊随时间变化的体重决定的代谢能需要，计算代谢能亏缺，计算羊草的饲草效率及饲养效益。通过补饲玉米，研究补饲所能实现的生长率及其饲养效益。

饲草效率（%）=体重获得/需要的饲草数量，粮肉比=补饲玉米数量/体重获得。

二、绵羊生长的累积营养需要

依据上述方程 1、方程 2 和方程 3 及可预测的钙、磷需要，分别计算不同生长率情景下，不同体重日平均需要代谢能和累积代谢能（表 7-64），结果表明，绵羊体重在 8～45 kg 日平均营养需要随生长率增加而增加，生长率 0.3 kg/d 比生长率 0.1 kg/d 日平均多需要消耗代谢能 61.4%，日平均多需要粗蛋白 61.6%，日平均多需要消耗钙、磷分别为58.3%、52.6%。

表 7-64　不同生长率的平均营养需要和达到目标体重（45 kg）的累积营养需要

日增重（g/d）	平均需要				天数（d）	累积需要			
	ME（MJ/d）	CP（g/d）	Ca（g/d）	P（g/d）		ME（KMJ）	CP（kg）	Ca（kg）	P（kg）
生长率 $ADG_{0.1}$	8.8	103.2	2.4	1.9	370	3.3	38.2	0.9	0.7
生长率 $ADG_{0.2}$	11.4	142.1	3.1	2.4	185	2.1	26.3	0.6	0.4
差异 $_{0.1 VS 0.2}$（%）	29.5	37.7	39.2	26.3	−50	−36.4	−31.2	−33.3	−42.9
生长率 $ADG_{0.3}$	14.2	166.8	3.8	2.9	124	1.8	20.7	0.5	0.4
差异 $_{0.1 VS 0.3}$（%）	61.4	61.6	58.3	52.6	−66.5	−45.5	−45.8	−44.4	−42.9

注：代谢能（ME）、粗蛋白（CP）、钙（Ca）和磷（P）为体重 8～45 kg 不同生长率的平均营养需要，根据《动物营养参数与饲养标准》及上述方程 1、方程 2 和方程 3 计算。天数（d）=（目标体重 45 kg-初始体重 8 kg）/生长率（kg/d）；代谢能、粗蛋白、钙和磷的累积需要=平均需要×天数。差异 $_{0.1 VS 0.2}$（%）=（$ADG_{0.2}$−$ADG_{0.1}$）/$ADG_{0.1}$×100，差异 $_{0.1 VS 0.3}$（%）=（$ADG_{0.3}$−$ADG_{0.1}$）/$ADG_{0.1}$×100

绵羊体重自 8 kg 生长至目标体重 45 kg，生长率不同所需要的生长天数不同，生长率 0.1 kg/d 需要 370 天，生长率 0.2 kg/d 需要 185 天，生长率 0.3 kg/d 仅需要 124 天。累积所需要消耗的营养数量与平均所需要消耗的营养数量成反比，高生长率累积所需要消耗的营养反而更少。生长率 0.2 kg/d 累积所需要消耗的代谢能比生长率 0.1 kg/d 累积所需要消耗的代谢能少 36.4%，累积所需要消耗的粗蛋白、钙和磷少 31%～43%，甚至以上。生长率 0.3 kg/d 累积所需要消耗的代谢能比生长率 0.1 kg/d 累积所需要消耗的代谢能少 45.5%，累积所需要消耗的粗蛋白、钙和磷均少 40%以上。

高生长率缩短达到相同目标体重所需要的饲养天数，节约代谢能和所需营养，即节约饲草饲料，并减少管理事务。这对草地放牧饲养有重要意义，减少饲草消耗意味着可以多饲养牲畜，增加饲养效益；减少草地放牧饲养压力，保护草地。

三、放牧饲养效益及能量饲料补饲决定的饲养效益

5～7 月的春夏季，羊草青鲜草的干物质消化率为 73%～77%，平均为 75%；9 月的秋季，羊草青鲜草的干物质消化率降为 54%；10 月后的冬季，羊草枯黄草的干物质消化率降为 50%（8 月没有实测的消化率数据，取 7～9 月的中间值 65%）。6～8 月，采集羊草晒干后饲喂所测羊草干草的干物质消化率平均为 51%。据此可知，羊草代谢能在 6～7 月份最高，青鲜草达到 11.1 MJ/kg，冬季较低，全年平均为 8.4 MJ/kg（表 7-65）。

表7-65 不同生长率对应的体重、采食量、生长需要及补饲需要

月份（月）	4	5	6	7	8	9	10	11	12			1	2	3	4		
生长日数 GD（d）	15	45	75	105	135	165	195	225	255	ADG 0.1 kg/d		285	315	345	370	ADG 0.1 kg/d	
体重 BW（kg）	9.5	12.5	15.5	18.5	21.5	24.5	27.5	30.5	34	平均	累积	36.5	39.5	42.5	45.0	370 d 平均	370 d 累积
羊草代谢能 FME（MJ/kg）	7.5	9.3	11.1	11.1	9.6	8.0	7.5	7.5	7.5	8.8	—	7.5	7.5	7.5	7.5	8.4	—
采食量 INT（kg/d）	0.3	0.4	0.5	0.6	0.6	0.7	0.8	0.9	1.0	0.6	164	1.1	1.2	1.3	1.4	0.8	305
采食代谢能 IME（MJ/d）	2.1	3.5	5.2	6.2	6.2	5.9	6.2	6.9	7.5	5.5	907	8.2	8.9	9.6	10.1	6.6	2026
生长需要代谢能 GME（MJ/d）	3.6	4.5	5.3	6.2	7.1	7.9	8.8	9.7	10.6	7.1	1811	11.4	12.3	13.2	13.9	8.8	3259
代谢能亏缺 DME（MJ/d）	1.5	1.0	0.1	0.0	0.9	2.0	2.6	2.8	3.1	1.6	904	3.2	3.4	3.6	3.8	2.2	1233
玉米补饲 CS（kg/d）	0.1	0.1	0.0	0.0	0.1	0.2	0.2	0.2	0.3	0.1	78	0.3	0.3	0.3	0.3	0.2	105

	4	5	6	7	8	9	10		
生长日数 GD（d）	15	45	75	105	135	165	185	ADG 0.2 kg/d	
体重 BW（kg）	11.0	17.0	23.0	29.0	35.0	41.0	45.0	平均	累积
羊草代谢能 FME（MJ/kg）	7.5	9.3	11.1	11.1	9.6	8.0	7.5	9.2	—
采食量 INT（kg/d）	0.3	0.5	0.7	0.9	1.1	1.2	1.4	0.9	159
采食代谢能 IME（MJ/d）	2.5	4.7	7.7	9.7	10.1	9.8	10.1	7.8	1243
生长需要代谢能 GME（MJ/d）	5.0	7.1	9.3	11.5	13.7	15.9	17.3	11.4	2109
代谢能亏缺 DME（MJ/d）	2.5	2.4	1.7	1.9	3.6	6.0	7.3	3.6	866
玉米补饲 CS（kg/d）	0.2	0.2	0.1	0.2	0.3	0.5	0.6	0.3	74

	4	5	6	7	8		
生长日数 GD（d）	15	45	75	105	124	ADG 0.3 kg/d	
体重 BW（kg）	13.0	22.0	31.0	40.0	45.0	平均	累积
羊草代谢能 FME（MJ/kg）	7.5	9.3	11.1	11.1	9.6	9.7	—
采食量 INT（kg/d）	0.4	0.7	0.9	1.2	1.4	0.9	112
采食代谢能 IME（MJ/d）	2.9	6.1	10.3	13.3	13.0	9.1	1026
生长需要代谢能 GME（MJ/d）	6.6	10.6	14.5	18.5	21.0	14.2	1766
代谢能亏缺 DME（MJ/d）	3.8	4.6	4.4	5.4	8.0	5.2	740
玉米补饲 CS（kg/d）	0.3	0.4	0.4	0.5	0.7	0.5	63

注：体重（kg）=生长率（kg/d）×天数（d）+8（kg）（起始体重），羊草代谢能（MJ/kg）=18（MJ/kg）×消化率×0.82，采食量（kg/d）=体重（kg）×3%，采食代谢能（MJ/d）=羊草代谢能（MJ/kg）×采食量（kg/d），生长需要代谢能（MJ/d）根据研究方法中的方程1、方程2、方程3计算。代谢能亏缺（MJ/d）=生长需要代谢能（MJ/d）−采食代谢能（MJ/d）；玉米补饲（kg/d）=代谢能亏缺（MJ/kg）/11.7（玉米代谢能 MJ/kg）。本文体重用月末数表达，理论上应该采用月中数，考虑到应激及游走消耗等，采用月末数较为适宜

　　设定 4 月 8 kg 羔羊在哺乳的基础上饲喂干草及补饲饲养，自 5 月份开始在草地放牧饲养，5 月采食干草和草地鲜草各占 50%，6～10 月完全草地放牧采食饲养，其他各月利用干草饲喂。利用上述方程计算的不同生长率对应的各体重代谢能需要表明，各生长率情况下，生长所需要的代谢能都大于采食所能获得的代谢能，草地放牧饲养不足以支持 0.1 kg/d 的生长速率（表 7-65）。

　　如前所述，高生长率缩短饲养天数、节约饲草。为了保护草地，减少草地饲草被采食甚至耗尽，并保证生产出足够多的牲畜产品，需适当进行能量补饲，实现高生长率。

　　低浓度间断补饲，补饲玉米 78 kg，可以实现 0.1 kg/d 的生长率，至当年 12 月，体重仅能达到 34 kg。继续饲养至体重 45 kg，总饲养 370 天，累积消耗饲草 305 kg，需要再补饲玉米 29 kg，总补饲玉米 105 kg，饲草效率 12%，粮肉比 2.8∶1，等同于养猪的耗粮水平。

　　低浓度均匀补饲，累积补饲玉米 74 kg，可以实现 0.2 kg/d 的生长速率，并在 10 月末达到体重 45 kg，用时 185 天，消耗饲草 159 kg，饲草效率 23%，粮肉比 2.0∶1。补饲后比较，达到相同体重 45 kg，0.2 kg/d 生长率比 0.1 kg/d 生长率节约饲草 48%。

　　高浓度集中补饲，累积补饲玉米 63 kg，可以实现 0.3 kg/d 的生长速率，并在 8 月末达到体重 45 kg，用时 124 天，消耗饲草 112 kg，饲草效率 33%，粮肉比 1.7∶1。补饲后比较，达到相同体重 45 kg，0.3 kg/d 的生长率比 0.1 kg/d 的生长率节约饲草 63%，0.3 kg/d 的生长率比 0.2 kg/d 的生长率节约饲草 30%。

　　补饲能量饲料玉米需要额外支出，计算表明，高生长率节约了饲草，尽管补饲了一定数量的玉米，但总饲料成本大幅降低（表 7-66），生长率 0.3 kg/d 的饲料成本仅为生长率 0.1 kg/d 的 47%，即饲料成本节约 53%。低生长率饲养天数多，若考虑管理成本，低生长率饲养的成本还需再增加。

表 7-66　达到目标体重 45 kg 不同生长率补饲后的饲料成本

生长率 （g/d）	生长天数 （d）	消耗饲草 （kg）	饲草价值 （元）	消耗玉米 （kg）	玉米价值 （元）	消耗总价值 （元）	毛重单价 （元/kg）
100	370	305	305	105	263	568	15.4
200	185	159	159	74	185	344	9.3
300	124	112	112	63	158	270	7.3

　　注：立地饲草价格按 1000 元/t 计算，玉米价格按 2500 元/t 计算。饲草价值（元）=饲草价格（元/kg）×消耗饲草（kg），玉米价值（元）=玉米价格（元/kg）×消耗玉米（kg），消耗总价值（元）=饲草价值（元）+玉米价值（元），毛重单价（元/kg）=消耗总价值（元）/37（kg）

四、生产选择

　　草地资源生产、利用和保护是草地科学研究与实践管理的主题（Hopkins，2000），一直以来，这 3 个主题相对独立发展。本文通过牲畜采食获得及其生长需要，建立了饲草生产与畜牧利用的关系，并揭示了其草地保护潜力，对草地生产及其保护性利用有重要理论意义，也是我们需要继续深入研究的内容。

　　动物生长除需要能量外，还需要相应的蛋白质、矿物质元素及维生素（伍国耀，

2019)。在饲料工业发达的现今，钙、磷等常量矿物质元素、微量元素及维生素都可以方便地获得，成本也相对低廉。蛋白质可以通过添加尿素解决，每天每头补饲 35~45 g 尿素，相当于增加粗蛋白 102~131 g[=(35~45)×0.467×6.25，以平均每天采食 0.9 kg 计算，相当于增加饲草粗蛋白 11%~14%，满足中高生长率需要]，饲喂尿素为牲畜饲养的标准做法（伍国耀，2019），有百年研究历史（Voltz，1920）。

草地饲养研究的一个技术关键是绵羊的日采食量。一般，绵羊的日采食量为其体重的 2.1%~6.2%，干草采食少一些，精料采食多一些（Pulina et al.，2013），本文选择采食饲草 3%进行计算是权衡了大多数研究结果（Boval and Sauvant，2019）。选择 2.5%或 3.5%进行计算，其采食或补饲比 3%有±16%的差异（表 7-67），但结论没有变化，即高生长率减少饲养天数，节约饲草、矿物质和饲养成本，并且差异非常大。在采食量为其体重 3.5%的情形下，低浓度零散补饲，草地放牧饲养也不能支持 0.1 kg/d 的生长速率。考虑应激消耗及游走等放牧能消耗（伍国耀，2019；周道玮等，2016），没有补饲的草地放牧饲养所能维持的生长率更低。维持低生长率，尽管补饲玉米数量很多，也不能快速达到目标体重，这就要求建立适宜的补饲方法，如高浓度集中补饲。

表 7-67　不同采食比例对应的达到目标体重的累积采食量和累积所需要的玉米补饲量

生长率（kg/d）	2.5%采食量（kg）	玉米补饲（kg）	3%采食量（kg）	玉米补饲（kg）	3.5%采食量（kg）	玉米补饲（kg）
0.1	254	158	305	105	356	43
0.2	133	107	159	74	186	36
0.3	94	90	112	63	131	32

注：采食量及补饲数量的计算方法参见表 7-65 注释

低生长率消耗更多饲草，在"撒芝麻盐式"补饲情况下，也消耗更多饲草及补饲的能量饲料玉米，需要放弃低于 0.1 kg/d 的低生长率草地放牧饲养（低生长率饲养浪费绵羊生长潜力、饲草资源和人力物力），要努力追求高生长率饲养，甚至集中育肥。生长率 0.3 kg/d，在 8 月末体重达到 45 kg，而生长率 0.1 kg/d，在 10 月末体重仅达到 34 kg，高生长率饲养潜在良好的经济效益和生态效益可以破解现存的多种理论争议和实践难题。

草地饲草在不同的生长物候期消化率不同，相应地，其消化能及代谢能不同。在 6~7 月份的营养阶段，消化率高达 75%，代谢能高达 11.1MJ/kg，类似于玉米的代谢能。随饲草生育期推进，消化率下降，代谢能减少。9 月份，饲草消化率快速下降，绵羊所能采食获得的代谢能减少，意味着草地放牧饲养效益下降。所以，追求 0.3 kg/d 的高生长速率，争取在 8 月末实现 45 kg 的绵羊标准饲养（Freer and Dove，2002），对于草地保护及畜牧生产有双重积极意义。另外，在温带北方地区，应该考虑一年二次的高质量利用方式：一次在 5 月中旬至 7 月中旬的 60 天内，一次在 7 月中旬至 9 月中旬的 60 天内。实行"两段式"高质量利用，即是说，在 7 月中旬割除未充分利用的老草，形成新一轮生长，以再次利用。维持"两段式"饲养需要精巧的设计和实施，形成一个可行的划区轮牧方案（周道玮等，2015）。

有粮补饲涉及粮食供给安全，但至少在中国有一个可行的办法，那就是减少猪肉生产，节约的粮食用于草地饲养补饲，每减少 1 kg 毛猪生产（粮肉比=2.8∶1，约 0.7 kg 胴体猪=1×70%)(冯光德，2015)而节约的粮食可用于生产 1.6 kg 毛羊生产（粮肉比 1.7∶1，约 0.8 kg 胴体羊=1.6×50%），可以弥补猪肉减产并生产更多的牛羊肉。另外，草原奖励补贴用于支持进口粮食补饲不失为一个良好选项。

草地退化及其恢复是中国北方草地的一个重要问题（李博，1997），面临各种恢复途径及管理对策的选择（程积民等，2014），与其减少牲畜头数，不如提高绵羊生长率、减少饲草消耗，提高放牧饲养效益，建立科学合理的草地生产与利用技术体系，直面解决生产、利用及保护问题。

第七节　草食牲畜生产模式及草地畜牧业分区

东北草食牲畜饲草料来源于典型草地、林下和林缘草地（包括防护林）、树木落叶、"三旁"（路旁、村旁、田地旁等）草地、农田立地秸秆及收获的秸秆。东北草食牲畜饲养方式分为放牧饲养、补饲饲养、圈圈饲养、"蹓茬"饲养等。放牧饲养指牲畜在草地上进行自由采食的饲养方式；补饲饲养是指在放牧的基础上利用其他饲料进行补充饲喂的饲养方式；圈圈饲养是指不放牧或很少放牧，主要利用储存的饲草料人工添加饲喂的饲养方式；"蹓茬"饲养是牲畜在作物收获后的田地上采食农田杂草及剩余作物茎叶的饲养方式。

一、草食牲畜生产模式

根据东北各地草食牲畜粗饲料的来源途径及其所占的比例和饲养方式，东北草食牲畜（牛羊）生产模式概括有 5 种：草地畜牧业模式、秸秆畜牧业模式、草地-秸秆畜牧业模式、林地-秸秆畜牧业模式、林地畜牧业模式。

1. 草地畜牧业模式

草地占主导的地区，粗饲料主要来源于草地饲草，饲养方式为放牧饲养，形成了草地畜牧业发展模式。生产过程为夏季放牧，秋冬季在放牧的基础上补饲储存的干草。一般用于生产肉羊或肉牛，每年的 1 月前后产羔，当年生羔在秋季出栏（表 7-68）。松嫩平原草地区为此种模式的代表，如黑龙江大庆的一些地区，但此种模式在松嫩平原总体不多。

表 7-68　草地畜牧业模式的粗饲料来源及饲养方式

项目	1 月	2 月	3 月	4 月	5 月	6 月	7 月	8 月	9 月	10 月	11 月	12 月
饲料来源	干草	干草	干草	干草	草地	草地	草地	草地	草地	干草	干草	干草
饲养方式	补饲	补饲	补饲	补饲	放牧	放牧	放牧	放牧	放牧	放牧	放牧	补饲

注：生长季在草地放牧，秋冬初春在放牧的基础上补饲从草地收获储存的干草

2. 秸秆畜牧业模式

农田占主导的地区，粗饲料部分来源于"四旁"草地，大部分来源于农田秸秆。生

产过程为夏季零星放牧，秋季在农田"蹓茬"，冬春季大量利用秸秆补饲，或全年圈圈饲养。一般用于生产肉牛，产犊时期不一致，饲养期1～2年，出栏前多进行育肥。松嫩平原农业区为此种模式的代表，如吉林长春周边地区、黑龙江哈尔滨周边地区（表7-69）。

表7-69 秸秆畜牧业模式的粗饲料来源及饲养方式

项目	1月	2月	3月	4月	5月	6月	7月	8月	9月	10月	11月	12月
饲料来源	秸秆	秸秆	秸秆	四旁	四旁	四旁	四旁	四旁	四旁	农田	农田	秸秆
饲养方式	补饲	补饲	补饲	放牧	放牧	放牧	放牧	放牧	放牧	蹓茬	蹓茬	补饲

注：生长季在"四旁"草地放牧或不放牧，秋冬季在农田"蹓茬"，全年或秋冬初春大量补饲秸秆，秸秆进行粉碎或氨化处理

3. 草地-秸秆畜牧业模式

农田与草地交错或镶嵌的地区，粗饲料部分来源于草地，部分来源于农田秸秆。生产过程为夏季在草地放牧，秋季在农田"蹓茬"，冬季和初春利用秸秆补饲。一般用于生产肉羊和肉牛。每年的1月产羔，当年生羔在秋季出栏。牛在此模式区的比例高于草地畜牧业模式区。松嫩平原草地与农田比例相当的地区为此种模式的代表，如吉林松原地区（表7-70）。

表7-70 草地-秸秆畜牧业模式粗饲料来源及饲养方式

项目	1月	2月	3月	4月	5月	6月	7月	8月	9月	10月	11月	12月
饲料来源	秸秆	秸秆	秸秆	秸秆	草地	草地	草地	草地	草地	农田	农田	农田
饲养方式	补饲	补饲	补饲	补饲	放牧	放牧	放牧	放牧	放牧	蹓茬	蹓茬	补饲

注：生长季在草地、"四旁"草地放牧，秋季在农田"蹓茬"，冬春补饲秸秆，秸秆处理或不处理

4. 林地-秸秆畜牧业模式

广大林区、有农田镶嵌的林区，即农林交错或镶嵌区，粗饲料部分来源于林下和林缘草地、"四旁"草地及树木落叶，部分来源于农田秸秆。生产过程为夏季在林区草地放牧，秋冬季在农田"蹓茬"，春季全部利用秸秆补饲。一般用于生产肉牛，产犊时期不一致，饲养期1～2年，出栏前多进行育肥。东北农林交错或镶嵌区为此种模式的代表，如长白山广大的农村地区（表7-71）。

表7-71 林地-秸秆畜牧业模式的粗饲料来源及饲养方式

项目	1月	2月	3月	4月	5月	6月	7月	8月	9月	10月	11月	12月
饲料来源	秸秆	秸秆	秸秆	秸秆	林地	林地	林地	林地	林地	秸秆	秸秆	秸秆
饲养方式	补饲	补饲	补饲	补饲	放牧	放牧	放牧	放牧	放牧	蹓茬	蹓茬	蹓茬

注：生长季在林地放牧，秋冬季在农田"蹓茬"，冬季几乎全部利用秸秆补饲

5. 林地畜牧业模式

在林区农田很少的地方，粗饲料大部分来源于林下草地、"四旁"草地及树木落叶，

少部分来源于农田秸秆及其副产品。生产过程为夏季在林地放牧,秋季在少量的农田"蹓茬",冬季利用从林间草地收获储存的干草和少量秸秆进行圈圈饲养。一般用于生产肉牛,产犊时期不一致,饲养期1~2年,出栏前进行育肥。东北林区为此种模式的代表,如大兴安岭北部山区的农村地区(表7-72)。

表 7-72 林地畜牧业模式的粗饲料来源及饲养方式

月份	1 月	2 月	3 月	4 月	5 月	6 月	7 月	8 月	9 月	10 月	11 月	12 月
饲料来源	干草	干草	干草	干草	林地	林地	林地	林地	农田	干草	干草	干草
饲养方式	圈圈	圈圈	圈圈	圈圈	放牧	放牧	放牧	放牧	蹓茬	圈圈	圈圈	圈圈

注:生长季在林地放牧,秋季有少许"蹓茬",冬季利用从林间草地收获储存的干草进行圈圈饲养

根据牲畜获取饲料的方式和类型,东北草食牲畜饲养方式分为放牧饲养、补饲饲养、圈圈饲养、"蹓茬"饲养4种。区别这4种方式有助于我们针对不同的发展模式,完善草食牲畜饲养环节和体制。

二、草地畜牧业分区

根据东北植被类型和上述确定的粗饲料主体来源,参考各地区林地、草地、农田的比例,东北畜牧业生产区可划为如图7-37所示的4个区域。松嫩平原没有典型的草地畜牧业区,但是在草地-秸秆畜牧业区内保留有草地畜牧业生产模式,大兴安岭以西的内蒙古草原为草地畜牧业区。

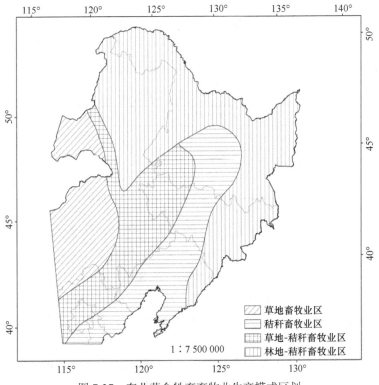

图 7-37 东北草食牲畜畜牧业生产模式区划

草地畜牧业区：草地畜牧业模式占主导的地区，但草地饲养能力多饱和，在保护草地的基础上，提高饲养效益，发展效益型畜牧业是此区的管理重点。隐域生境发展高产饲料作物有潜力，外围农田秸秆对于草地畜牧业区牲畜发展有利用的潜力。适宜发展饲羊产业。

秸秆畜牧业区：秸秆畜牧业模式占主导的地区，秸秆利用率有极大的挖掘潜力，饲养效益需要进一步提高，尤其是羊的饲养效益。适宜发展饲牛产业。

草地-秸秆畜牧业区：草地-秸秆畜牧业模式占主导的地区，农田资源丰富，发展草食牲畜有潜力。秸秆改良利用途径、饲养效益提高技术、适宜的推动政策、产业发展模式是本地区面临的一系列挑战。适宜发展肉牛饲养。

林地-秸秆畜牧业区：林地畜牧业模式、林地-秸秆畜牧业模式占主导的地区，林地、农田资源丰富，是发展草食牲畜最有潜力的地区。林下资源利用政策、秸秆改良利用途径、饲养效益提高技术、产业生产模式、适宜的推动政策等也是此区面临的一系列挑战。此区气候寒冷，植物生长期短，在自由放养的基础上，宜加强补饲。具有发展高产作物饲料的潜力。适宜发展肉牛饲养。

2005～2007 年，东北三省平均存栏牛 1440 万头，存栏羊 2280 万只，出栏牛 850 万头，出栏羊 1690 万头。东北三省实际每年饲养牛 2290 万头，相当于 1.1 亿个羊单位，实际每年饲养羊 0.4 亿只，二者合计，全年相当于饲养了 1.5 亿个羊单位（东北三省土地面积 78.6 万 km^2），产肉 26～27 kg/hm^2。河南、山东、河北等省牲畜饲养数为 5～6 个羊单位/hm^2，产肉 50～60 kg/hm^2。

与南部地区（河南、山东）的生产水平相比较，东北三省牛产肉率水平相当，吉林较低；羊产肉率高，但低于国际平均水平（羊出栏胴体 22 kg）；牛出栏率高于南部地区，与从外围收购育肥出栏牛有关；羊出栏率普遍低，辽宁羊出栏率低的原因之一是饲养绒山羊较多；山东、河南羊产肉率低与饲养山羊有较大关系（表 7-73）。

表 7-73 东北牲畜饲养效率

省份	牛产肉率（kg/头）	羊产肉率（kg/只）	牛出栏率（%）	羊出栏率（%）
黑龙江	148	16	40	60
吉林	142	13	63	77
辽宁	149	12	78	59
山东	149	11	29	110

注：牛产肉率=生产牛肉/出栏牛数，羊产肉率=生产羊肉/出栏羊数，牛出栏率=出栏牛数/当年牛存栏数×100%，羊出栏率=出栏羊数/当年羊存栏数×100%；南部指东北南部，以山东、河南为代表；表中数据为 2003～2007 年的 5 年平均值

通过上述比较，从空间和饲料角度来说，东北地区还有很大的草食牲畜发展空间。从产肉率和出栏率方面看，羊的出栏率还需进一步提高。

东北具有丰富的发展草食牲畜畜牧业的土地资源及对应的饲草资源，但是草地畜牧业区的牲畜饲养已经饱和，没有再增加牲畜数量的空间，甚至为了保护草地，应该降低牲畜饲养数量。同时，草地区草地畜牧业效益还有提高的潜力。农田秸秆、林区草资源是东北发展草食牲畜畜牧业重要的基础资源，东北草食牲畜畜牧业的发展潜力存在于秸秆畜牧业区、林地-秸秆畜牧业区、草地-秸秆畜牧业区。

在秸秆畜牧业区、林地-秸秆畜牧业区及草地-秸秆畜牧业区，发展草食牲畜畜牧业的核心是提高粗饲料的利用率，增加利用数量，充分利用更多的秸秆和其他粗饲料。在此基础上，提高效益，即提高牲畜出生率、生长率、出栏率、产肉率，发展效益型草食牲畜畜牧业。

（本章作者：周道玮，孙海霞，王雨琼）

参 考 文 献

白永飞, 许志信, 李德新. 1994. 羊草草原群落生物量季节动态研究[J]. 中国草地, (3): 1-5, 9.

鲍巨松, 杨成书. 1986. 玉米苗期去叶的研究[J]. 陕西农业科学, (4): 13-17.

参木有, 卢德勋, 胡明, 等. 2004. 不同处理的玉米秸替换干草对绵羊消化代谢的影响[J]. 动物营养学报, 16(1): 47-52.

曹玉凤, 李英, 刘荣昌, 等. 2000. 复合化学处理秸秆对肉牛生产性能的影响[J]. 中国草食动物, (1): 13-16.

陈继富, 赵海云, 许瑛. 2005. 不同生态整秸秆氨化饲料高蛋白稳定性研究[J]. 中国畜禽种业, (7): 6-7.

陈玉香, 周道玮, 张玉芬. 2004. 玉米营养成分时空动态[J]. 应用生态学报, (9): 1589-1593.

程积民, 井赵斌, 金晶炜, 等. 2014. 黄土高原半干旱区退化草地恢复与利用过程研究[J]. 中国科学(生命科学), 44(3): 267-279.

范华. 2001. 秸秆保存方法和时间对营养价值的影响[D]. 太原: 山西农业大学硕士学位论文.

冯光德. 2015. 构建高效养猪模式[J]. 中国猪业, 10(7): 22-25.

冯仰廉, 张子仪. 2001. 低质粗饲料的营养价值及合理利用[J]. 中国畜牧杂志, (6): 3-5.

郭庭双. 1995. 秸秆畜牧业[M]. 上海: 上海科学技术出版社.

郭庭双, 张智山, 杨振海. 1996. "秸秆畜牧业"十问[J]. 黄牛杂志, (2): 30-33.

韩鲁佳, 闫巧娟, 刘向阳, 等. 2002. 中国农作物秸秆资源及其利用现状[J]. 农业工程学报, 18(3): 87-91.

何萍, 金继运. 2000. 保绿型玉米的营养生理研究进展[J]. 玉米科学, (4): 41-44.

贺永惠. 2000. 秸秆的碱化、氨化处理[J]. 饲料广角, (20): 17-20.

贺永惠. 2001. 北方地区玉米秸秆复合碱化和快速氨化技术及其在幼羊生长中应用的研究[D]. 哈尔滨: 东北农业大学硕士学位论文.

胡寅华. 1996. 夏玉米去叶对果穗性状和产量的影响[J]. 玉米科学, (1): 46-49.

黄金华. 2007. 不同处理的粗饲料营养价值的比较[D]. 南宁: 广西大学硕士学位论文.

贾慎修. 1997. 中国饲用植物志[M]. 北京: 中国农业出版社.

姜向阳, 范仲卿, 格桑, 等. 2014. 山东主要农作物籽实及不同器官的热值研究[J]. 中国农学通报, 30(27): 109-113.

凯泽 A G. 2008. 顶级刍秣: 成功的青贮[M]. 北京: 中国农业出版社.

李博. 1997. 中国北方草地退化及其防治对策[J]. 中国农业科学, (6): 2-10.

李福昌, 冯仰廉, 莫放, 等. 2001. 真胃灌注熟玉米面对单一羊草日粮下肉牛营养物质消化、能量利用及血糖浓度的影响[J]. 动物营养学报, (2): 38-42.

梁大勇, 昝林森, 张双奇, 等. 2009. 日粮精粗比对荷斯坦青年公牛生长和肉质的影响[J]. 西北农林科技大学学报(自然科学版), (12): 63-67.

刘洪亮, 娄玉杰. 2006. 羊草和苜蓿草产品营养物质瘤胃降解特性的研究[J]. 中国草地学报, (6): 47-51.

刘兴友, 刁有祥. 2008. 食品理化检验学[M]. 北京: 中国农业大学出版社.

刘钟龄, 郝敦元. 2004. 构建北方草原生态安全体系的思考[C]//中国草学会第六届二次会议暨国际学术研讨会论文集. 呼和浩特: 中国草学会第六届二次会议暨国际学术研讨会, 39-47.

刘钟龄, 李忠厚. 1987. 内蒙古羊草大针茅草原植被生产力的研究、群落总生产量的分析[J]. 干旱区资源与环境, (Z1): 13-33.

鹿书强. 2004. 不同季节和处理方式对氨化玉米秸秆营养价值的影响[D]. 哈尔滨: 东北农业大学硕士学位论文.

毛华明, 朱仁俊, 冯仰廉. 2001. 复合化学处理提高作物秸秆营养价值的研究[J]. 黄牛杂志, 27 (2): 12-15.

美国国家科学院-工程院-医学院. 2019. 肉牛营养需要(第8次修订版)[M]. 孟庆翔, 周振明, 吴浩译. 北京: 科学出版社.

美国国家科学院-工程院-医学院. 2019. 肉牛营养需要[M]. 孟庆翔, 周振明, 吴浩译. 北京: 科学出版社.

朴香兰. 2003. 吉林省农作物秸秆资源的现状及综合利用[J]. 延边大学农学学报, 25(3): 60-64.

任继周. 2007. 从秸秆说起——兼及牧草、饲草、刍草[J]. 草业科学, 24(6): 74-75.

任继周, 刘学录, 侯扶江. 2002. 生物的时间地带性及其农学涵义[J]. 应用生态学报, (8): 1013-1016.

孙海霞, 常思颖, 陈孝龙, 等. 2016. 不同季节刈割羊草对绵羊采食量和养分消化率的影响[J]. 草地学报, 24(6): 1369-1373.

孙海霞. 2007. 松嫩平原农牧交错区绵羊放牧系统粗饲料利用的研究[D]. 长春: 东北师范大学博士学位论文.

孙海霞, 周道玮. 2008. 松嫩草地不同牧草体外干物质消化率的研究[J]. 中国草地学报, (2): 11-14.

孙儒泳. 1993. 普通生态学[M]. 北京: 高等教育出版社.

孙泽威. 2008. 松嫩羊草草地放牧绒山羊营养限制因素的研究[D]. 长春: 东北师范大学博士学位论文.

王克平, 娄玉杰, 成文革, 等. 2005. 吉生羊草营养物质动态变化规律的研究[J]. 草业科学, (8): 24-27.

王敏玲, 孙海霞, 周道玮. 2011. 干玉米秸秆与干羊草营养价值的比较研究[J]. 饲料工业, 32(3): 19-21.

王钦, 肖金玉, 王天玲, 等. 2002. 草地牧草在放牧绵羊体内消化吸收的动态特征[J]. 中国草地, (5): 11-15.

王庆成, 牛玉贞, 王忠孝, 等. 1997. 源-库比改变对玉米群体光合和其它性状的影响[J]. 华北农学报, (1): 2-7.

王婷, 饶春富, 王友德, 等. 2000. 减源缩库与玉米产量关系的研究[J]. 玉米科学, (2): 67-69.

王艳红, 徐明, 王富宁, 等. 2007. 日粮精粗比对山羊生长性能和屠宰性能的影响[J]. 中国饲料, (3): 21-23.

王雨琼. 2018. 提高玉米秸秆饲喂绵羊利用效率的研究[D]. 长春: 中国科学院东北地理与农业生态研究所博士学位论文.

王雨琼, 周道玮. 2017. 白腐菌对玉米秸秆营养价值及抗氧化性能的影响[J]. 动物营养学报, (11): 4108-4115.

吴泠, 何念鹏, 周道玮. 2004. 松嫩平原农牧交错区牲畜放牧场的空间转移[J]. 生态学报, (1): 167-171.

吴盛黎, 顾明, 宋碧, 等. 1998. 不同生态条件下高原玉米产量的源库关系[J]. 山地农业生物学报, (5): 4-11, 52.

伍国耀. 2019. 动物营养学原理[M]. 北京: 科学出版社.

邢廷铣, 方热军, 谭支良, 等. 1993. 我国作物秸秆营养价值及其利用研究[J]. 农业现代化研究, (6): 373-379.

徐相亭, 王宝亮, 程光民, 等. 2016. 不同精粗比日粮对杜泊绵羊生长性能, 血清生化指标及经济效益的影响[J]. 中国畜牧兽医, 43(3): 668-675.

徐志军, 胡燕, 董宽虎. 2015. 不同精粗比柠条青贮日粮对羔羊生产性能和消化代谢的影响[J]. 草地学报, (3): 586-593.

闫贵龙, 曹春梅, 鲁琳, 等. 2006. 玉米秸秆不同部位主要化学成分和活体外消化率比较[J]. 中国农业大学学报, 11(3): 70-74.

闫贵龙, 孟庆翔, 陈绍江. 2005. 玉米类型和籽粒成熟期影响秸秆营养成分与活体外消化率的比较研究[J]. 动物营养学报, 17(3): 50.

燕文平, 张莹莹, 王聪, 等. 2014. 不同精粗比日粮对肉牛生产性能和血液指标的影响[J]. 饲料研究, (21): 54-57.

杨胜. 1993. 饲料分析及饲料质量检测技术[M]. 北京: 北京农业大学出版社.

杨小然, 郭志杰. 2011. 羊草、氨化秸秆、微贮秸秆三种粗饲料营养性能的研究[J]. 饲料博览, (1): 1-3.

杨在宾. 2008. 非常规饲料资源的特性及应用研究进展[J]. 饲料工业, (7): 1-4.

杨志谦, 王维敏. 1991. 秸秆还田后碳、氮在土壤中的积累与释放[J]. 土壤肥料, (5): 43-46.

永西口修, 池田健, 四十万谷吉郎, 等. 1995. 羊草的饲料特征[J]. 国外畜牧学(草原与牧草), (4): 30-32.

张宝乾. 1995. 秸秆氨化处理方法及发展趋势[J]. 农机试验与推广, (5): 19-20.

张凤路, 崔彦宏, 王志敏, 等. 1999. 去叶影响玉米籽粒发育的生理研究[J]. 河北农业大学学报, (3): 16-19.

张浩, 邹霞青. 2000. 不同处理稻草纤维类物质瘤胃的降解特性[J]. 福建农业大学学报, 29 (1) : 81-86

张宏福, 张子仪. 2010. 动物营养参数与饲养标准[M]. 北京: 中国农业出版社.

张立中, 王云霞. 2004. 中国草原畜牧业发展模式的国际经验借鉴[J]. 内蒙古社会科学(汉文版), (6): 119-123.

张秀芬. 1992. 饲草饲料加工与贮藏[M]. 北京: 中国农业出版社.

赵丽华, 莫放, 余汝华, 等. 2008. 贮存时间对玉米秸秆营养物质损失的影响[J]. 中国农学通报, 24 (2) : 4-7.

赵忠, 王宝全, 王安禄. 2005. 藏系绵羊体重动态监测研究[J]. 中国草食动物, (1): 14-16, 21.

中国畜牧业年鉴编辑委员会. 2004. 中国畜牧业年鉴[M]. 北京: 中国农业出版社.

中华人民共和国国家统计局. 2016. 中国统计年鉴[M]. 北京: 中国统计出版社.

中华人民共和国农业部畜牧区司, 全国畜牧兽医总站. 1996. 中国草地资源[M]. 北京: 中国科学技术出版社.

钟华平, 岳燕珍, 樊江文. 2003. 中国作物秸秆资源及其利用[J]. 资源科学, (4): 62-67.

周道玮, 黄迎新, 钟荣珍, 等. 2023. "粮改饲"产能及其产肉效率研究. 土壤与作物, 12(1): 68-76.

周道玮, 李亚芹, 孙刚. 1999. 草原火烧后植物群落生产及其产量空间结构的变化[J]. 东北师大学报(自然科学版), (4): 83-90.

周道玮, 林佳乔, 覃盟琳. 2004. 东北农牧交错区绵羊的自由放养与设计饲养[J]. 应用生态学报, (7): 1187-1193.

周道玮, 孙海霞, 钟荣珍, 等. 2012. 东北农牧交错区"草地-秸秆畜牧业"概论[J]. 土壤与作物, 1(2): 100-109.

周道玮, 孙海霞, 钟荣珍, 等. 2016. 草地畜牧理论与实践[J]. 草地学报, 24(4): 718-725.

周道玮, 田雨, 胡娟. 2020. 草地农业基础[M]: 北京: 科学出版社.

周道玮, 钟荣珍, 孙海霞, 等. 2015. 草地划区轮牧饲养原则及设计[J]. 草业学报, 24(2): 176-184.

周青平, 王宏生. 1997. 青海湟水谷地玉米最适收获期及其秸秆的调制利用[J]. 草业科学, 14(1): 53-56.

Abdulrazak S A, Muinga R W, Thorpe W, et al. 1997. Supplementation with *Gliricidia sepium* and *Leucaena leucocephala* on voluntary food intake, digestibility, rumen fermentation and live weight of crossbred steers offered Zea mays stover[J]. Livestock Production Science, 49(1): 53-62.

Adesogan A T, Arriola K G, Jiang Y, et al. 2019. Symposium review: technologies for improving fiber utilization[J]. Journal of Dairy Science, 102(6): 5726-5755.

Armsby H P. 1917. The Nutrition of Farm Animals[M]. New York: The Macmillan Company.

Bement R E. 1969. A stocking-rate guide for beef production on blue-grama range[J]. Journal of Range Management, 22(2): 83.

Bishop C T. 2011. The action of liquid ammonia on wheat straw holocellulose[J]. Canadian Journal of Chemistry, 30(4): 229-234.

Boever J D, Cottyn B G, Buysse F X, et al. 1986. The use of an enzymatic technique to predict digestibility, metabolizable and net energy of compound feedstuffs for ruminants[J]. Animal Feed Science & Technology, 14(3): 203-214.

Boval M, Sauvant D. 2019. Ingestive behaviour of grazing ruminants: meta-analysis of the components of bite mass[J]. Animal Feed Science and Technology, 251: 96-111.

Daniel S, Jean-Marc P, Gilles T. 2005. 饲料成分与营养价值表[M]. 谯仕彦, 王旭, 王德辉译. 北京: 中国农业大学出版社.

Flachowsky G, Kamra D N, Zadrazil F. 1999. Cereal straws as animal feed-possibilities and limitations[J]. Journal of Applied Animal Research, 16(2): 105-118.

Freer M, Dove H. 2002. Sheep Nutrition[M]. Wallingford: CABI Publishing.

Garrett W N. 1980. Factors influencing energetic efficiency of beef production[J]. Journal of Animal Science, 51(6): 1434-1440.

Godden W. 1920. The digestibility of straw after treatment with soda[J]. Journal of Agricultural Science, 10(4): 437-456.

Hershberger T V, Bentley O G, Moxon A L. 1959. Availability of the nitrogen in some ME ammoniated products to bovine rumen microorganisms[J]. Journal of Animal Science, 18(2): 663-670.

Holechek J, Galt D, Joseph J, et al. 2003. Moderate and light cattle grazing effects on Chihuahuan desert rangelands[J]. Journal of Range Management, 56(2): 133-139.

Hopkins A. 2000. Grass: Its Production and Utilization. 3rd Ed. Oxford: Blackwell Science Ltd.

Jackson M G. 1978. Treating straw for animal feeding-an assessment of its technical and economic feasibility[J]. World Animal Review, 28: 38-43.

Kellner O. 1913. The Scientific Feeding of Animals[M]. New York: The Macmillan Company.

Kenny D A, Fitzsimons C, Waters S M, et al. 2018. Invited review: Improving feed efficiency of beef cattle – the current state of the art and future challenges[J]. Animal, 12: 1-12.

Kerr P. 2000. A Guide to Improved Lamb Growth[M]. Palmeston North: New Zealand Sheep Council.

Lourenco, Wilson R. 2000. Synopsis of the Colombian species of *Tityus* Koch (Chelicerata, Scorpiones, Buthidae), with descriptions of three new species[J]. Annals and Magazine of Natural History, 34(3): 449-461.

Maeng W J, Mowat D N, Bilanski W K. 1971. Digest ubility of sodium hydroxide-treated straw fed or in combination with alfalfa silage[J]. Canadian Veterinary Journal La Revue Veterinaire Canadienne, 51(3): 743-747.

Milchunas D G, Forwood J R, Lauenroth W K. 1994. Productivity of long-term grazing treatments in response to seasonal precipitation [J]. Journal of Range Management, 47(2): 133-139.

Milchunas D G, Lauenroth W K. 1993. Quantitative effects of grazing on vegetation and soils over a global range of environments[J]. Ecological Monographs of America, 82(12): 3377-3389.

Morris P J, Mowat D N. 1980. Nutritive value of ground and/or ammoniated corn stover[J]. Canadian Veterinary Journal La Revue Veterinaire Canadienne, 60(2): 327-336.

Murphy J J, Kennelly J J. 1987. Effect of protein concentration and protein source on the degradability of dry matter and protein *in situ*[J]. Journal of Dairy Science, 70(9): 1841-1849.

Nicol A M. 1987. Livestock Feeding on Pasture[M]. Christchurch: New Zealand Society of Animal Production.

Oji U I, Mowat D N, Winch J E. 1977. Alkali treatments of corn stover to increase nutritive value[J]. Journal of Animalence, 44(5): 798-802.

Oji U I, Mowat D N. 1979. Nutritive value of thermoammoniated and steam-treated maize stover. I. Intake, digestibility and nitrogen retention[J]. Animal Feed Science, 4(3): 177-186.

Opapeju F O, Nyachoti C M, House J D. 2007. Digestible energy, protein and amino acid content in selected short season corn cultivars fed to growing pigs[J]. Canadian Journal of Animal Science, 87(2): 221-226.

Owen E, Jayasuriyat M. 1989. Use of crop residues as animal feeds in developing countries[J]. Research and Development in Agriculture, 6(3): 129-138.

Pieters A J. 1922. The "processing"of straw[J]. Science, 56(1439): 108-109.

Pulina G, Avondo M, Molle G, et al. 2013. Models for estimating feed intake in small ruminants[J]. Revista Brasileirade Zootecnia, 42: 675-690.

Rowe J B, Bobadilla M, Fernandez A, et al. 1979. Molasses toxicity in cattle: rumen fermentation and blood glucose entry rates associated with this condition[J]. Tropical Animal Production, 4(1): 78-89.

Saenger P F, Lemenager R P, Hendrix K S. 1982. Anhydrous ammonia treatment of corn stover and its effects on digestibility, intake and performance of beef cattle[J]. Journal of Animal Science, 54(2): 419-425.

Sarnklong C, Cone J W, Pellikaan W. 2010. Utilization of rice straw and different treatments to improve its feed value for ruminants: a review[J]. Asian Australasian Journal of Animal Sciences, 23(5): 680-692.

Silanikove N, Tadmor A. 1989. Rumen volume, saliva flow rate, and systemic fluid homeostasis in dehydrated cattle[J]. American Journal of Physiology, 256(4 Pt 2): 809-815.

Singh R P, Nair K P P. 1975. Defoliation studies in hybrid maize. I. Grain yield, quality and leaf chemical composition[J]. The Journal of Agricultural Science, 85(2): 241-245.

Slade R E, Watson S J, Ferguson W S. 1930. Digestibility of straw[J]. Nature, 143(143): 942.

Smoliak S. 1974. Range vegetation and sheep production at three stocking rates on Stipa Bouteloua prairie[J]. Journal of Range Management, 27(1): 23-26.

Soest P. 2006. Rice straw, the role of silica and treatments to improve quality[J]. Animal Feed Science Technology, 130(130): 137-171.

Stevens D R. 1999. Ewe nutrition: decisions to be made with scanning information[J]. Proceeding of the New Zealand Society of Animal production, 59: 93-64.

Sun H X, Zhou D W. 2007. Seasonal changes in voluntary intake and digestibility by sheep grazing introduced leymus chinensis pasture[J]. Asian Australasian Journal of Animal Sciences, 20(6): 872-879.

Sundstoel F, Coxworth E, Mowat D N. 1978. Improving the nutritive value of straw and other low quality forages by treatment with ammonia[J]. World Review of Animal Production, 26: 13-21.

Vasilas B L, Seif R D. 1985. Defoliation effects on two corn in breds and their single-cross hybrid[J]. Agronomy Journal, 77(5): 816-820.

Voltz F. 1920. Untersuchungen über stromkurven hochgespannter intermittierender und pulsierender gleichgerichteter Ströme[J]. Archiv für Elektrotechnik, 9: 247-278.

Voltz W. 1920. The replacement of food protein through urea in growing ruminants. The fodder value of solubilized straw and chaff according to the Beckmann technique[J]. Biochemische Zeitschrift, 102: 151-227.

Williamson G. 1941. The effect of Beckmann's treatment by sodium hydroxide on the digestibility and feeding value of barley straw for horses[J]. Journal of Agricultural Science, 31(4): 488-499.

Zadrazil F, Kamra D N, Isikhuemhen O S, et al. 1996. Bioconversion of lignocellulose into ruminant feed with white rot fungi-FAL, Braunschweig[J]. Journal of Applied Animal Research, 10(2): 105-124.

后 记

饲草生产与利用（production and utilization），是欧洲相应学界和生产者的用语，侧重农艺发展；在北美洲，这一领域被称为草地农业（grassland agriculture），侧重学科体系构建；在澳大利亚和新西兰，这一领域被称为草地饲养（feeding on pasture），侧重技术应用。我国传统称其为草地畜牧（grassland farming），最近发展成了草业、草牧业，其核心是生产饲草、利用饲草的学科体系及产业体系，中国饲草生产与利用需要区域发展方案，即草地农业的区域发展方案，或说是草地畜牧的区域发展方案。

人类不能直接消化饲草，但牲畜可以，所以，利用饲草的主要途径是饲养牲畜。这也决定了饲草与牲畜的密切联系，构筑了"土壤-饲草-牲畜"的区域连续统一体，对这个统一体的系统研究，提高其系统生产效率及生产效率联结的利用效率是饲草生产与利用的核心。

植物或作物生产为土地的基本功能，利用土地产物为生产目标，相其宜而为之种，五谷殖而六畜遂。种植、养殖是土地生产与利用的连续统一体，养殖的粪肥还田保证了营养物质循环，奠定了土地生产与利用的可持续发展基础。

生产籽粒作物的副产物秸秆，可作为饲料进行动物养殖利用，甚至一些籽粒也主要用作饲料进行养殖。积极生产饲草进行养殖，继而生产肉奶蛋，为现代农业的标志。

松嫩平原，特别是有盐碱障碍地区，历史上多为草地，经历了开发水田、植被恢复、局域改良等系列研究，但是区域化大规模有效的工程实践有待发展，适宜的土地生产与饲草料利用等农业生态模式有待创造。

松嫩平原地下水储量多，秸秆资源丰富，沙丘坨地与盐碱地镶嵌分布，为松嫩平原的自然资源特点和优势。为此，需要基于资源特点及其优势，根据目标需求，统筹做出顶层科学设计，包括河道疏浚水文改道工程、地下水位降低减少盐分表聚工程、覆沙造旱田种植工程、喷淋洗盐粮饲结合一年二季工程、秸秆作饲料养殖工程。这些工程设计及实施，有利于松嫩平原土地生产与利用及生态环境保护，有助于松嫩平原的乡村振兴发展。

周道玮

2022 年 10 月 30 日